ENVIRONNEMENTS

ESPACES, TEMPORALITÉS ET ENJEUX DE LA TRANSITION ÉCOLOGIQUE

Sous la direction de
Céline Chadenas et
Vincent Andreu-Boussut

ARMAND COLIN

Horizon

Concept de couverture et de maquette intérieure : Hokus Pokus Créations
Photo de couverture : la ville de Rio de Janeiro (Brésil) depuis le Parc national de Tijuca
Mise en page : Lumina Datamatics, Inc.

Armand Colin est une marque de
Dunod Éditeur, 11, rue Paul Bert, 92240 Malakoff

www.dunod.com

ISBN 978-2-200-63817-7

Les auteurs

Céline Chadenas (dir.), professeure des universités en géographie, Nantes Université, laboratoire LETG-Nantes UMR 6554.

Vincent Andreu-Boussut (dir.), maître de conférences en géographie, Le Mans Université, laboratoire ESO-Le Mans UMR 6590.

Christèle Allès, enseignante en géographie, Nantes Université, laboratoire ESO-Nantes UMR 6590.

Agnès Baltzer, professeure des universités en géographie, Nantes Université, laboratoire LETG-Nantes UMR 6554.

Nathalie Carcaud, professeure des universités en géographie, l'institut Agro Rennes-Angers, laboratoire ESO-Angers UMR 6590.

Françoise Cognard, maître de conférences en géographie, Université Clermont Auvergne, laboratoire GEOLAB UMR 6042.

Jean-Noël Consalès, professeur des universités en géographie, Université Lumière Lyon 2, Laboratoire d'Études rurales.

Cyria Emelianoff, professeure des universités en géographie, Université Rennes 2, laboratoire ESO-Le Mans UMR 6590.

Marc Galochet, professeur des universités en géographie, Université de Valenciennes, LARSH.

Louise Quinio, doctorante en géographie, Nantes Université, laboratoire LETG-Nantes UMR 6554.

Richard Laganier, professeur des universités en géographie à l'Université Paris Cité, recteur de la région académique Grand Est, recteur de l'académie de Nancy Metz, chancelier des universités.

Sébastien Larrue, maître de conférences HDR en géographie, Université Clermont Auvergne, laboratoire GEOLAB UMR 6042.

Christine Margetic, professeure des universités en géographie, Nantes Université, laboratoire ESO-Nantes UMR 6590.

Alain Miossec, professeur des universités en géographie, Nantes Université, recteur d'académie (h), membre de l'académie de Marine.

Léa Paly, docteure en géographie, laboratoire ESO-Le Mans UMR 6590.

Moïse Tsayem Demaze, professeur des universités en géographie, Le Mans Université, laboratoire ESO-Le Mans UMR 6590.

Yvette Veyret, agrégée de l'université, professeure émérite en géographie, Université Paris Nanterre.

Les figures de l'ouvrage ont bénéficié de l'intervention de **Simon Charrier** (cartographe à l'Institut de géographie de Nantes Université), que les coordinateurs tiennent à remercier vivement pour sa disponibilité et son professionnalisme.

Les relectures de l'ensemble de l'ouvrage ont été assurées par **Marilou** et **Alain Miossec** que les coordinateurs remercient également très chaleureusement.

Table des matières

PARTIE 2

LES TEMPS DE L'ENVIRONNEMENT : HÉRITAGES ET RUPTURES

PARTIE 3

REPENSER LES RAPPORTS SOCIÉTÉ ET ENVIRONNEMENT

Introduction générale

L'environnement est-il une idée neuve pour la géographie ? Si cette question peut sembler déroutante de prime abord, elle mérite d'être posée tant la discipline entretient depuis longtemps une relation fondatrice mais paradoxale et ambigüe avec la réalité matérielle du monde biophysique. La notion chemine ainsi avec la naissance de la géographie à la fin du XIXe siècle dans le giron des sciences naturelles dont elle partage un certain nombre de méthodes (Berdoulay et Soubeyran, 1991). Venu du monde anglophone, le mot même semble introduit par Paul Vidal de la Blache au début du XXe siècle et popularisé dans les travaux de géographie qui se réclament de son héritage jusqu'aux années 1950 : « *Mais si on réfléchit à tout ce qu'implique le mot de milieu ou d'*« environnement » selon l'*expression anglaise, à tous les fils insoupçonnés dont est tissée la trame qui nous enlace, quel organisme vivant pourrait s'y soustraire ?* » (Vidal de la Blache, 1921, réédition 1995, p. 33). Cette école vidalienne a longtemps marqué la discipline. Une géographie à la fois physique et humaine se déploie à partir de monographies et de variations d'échelles comme autant d'outils nécessaires pour saisir et révéler l'écheveau des relations tissées entre les sociétés humaines et leur environnement. Pierre George écrit ainsi en 1971[1] que « *l'environnement est à la fois un milieu et un système de relations* ».

Néanmoins, confrontée aux bouleversements du monde au lendemain de la Seconde guerre mondiale (urbanisation, globalisation des échanges de biens et de personnes…), la discipline s'extrait progressivement du cadre « naturaliste traditionnel » possibiliste de la géographie dite classique ou vidalienne pour développer de nouvelles approches des sciences sociales. « *À partir des années 1960, l'approche paysagère portée par les vidaliens, centrée sur les espaces ruraux et les permanences des relations entre l'homme et le milieu, ne suffit plus à expliquer les changements majeurs, tels que l'urbanisation, l'accroissement des mobilités et circulations, les bouleversements des modes de production économique, que le monde connaît après-guerre. Les géographes font le constat de l'impuissance de leurs méthodes et outils pour décrire et décrypter le monde contemporain. Dans un désir de scientificiser les méthodes et de mieux comprendre les processus à l'œuvre, ils remettent en question le paradigme vidalien ou classique. Cette crise se développe dans le monde anglophone puis touche la sphère francophone et française dans les années 1960-1970. Elle conduit à une profonde transformation de l'ontologie et des méthodes de la discipline* » (Péaud, 2018). Si d'un côté la géographie humaine se renouvelle sans attention spécifique à l'environnement ou au moins le considérant comme un ensemble d'objets inertes (ressources, cadres de vie…), la géographie physique se spécialise toujours plus sans toujours tenir compte des perturbations humaines ou des acteurs des territoires pourtant agents transformateurs de l'environnement. La géomorphologie reste ainsi prépondérante dans une discipline encore fortement marquée par Emmanuel de Martonne. À partir des années 1950-1960, période que Philippe Pelletier qualifie de « *recompositions de la*

1. Les références bibliographiques de l'introduction générale et des introductions de parties sont insérées à la fin de la conclusion générale.

géographie » (Pelletier, 2022, p. 503), l'utilisation d'outils de plus en plus perfectionnés pour établir des mesures entraîne certains géographes dans une spécialisation accrue qui éloigne, d'une certaine manière, le recours à une vision systémique du traitement des objets géographiques, pourtant indispensable pour aborder l'environnement. Certes, la géographie évolue, « *le géographe ne veut plus se contenter d'une connaissance superficielle. La géologie cesse d'être traitée par allusion. Une introduction substantielle, tant par la nature des roches que sur leur âge et leur superposition, précède de plus en plus les constatations morphologiques. L'étude superficielle des surfaces d'aplanissement ne suffit plus : elle doit être étayée par la recherche des alluvions, des sols anciens qui les recouvrent et permettent à la fois de les mieux classer et de les mieux expliquer* » (Meynier, 1969, p. 126-127), mais elle reste cloisonnée. Le faible poids de la biogéographie explique, en partie, le traitement limité des questions environnementales en géographie. Parlant de Pierre Birot, André Meynier souligne ainsi qu'« *après lui, et sous son influence, la géographie botanique réapparaît dans les articles (5 à 6 pages par an dans les Annales avant 1959, 20 de 1960 à 1964)* », tout en précisant que « *la géographie animale reste plus hésitante* » (Meynier, 1969). Même Max. Sorre ne réussit pas à imposer sa vision d'une « *écologie de l'homme* » nécessitant de travailler les influences que le milieu naturel, et en particulier le climat, exerce sur lui, « *comment se comporte-t-il à l'égard du milieu vivant, soit qu'il en subisse la pression, soit qu'il cherche à lui imposer sa loi pour en tirer sa subsistance* » (Sorre, 1947, p. 6).

Ce rendez-vous manqué entre la géographie et l'environnement entraîne un certain retard de la discipline au tournant des années 1970 au moment où l'environnement devient une question sociale et politique majeure, notamment en France. À l'inverse, l'écologie s'est saisie dès les années 1960 des dégradations environnementales comme l'un de ses objets d'étude privilégiés et les connaissances de la science du vivant comme ses concepts majeurs (espèces, écosystèmes, et plus tard biodiversité) alimentent largement le travail de lobbying des organisations non gouvernementales (ONG) tout comme la sphère politique. Ainsi, l'écologie entre sur la scène politique de l'environnement tandis qu'à la même époque les atermoiements ou les hésitations de la plupart des géographes les empêchent encore de participer pleinement à alimenter le débat public. Le contexte politique joue néanmoins alors un rôle de catalyseur pour la géographie. En France, en 1971, est créé le ministère de l'Environnement, lorsque Robert Poujade est nommé Ministré délégué auprès du Premier ministre, chargé de la Protection de la nature et de l'Environnement. La même année, à l'échelle internationale, la convention de Ramsar, relative aux zones humides d'importance internationale particulièrement comme habitats des oiseaux d'eau dite convention sur les zones humides, est votée. Toujours en 1971, Pierre George publie un *Que sais-je ?* intitulé *L'environnement*, « *qui a connu trois éditions rapprochées, signe de l'appétence pour ce nouveau venu dans le concert des concepts, de 1971 à 1976* » (Arnould, 2021, p. 193). Cette période marque le renouveau de l'intérêt de la géographie pour l'environnement et la discipline vient outiller la connaissance des évolutions environnementales à l'aide d'approches systémiques qui se généralisent. La notion de « *géosystème* » proposée par Georges Bertrand (Bertrand, 1978) se diffuse progressivement. Celle-ci se définit par « *la combinaison de facteurs géomorphologiques, climatiques et hydrologiques. [...] Par un certain type d'exploitation biologique de l'espace. [...] Le géosystème est en état de climax quand il y a équilibre entre le potentiel écologique et l'exploitation biologique [...], un complexe essentiellement dynamique même dans un espace-temps assez bref, par exemple de type historique* » (Bertrand et Bertrand, 2002). Jean Tricart et Jean Killian choisissent le terme « éco-géographie » : « *Nous adopterons un point de vue écologique et spatial tout à la fois, géographique donc* » (Tricart et Killian, 1979). Ces deux notions invitent à plus de transversalité et à travailler « *les relations d'interdépendances qui existent entre l'homme, les sociétés et les composantes physiques, chimiques, biotiques du milieu en intégrant aussi des aspects économiques, sociaux et culturels* » (Veyret, 1999). L'ouvrage *Les milieux « naturels » du monde* de Jean Demangeot (1984 pour la première édition) confirme la nécessité de cette analyse systémique, dans une géographie en pleine évolution et qui n'est plus dominée par la géomorphologie. La popularité de ces nouvelles approches témoigne finalement du besoin de nombreux géographes à reconnecter dans leurs pratiques des courants de la géographie qui s'étaient probablement trop éloignés les uns des autres. La géographie en rupture se veut dorénavant science sociale et intègre aussi progressivement des préoccupations d'ordre politique. La revue Hérodote, fondée en 1976 par Yves Lacoste, est une illustration de l'intégration de la question environnementale dans les recherches en géographie puis de la géopolitique. Le nombre de géographes augmente progressivement tout comme la diversité des manières de travailler la discipline qui investigue aussi ses marges en cheminant et en côtoyant d'autres disciplines pour mieux révéler le rôle des géographes.

Ainsi, si l'environnement a joué un rôle central dans la fondation de la géographie, l'amplification des défis environnementaux auxquels sont confrontées nos sociétés participe à renouveler ses fondements, ses méthodes et à diversifier ses contributions dès les années 1980. Intégrant l'historicité et l'évolutivité des rapports société-nature (Robic, 1992), l'environnement devient pour la discipline un « *champ protéiforme de questionnements et de pratiques* » (Chartier et Rodary, 2016, p. 15) dont témoigne la multiplication des projets éditoriaux de synthèse dans les années 1990 (parmi eux, citons Veyret et Pech, 1993 ; Veyret, 1999). La géographie assume progressivement sa position de discipline globale (Miossec, 2021) dont la légitimité dans les études environnementales fait de moins en moins débat (Goeldner-Gianella, 2010).

La géographie contemporaine est l'héritière d'une relation mouvementée avec l'environnement faite de questionnements et d'intuitions. Cette forme de cheminement de la discipline en lien avec les bouleversements progressifs des questions environnementales explique la diversité des approches actuelles et, peut-être, le « s » à « environnements » de la question au concours externe du CAPES section histoire et géographie « *Environnements : approches géographiques* ». L'analyse de ces bouleversements contribue à comprendre le processus intégrateur à l'œuvre en géographie, la transversalité dont elle fait preuve, en atteste, par exemple, l'usage désormais courant de l'expression « géographie de l'environnement » pour évoquer aussi bien une approche en géographie physique qu'en géographie humaine et/ou sociale. Ce « s » renvoie également au contexte actuel du changement global qui contribue lui aussi à influer sur les recherches en géographie en renouvelant, une fois encore, les courants qui l'animent. Le pluriel invite à questionner les échelles temporelles, spatiales, du local au global, et à s'écarter d'une vision qui laisse penser, trop souvent, que le changement climatique est unique, tout comme ses effets et ses manifestations. Ce sont ces emboîtements d'échelles, ces temporalités variées, leurs diversités, les sociétés, les milieux qui créent la géographie actuelle.

Les chapitres du présent ouvrage illustrent l'évolution de la géographie de l'environnement. Ils ont été regroupés en trois parties principales :

- la diversité des espaces de l'environnement à l'heure de l'Anthropocène ;
- les temps de l'environnement : héritages et ruptures ;
- repenser les rapports société et environnement.

Les travaux portant sur des espaces spécifiques sont rassemblés dans la première partie : « *Forêt et changement climatique : adapter la gestion et la valorisation forestière aux nouveaux enjeux dans un contexte d'incertitude* » (Marc Galochet), « *Agricultures urbaines et environnements : des Suds aux Nords* » (Jean-Noël Consalès et Christine Margetic), *« Environnements océaniques, montée des périls ? »* (Alain Miossec) *et « Les espaces naturels protégés : de la diversité des régimes de protection à la diversification des modes de gestion »* (Céline Chadenas, Louise Quinio et Vincent Andreu-Boussut). Ces quatre entrées constituent les supports spatiaux de recherches singulières. La géographie de l'environnement appréhende également des temporalités différentes dont traite la deuxième partie de l'ouvrage, depuis « *Le temps long en géographie* » (Agnès Baltzer) jusqu'au temps actuel et futur pour comprendre *« Géopolitique de la lutte contre les changements climatiques contemporains : confrontations et tensions sur les principes et la sémantique de l'action* » (Moïse Tsayem Demaze). Au sein de ces différents temps, le paysage est un objet particulièrement travaillé par les géohistoriens comme Nathalie Carcaud et Léa Paly dans leur chapitre intitulé « *Apports de la géohistoire* ». Chacun de ces chapitres, s'ils contribuent à appréhender les différentes approches spatiales et temporelles de la géographie dans le contexte du changement climatique, doit être complété par une réflexion plus globale sur les rapports sociétés et environnements. C'est ce que proposent les trois dernières entrées de cet ouvrage : « *Environnement et risques* » (Yvette Veyret et Richard Laganier), « *Regard sur les approches sociales de l'environnement : justice et inégalités environnementales* » (Christèle Allès) et « *Une refondation écologique de l'urbanisme ?* » (Cyria Emilianoff).

Loin de chercher l'exhaustivité, cet ouvrage illustre, par ses dix entrées, l'évolution des recherches en géographie de l'environnement, la capacité de rebond dont fait preuve la discipline et sa faculté à se saisir d'un contexte environnemental, social et politique en plein bouleversement dominé de plus en plus par des approches dans lesquelles les enjeux liés aux transitions écologiques prennent une place prépondérante.

PARTIE 1
LA DIVERSITÉ DES ESPACES DE L'ENVIRONNEMENT À L'HEURE DE L'ANTHROPOCÈNE

SOMMAIRE

Introduction

« *C'est un truisme, mais il faut l'énoncer : la géographie est spatiale* » (Pelletier, 2022, p. 10). En géographie, la question environnementale est très dépendante des espaces investigués. Certains sont emblématiques de la discipline, dans lesquels il y a, d'une certaine façon, une tradition d'investissement. C'est le cas des espaces montagneux, de la forêt, des espaces ruraux, depuis longtemps le théâtre de recherches… À côté de ces espaces spécifiques, d'autres ont progressivement été investis par les géographes, constitués d'écosystèmes singuliers (zones humides par exemple) ou d'usages nouveaux. L'océan en fait partie, dès les années 1960, en lien avec des outils de plus en plus perfectionnés et à même de favoriser des levés des fonds marins (Meynier, 1969) ; puis le littoral a pris un essor de plus en plus important, avec des entrées diversifiées, la géomorphologie littorale côtoyant la pêche ou les transports maritimes. Les espaces de la conservation constituent également un axe de recherche spécifique et transversal relativement nouveau. La géographie continue d'évoluer et, à l'heure de l'Anthropocène, les approches se modifient. Les géographes participent aux débats pour fixer la datation de l'origine de cette nouvelle période géologique (Lewis et Maslin, 2015), qui « *n'est pas juste une crise mais une rupture géologique à l'échelle des âges de la terre* » (Bonneuil, Fressoz, 2016). Si la conception la plus courante et la plus ancienne date son origine au début de la Révolution industrielle (Crutzen et Stoermer, 2000), d'autres scientifiques considèrent que c'est l'urbanisation qui « *nous précipite dans l'Anthropocène. Pour cette raison, je propose le néologisme « d'Urbanocène » pour suggérer que l'Anthropocène est vectorisé par l'urbanisation généralisée du monde* » (Lussault, 2022) ou encore la mondialisation du capitalisme qui a déclenché cette nouvelle ère géologique (le Capitalocène – Malm, 2016). Ce sont surtout les effets de ce nouveau régime dominé par les activités humaines sur les écosystèmes (Andreu-Boussut et Chadenas, 2023) qui sont à l'origine de travaux scientifiques variés en géographie, à la fois sur le système terre lui-même mais aussi de son habitabilité et des formes que celle-ci prend dans ce contexte.

Cette première partie propose d'explorer quatre types d'espaces géographiques afin de saisir la manière dont les enjeux environnementaux se trouvent redessinés dans l'Anthropocène et dans un contexte de recherche d'une transition écologique. La forêt est d'abord ici explorée comme socio-écosystème dont la gestion se trouve reconfigurée à la fois pour s'adapter au changement climatique mais aussi pour participer à la transition énergétique à travers la valorisation de la filière bois-énergie. Les espaces urbains sont ensuite examinés dans leurs potentialités d'intégration de l'agriculture et de revalorisation du cadre de vie des citadins, révélant les fortes disparités entre villes du Nord et du Sud. Plus récemment investis par la géographie, les espaces océaniques offrent également un témoignage des impacts des changements globaux et des activités humaines (surpêche, acidification, pollutions…) en mettant en évidence les conflictualités de sa mise en protection, notamment pour la haute mer. Enfin, les espaces protégés permettent de démontrer que la protection de l'environnement peut relever de postures et de modes de gestion très différenciés et n'échappent pas non plus aux bouleversements induits par les changements globaux.

CHAPITRE 1

Forêt et changement climatique : adapter la gestion et la valorisation forestière aux nouveaux enjeux dans un contexte d'incertitude

Marc GALOCHET

SOMMAIRE

La forêt est souvent considérée comme un espace naturel, peu perturbé, avant tout lieu de détente, de récréation et de nature, agréable pour la promenade, la randonnée, le vélo et bien d'autres activités récréatives et sportives. Si elle procure de nombreux services essentiels à la société (production de bois, préservation des sols, qualité de l'eau, maintien de la biodiversité, séquestration du gaz carbonique, etc.), la forêt n'en demeure pas moins un écosystème forestier avec un fonctionnement biologique particulier reposant sur un équilibre dynamique entre les différents éléments qui la constituent. Elle est par conséquent un écosystème dans lequel l'arbre occupe une place prédominante qui a été, au fil des siècles, profondément façonné et transformé par l'action anthropique au point de créer des paysages forestiers plus ou moins marqués par les activités et les fonctions de production, de protection et de récréation. En considérant tous ces aspects, on comprend mieux que la forêt soit désormais appréhendée comme un territoire géré, aménagé, construit par la société et marqué par des héritages et des choix sylvicoles anciens. Toutefois, le contexte de changement climatique actuel, qui affecte la planète, vient bouleverser les équilibres au point d'enclencher de nouvelles dynamiques qui poussent à nous demander quelle sylviculture durable mettre en place pour adapter et valoriser les forêts ? Dans le contexte du défi climatique actuel, la forêt représente un puissant levier d'atténuation notamment grâce au stockage du gaz carbonique (CO_2) mais participe aussi à la substitution des énergies fossiles avec l'utilisation du bois (Pingoud *et al.*, 2010 ; Vial, 2019 ; Werner *et al.*, 2010). Pour mieux analyser et comprendre la diversité et la complexité de la forêt et des paysages sylvicoles qui la constituent, il est nécessaire d'évoquer dans un premier temps l'écosystème fortement anthropisé, puis dans un second temps les nouveaux enjeux qui appellent des dynamiques de transitions, enfin dans un troisième temps la nécessaire mise en place d'une gestion forestière adaptée à ces nouveaux enjeux dans un contexte d'incertitude.

1 La forêt, un socio-écosystème géré et exploité

La forêt présente de multiples caractères qui en font à la fois un écosystème complexe et dynamique, mais aussi une ressource économique et un espace social produit par une intense activité anthropique pluriséculaire. Il en découle une vision polymorphe qui permet de comprendre, à l'heure de l'Anthropocène, la complexité et la diversité qui façonnent les espaces forestiers et boisés dans de nombreux pays.

1.1 Un écosystème complexe et dynamique en équilibre permanent

La forêt est avant tout un écosystème, c'est-à-dire un ensemble complexe rassemblant des êtres vivants, animaux et végétaux, de toutes tailles (des micro-organismes jusqu'aux gros animaux) en relation équilibrée et dynamique entre la biocénose (les êtres vivants) et le biotope (le milieu). De cette relation en équilibre permanent résultent de nombreuses interactions entre les éléments qui composent l'écosystème forestier mais aussi entre eux et leur milieu. Elles peuvent être de nature relativement variée : biologique, physique, mais aussi liées à des contraintes socio-économiques comme par exemple le pâturage en forêt ou encore l'exploitation en taillis. Ces interactions jouent également à des échelles variées allant de la feuille de l'arbre jusqu'au massif forestier. Enfin, elles peuvent avoir des effets sur le long terme et affecter les peuplements végétaux et animaux de l'écosystème forestier pendant de très longues périodes dans la mesure où les arbres ont une grande longévité et peuvent conserver la mémoire de certains épisodes notamment climatiques avec les cernes de croissance qui enregistrent la mémoire climatique du milieu dans lequel se développe un arbre. Par ailleurs, l'écosystème forestier peut se définir par une organisation spatiale ainsi que par une dynamique dans le temps avec des nombreuses relations entre les plantes, le sol, le climat, la faune entretenant un mode de fonctionnement par des cycles biogéochimiques (eau, air, énergie, matières minérales, etc.). Compte tenu de l'importante variabilité de tous ces facteurs écologiques, il en résulte une très grande diversité des écosystèmes forestiers. Ceux-ci fonctionnent comme une formidable machine vivante animée par des mécanismes d'une grande complexité tant au niveau des structures que des fonctions. Cependant, ce qui intéresse l'étude géographique des forêts n'est pas tant son fonctionnement biologique conditionnant la dispersion des flores et des faunes mais plutôt son organisation et les différenciations spatiales liées aux conditions du milieu, et par conséquent les paysages forestiers qui en résultent traduisant des modes de gestion et d'exploitation par l'homme au cours du temps et les effets sur la dynamique d'ensemble. Cette organisation peut se lire verticalement à travers la stratification du peuplement forestier (par une représentation en coupe), (figure 1.1), qui présente plusieurs étages interdépendants :

- une strate herbacée parfois subdivisée en plusieurs niveaux ;
- une strate arbustive à deux niveaux ;
- une strate arborescente comportant soit un seul niveau (cas des plantations dans les forêts exploitées en futaie), soit à plusieurs niveaux distincts (cas des taillis-sous-futaie), soit en gradation continue (cas des forêts tropicales).

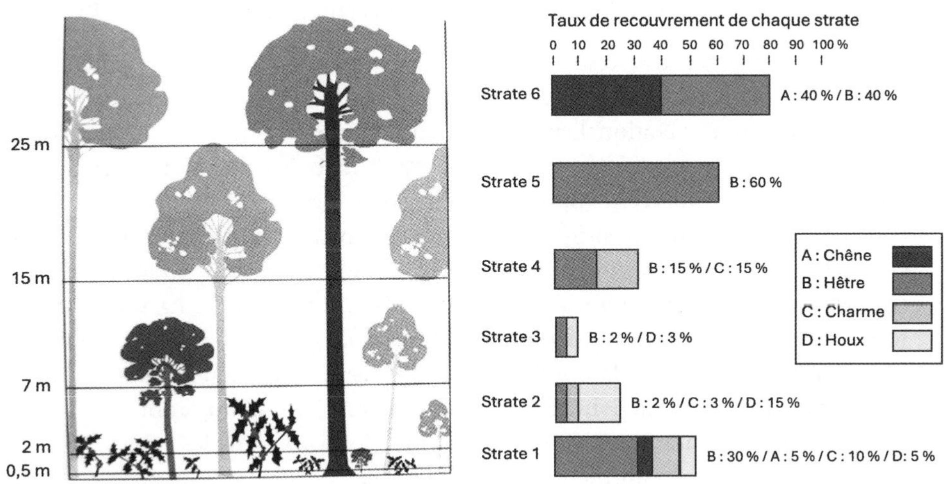

Figure 1.1 – Organisation et stratification d'une parcelle en forêt de Fontainebleau

Source : d'après M. Hotyat in J. Gadant, 1998.

À l'échelle d'une parcelle forestière, on peut ainsi observer l'organisation des végétaux en strates (herbacée, arbustive, arborescente), traduisant des classes d'âge et adaptée à l'apport de lumière nécessaire à la photosynthèse, qui permet, de surcroît, une gestion et une exploitation rationnelle de l'espace sylvicole.

1.2 Une ressource économique renouvelable

Au-delà de l'écosystème, la forêt recouvre aussi d'autres fonctions parfois difficiles à gérer et à concilier au point de générer des conflits d'usages et de pratiques. La forêt est à la fois lieu de production, de récréation et de protection. Pourtant le rôle économique de la forêt n'apparaît pas nécessairement contradictoire avec ses fonctions écologiques et sociales. Les revenus dégagés de la première fonction permettent aux propriétaires ou aux gestionnaires d'entretenir la forêt favorisant même, plus ou moins efficacement, les deux autres fonctions.

La forêt offre une ressource économique renouvelable, potentiellement importante, dans la mesure où le bois exploité est transformé en produits industriels servant à la fabrication de nombreux produits de consommation présents dans notre vie quotidienne (papier, carton, emballages, barriques de vin, charpentes, parquets, lambris, menuiserie, huisserie, fenêtres, portes, escaliers, ameublement, chauffage, instruments de musique, etc.). De plus, la gestion et l'exploitation de la forêt génèrent de nombreux emplois directs dans la filière forêt-bois (bûcherons, élagueurs, débardeurs, scieurs, ingénieurs forestiers, etc.), (tableau 1.1). En France par exemple, les entreprises du secteur forestier dégagent un chiffre d'affaires de près de 60 milliards d'euros, soit l'équivalent de 3 % du PIB, et la filière forêt-bois emploie près de 392 000 personnes.

Et pourtant, malgré une ressource de matière première renouvelable potentiellement importante dans les forêts françaises (2,8 milliards de m^3 de bois sur pied d'après l'Inventaire Forestier National en 2022, majoritairement composée de feuillus à 67 %), les sylviculteurs ne produisent pas suffisamment de bois et en particulier de produits transformés au point d'en importer. L'économie forestière française est aujourd'hui confrontée à d'importantes difficultés se traduisant par un fort déficit de la balance commerciale, estimé à 6 milliards d'euros, comme le soulignait le rapport du Conseil économique, social et environnemental (CÉSE) en 2012 sur « La valorisation de la forêt française ». La balance économique de la filière forêt-bois est de plus en plus lourdement déficitaire et de nombreuses entreprises, en particulier de première transformation, cessent leur activité. Faute de scieries suffisamment nombreuses et adaptées aux grumes de grande dimension, le bois brut exploité dans les forêts françaises est exporté et du bois transformé est importé avec un coût plus élevé compte tenu de la valeur ajoutée.

Tableau 1.1 – Nombre d'emplois dans le secteur forestier en Europe par rapport à la superficie boisée et au taux de boisement par pays en 2020

Pays	Superficie forestière (milliers d'ha)	Taux de boisement (%)	Personnes employées dans le secteur forestier (milliers d'emplois)
Allemagne	11 468	32,1	39
Autriche	3 889	46,4	21,1
Belgique	689	22,5	2,2
Bulgarie	3 896	35,1	21,9
Croatie	1 940	34,3	14,4
Chypre	172	18,6	0,5
Danemark	689	16,1	6
Estonie	2 438	53,8	6,2
Finlande	22 409	66,2	21,2
Espagne	18 572	36,7	11
France	17 421	31,7	29
Grèce	3 901	29,6	9,2
Hongrie	2 053	22,1	18,5
Irlande	799	11,4	2,8
Italie	9 566	31,7	38
Lettonie	3 410	52,8	8,6
Lituanie	2 202	33,7	8,6
Luxembourg	88	34,2	0,3
Malte	0,46	1,5	0
Pays-Bas	369	9,9	3
Pologne	9 464	30,3	71,8
Portugal	3 340	36,2	15
Rép. Tchèque	2 677	33,9	21,2
Roumanie	6 981	29,3	52,4
Slovaquie	1 951	39,8	24,6
Slovénie	1 185	58,5	6,2
Suède	27 980	62,5	41

Sources : Eurostat, 2020, et direction générale de l'agriculture et du développement rural de la Commission.

La forêt française possède un stock de bois sur pied[1] relativement important dont une bonne vingtaine d'espèces forment 94 % de la ressource forestière, mais les six premières d'entre elles (chêne, hêtre, châtaignier pour les essences feuillues et sapin, épicéa, pin maritime, pin sylvestre pour les essences résineuses) représentent quelque 80 % du volume sur pied (tableau 1.2).

Tableau 1.2 – Volume de bois sur pied et accroissement annuel (en million de m³)

Composition de la forêt française	Espèces principales	Volume sur pied	%	Accroissement annuel du volume sur pied	%
Feuillus (67 %)	Chêne	542	29 %	14,8	21 %
	Hêtre	230	12 %	7,4	10 %
	Châtaignier	94	5 %	4,3	6 %
Résineux (21 %)	Sapin et épicéa	296	16 %	12,9	18 %
	Pin maritime	187	10 %	10,7	15 %
	Pin sylvestre	139	8 %	5,1	7 %

Sources : d'après IFN, 2005.

L'accroissement annuel du volume de bois sur pied était en 2005 en moyenne de 5,3 m³/ha/an contre 4,8 m³ en 2022 ce qui traduit un recul d'environ 10 % révélant un ralentissement de la production biologique des arbres. Ce taux d'accroissement connaît par ailleurs une forte disparité régionale. Les forêts de montagnes (Alpes, Vosges, Massif central) ainsi que le massif des Landes de Gascogne possèdent les plus forts taux d'accroissement annuel puisque composées majoritairement d'essences résineuses dont la croissance est plus rapide que celle des feuillus. Parmi les résineux, le pin maritime a une croissance plus importante que celle du sapin et de l'épicéa, plaçant ainsi en tête le massif landais dans le classement régional avec deux tiers des volumes de pin maritime. Le sapin et l'épicéa couvrent très largement les massifs des Vosges, du Jura, les Pyrénées, les Alpes du Nord et le Massif central. Le chêne et le hêtre dominent dans les régions du nord-est de la France métropolitaine. Enfin, le pin sylvestre est beaucoup plus dispersé, entre le Massif central et les Alpes du Sud, mais aussi le massif des Vosges et le centre de la France. Au total, il faut noter une inégale répartition sur le territoire national puisque quelque vingt départements capitalisent près de la moitié du stock total du volume de bois sur pied. Par exemple, le massif des Landes de Gascogne, couvert par quelque 900 000 hectares de pin maritime, est très productif avec chaque année près de 8 millions de m³ de bois récoltés, dont

....

1. Ce volume calculé par l'IFN correspond au volume de bois sur écorce des arbres vivants dont le diamètre à 1,30 m de hauteur est supérieur ou égal à 7,5 cm.

80 % de pin maritime, soit un quart de la production française. L'Aquitaine dispose d'une industrie relativement conséquente permettant de fournir 70 % des parquets et lambris, 50 % des palettes, 25 % des contreplaqués, 60 % du papier d'imprimerie fabriqués en France.

Au-delà de l'aspect économique, la forêt doit également être considérée comme un espace récréatif fréquenté et approprié par le public pour y pratiquer de nombreuses activités récréatives participant à forger dans les esprits une image positive de nature, accueillante et bienfaitrice, propice au bien-être et au ressourcement.

LA FORÊT EN FRANCE, UN ÉCOSYSTÈME DIVERSIFIÉ EN DÉVELOPPEMENT

Couvrant actuellement quelque 31 % du territoire métropolitain français, la forêt a connu une importante progression de sa superficie depuis le XIXe siècle puisqu'elle est passée de 7,5 millions d'ha en 1830 à 17,1 millions en 2023 (9,5 millions en 1880 ; 14,8 millions en 1980), qui s'est accompagnée d'une meilleure qualité des peuplements. Elle occupe le quatrième rang européen des pays les plus boisés après la Suède, la Finlande et l'Espagne. Cette extension conserve surtout la Corse, le massif des Vosges et du Jura (montagnes de l'est de la France). En Outre-Mer, la superficie forestière couvre 8,24 millions d'hectares (dont 97,4 % en Guyane), soit près de 85 % du territoire ultra-marin.

Avec plus de 190 essences (et 3 250 pour l'Outre-Mer), la forêt française métropolitaine présente une certaine diversité en essences feuillues (67 % de la couverture forestière), résineuses (21 %) et mixte (12 %), en types de peuplement (pur ou mélangé) et en structures (futaies régulières, irrégulières ou taillis). Le massif des Landes de Gascogne, principalement composé de pin maritime, se singularise des forêts du nord-ouest de la France et du Massif central qui sont des régions forestières davantage diversifiées.

La forêt métropolitaine est majoritairement possédée par des propriétaires privés (75 %, soit 12,8 millions d'ha), tandis que l'État détient 9 % (soit 1,5 million d'ha de forêts domaniales) et les collectivités locales et territoriales 16 % (soit 2,8 millions d'ha de forêts publiques appartenant aux communes, intercommunicalités, départements et régions). Si la forêt procure une ressource en bois, et offre également des espaces récréatifs et de bien-être, elle joue en outre un rôle fondamental dans l'équilibre écologique, climatique et hydrologique notamment avec les fonctions de réservoir de biodiversité, puits de carbone, écran pour lutter contre l'érosion, etc.

La forêt française accueille de nombreuses espèces animales et végétales (72 % de la flore métropolitaine). Le bois mort sur pied (128 millions de m^{3}) et au sol (264 millions de m^{3}) représente de riches habitats pour les espèces à enjeu de conservation et participe grandement à enrichir la biodiversité forestière.

1.3 Un espace social fréquenté et approprié

Après avoir été longtemps perçue comme un espace répulsif et menaçant, la forêt représente aujourd'hui un véritable patrimoine boisé, approprié et fréquenté par de nombreux citadins en mal de nature qui considèrent, d'une certaine manière, la forêt comme « un antidote de la vie citadine ». Lieu paisible et tranquille dans les mentalités, dans les perceptions comme dans les représentations, la forêt devient un lieu de loisirs (Galochet, Granet, 2020). Cependant, les motivations de fréquentation de la forêt sont différentes selon la catégorie sociale que les sociologues distinguent en deux populations d'usagers : « *Pour les uns, la forêt est avant tout un espace de liberté où l'on peut rompre avec la fatigue de la semaine et avec les contraintes de la vie citadine ; c'est un endroit où l'on se repose. Pour les autres, la forêt est aussi un objet de "culture" ; ils y recherchent le contact étroit avec la nature au milieu des beaux paysages et loin des foules ; ils y pratiquent souvent un sport, pour cultiver l'hygiène du corps et, parfois, sacrifier à une mode* » (Gadant, 1998, p. 198). Quelle que soit la catégorie d'usagers, la forêt est synonyme de liberté, c'est un espace vaste, sain, pur, calme, etc., bref une perception correspondant à une certaine vision de « l'antiville ».

Les pratiques et activités de loisirs en forêt sont relativement nombreuses, nous pouvons néanmoins dresser une typologie succincte des principales pratiques nécessitant une organisation et une gestion pour accueillir le public en forêt : sport, course à pied (jogging, footing), course d'orientation, vélo, VTT, varappe, randonnée pédestre, promenade à pied ou à cheval, chasse, cueillette, etc. Les activités sportives sont les plus fréquentes dans les forêts périurbaines qui sont souvent équipées de sentiers sportifs et de parcours de santé. La marche à pied est une activité très développée dans les forêts domaniales avec des itinéraires balisés par la Fédération nationale de randonnée pédestre (chemins de grande randonnée GR ; chemins de petite randonnée PR) indiqués par des repères de couleur au sol et sur la carte topographique touristique au 1/25 000 de l'IGN. Ces itinéraires passent très souvent par des sites remarquables et pittoresques pour admirer la beauté des paysages traversés.

L'une des missions de l'Office national des forêts (ONF) est d'accueillir, informer et sensibiliser le public en forêt. Pour organiser l'accueil du public, l'ONF développe de multiples actions afin de valoriser les forêts domaniales et communales, au bénéfice de tous et souvent en collaboration avec de nombreux partenaires. Parmi les réalisations d'accueil du public par l'ONF, on peut citer à titre d'exemple la publication de topoguides VTT afin de proposer des itinéraires balisés traversant des secteurs aux topographies variées, loin des chemins goudronnés et pistes cyclables, et offrant des degrés de difficultés variables selon le niveau d'entraînement souhaité par le VTTiste.

Avec plus de 500 millions de visites par an (ONF, 2013), la forêt française est un espace de nature particulièrement fréquenté et apprécié. L'ONF s'efforce de répondre aux nombreuses attentes des visiteurs tout en assurant la préservation de la forêt et la gestion des peuplements forestiers destinés à la production de bois. L'accueil du public en forêt domaniale ou communale est donc organisé et géré à la différence de la forêt privée.

Néanmoins, depuis la loi d'orientation forestière de 2001, l'accueil du public est rendu possible avec la convention de passage signée entre un propriétaire privé et une collectivité publique représentant l'intérêt général (Conseil départemental, EPCI, syndicat mixte de gestion d'un territoire naturel, etc.), pour organiser la fréquentation du public en forêt privée et en régler les modalités de fréquentation des chemins sur une propriété privée. Dans ce cas, le Centre régional de la propriété forestière (CRPF) accompagne la démarche administrative et juridique pour définir tous les aspects y compris de responsabilités et d'assurance. Il met en place également un dispositif d'accompagnement des propriétaires dans la réalisation de leur projet. Des activités d'accueil du public en forêt privée se développent avec notamment la création de parcours accrobranches.

La forêt française est relativement importante non seulement en matière de superficie, mais aussi socialement et économiquement. Diverses facettes constituent la forêt qui lui donnent cette ambivalence entre nature et société si particulière. Cette dimension ambivalente est traitée par les géographes qui en analysent toutes les spatialités et les territorialités inhérentes dans le cadre d'une approche globale et intégrée du type systémique pour comprendre toute la complexité du sylvosystème.

2 La forêt en transition face à de nouveaux enjeux

La forêt doit faire face à de nombreux défis et de nouveaux enjeux liés aux effets des changements globaux (climatique, écologique, énergétique, économique, social, etc.) mais aussi à des difficultés structurelles (morcellement et fragmentation de la propriété privée, etc.), qui obligent les propriétaires et gestionnaires à développer des stratégies d'adaptation plus ou moins importantes. Elles engagent vers des mutations en cours dont la notion de « *forest transition* » (Kull, 2017) souligne la nécessité de concevoir la forêt avant tout comme un territoire où se nouent des relations spécifiques entre les sociétés et les arbres, mais aussi avec tous les acteurs territoriaux concernés.

2.1 Changement climatique et état sanitaire des forêts

Le dernier rapport du Groupe d'experts intergouvernemental sur l'évolution du climat (GIEC, 2023) confirme que les activités humaines ont provoqué sans équivoque une augmentation de la température à la surface de la planète depuis l'ère préindustrielle. En France, cette hausse de température est estimée à + 1,8 °C par rapport à la moyenne 1901-1930. À la hausse moyenne des températures, s'ajoutent les phénomènes climatiques extrêmes, comme les vagues de chaleur, les sécheresses, les tempêtes, etc., qui deviennent plus intenses et plus fréquents.

Les forêts subissent les effets directs du changement climatique dont les manifestations les plus évidentes sont l'augmentation des températures annuelles moyennes de la planète et les conséquences sur le régime des précipitations ainsi que les phénomènes météorologiques extrêmes plus fréquents (tempêtes, forts vents, tornades, etc.). Les forêts jouent un rôle essentiel dans l'atténuation du changement climatique grâce aux arbres qui stockent le dioxyde de carbone (CO_2). La fonction de séquestration du CO_2 par les végétaux et par des plantations à vocation de « puits de carbone » est donc envisagée pour compenser les émissions de gaz à effet de serre (Keenan, 2015).

Les effets du changement climatique sur les forêts se traduisent aussi en termes de risques et de vulnérabilités qui commencent à se profiler, notamment les sécheresses de plus en plus intenses et récurrentes. Le risque incendie de forêt est par conséquent plus important avec une sécheresse marquée comme on peut le constater avec le nombre élevé de départ de feux et de méga-incendies dans plusieurs pays (France, Portugal, Espagne, États-Unis, Canada, Russie, Australie, etc.). Les arbres y sont d'autant plus vulnérables que la hausse des températures entraîne un allongement de leur saison végétative, pendant laquelle ils ont besoin davantage d'eau et transpirent plus. D'autre part, le dépérissement des arbres est la première conséquence de cette évolution, suivi par des stratégies de déplacements.

Le changement climatique a des effets sur les arbres, les peuplements forestiers mais également sur les conditions du milieu provoquant des sécheresses récurrentes, un stress hydrique, des perturbations de la microfaune du sol et des cycles de vie des insectes ravageurs, etc., affectant l'équilibre de l'écosystème forestier. En conséquence, les arbres de la forêt sont aujourd'hui confrontés à différents pathogènes (champignons, insectes, bactéries, etc.) déjà visibles. Ces derniers peuvent attaquer un arbre sain (ex. : chalarose sur frêne) ou un arbre déjà affaibli par des épisodes récurrents de forte chaleur ou de sécheresse (ex. : scolyte sur épicéa qui affecte considérablement la France de l'Est depuis 2018). Même en l'absence de pathogènes, les conditions pédoclimatiques de plus en plus défavorables du fait du changement climatique peuvent conduire au dépérissement de l'arbre. En France, le dépérissement forestier s'accentue de manière inquiétante, dans les peuplements adultes de résineux comme de feuillus, notamment de chênes, espèces emblématiques des forêts françaises qui ont le plus besoin d'eau. Selon Olivier Rousset, directeur général adjoint de l'ONF, plus de 300 000 hectares de forêts publiques en France ont subi, depuis 2018, un taux de mortalité inédit (équivalent à 30 fois la superficie de Paris). Il estime que d'ici 50 ans, la moitié de la forêt française pourrait avoir changé de visage (ONF, 2024).

2.2 Transition énergétique et valorisation du bois

Dans le contexte actuel de crise énergétique et de réchauffement climatique, le bois représente la première énergie renouvelable de France capable d'apporter une alternative efficace et durable aux énergies fossiles, permettant aux sociétés comme aux territoires de relever le défi de la transition énergétique (Avocat *et al.*, 2011). La forêt et les usages du bois jouent un rôle croissant au cœur de nombreuses politiques de la transition écologique et énergétique : pour décarboner le secteur de la construction, développer les énergies renouvelables, préserver la biodiversité, ou encore relocaliser une industrie biosourcée et souveraine. La forêt est, par conséquent, un secteur stratégique et indispensable pour atteindre les objectifs de neutralité carbone des États, et notamment la France, à l'horizon 2050.

En 2017, selon le Commissariat général au développement durable, le bois énergie représentait 40 % des énergies renouvelables produites en France, soit davantage que l'hydraulique, l'éolien, le solaire, le biogaz et les déchets urbains réunis. En promulguant en 2019 la loi Énergie Climat, la France s'est engagée à ce que les énergies renouvelables composent un tiers du mix énergétique d'ici à 2030, dont le bois énergie représente une grande partie de la consommation de chaleur. Dans ces conditions, quelle peut être la contribution de la forêt française et de la filière forêt-bois à la transition énergétique ?

La valorisation énergétique du bois, notamment celui provenant des forêts des massifs de montagne qui procurent une abondante ressource, représente un enjeu important pour les prochaines années. D'ores et déjà, plusieurs outils de planification territoriale intègrent le développement du bois-énergie tout en tenant compte des spécificités et de la vulnérabilité des forêts de montagne (Avocat *et al.*, 2011), comme notamment le Schéma stratégique forestier du massif des Alpes, la Convention interrégionale pour le massif des Alpes, les chartes forestières de territoire, ou encore le Programme opérationnel interrégional des Alpes.

2.3 Conservation de la biodiversité

La biodiversité est un sujet de préoccupation pour le gestionnaire forestier depuis la conférence d'Helsinki (1993) qui a précisé la notion de gestion durable impliquant, entre autres objectifs, la pérennité de la biodiversité, et prolongeant les engagements pris par les États signataires lors du Sommet de la Terre à Rio de Janeiro en juin 1992.

Le maintien de la biodiversité, voire son amélioration, constitue un objectif désormais fondamental dans la gestion de la forêt. Cet objectif implique nécessairement une bonne connaissance de la diversité biologique (ou biodiversité forestière) tant au niveau des espèces présentes dans l'écosystème forestier que du système d'organisation du monde vivant qui anime la forêt et permet de comprendre les formes et stratégies d'adaptation face au changement climatique et aux divers aléas engendrés (pollution, tempête, sécheresse, dépérissement, attaque d'insectes ravageurs, etc.). Une bonne connaissance écologique du milieu forestier permet, au travers de l'aménagement forestier, une meilleure gestion mais aussi une meilleure conservation de la biodiversité, voire même une amélioration de celle-ci dans certaines situations favorables.

Les objectifs du maintien et de l'amélioration de la biodiversité dans l'aménagement forestier passent par la conservation du patrimoine biologique en adaptant des règles de gestion, tout en cherchant à la favoriser dans les structures, dans la composition en essence et dans les classes d'âges. Le niveau optimal de biodiversité dans une station forestière peut être considéré comme le mélange d'essences naturellement plus stable (par régénération naturelle) vis-à-vis des agressions diverses. Ainsi, la gestion durable de la forêt doit intégrer la conservation de la biodiversité en tant que fonction patrimoniale tout en assurant simultanément les autres fonctions dévolues à la forêt notamment la récréation et l'accueil du public, mais aussi la production de bois (Galochet, 2023). Par conséquent, les gestionnaires forestiers doivent désormais imaginer la forêt de demain, plus résistante aux aléas et plus résiliente aux effets des changements globaux, tout en maintenant un difficile équilibre entre biodiversité et productivité.

ENCADRÉ 1.1

Le tulipier du Gabon sur l'île de Tahiti (Polynésie française) : l'importance des représentations sociales dans la gestion des invasions biologiques

Françoise COGNARD et Sébastien LARRUE

Les milieux insulaires sont particulièrement sensibles aux invasions biologiques, les capacités de résilience des espèces et des écosystèmes y étant bien moins importantes que sur les continents. Même si la Polynésie française dispose d'une importante réglementation pour prévenir l'introduction de nouvelles espèces, elle est très concernée par cette problématique : 39 espèces invasives végétales sont ainsi inscrites dans le Code de l'environnement comme « menaçant la biodiversité de Polynésie française ». C'est notamment le cas du tulipier du Gabon (*Spathodea campanulata*), qui fait partie des cent espèces les plus envahissantes au niveau mondial. En raison de son abondante floraison rougeoyante, cet arbre originaire d'Afrique centrale a été utilisé comme espèce ornementale. Il a été introduit sur de très nombreuses îles tropicales, dont l'île de Tahiti en 1932 (figure 1.2). Il a fortement colonisé les vallées et les forêts tahitiennes de moyenne altitude (les grandes étapes de l'invasion du tulipier sont résumées sur la figure 1.3) où il concurrence les espèces natives. Le tulipier contribue ainsi à l'uniformisation générale des paysages et, du fait de sa capacité d'envahissement et de sa faible résistance au vent, il est également identifié par les autorités locales comme une espèce menaçant les aménagements humains et contribuant aux inondations (création d'embâcles).

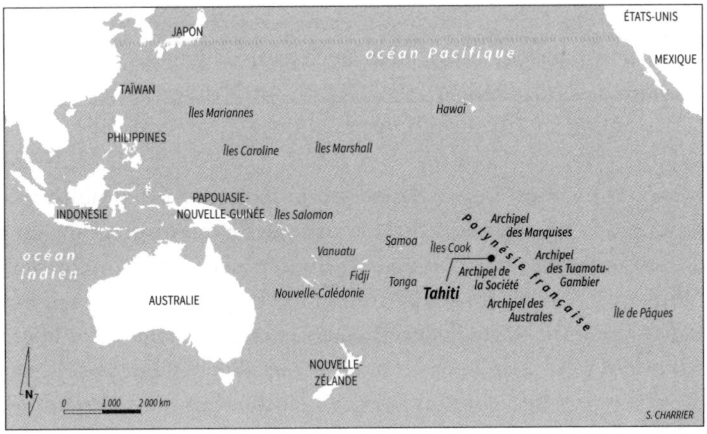

Figure 1.2 – Localisation de l'île de Tahiti (Polynésie française)

Si les invasions biologiques représentent une des causes essentielles d'érosion de la biodiversité, elles ont aussi des conséquences économiques et sociales importantes et sont devenues aujourd'hui un enjeu majeur des politiques environnementales. Elles doivent donc également être appréhendées sous l'angle des représentations sociétales (Larrue, 2008). De nombreuses études ont en effet montré que les populations locales jouent un rôle important dans la réussite des programmes de lutte contre les espèces invasives. Elles insistent sur l'importance de l'acceptation sociale de ces politiques, tout en relevant le fréquent décalage existant entre les représentations des scientifiques, des décisionnaires et des « simples habitants », qui peut être à l'origine de conflits et rend souvent nécessaire les programmes de sensibilisation.

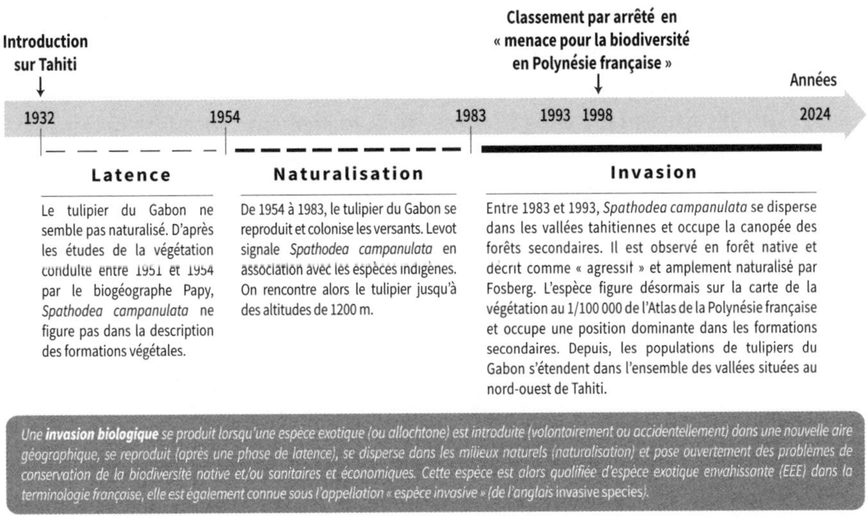

Figure 1.3 – Étapes de l'invasion du tulipier du Gabon sur l'île de Tahiti

Source : adaptée de Larrue (2020).

Dans le cadre d'un projet de recherche consacré à l'étude de la dispersion du tulipier du Gabon dans l'archipel de la Société en Polynésie française (PEPS Écologie des Mobilités, INEE-CNRS, 2019-2020), une étude du niveau de connaissance et de la perception sociale du tulipier a été menée auprès de 291 personnes sur les îles de Tahiti et Moorea (Cognard *et al.*, 2024). Les résultats de cette enquête par questionnaire ont démontré une relative méconnaissance des problèmes environnementaux posés par le tulipier, alors que ces deux îles abritent pourtant un nombre important de tulipiers. Ils ont également révélé une perception plutôt neutre ou positive du tulipier par la majorité des personnes interrogées. Le tableau 1.3 fait état de quelques remarques qualitatives collectées dans le cadre de l'enquête. Elles révèlent des représentations très variables de cet arbre par les Polynésiens. Le tulipier du Gabon est bien décrit par certains habitants comme « envahissant » (à comprendre souvent davantage est connu par un peu moins de 44 % de la population enquêtée) et associé à un comme « encombrant » qu'en lien avec son statut d'espèce exotique envahissante, qui certain nombre de nuisances (en particulier le bris des branches tombant sur les habitations, les voitures, la voirie et l'envahissement des terrains à bâtir). Mais les Polynésiens interrogés semblent moins préoccupés par la menace constituée par le tulipier dans « la nature » qu'à proximité des lieux d'habitation. Il apparaît également très apprécié pour le caractère esthétique de ses fleurs et est associé à diverses fonctions, dans une logique ressourciste assez classique en Polynésie française, comme dans de nombreux milieux insulaires. On peut notamment citer l'association de sa floraison avec l'observation de phénomènes annuels liés à la pratique traditionnelle de la pêche (annonce de la saison des rougets et des oursins), ou bien encore son utilisation pour la construction de pirogues, même si elle est aujourd'hui en grande partie abandonnée. Le lien qui est fait entre tulipier et souvenirs d'enfance (présence dans les cours d'école et jeu avec le liquide contenu dans la fleur utilisée par les enfants pour s'asperger et auquel le tulipier doit son appellation vernaculaire « pisse pisse ») révèle enfin une forme d'attachement affectif à cet arbre. Ce qui renvoie au rôle structurant des pratiques de l'enfance dans la construction des relations à la nature et à la tendance à valoriser les espèces avec lesquelles on grandit (Atlan *et al.*, 2021). Ces éléments rappellent l'importance des arbres dans la culture ma'ohi (Larrue, 2007), mais ils semblent aussi suggérer une certaine appropriation culturelle du tulipier introduit à Tahiti il y a près de 100 ans.

Cette perception sociale, plutôt positive, ne doit pas être sousestimée. Elle peut constituer un facteur de blocage dans l'adhésion des populations locales à la lutte contre cette espèce invasive. Le fort attachement au caractère esthétique de sa floraison, y compris comme facteur d'embellissement des paysages polynésiens, pourrait en particulier susciter une certaine résistance à l'éradication, comme le suggèrent certaines remarques de l'enquête (tableau 1.3). Le soutien à la gestion des espèces exotiques envahissantes est en effet lié à la perception des risques associés à ces espèces et les habitants sont d'autant plus enclins à participer aux programmes de conservation qu'ils y voient leur propre intérêt, ou en quoi cela peut contribuer à sauvegarder leur patrimoine naturel.

Tableau 1.3 – Exemples de remarques sur le tulipier du Gabon illustrant la complexité des représentations sociales des espèces exotiques envahissantes

N° d'enquête	Le tulipier du Gabon fait l'objet de représentations sociales négatives...
63	« *Les graines s'éparpillent un peu partout. Quand on le coupe il repousse, il ne meurt jamais* »
120	« *C'est une plante invasive qui prend la place des plantes locales* »
173	« *Comme je dois défricher les terrains pour mon travail, je sais que c'est une plante nuisible difficile à enlever. Ça fait de l'ombre et ça écrase tout ce qu'il y a dessous* »
228	« *C'est inutile donc je le coupe mais ça pousse comme du petit pain* »
252	« *Quand j'en ai chez moi je l'arrache car ça colonise, ça pousse haut et partout* »
259	« *Ça dérange les terrains et les gens doivent les abattre pour construire* »
269	« *C'est dangereux, ça casse pour rien ; dans les vallées ça bouche les rivières* »
	... mais aussi de représentations sociales positives...
66	« *On s'en servait pour faire un jet d'eau quand on était enfant* »
67	« *Les gens se servent du tronc pour faire des pirogues* »
116	« *J'ai un regard d'enfant sur le pisse-pisse car je jouais avec quand j'étais petite* »
131	« *C'est joli, les fleurs orange, ça rend plus jolie la montagne* »
143	« *Il est bien pour faire des pirogues, mon grand-père faisait des rames avec car il est léger* »
149	« *C'est joli car la forêt polynésienne est verte. Cela met de la variété dans le paysage et sert de point de repère* »
286	« *Ils fleurissent au début de la saison des rougets et des oursins crayon* »

N° d'enquête	Le tulipier du Gabon fait l'objet de représentations sociales négatives...
	... ce qui peut limiter l'adhésion de la population à la lutte contre cette espèce
41	« *Dans la nature on le laisse ; vers les maisons il faut l'enlever parce qu'il casse* »
89	« *Pour nous avant c'était un jeu, c'est mieux de le garder* »
93	« *Il ne faut pas toucher à ces arbres, c'est comme le pin caraïbe à La Réunion qu'ils ont coupé alors que ça faisait un beau paysage* »
96	« *Je ne comprends pas pourquoi il est nuisible pour les autres arbres. Je ne vois pas bien quels autres arbres endémiques il pourrait empêcher de pousser* »
160	« *Du moment que cela pousse tout seul pourquoi faudrait-il les couper ? Sauf s'il y a des problèmes pour le passage, ça dépend où il se trouve mais en général c'est sur les montagnes* »
187	« *Il n'est pas inutile, il est beau de loin ; il est utile au niveau esthétique, mais s'il prolifère, il va falloir en abattre* »
239	« *Il faut les laisser parce que cela fait des belles fleurs et cela indique la bonne saison pour les rougets* »

Source : extraits de l'enquête par questionnaire (Cognard *et al.*, 2024).

3 La gestion forestière adaptée aux nouveaux enjeux dans un contexte d'incertitude

Les effets du changement climatique sur la santé des arbres sont relativement difficiles à anticiper d'autant plus qu'ils peuvent interagir avec d'autres éléments vivants de l'écosystème. Les forêts et les arbres sont de précieux alliés pour participer à l'atténuation du changement climatique dans la mesure où ils représentent le deuxième puits de carbone de la planète, après les océans, avec environ 10 milliards de tonnes de CO_2 absorbées par les arbres et plantes des forêts. En France métropolitaine, les forêts stockent environ 31 millions de tonnes de CO_2 par an (soit l'équivalent de 10 % des émissions annuelles de gaz à effet de serre), et 20 millions de tonnes de CO_2 par an sont séquestrées dans les sols forestiers (soit l'équivalent de 5 % des émissions de gaz à effet de serre). Les incertitudes sur l'évolution du climat et ses conséquences sont relativement importantes pour les gestionnaires forestiers qui doivent adapter leur plan de gestion aux contraintes locales tout en intégrant les nouveaux enjeux environnementaux et sociétaux afin d'inventer la forêt de demain, à la fois plus résistante et plus résiliente, à partir de nouveaux modes de gestion et de sylviculture.

3.1 La forêt mosaïque, une nouvelle sylviculture plus résiliente

L'ONF, en charge de la gestion des forêts publiques françaises, développe un nouveau mode de sylviculture appelé « forêt mosaïque » qui apporte une réponse appropriée aux effets du changement climatique et induit une forêt plus résiliente (figure 1.4). L'un des objectifs de cette nouvelle sylviculture s'attache à renforcer la diversification des essences et à ajuster les modes de sylviculture. Le principe de la forêt mosaïque prévoit différentes zones dans lesquelles une gestion différenciée et adaptée est menée selon des objectifs spécifiques et complémentaires à l'échelle d'un espace forestier, plus ou moins vaste, pour maintenir des équilibres nécessaires.

- Des **zones de régénération naturelle** favorisant la diversité des essences pour permettre un renouvellement sans plantation, à partir de la germination des graines issues des arbres en place ;
- Des **zones de plantation d'arbres** en complément des essences connues pour leur bonne adaptation au climat local ;
- Des **zones d'îlots d'avenir** dans lesquels sont testées des essences plus méridionales ou des essences nouvelles résistantes au changement climatique ;
- Des **zones de futaies régulières** destinées à la production de bois issue des arbres de même âge (formation équienne) ;
- Des **zones de futaies irrégulières** où cohabitent des arbres d'âges et de tailles différents permettant notamment la protection des milieux et la biodiversité ;
- Des **zones de régulation de la faune** (cerfs, biches, chevreuils, sangliers, etc.) pour préserver le renouvellement des arbres et des forêts ;
- Des **zones de conservation d'arbres** pour la biodiversité dans les parcelles de production forestière ;
- Des **zones de préservation des milieux ouverts et humides** pour le maintien de l'équilibre écologique et de la biodiversité faunistique et floristique ;
- Des **zones d'îlots de sénescence** favorisant la biodiversité à partir de la nécromasse produite par les arbres morts se décomposant sur place, et en laissant la libre évolution des arbres vieillissants ;
- Des **zones d'îlots de vieillissement** pour favoriser la création naturelle de vieux bois en retardant les coupes forestières ;
- Des **zones de réserves biologiques intégrales ou dirigées** dans lesquelles des habitats ou des espèces particulières sont protégés par arrêté ministériel.

Afin d'aider les forestiers à établir le meilleur diagnostic possible et prendre les décisions pertinentes dans le choix des essences diversifiées les plus appropriées aux risques et aux effets du changement climatique, des outils numériques ont été élaborés comme notamment les applications ClimEssences et BioClimSol.

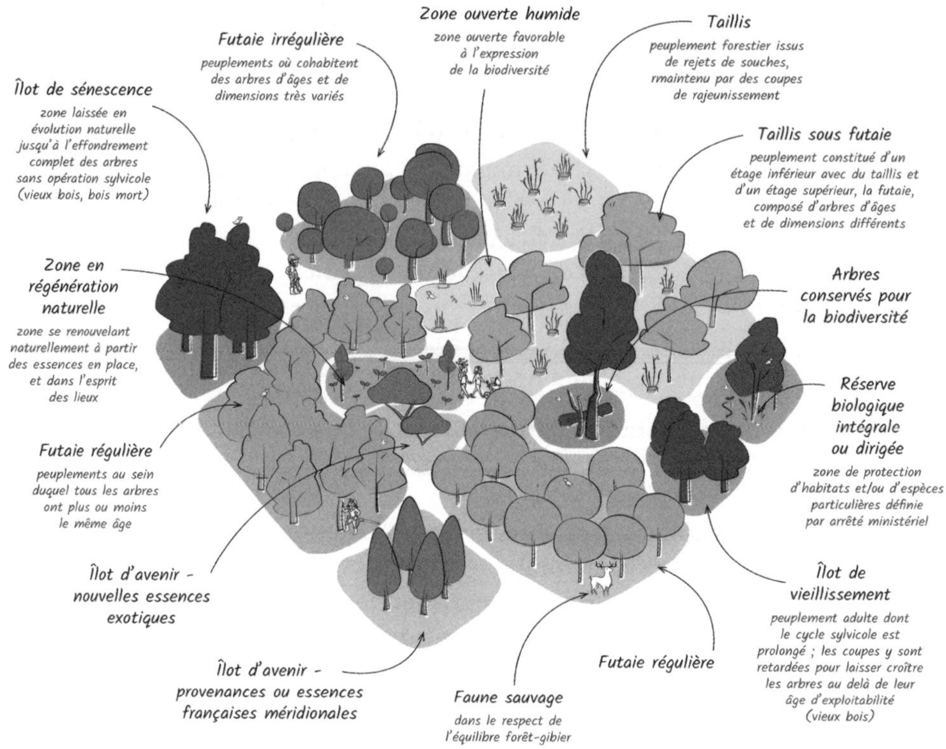

Figure 1.4 – La « forêt mosaïque », une nouvelle méthode de sylviculture plus résiliente face au changement climatique

Source : ONF.

L'application ClimEssences est un site internet[2], développé par le Réseau mixte technologique AFORCE (Réseau français pour l'Adaptation des Forêts au Changement climatique[3]), mettant à disposition une aide à la décision pour choisir les essences les mieux adaptées au climat futur. Cette application contient une série de cartes interactives permettant de visualiser les évolutions du climat et ses incidences sur la répartition géographique et sur le déplacement des essences forestières, ainsi qu'une description de près de 150 espèces arborées européennes (110 résineux et 37 feuillus). Les fonctionnalités proposées par cette application permettent d'améliorer les connaissances sur les différentes essences d'arbres, d'anticiper les effets de l'évolution du climat – à l'échelle d'une région forestière – selon deux scénarios à l'horizon 2100 (un scénario « optimiste » avec un réchauffement à + 2 °C et un « pessimiste » avec un réchauffement à + 4 à 5 C), et d'outiller la réflexion sur le choix des essences idoines à sélectionner pour le renouvellement des peuplements en anticipant le climat futur.

....

2. Voir site ClimEssences du Réseau AFORCE à l'adresse : https://climessences.fr.

3. Voir site du RMT AFORCE à l'adresse : https://www.reseau-aforce.fr.

L'application BioClimSol, développée par l'Institut pour le Développement Forestier du Centre National de la Propriété Forestière (CNPF-IDF), est un outil de diagnostic sylvo-climatique à l'échelle de la parcelle (en version application mobile, développé aussi en version cartographique et recherche) qui a pour objectif d'aider les gestionnaires forestiers dans la conduite des peuplements et le choix des essences de boisement ou de reboisement. Il permet deux approches complémentaires : d'une part, l'évaluation des zones de vigilance ou de risque de dépérissement accru d'un peuplement, et d'autre part, la modélisation de la compatibilité climatique, pédologique et topographique de nombreuses essences en reboisement. À l'échelle d'une parcelle, l'application évalue le risque de dépérissement d'une essence, en combinant l'influence d'agents biotiques, les données climatiques, les facteurs compensateurs ou aggravants du sol, la topographie et la disponibilité hydrique des sols, dans les conditions climatiques actuelles ainsi qu'en anticipant les évolutions futures avec deux scénarios.

3.2 Migration assistée expérimentale pour de nouveaux modèles sylvicoles adaptatifs

L'un des effets du changement climatique pousse les végétaux à développer des stratégies d'adaptation parmi lesquelles le déplacement pour aller trouver des espaces plus favorables. Avec le réchauffement, les arbres méridionaux pourront migrer davantage vers le nord de plusieurs centaines de kilomètres comme le prévoient les simulations du GIEC ou des travaux de l'INRAE (Institut National de Recherche pour l'Agriculture, l'Alimentation et l'Environnement). Les forestiers et chercheurs en écologie forestière réfléchissent depuis quelques années à la méthode de migration assistée d'espèces d'arbres adaptés aux conditions pédoclimatiques futures. Le principe est d'accélérer la migration naturelle en cherchant à favoriser ou à implanter des arbres au-delà de leur aire de distribution actuelle vers un autre lieu, souvent plus septentrional ou d'altitude plus élevée, où les conditions climatiques futures seront plus ou moins proches de la situation bioclimatique actuelle des zones plus méridionales. Autrement dit, l'idée est d'accompagner la migration d'espèces cousines méridionales en anticipant les évolutions climatiques et leurs effets sur les milieux biogéographiques.

Afin d'anticiper les conséquences du réchauffement climatique, l'ONF expérimente la migration assistée des espèces depuis 2011 dans le cadre d'un projet de recherche baptisé Giono qui consiste à évaluer les meilleures espèces résistantes à la sécheresse, puis à les planter dans des sites expérimentaux dans des forêts des contrées septentrionales (ONF, 2024). Des graines de plusieurs essences provenant du sud de la France (notamment des hêtres de la Sainte-Baume) ont été sélectionnées pour germer à la pépinière de Guémené-Penfao (Loire-Atlantique), ensuite plantées en forêt domaniale de Verdun (Meuse), portant de grandes hêtraies déjà affectées par la sécheresse. Ce site de plantation a été choisi en raison de la permanence des conditions climatiques favorables au hêtre et au chêne sessile quel que soit le scénario d'évolution du climat envisagé. En plantant à Verdun plus de 4 500 sapins et plus de 7 000 chênes et hêtres, le projet Giono met à l'épreuve le brassage génétique des espèces de provenances différentes, pour voir notamment si les hêtres de la Sainte-Baume s'acclimateront correctement avec ceux déjà présents dans la Meuse, et s'ils se développeront dans de bonnes conditions à l'horizon 2100 malgré la hausse des températures. Un suivi des plantations durant près de 70 ans permettra de constater progressivement les effets de cette méthode de déplacement à partir de la reproduction des espèces résistantes implantées avec les arbres déjà présents sur place. D'ores et déjà, d'autres pays en Europe commencent à réfléchir pour développer des programmes de recherche similaires de migration assistée d'espèces d'arbres afin de faire face aux effets du changement climatique qui affectent déjà gravement leurs forêts.

Toutefois, la méthode de migration assistée, qui cherche à anticiper le déplacement des essences, pose la question de l'effet d'accélération du rythme beaucoup plus rapide aujourd'hui par rapport à ce qui s'est déjà produit après les dernières glaciations pour une adaptation progressive de certaines essences comme les chênes qui ont mis près de 2 000 ans pour traverser la France durant l'ère postglaciaire (Blondel, 1995).

Par ailleurs, anticiper le déplacement d'espèces d'arbres, capables de s'adapter à la sécheresse et aux canicules, implique de prendre en compte également l'évolution de l'écosystème forestier dans sa globalité, aussi bien la préservation de la biodiversité, la qualité des sols, la production de bois, la protection des milieux, l'accueil du public et les autres services environnementaux et socio-économiques produits par la forêt.

Une étude récente (Michalet *et al.*, 2023), menée par un groupe de chercheurs français en écologie forestière, évoque certains effets défavorables de la migration assistée à partir d'une analyse de 106 espèces d'arbres d'Europe et d'Amérique du Nord concernées par cette méthode de déplacement. Les auteurs de cette étude insistent sur le fait que les espèces méridionales, plus tolérantes à la sécheresse, possèdent souvent un feuillage persistant (comme le chêne vert) et des feuilles de plus petite dimension pour réduire l'évapotranspiration, mais laissant passer davantage de lumière en sous-bois. En introduisant ces essences dans des contrées plus septentrionales, la quantité d'eau transpirée par les végétaux serait ainsi réduite entraînant des conséquences microclimatiques sur les écosystèmes forestiers qui ne rempliraient plus leur rôle naturel d'atténuation thermique. Il est donc à craindre, selon ce groupe de chercheurs, de voir apparaître un dérèglement du bilan énergétique des forêts au niveau de l'interface canopée-atmosphère qui participe fortement à la régulation du fonctionnement climatique planétaire. Les effets sur la dégradation du microclimat des sous-bois seraient tout aussi défavorables pour la biodiversité sylvicole. De plus, ces chercheurs s'inquiètent sur le risque incendie de forêt qui pourrait être accru avec l'implantation d'espèces au degré d'inflammabilité plus élevé comme le pin maritime, entraînant, par voie de conséquence, une augmentation des émissions de gaz carbonique issues de la combustion des arbres et du sol en surface, ce qui conduirait à accélérer le processus de réchauffement global et favoriserait son emballement. Afin de limiter ces effets indésirables, les auteurs préconisent, dans leur étude (Michalet *et al.*, 2023), une autre méthode de migration assistée dite « intra-spécifique » par « flux de gènes assistés ». Celle-ci consiste à aller chercher des graines dans des régions plus chaudes et plus sèches tout en restant dans l'aire d'indigénat de l'espèce pour les introduire ensuite en mélange avec les graines de provenance plus locales, ce qui permettrait en outre de renforcer la diversité génétique, et par conséquent la résilience des forêts.

3.3 Essences nouvelles plus résistantes pour la forêt de demain

Outre la méthode de migration assistée d'espèces, l'ONF expérimente également des essences nouvelles plus résistantes en développant des îlots d'avenir de plantations-tests en conditions réelles au sein de certaines forêts domaniales, notamment dans l'est de la France (Grand Est et Bourgogne-Franche-Comté) et en région Auvergne-Rhône-Alpes, afin de sélectionner les plus adaptées aux effets du changement climatique et d'augmenter le panel d'essences aptes à résister à la chaleur et à la sécheresse. Ces essences nouvelles sont testées en conditions réelles de gestion forestière dans les îlots d'avenir et font l'objet d'un suivi attentif à long terme (pendant 10 à 15 ans) par les chercheurs du département « Recherche, Développement et Innovation » (RDI) de l'ONF dans le cadre d'un programme recherche baptisé RENEssences (Réseau national d'évaluation des nouvelles essences). Les îlots d'avenir s'élaborent selon trois étapes fondamentales :

- choix des essences à tester en fonction de l'enjeu et du niveau de vulnérabilité de la zone concernée, comme la sécheresse ou les agents bioagresseurs ainsi que des critères de productivité et de qualité du bois. Des espèces françaises et européennes sont testées mais aussi provenant d'autres continents. Une seule espèce est implantée par îlot suivie strictement et régulièrement selon un protocole scientifique et de gestion notamment pour estimer les effets invasifs ;
- choix du site d'implantation (entre 0,5 et 2 ha en moyenne, surface maximum de 5 ha) le plus représentatif de la région forestière, en favorisant autant que possible les milieux où la forêt se régénère plus difficilement ;
- élevage des plants en pépinière en passant des contrats de culture pluriannuels pour préparer les plants aptes à être introduits dans les forêts (notamment la pépinière de Guémené-Penfao en Loire-Atlantique et celle de Cadarache dans les Bouches-du-Rhône qui fournissent les plants des îlots d'avenir).

La forêt domaniale de Haye en Meurthe-et-Moselle a été l'une des premières retenues pour installer des îlots d'avenir afin d'expérimenter trois essences sélectionnées (le chêne pubescent, le sapin de Turquie et le Calocèdre) qui pourraient remplacer à terme le hêtre et le chêne pédonculé très sensibles à la hausse des températures. Les premières plantations expérimentales d'îlots d'avenir ont eu lieu en mars 2017 avec un total de

1 100 plants introduits pour se poursuivre jusqu'en 2022. Au total, sur cette période près de 75 îlots d'avenir de 2 ha ont été aménagés avec 300 000 plants introduits. Si le Grand Est et la Bourgogne-Franche-Comté sont les régions les plus représentées par ces expérimentations d'îlots d'avenir, d'autres régions en France sont également concernées comme l'Auvergne-Rhône-Alpes (ONF, 2020). Dans cette région, une dizaine d'îlots d'avenir sont en cours d'installation dans plusieurs forêts domaniales s'inscrivant dans le projet régional MÉTIS (Mobiliser à l'Échelle Territoriale par l'Innovation et la Synergie[4]). D'autres projets sont portés par des collectivités territoriales comme dans le massif du Chablais en Haute-Savoie ou encore en Ardèche où des îlots d'avenir ont été installés dans la forêt domaniale de Mazan l'Abbaye occupée majoritairement par le sapin pectiné, espèce locale particulièrement sensible aux effets du changement climatique comme de nombreuses espèces de sapin.

Dans le massif du Vercors et celui de la Chartreuse d'autres espèces de résineux sont implantées et testées comme le sapin de Bornmuller (originaire de Turquie), le Douglas (avec différentes provenances) et le Cèdre de l'Atlas. Selon Catherine Riond, responsable du pôle « Recherche, Développement et Innovation » de l'ONF à Chambéry, « *il semblerait intéressant que le sapin pectiné (espèce locale) s'hybride avec un sapin méditerranéen comme le Bornmuller pour renforcer sa capacité de résistance à la sécheresse* » (ONF, 2020). Ainsi, l'hybridation semble être une voie prometteuse pour permettre aux essences locales de s'adapter aux nouvelles conditions climatiques en prenant toutefois les mesures nécessaires de conservation des peuplements d'espèces autochtones en les épargnant de toute pollution génétique. Outre l'hybridation, c'est aussi la diversification des essences testées qui offre les meilleures capacités de réussite à l'adaptation des forêts de demain. Le choix des meilleures essences forestières se fait grâce au projet de recherche CARAVANE (Catalogue Raisonné des Variétés Nouvelles à Expérimenter), coordonné par l'ONF, qui prospecte et recense les essences les plus résistantes et les plus aptes à faire face aux nouvelles conditions climatiques.

En 2022, on compte quelque 200 îlots d'avenir en France qui permettent d'obtenir et d'évaluer des résultats d'expérimentation sylvicole anticipant les effets du changement climatique sur les peuplements forestiers grâce à des essences nouvelles plus résistantes. Ainsi, ces îlots d'avenir constituent non seulement des sites d'expérimentation scientifique sous contrôle pour tester et identifier les essences les plus résistantes mais également des lieux de production des ressources en graines des espèces candidates les plus adaptées aux conditions réelles de gestion forestière dans les aires naturelles

....

4. Le projet MÉTIS consiste à la mutualisation des savoirs et des moyens autour de la gestion des forêts et de la mobilisation des bois de la région Auvergne-Rhône-Alpes. Son objectif vise à favoriser l'innovation grâce à la collaboration entre acteurs publics et privés. Ce projet régional comprend la formation des techniciens forestiers sur les enjeux climatiques, le développement de modes de débardage et de transport des bois innovants dits « doux ». Les partenaires impliqués sont l'ONF, la Chambre d'Agriculture Auvergne-Rhône-Alpes, la coopérative forestière COFORET, la Fédération nationale des communes forestières (FnCoFor), l'Association interprofessionnelle de la filière forêt-bois Fibois, l'Institut Technologique FCBA, et le Centre Régional de la Propriété Forestière (CRPF) Auvergne-Rhône-Alpes.

où certaines espèces subissent déjà les prémices des effets du changement climatique, comme le hêtre ou le chêne pédonculé qui sont relativement sensibles à la hausse des températures. Tester et identifier les essences nouvelles les plus résistantes de la forêt de demain à partir de ces îlots d'avenir, permet d'expérimenter de nouveaux scénarios de gestion forestière tenant compte des évolutions climatiques en substituant des essences actuelles, plus vulnérables, par d'autres plus méridionales ou exotiques adaptées à la chaleur et la sécheresse, mais sans savoir si elles ne seront pas davantage sensibles aux problèmes phytosanitaires ou aux attaques parasitaires (Saintonge, Boutte, 2020). Conscients de ces difficultés potentielles, les chercheurs impliqués dans les différents programmes de recherche, coordonnés par l'ONF, l'INRAE ou AgroParisTech, sont particulièrement attentifs à ces incertitudes liées aux effets biologiques d'introduction d'essences nouvelles qui pourraient devenir envahissantes et engendrer un déséquilibre des écosystèmes forestiers ainsi que des conséquences sur les différents services écosystémiques rendus par les forêts.

Conclusion

Les incertitudes liées aux effets du changement climatique sont importantes pour les gestionnaires forestiers qui doivent adapter leur plan de gestion aux contraintes locales tout en intégrant les nouveaux enjeux environnementaux et sociétaux. Un nouveau contexte, changeant et incertain, s'impose donc à la forêt et aux forestiers qui nécessite de mettre en œuvre une nouvelle gestion adaptative, performante et multifonctionnelle, spécifique à chaque territoire pour éviter les situations de crises et favoriser une gestion durable des forêts (Cordonnier, Gosselin, 2009). Les forestiers doivent par conséquent s'adapter en permanence aux évolutions nouvelles, mais comment concilier les nouveaux enjeux environnementaux et sociétaux à la gestion des forêts ? Au-delà des gestionnaires forestiers, c'est toute une filière qui doit s'adapter à ces évolutions environnementales en cours. La filière forêt-bois sera-t-elle prête à se transformer pour intégrer les nouvelles pratiques de gestion des forêts qu'engendre le changement climatique et valoriser la ressource en bois issue des essences nouvelles ? Derrière cette nécessaire adaptation des forêts, des gestionnaires et de toute la filière forêt-bois se cachent aussi de nombreux enjeux comme notamment le maintien des services rendus par ces écosystèmes : captage du carbone, production d'eau, conservation de la biodiversité, protection des sols contre l'érosion, action sur les microclimats, loisirs et activités récréatives de plein air, mais aussi l'utilisation du bois dans les matériaux de construction et dans l'énergie. Tous ces aspects supposent d'avoir une meilleure connaissance des relations forêt-société pour imaginer des stratégies d'adaptation et de nouveaux modèles écologiques et économiques vertueux dans un contexte où l'incertitude occupe une place importante (Bonin *et al.*, 2023).

Les propriétaires comme les gestionnaires forestiers doivent imaginer de nouveaux modes de gestion et de production appropriés à des contextes incertains dont les trajectoires territoriales connaissent une phase de transition animée de temporalités variées (Feola, 2015). Les mutations en cours sont aussi complexes que les situations sont multiples. C'est pourquoi, il convient aujourd'hui de gérer le plus harmonieusement possible une forêt ambivalente représentant à la fois une ressource économique à valoriser et un patrimoine naturel à protéger (Galochet, 2006). Soucieux de maintenir cet équilibre, les gestionnaires forestiers doivent relever un défi difficile mais nécessaire pour transmettre aux générations futures une forêt biodiversifiée, résiliente et multifonctionnelle, intégrée aux évolutions économiques et sociales du monde contemporain en proie à de profonds changements.

BIBLIOGRAPHIE

ATLAN, A., VAN TILBEURGH, V., LAVERGNE, C., (2021). Les Français et la nature, une comparaison entre la métropole et les départements d'outre-mer, p. 68-76. Dans Pautard, E. (coord.), (2021). *Société, nature et biodiversité. Regards croisés sur les relations entre les Français et la nature,* https://www.statistiques.developpement-durable.gouv.fr/media/5004/download?inline.

AVOCAT, H., TABOURDEAU, A., CHAUVIN, C., DE SEDE MARCEAU, M.-H., (2011). Énergie et bois dans le territoire alpin : stratégies autour d'une ressource incertaine, *Revue de Géographie Alpine* (RGA), n° 99-4, http://rga.revues.org/1587.

BLONDEL, J., (1995). *Biogéographie, approche écologique et évolutive.* Masson.

BONIN, F., SUNDY, M., BASTIT, F., (2023). Une planification des forêts à adapter face à des défis encore inconnus, *Revue forestière française*, vol. 74 (2), p. 293-298.

COGNARD, F., FAUCON, F. et LARRUE, S., (2024). Connaissance et perception sociale de l'espèce invasive tulipier du Gabon sur les îles de Tahiti et Moorea (Polynésie française), *VertigO – la revue électronique en sciences de l'environnement* [En ligne], vol. 24, n° 1 |, mars 2024.

CORDONNIER, T., GOSSELIN, F., (2009). La gestion forestière adaptative : intégrer l'acquisition de connaissances parmi les objectifs de gestion, *Revue forestière française*, vol. 61 (2), p. 131-144.

FEOLA, G., (2015). Societal transformation in response to global environmental change: a review of emerging concepts, *Ambio*, vol. 44, p. 376-390.

GADANT, J. (dir.), (1998). *Atlas des forêts de France.* Éditions Jean-Pierre de Monza.

GALOCHET, M. (dir.), (2006). *La forêt, ressource et patrimoine.* Ellipses, coll. « Carrefour ».

GALOCHET, M., (2023). Gestion des forêts françaises et enjeux environnementaux, p. 281-290. Dans LAGANIER, R., VEYRET, Y. (dir.), (2023). *Environnements : approches géographiques.* Ellipses, coll. « CAPES/Agrégation ».

GALOCHET, M., GRANET, A.-M. (dir.), (2020). La forêt ludique, tourisme et loisirs sylvestres, *Cahier du GHFF Forêt, Environnement et Société,* n° 30, p. 5-88 (numéro disponible en ligne : http://ghff.hypotheses.org).

GIEC, (2023), *AR6 Synthesis Report : Climate Change 2023*. Mars 2023, consultable sur le site https://www.ipcc.ch/reports.

KEENAN, R. J., (2015). Climate change impacts and adaptation in forest management: A review, *Annals of Forest Science*, 72(2), p. 145-167.

KULL, C. A., (2017). Forest transitions: a new conceptual scheme, *Geographica Helvetica*, vol. 72.4, p. 465-474.

LARRUE, S., (2020). *De l'usage de « l'arbre » et des facteurs influençant la diversité des plantes vasculaires en biogéographie insulaire*. Habilitation à diriger des recherches en Géographie, université Sorbonne Paris Nord, vol. 1.

LARRUE, S., (2008). Les plantes envahissantes en Polynésie française : un exemple d'approche de la complexité en science de l'environnement, *VertigO,* 8, p. 1-10. DOI : 10.4000/vertigo.5513.

LARRUE, S., (2007). Du sens de l'arbre dans le paysage en Polynésie française, *Géographie et Cultures*, n° 62, p. 113-130. DOI : 10.4000/gc.2392.

LETURCQ, PH., (2014). Wood preservation (carbon sequestration) or wood burning (fossil-fuel substitution), which is better for mitigating climate change? *Annals of Forest Science*, 71, p. 117-124.

MICHALET, R., CARCAILLET, C., DELERUE, F., DOMEC, J-C., LENOIR, J., (2023). Assisted migration in a warmer and drier climate: less climate buffering capacity, less facilitation and more fires at temperate latitudes? *Oikos*, publié le 19 décembre 2023, DOI : 10.1111/oik.10248.

OFFICE NATIONAL DES FORÊTS, (2020). *Auvergne-Rhône-Alpes : des îlots d'avenir pour adapter la forêt au changement climatique*, mis en ligne le 22 septembre 2020, https://www.onf.fr.

OFFICE NATIONAL DES FORÊTS, (2024). *Changement climatique et dépérissement : pourquoi il faut agir en forêt*, mis en ligne le 28 février 2024, https://www.onf.fr.

PINGOUD, K., POHJOLA, J., VALSTA, L., (2010). Assessing the Integrated Climatic Impacts of Forestry and Wood Products, *Silva Fennica* 44(1), https://www.silvafennica.fi/pdf/article166.pdf.

SAINTONGE, F.-X., BOUTTE, B., (2020). Comment agir dans un contexte d'incertitude lié aux effets possibles du changement climatique sur l'état de la santé de la forêt ? *Sciences Eaux & Territoires*, 2020-3, n° 33, p. 12-17.

VIAL, E., (2019). L'effet de substitution : des économies d'émissions de CO_2 en remplaçant les matériaux et énergies dominants par le bois, *Forêt Entreprise*, 245, p. 73-74.

WERNER, F., TAVERNA, R., HOFER, P., THÜRIG, E., KAUFMANN, E., (2010). National and global greenhouse gas dynamics of different forest management and wood use scenarios: a model-based assessment, *Environmental Science and Policy*, 13(1), p. 72-85.

CHAPITRE 2
Agricultures urbaines et environnements : des Suds aux Nords

Jean-Noël CONSALÈS et Christine MARGETIC

SOMMAIRE

De manière générale, la notion d'agriculture urbaine (AU) tend à désigner les multiples formes de cultures (maraîchage, horticulture, arboriculture, etc.) et d'élevages qui prennent place, de par le monde, au sein des villes. Bien que relativement récente, cette notion ne caractérise pour autant pas des phénomènes spatiaux spécifiquement nouveaux. En effet, ville et agriculture entretiennent depuis longtemps des liens de réciprocité inscrits à l'échelle de territoires géographiquement déterminés et délimités. Ainsi, dans les pays d'Europe occidentale, le système des banlieues agricoles a-t-il perduré depuis les origines des établissements urbains jusqu'aux années 1950. Par-delà les limites des villes (des remparts puis aux confins des agglomérations urbaines), se déployaient notamment des ceintures maraîchères destinées à approvisionner les marchés urbains en denrées végétales fraîches. En l'absence de moyens de transport performants et compétitifs, elles bénéficiaient d'une véritable « rente foncière » (von Thünen, 1826, cité par Poulot, 2014), c'est-à-dire d'un important avantage économique à produire à courte distance des citadins consommateurs. Tirant parti d'innovations et de capitaux venus des villes (Courtot, 1989), ces ceintures se fondaient alors sur une agriculture intensive qui offrait des fonctions environnementales en se servant des déchets urbains pour l'amendement des sols (Phlipponneau, 1956, cité par Poulot, 2020). Éminemment ancré dans le local, ce système territorial des banlieues agricoles et *a fortiori* des ceintures maraîchères s'est néanmoins délité durant les Trente

Glorieuses en raison de l'urbanisation, de moyens de transport plus rapides et d'une activité agricole confortée dans de grands bassins de production situés à plus grande distance des villes. Soumises à de mêmes facteurs d'urbanisation, les AU dans les pays des Suds connaissent aussi des formes de repli spatial surtout ces dernières décennies, mais l'agriculture vivrière intra- et périurbaine subsiste, assurant des ressources alimentaires non seulement aux producteurs mais aussi à des citadins en recherche d'une alimentation saine (Aubry, Margetic, 2023).

Au-delà de ces processus similaires, les réalités que recouvrent ces agricultures urbaines varient cependant en fonction du caractère mouvant de ce qui est désigné par le terme « agriculture » ou des contours spatiaux imprécis que revêt le terme « urbain ». Aussi, force est de s'interroger sur la définition à retenir selon que l'on se place dans le cadre géographique des villes des Nords ou des Suds. Dans les Suds, parmi les neuf répertoriées par Moustier et Fall (2004), on peut retenir celle de Mbaye et Moustier (2000) qui met en exergue l'intra-urbain et le périurbain dans une approche d'écologie urbaine qui intègre le fait que progressivement, sera ciblée l'entrée de la sécurité alimentaire et de systèmes alimentaires urbains, avec le concept de City Region Food Systems porté par le RUAF Global Partnership on Sustainable Urban Agriculture and Food Systems dès les années 2010. Ainsi, « *l'agriculture périurbaine (correspondant à l'agriculture urbaine selon la terminologie anglo-saxonne) est considérée comme l'agriculture localisée dans la ville et à sa périphérie, dont les produits sont destinés à la ville et pour laquelle il existe une alternative entre usage agricole et urbain non agricole des ressources ; l'alternative ouvre sur des concurrences, mais également sur des complémentarités entre ces usages : foncier bâti et foncier agricole ; eau destinée aux besoins des villes et eau d'irrigation ; travail non agricole et travail agricole ; déchets ménagers et industriels et intrants agricoles ; coexistence en ville d'une multiplicité de savoir-faire due à des migrations, cohabitations d'activités agricoles et urbaines génératrices d'externalités négatives (vols, nuisances) et positives (espaces verts)* » (Mbaye et Moustier, 2000, p. 236).

Dans les pays des Nords, en un peu plus d'une vingtaine d'années, l'AU passe du stade de notion controversée à celui de réalité territoriale aussi indéniable que discutée, et donc encore soumise à de multiples interprétations et définitions. Pour résumer, trois logiques se succèdent. Dans la lignée des travaux établis dans les pays des Suds, certains chercheurs tendent dans un premier temps à se référer aux propositions faîtes par l'Organisation pour l'alimentation et l'agriculture (FAO) des Nations unies et à mettre en exergue la capacité productive, nourricière, de petites formes d'agricultures essentiellement vivrières situées à l'intérieur ou à proximité immédiate des villes (FAO, 1999, p. 2, cité dans Nahmias et Le Caro, 2012). Sur cette base, ces scientifiques transposent ces conceptions aux pays des Nords et interrogent la dimension alimentaire d'espaces productifs intra- ou périurbains entièrement tournés vers la ville et ses habitants.

Dans un deuxième temps, d'autres chercheurs s'attachent à questionner les mêmes réalités mais au regard du mouvement nord-américain d'AU, à travers lequel s'expriment de nombreux enjeux citoyens (Baudry, 2010) autour de dimensions sociales, spatiales et territoriales. Dans ce sillon s'affirment en France des approches spatialistes et paysagères de l'agriculture urbaine et périurbaine (Giacchè, 2010 ; Donadieu, 1998 ; Consalès, 2004 ; Vidal, 2009 et 2014 ; Toublanc et Poulot, 2018) que résume la définition fondée sur la réciprocité des espaces urbains d'André Fleury et de Pierre Donadieu : « *L'agriculture périurbaine, au strict sens étymologique, est celle qui se trouve à la périphérie de la ville, quelle que soit la nature de ses systèmes de production. Avec la ville, cette agriculture peut soit n'avoir que des rapports de mitoyenneté, soit entretenir des rapports fonctionnels réciproques. Dans ce dernier cas, elle devient urbaine et c'est ensemble qu'espaces cultivés et espaces bâtis participent au processus d'urbanisation et forment le territoire de la ville* » (Fleury et Donadieu, 1997, p. 45).

Enfin dans un troisième temps, sont formulées des définitions beaucoup plus intégratives et globales, comme pour Paula Nahmias et Yvon Le Caro qui retiennent une « *agriculture pratiquée et vécue dans une agglomération par des agriculteurs et des habitants aux échelles de la vie quotidienne et du territoire d'application de la régulation urbaine. Dans cet espace, les agricultures – professionnelles ou non, orientées vers les circuits longs, les circuits courts ou l'autoconsommation – entretiennent des liens fonctionnels réciproques avec la ville (alimentation, paysage, récréation, écologie) donnant lieu à une diversité de formes agri-urbaines observables dans le ou les noyaux urbains, les quartiers périphériques, la frange urbaine et l'espace périurbain* » (Nahmias et Le Caro, 2012, p. 13).

Diverses contributions récentes paraissent ainsi converger vers une définition très large de ses contours. Plusieurs investigations interrogent les oppositions (Granchamp-Florentino, 2012) et les complémentarités de ses formes : entre jardin et microferme, entre professionnel et amateur, entre marchand et non marchand, entre rémunéré et bénévole, entre high-tech et low-tech, entre pleine-terre et hors sol, entre toit et cave, entre maraîchage et élevage, entre jardins familiaux et jardins partagés, etc. (Daniel, 2013 ; Simon-Rojo *et al.*, 2015 ; Morel-Chevillet, 2017). À travers ces jeux d'opposition/complémentarité se détermine d'ailleurs souvent le statut qui est réellement accordé à ces formes d'agriculture par les parties prenantes urbaines. C'est ce que montre très clairement l'exemple de l'élevage urbain qui, en plus d'être globalement oublié et méconnu (Delfosse *et al.*, 2017), (re)nie parfois ses fondements mêmes, en éludant le cycle de vie des animaux (de la naissance à la mort) pour ne pas froisser la sensibilité des citadins (Delfosse et Baysse-Lainé, 2018 ; Bories *et al.*, 2022), ce point n'étant pas évoqué dans les pays des Suds (Diedhiou *et al.*, 2022).

Viennent ensuite des questionnements d'ordre systémique. Initialement formulés sous l'angle de la multifonctionnalité (Lovell, 2010 ; Wegmuller et Duchemin, 2010), on retient désormais l'entrée par les services écosystémiques (Aerts *et al.*, 2016 ; Sanyé-Mengual *et al.*, 2018), voire des solutions fondées sur la nature (Artmann et Sartison, 2018). Dans ces deux approches, il s'agit surtout d'identifier tout ou partie des bénéfices fournis par l'ensemble ou par l'une des modalités de l'AU, ce qui correspond aux objectifs de l'ADEME (2017) qui raisonne en termes d'impacts environnementaux et a élaboré une typologie de l'AU en 6 classes : une catégorie agriculture professionnelle associe l'agriculture périurbaine classique, l'agriculture technologique et l'agriculture sociale et solidaire, une seconde qualifiée de non professionnelle (AU collective et AU individuelle), et une dernière qui isole l'AU servicielle (ADEME et Villatte, 2017).

Pour l'ADEME comme pour de nombreux auteurs, l'environnement traite de la combinaison des éléments naturels (air, eau, sol, climat, biodiversité) et socio-économiques (dont le paysage) qui constituent le cadre et les conditions de vie humaine à différentes échelles spatiales. Doté de ressources propices à de multiples développements, ces derniers ne sont pas sans générer des externalités négatives qui sont souvent associées à l'anthropocène. Au fil du temps, le pluriel s'impose dans le cadre d'une « *transition environnementale qui désigne une évolution vers un nouveau modèle des relations entre espaces et sociétés en renouvelant les modes de produire, de consommer et de vivre ensemble pour répondre à de grands enjeux, notamment celui de la perte accélérée de la biodiversité, et ne se limitant pas aux modifications du fonctionnement du système écologique, mais intégrant les données sociales, comme la volonté des citadins de se réapproprier un cadre de vie et préserver une certaine qualité de vie* » (Demailly, 2017).

Dans la recherche d'une justice environnementale (Lejeune, Deldrève, 2022), complétée d'une justice alimentaire (Hochedez *et al.*, 2022), parler d'AU renouvelle la réflexion quant à une reconnexion des citadins avec la nature d'une part, avec leur alimentation et sa sociabilité d'autre part. En nous appuyant sur des exemples issus des pays des Nords et des Suds, seront abordés dans un premier point les défis environnementaux auxquels est confrontée l'AU, puis les défis sociaux et sociétaux qui concourent en particulier à une justice alimentaire, pour terminer sur diverses contradictions des politiques urbaines au regard des défis précédents.

1 Défis environnementaux : des idées reçues aux réalités

Pratiquée à travers le monde aussi bien pour ses bienfaits environnementaux et sociaux que dans une perspective vivrière et alimentaire, l'agriculture urbaine est cependant exposée à divers types de risques et de formes de vulnérabilité en fonction des catégories et des lieux d'implantation. Au-delà d'une « simple » opposition Nords/Suds, les risques de pollution sont avant tout liés aux modes de production (arrosage ou irrigation, déchets), à la qualité de l'air et des sols, ainsi qu'aux différentes réactions des plantes cultivées aux polluants.

1.1 Contaminations ou pollutions des sols : des freins aux Nords

Pratiquer une forme d'agriculture au sein même de la ville revient souvent à faire face à de véritables « terres inconnues » (Chenot *et al.*, 2013). En effet, contrairement aux sols ruraux depuis longtemps analysés, notamment pour des raisons agronomiques, les sols urbains ne font l'objet d'études précises que depuis récemment. Ils sont pourtant caractérisés par une réelle épaisseur historique intimement liée aux activités humaines et à leurs dynamiques. Par conséquent, l'AU doit fréquemment composer avec des anthroposols, c'est-à-dire avec des sols fortement modifiés ou fabriqués par l'homme (apports de matériaux artificiels ou terres transportées) (Association française pour l'étude des sols, 2008).

À bien des égards, ces sols urbains, dont on ne mesure que peu la traçabilité, peuvent alors présenter des risques de contaminations, voire des dangers de pollutions de sources diverses : présence de métaux, y compris de métaux lourds toxiques comme le cadmium, le mercure ou le plomb ; présence de produits chimiques comme les HAP (Hydrocarbures aromatiques polycycliques) ou les pesticides, utilisation de déchets de sous-produits agricoles, industriels ou artisanaux. En AU se pose ainsi la question de l'éventuel transfert des contaminants ou des pollutions depuis le sol vers les plantes cultivées. Bien que ce transfert soit fortement variable en fonction des caractéristiques des sols et des plantes, il est extrêmement difficile d'évaluer le risque ou la dangerosité de sites agricoles urbains sans recourir à des études historiques et à des analyses de sol en laboratoire qui coûtent cher.

Dans les pays des Nords, ces dernières sont progressivement devenues des figures imposées, au fur et à mesure de l'essor de l'AU. Les porteurs de projets privés ou publics, à plus forte raison les collectivités territoriales, sont désormais particulièrement attentifs à ce risque lors de l'aménagement d'espaces de production (Bodénan *et al.*, 2022). Pour autant, diverses postures coexistent en des termes très différents. Ainsi, à Toronto, la pratique est de laisser le jardinage « *en toutes circonstances* » alors que, à l'inverse, la philosophie d'action de Paris est de ne pas « *cultiver dans le sol en place* » (Branchu, 2015). Parfois, la solution passe par la fermeture de certains sites de jardins collectifs, non sans provoquer des controverses auprès de parties prenantes placées entre résignation et incompréhension (Grenet *et al.*, 2015). Dans ces conditions, il s'agit de plus en plus de trouver des solutions techniques qui permettent de maintenir une activité culturale sur des terrains contaminés ou pollués. Cela peut passer par l'ajout de terres saines sur des sols souillés mais isolés par une géomembrane, comme c'est le cas dans la ville de Montréal. Cela peut aussi passer par des propositions de bioremédiation et plus particulièrement de phytoremédiation, c'est-à-dire la mobilisation de techniques qui utilisent le métabolisme des plantes pour accumuler, transformer, dégrader, concentrer, stabiliser ou volatiliser des contaminants ou des polluants.

Les sols peuvent aussi être affectés par la pollution de l'air, problème majeur en ville lié au trafic routier ou aux effets d'activités industrielles en périphérie. En raison de ces polluants atmosphériques, la localisation des projets d'AU doit être réfléchie (2 à 10 mètres par rapport à la route, séparé d'au moins 500 mètres des grandes avenues et de 100 m des rues passantes) (Mayol et Gangneron, 2019). *A contrario*, les végétaux cultivés contribuent à amoindrir l'effet des îlots de chaleur et à améliorer la qualité de l'air, par captation de polluants liés aux activités humaines, même si l'impact à l'échelle de la ville est modeste. De fait, tout est question de priorités en vue de sa promotion.

1.2 Des pratiques plus problématiques dans les pays des Suds

Si la qualité des sols urbains et leur éventuelle multi-contamination viennent questionner un sol urbain en tant que sol nourricier, des interrogations émergent aussi de l'utilisation de déchets urbains ou de la nature de l'eau d'arrosage ou d'irrigation. Sur ce sujet, il faut distinguer les pays des Nords où existent des réglementations quant à l'utilisation de l'eau de pluie par exemple et des formes innovantes d'utilisation de l'eau (hydroponie).

Dans les pays des Suds, la problématique diffère car prime une agriculture d'auto-subsistance qui explique l'utilisation d'éléments de l'environnement urbain, même si les producteurs connaissent leurs dangers. Plusieurs auteurs dans Aubry et Margetic (2023) soulignent les liens organiques entre ville et parcelles sur la base du recyclage des eaux, des déchets urbains (dont les effluents d'élevages) et plus récemment de l'intensité d'usage des intrants chimiques (pesticides ou engrais de synthèse). Chacun de ces usages influe sur la santé des consommateurs, comme les eaux « grises » (eaux usées d'égouts non traitées ou mal traitées) pour l'irrigation des cultures ou récupérées dans certains barrages qui peuvent contaminer des aliments par des microorganismes pathogènes ou par déclenchement de maladies transmises par l'eau. Les formes de culture sont donc impactées par la disponibilité en eau, la régularité de la pluviométrie et sa propreté (photo 2.1).

Photo 2.1 – Canal d'eaux usées pour irriguer les cultures
Source : Christine Margetic.

Dans un autre registre, les engrais sont souvent mal dosés et les normes environnementales ne préoccupent qu'une frange limitée des producteurs, peu informés sur leurs pratiques ou conscients de leurs effets néfastes mais fatalistes, leur urgence étant de se nourrir eux-mêmes et la population citadine. Par la suite, ils les achètent régulièrement dans des structures illégales de vente ou dans des emballages détournés, sans notice d'utilisation. Au Bénin, la recherche de « beaux légumes » par les consommateurs et l'objectif de productivité incitent les maraîchers à recourir à des pesticides destinés initialement au coton… (Houngnihin *et al.*, 2021). L'absence ou la non mise en pratique des conseils lors de formations explique aussi une mauvaise gestion des effluents d'élevages (de porcs), alors que des dosages inappropriés impactent les cours d'eau. Pour autant, les alternatives existent et se diffusent, lentement, en raison de leur coût en particulier. Des biopesticides sont à la base de démarches d'agriculture biologique qui se diffusent dans la majorité des grandes villes ou les capitales sous l'égide d'ONG à destination d'une population plus aisée.

1.3 Une gestion des risques par l'agriculture indoor high-tech ?

Inventé au début des années 2000 par Dickson Despommier à l'université Columbia de New York, le concept de ferme verticale rencontre un succès croissant depuis 2010. Les formes les plus abouties se situent en Asie (Singapour avec Sky Farms, la première au monde, Japon, Chine), en Amérique du Nord, au Proche- et Moyen-Orient. À la différence des serres, les fermes 3.0 totalement closes, hermétiques aux bactéries et aux insectes, assurent une production planifiée peu dépendante des aléas climatiques, plus efficace (rendement jusqu'à 1 000 fois plus important au m^2), avec une gestion parfois complètement automatisée utile dans un contexte de repli de la population agricole. Associant hydroponie et éclairage LED à la place des rayons solaires, on y produit des légumes-feuilles, des plantes aromatiques, des légumes racines, des fruits rouges mais aussi quelques poissons, crevettes (aquaponie) ou insectes… En réponse à des contextes nationaux variés (par exemple, pollution des sols depuis la catastrophe de Fukushima au Japon ou manque drastique d'eau au Proche-Orient), la Chine[1] se démarque par ses projets. Conçu en 2017 en tant que fleuron d'une Chine qui se veut écologique, le projet « Sunqiao Shanghai » consiste en un district de 100 ha dédié à l'agriculture urbaine, dont 7 ha de ferme verticale, aux enjeux alimentaire, pédagogique et de bien-vivre (reconnecter les Shanghaiens avec la nature). En 2022, après l'inauguration d'un « hôtel de porcs[2] » à Ezhou, sur les bords du fleuve Yangtze, c'est l'ouverture de la première ferme verticale à 20 niveaux au monde totalement gérée par des robots et les technologies de l'intelligence artificielle dans la ville de Chengdu, capitale de la pro-

1. Outre l'expansion urbaine, les terres et l'eau d'irrigation y sont particulièrement polluées et elle émet près de 12 milliards de tonnes de gaz à effet de serre dans l'atmosphère, soit environ 32 % du total des émissions mondiales.
2. Un bloc rectangulaire géant de 26 étages abritant 650 000 cochons, 25 000 bêtes par étage.

vince de Sichuan. Construite par l'Institut d'agriculture urbaine (IUA) de l'Académie chinoise des sciences agricoles (CAAS), elle produit jusqu'à dix récoltes de légumes par an. En Europe prédomine la question du renouvellement des agriculteurs mais les projets sont encore timides, comme au Danemark dans un entrepôt banal d'une zone industrielle de la banlieue de Copenhague inauguré par la start-up Nordic Harvest[3] ou en France à Château-Thierry dans l'Aisne avec « Jungle » (objectif de deux autres fermes verticales d'ici 2025 dans le Sud et dans l'Ouest).

De nombreux avantages sont promus, dont l'impact foncier (utilisation de toits, de friches industrielles, de parking en sous-sol…) et l'utilisation de l'eau en circuit fermé, la proximité avec les consommateurs (bas coûts de transport), et surtout le faible usage de pesticides ou d'engrais chimiques. *A contrario*, le poids de l'électricité (atténué par l'usage de panneaux photovoltaïques ou de batteries de longue durée) et le coût élevé des fruits et légumes cultivés freinent leur essor, d'autant que les investissements sont lourds et que de récents replis (Infarm[4], Nature en Ville sur le parc des expositions de la porte de Versailles à Paris, Agricool ou les fraises en conteneur…) montrent que ce modèle est encore en expérimentation. Un constat identique vaut pour les fermes sur les toits, comme pour les Jardins Perchés à Tours ou la ferme des 5Ponts à Nantes.

Bien évidemment, cette agriculture indoor n'est pas adaptée à tous les milieux urbains, tant sur le plan environnemental qu'économique, mais d'une certaine manière, dans les grandes villes surtout, c'est la réintroduction d'une certaine image de l'agriculture professionnelle, en parallèle à l'agriculture classique de plein champ.

1.4 Source de végétalisation et de biodiversité dans la ville

Pour certains écologues, les espaces agricoles apparaissent comme trop dépendants de facteurs anthropiques pour être considérés au prisme de la nature ou de la biodiversité (Consalès, 2023). Pourtant, force est de constater que, par-delà leurs seules dimensions alimentaires, les différentes formes d'AU sont de plus en plus convoquées et appréhendées en tant que véritables « *espaces à caractère naturel* » (Clergeau, 2007), au sein de villes en quête de durabilité. Face aux impératifs environnementaux liés, elles sont en effet mobilisées pour fournir des services écosystémiques : de support et de régulation quand elles permettent les conditions de production, de conservation et d'entretien des ressources et des aménités nécessaires aux hommes ; d'approvisionnement par la

3. Dans un hangar de 7 000 m^2, d'immenses étagères de 14 niveaux, hautes de 10 mètres et éclairées par un total de 20 000 ampoules LED dont le fonctionnement est fourni par de l'électricité verte (éoliennes). Elle peut alimenter 50 000 personnes en salades et herbes aromatiques.

4. Valorisée à plus d'un milliard de dollars après une quatrième levée de fonds en décembre 2021 (200 millions de dollars), la start-up berlinoise spécialisée dans la diffusion de fermes verticales se sépare de plus de 500 personnes en 2023, soit la moitié de ses effectifs et annonce un recentrage sur ses marchés principaux. La start-up quitte la France.

production de ressources matérielles nécessaires aux hommes ; culturels en lien avec la production d'aménités immatérielles nécessaires aux hommes (Yengué, 2017). À cet égard, les différentes formes d'AU doivent notamment être garantes d'agrobiodiversité. Celle-ci se définit comme « *l'ensemble des composantes de la diversité biologique liées à l'alimentation, à l'agriculture et au fonctionnement des écosystèmes agricoles. Elle rassemble les plantes et les animaux domestiqués, mais aussi tous les parents sauvages, les prédateurs et les organismes vivants aidant à la production agricole (auxiliaires de cultures), les espèces fourragères et autres plantes non semées dans les champs (adventices) avec qui ils interagissent* » (Raimond et Garine, 2020, p. 23).

Dans les pays des Nords et des Suds, l'AU contribue à maintenir, voire à développer une certaine diversité biologique par l'intermédiaire de ses cultures. Qu'elles se placent dans des logiques marchandes ou non-marchandes, ces dernières sont en effet généralement fondées sur l'utilisation d'une large gamme d'espèces et de variétés agricoles, hormis dans le cas particulier des fermes indoor monoculturales. Ainsi en va-t-il surtout des activités horticoles et arboricoles urbaines qui se tournent assez souvent vers des légumes ou des fruits rares, anciens, exotiques ou ethniques qui déterminent d'ailleurs le positionnement économique de certaines fermes urbaines. De même dans les jardins collectifs (familiaux ou partagés), il n'est pas rare de voir certains cultivateurs privilégier des plantes qu'ils ne peuvent pas acheter pour des raisons économiques (prix trop élevés) ou qu'ils ne trouvent tout simplement pas sur les marchés locaux (Martin *et al.*, 2017). Dans ce contexte, les espaces consacrés à l'AU, aussi petits soient-ils, offrent une grande variété de plantations, donc une biodiversité horticole (Consalès *et al.*, 2015).

À cette diversité biologique des cultures correspond alors une biodiversité de la faune et de la flore associée, biodiversité qui de fait dépend grandement des pratiques culturales des agriculteurs urbains. Quelques études, qui restent encore à compléter, tendent en effet à suggérer que, plus les modes de faire sont proches de l'agroécologie, plus les espaces cultivés se caractérisent par une biodiversité importante (Joimel, 2015). Toutefois, si cette dernière renvoie plutôt à des espèces floristiques ordinaires fortement soumises aux représentations des cultivateurs (plantes auxiliaires/mauvaises herbes), elle repose sur une richesse et une abondance de la faune des sols (collemboles, nématodes) qui reste pourtant largement ignorée (Consalès *et al.*, 2015). Forts de ces qualités, les espaces d'AU sont considérés comme des lieux refuges pour la biodiversité au sein de la ville (Lin et Fuller, 2013 ; Lin *et al.*, 2015), pouvant faire office d'habitats-sources ou d'habitats relais pour de multiples espèces au sein des connectivités et des continuités écologiques urbaines (trames écologiques).

Outre ces effets fonctionnels sur les paysages écologiques des villes, l'AU structure aussi des paysages de plus en plus vécus et perçus par des citadins qui, bien qu'encore peu conscients de leur existence, commencent progressivement à leur reconnaître des qualités naturelles (Giacché *et al.*, 2021). Des villes n'hésitent d'ailleurs pas à mettre en scène cette biodiversité, en particulier par la transhumance de troupeaux ovins (Darly, 2014), de fêtes (Fête paysanne à Nantes), voire la constitution d'associations (par exemple, Association internationale des vignes urbaines, dont cinq vignobles sont localisés à Paris).

En définitive, quel que soit le point abordé (sol, eau, air, biodiversité, paysages), tout en n'étant pas exempte de risques pour les environnements urbains, l'agriculture urbaine offre de nombreux avantages pour la construction de villes nourricières, par sa contribution à l'alimentation des citadins, mais aussi à la formalisation de liens sociaux.

ENCADRÉ 2.1

L'écopâturage ou l'enjeu environnemental de la présence des animaux en ville

Depuis les années 2010, les exemples ne manquent pas d'un retour des animaux de ferme en ville (Boris *et al.*, 2022). Plusieurs termes sont employés pour qualifier cette dynamique : le pâturage urbain et l'écopâturage. Ce dernier désigne « l'utilisation des animaux en ville pour l'entretien des espaces verts », le préfixe « éco » renvoyant à des objectifs avant tout écologiques tels que la préservation de la biodiversité locale (prairies), la conservation de races animales à petits effectifs et la diminution du recours à l'énergie carbonée des engins mécaniques. « *Cité pour la première fois dans la presse française en 2002, le terme est préféré aujourd'hui à celui plus ancien d'écopastoralisme, mentionné dès 1976* » (*ibid.*, p. 36). Le mouton (Darly, 2014), voire la chèvre, sont privilégiés pour le débroussaillage de zones peu faciles d'accès (fossés, terrains en pente) avant de se diffuser sur l'ensemble du territoire urbain tant sur des terrains publics que privés. Pilotée par des agriculteurs, des agences de paysagisme ou d'entretien des espaces verts, cette pratique consiste à louer quelques animaux à l'année, voire une partie seulement (hivernage dans une bergerie souvent située en zone rurale de proximité). De nombreuses collectivités multiplient les contrats en particulier depuis 2017 et l'interdiction d'usage de pesticides par les communes et des entreprises s'engagent parfois pour faire du « greenwashing » (Boris *et al.*, 2022). Les bénéfices environnementaux sont explicites qui vont de la lutte contre les inondations par le maintien de prairies en zone inondable, l'ouverture des milieux et la lutte des incendies en région méditerranéenne, la protection de la ressource en eau potable, la réintroduction de biodiversité (domestique) grâce à leurs déjections, ou encore la baisse des déchets verts. La liste est longue... Démarche plutôt plébiscitée par les habitants, demeurent des points plus délicats comme la gestion de leur fin de vie (finiront-ils par être mangés ?) ou la durabilité de ces élevages face aux épizooties ou au changement climatique.

Pour les bovins, la métropole de Nantes se démarque en promouvant un pâturage urbain depuis 2000 dans une continuité historique le long de la Loire (Lagard, 2021). Cet exemple unique à l'échelle nationale par son ampleur et le projet mutifonctionnel qui croise une race à viande locale (la vache nantaise), certains lieux de pâturage inventoriés en Zones naturelles d'inventaires écologiques faunistiques et floristiques (ZNIEFF) ou Natura 2000 et des actions pédagogiques auprès des scolaires (photo 2.2). Ce projet territorial a une finalité productive, à destination de jeunes éleveurs en vue de leur installation ou pour diversifier un troupeau. L'accès à ces espaces en ville (et en dehors) contribue donc à la pérennité de la race.

Photo 2.2 – Les vaches nantaises au pâturage à Doulon Gohards (Nantes)

Source : Christine Margetic.

2 De l'alimentaire au sociétal : l'AU comme ferment d'une ville vivable

En 2020, d'après la FAO, l'agriculture urbaine est pratiquée par 800 millions de personnes dans le monde, qui produisent environ 15 % des denrées alimentaires mondiales, avec plus de 40 types d'activités agricoles urbaines différentes. Il s'agit majoritairement d'une agriculture familiale destinée à l'autoconsommation et parfois à la vente pour constituer un complément de revenu. Dans les pays occidentaux, elle recouvre des ambitions territoriales plus larges, dont la valorisation des cadres de vie (végétalisation) et d'écosystèmes naturels (pratiques durables) mais aussi sociaux avec l'affirmation d'un approvisionnement local via les circuits courts (de proximité) ou propice à la mixité et de lien social (Aubry, 2014).

2.1 Produire pour se nourrir : l'acceptabilité de l'AU par les citadins

Alors que 60 % de la population mondiale vit en ville en 2020, La FAO retient un taux moyen d'autosuffisance alimentaire des villes de 15 % avec de très fortes disparités. Dans les pays des Nords, la production agricole urbaine est estimée couvrir un niveau d'autosuffisance de l'ordre de 3 à 5 %, mais en Afrique, on atteint 60 à 70 %. Les légumes forment environ 30 % des produits consommés, et 70 à 90 % proviennent d'un maraîchage urbain, comme celui de Ouagadougou (Burkina-Faso), offrant une diversité de cultures traditionnelles pour l'autoconsommation (légumes-feuilles, légumes-fruits, racines) ou plus récentes, d'origine européenne pour la vente. La proximité entre lieux de production et de consommation réduit les distances (kilomètres alimentaires) alors que les infrastructures routières et de transports déficientes fragilisent ces produits frais périssables. L'accessibilité est ainsi facilitée et les marchés locaux ou les stands de bord des routes sont ravitaillés plus fréquemment.

Le marché des ovins colonise une route de la ville

Un élevage de moutons Ladoum en fond de cour

A Ziguinchor, les vaches partent sur des prairies en périphérie de la ville chaque matin (photo de gauche) et reviennent sur le marché aux bovins en fin de journée (photo de droite)

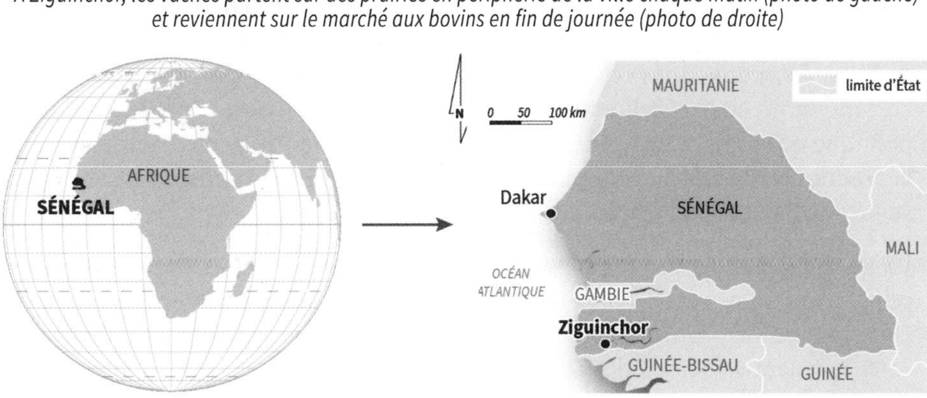

Figure 2.1 – Des formes d'élevages diversifiées dans l'espace urbain de Ziguinchor (Sénégal)

Ce constat vaut pour d'autres productions pratiquées dans les interstices urbains et en périphérie (arboriculture ou floriculture), dont des élevages. Volailles (œufs et poulets de chair), porcins, ovins et bovins coexistent avec des conditions d'élevage plutôt sommaires (enclos en fond de cour, marchés aux bestiaux sur une parcelle dans le tissu urbain... ; voir à ce sujet la figure 2.1), avec infiltration des effluents dans le sol ou des nuisances olfactives. Leur acceptabilité vient de leur diffusion spatiale (visible ou invisible dans le paysage) pour des activités de vente surtout, pour une consommation quotidienne pour les volailles, ou plus festive (mouton et fête du Tabaski par exemple). Dans les pays des Nords aussi, on retrouve l'idée d'une réponse à des besoins alimentaires de familles qui cherchent à consommer des produits frais et locaux (diffusion de poules autour d'une circularité des matières : du ver de terre à la fiente puis au jardin, avec l'œuf comme objectif). Pour produire, certaines fermes osent des modèles innovants comme les fermes verticales ou, plus original, une ferme de vaches laitières proche des habitations sur l'eau dans le port de Rotterdam, la Floating Farm. D'abord réticents, les habitants du quartier investissent ensuite les lieux comme clients pour des produits laitiers de proximité mais aussi lors d'événements pédagogiques et culturels. Un lien se crée qui exprime l'acceptabilité de ce projet pour le voisinage tout en répondant de manière plus large aux attentes de consommateurs tournés vers la dimension qualitative de leur alimentation (produits biologiques, locaux, circuits courts de commercialisation). C'est une nouvelle conscience environnementale et sanitaire qui prend forme.

2.2 Produire tout en (re)créant des liens sociaux

Au-delà de ses seules fonctions productives et alimentaires, l'AU revêt des dimensions sociales avérées. En effet, elle contribue à combler le désir protéiforme qu'expriment de plus en plus de citadins à l'égard d'une nature plurielle porteuse de sens multiples. De nombreuses études démontrent ainsi que les motivations des parties prenantes ne se limitent jamais à la simple production-consommation de denrées alimentaires, et ce, quel que soit le contexte territorial ou la forme agricole interrogés. Ce point est conforté dans une recension de la littérature scientifique (Di Fiore *et al.*, 2021) qui reprend les raisons invoquées par des panels d'acteurs de par le monde. Au nombre de seize, les motivations relevées concordent pour les pays des Nords et des Suds, à l'exception notable de celles relevant du contact avec la nature, de l'esthétique et de la politique qui sont exclusivement occidentales. Et seules trois renvoient directement à la production ou à la consommation de nourriture (sécurité alimentaire ; économie et vente ; qualité de l'alimentation).

La santé psychologique et physique apparaît comme la raison la plus invoquée par celles et ceux qui pratiquent l'AU, que ce soit en tant qu'amateurs (dans les jardins collectifs) ou de professionnels (dans les fermes urbaines). En effet, ces espaces agricoles se voient associés à des activités perçues comme saines pour le corps et l'esprit.

Celles-ci s'effectuent dans des sites de nature qui tranchent avec les réalités urbaines alentour et agissent positivement sur l'équilibre de leurs parties prenantes. Viennent ensuite une série de motivations qui relève des dynamiques collectives et des interactions sociales permises par l'AU. En effet, elle apparaît comme le cadre d'initiatives de petites communautés d'acteurs qui cherchent, par la voie de l'autonomisation et d'un activisme politique plus ou moins affirmé, à œuvrer ensemble, notamment en faveur de l'écologie et de l'environnement. Ce faisant, elle suscite de nombreuses interrelations qui participent à une sociabilisation active des individus qui la pratiquent : relations interclasses sociales, intergénérationnelles et interculturelles. Même s'il ne faut pas faire de l'AU une sorte de panacée aux problèmes sociétaux urbains et s'il faut avoir conscience des limites de ses incidences sociales (Consalès, 2004), il convient tout de même de reconnaître qu'elle génère des lieux de réciprocité, d'échange, de confrontation et d'éducation mutuelle pour des personnes venues d'horizons différents mais rassemblées autour d'une activité collective. Rien d'étonnant, dans ce contexte, à ce que de nombreux bailleurs sociaux des pays des Nords utilisent l'AU pour (re)créer des communs et, par extension, des synergies au sein de quartiers populaires, ou que les migrants ruraux dans les villes des Suds recréent leurs solidarités villageoises par le biais d'une gestion coutumière des terres. À ces raisons reposant sur l'existence d'un collectif correspondent aussi des motivations d'ordre plus directement individuel. Si elles passent plutôt par la vente dans les Suds, progressivement dans les Nords, les différentes formes d'AU répondent à des attentes citadines de plus en plus variées en termes de loisirs en lien direct avec la nature et d'apprentissages autour du vivant dans des cadres de vie certes urbains mais paysagèrement amènes. De fait, les fonctions sociales de l'AU constituent désormais de véritables arguments économiques pour des porteurs de projets qui n'entendent pas limiter leur activité à la seule production matérielle de denrées alimentaires, mais cherchent aussi à profiter de ses valeurs immatérielles et notamment sociales.

ENCADRÉ 2.2

Les jardins partagés à Marseille

En 2016, l'Union Nationale des Entreprises du Paysage (UNEP) et Hortis (association des responsables d'espaces nature en ville) classent Marseille à la deuxième place des villes françaises les mieux dotées en jardins partagés. Bien que difficilement vérifiable, cette affirmation vient mettre en lumière la forte dynamique de développement qui caractérise la commune depuis 2010. Celle-ci s'explique essentiellement par la montée en puissance de projets (Vandenbrouck *et al.*, 2017) interprétant une demande sociale sans cesse renouvelée à l'égard d'espaces urbains jardinés. Il convient alors de constater que les particularités d'une population marquée par d'énormes disparités et inégalités socio-économiques, par un taux de chômage de 18,5 % (contre 10,4 % en moyenne dans les autres villes françaises) ou par un taux de pauvreté de 25,5 % (14,3 % en moyenne en France) renforcent les besoins exprimés à l'échelle locale. Mais, la dynamique en faveur des jardins partagés s'explique aussi par les potentialités géographiques du territoire : l'immense commune de Marseille (240,6 km²) présente dans sa périphérie d'importantes opportunités foncières, des friches anciennement agricoles propices aux appropriations citoyennes.

Quoi qu'il en soit, la répartition spatiale des plus de 50 sites de jardins partagés recensés reste principalement inféodée à deux facteurs géographiques corrélés : la pauvreté et le mode d'habiter des populations (Consalès, 2018). Les jardins partagés marseillais ont donc une vocation sociale certaine qui induit des emplacements privilégiés. Au cœur des quartiers populaires centraux et péricentraux, ils se greffent sur des dents creuses sises au sein d'un tissu urbain dense caractérisé par un habitat ancien, fortement dégradé, occupé par des résidents très pauvres (le taux de pauvreté oscille entre 44 % et 55 %). En périphérie, dans les quartiers nord (14e et 15e arrondissements) et sud-est (le long de la vallée industrielle du fleuve côtier de l'Huveaune), ils se fixent préférentiellement aux pieds des immeubles des grands ensembles habités par des populations pauvres (le taux de pauvreté oscille ici entre 20 % et 44 %). Bien que partagés, ces jardins n'en demeurent pas moins parcellisés (photo 2.3). Les lopins sont généralement petits (10-25 m² en moyenne) mais nombreux (20 à 90 parcelles par jardin), témoignant de l'engouement local pour le jardinage individuel et l'autoproduction.

Photo 2.3 – Les objectifs multifonctionnels d'un jardin partagé dans les quartiers nord de Marseille (voir la figure 2.2 pour sa localisation)

Source : Jean-Noël Consalès.

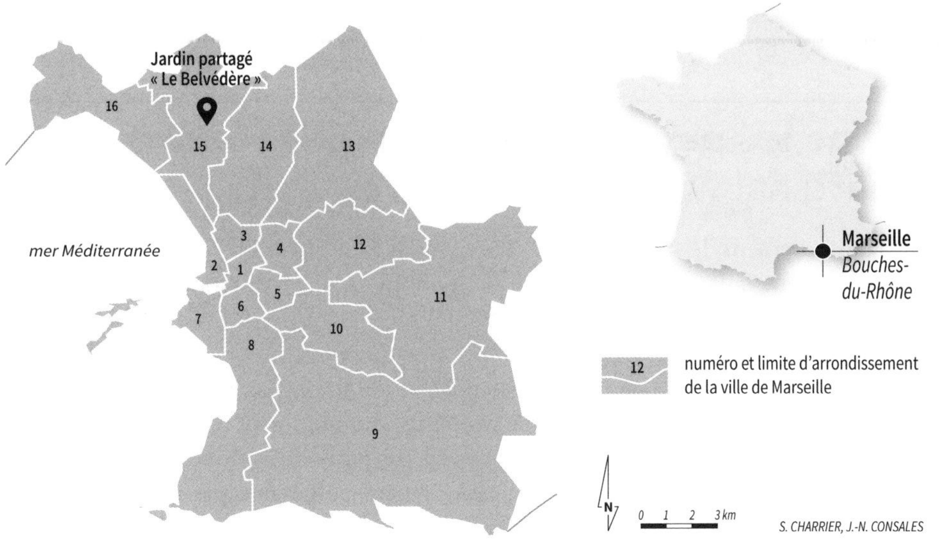

Figure 2.2 – Localisation du jardin partagé du Belvédère

Une étude pluridisciplinaire (Martin *et al.*, 2017) conduite auprès de certains habitants des quartiers nord montre ainsi que la fréquentation des jardins partagés se présente comme un important vecteur de lien social et comme un réel générateur d'estime de soi, notamment pour des femmes touchées par la précarité. Dans ce contexte, la production, aussi symbolique soit-elle, a des vertus alimentaires indéniables. Les femmes qui bénéficient d'une parcelle ont en effet des approvisionnements en fruits et légumes significatifs (+ 150 g par jour et par personne dans le foyer) que leurs voisines aux profils socio-économiques similaires mais qui ne jardinent pas, et ce, pour des dépenses alimentaires qui ne sont pas significativement plus élevées. Bien que transversale, cette étude suggère donc que le jardin est un outil qui tend vers des pratiques alimentaires en accord avec les préconisations de santé publique.

3 Nourrir les villes : des discours sur la pratique de l'AU à son instrumentalisation dans les politiques publiques

Au-delà de leur dimension nourricière qui perdure, voire s'accroît partout dans le monde, le rôle alimentaire de l'agriculture urbaine, notamment à destination de populations précaires, est conditionné par certaines contraintes, relevant en particulier de (co)-constructions plus ou moins fortes avec la ville et ses acteurs. L'appréhension de la diversité de ses formes et des enjeux environnementaux qu'elles constituent est parfois ambiguë, voire incohérente dans les politiques publiques. À ce sujet, il existe d'importantes divergences entre les Nords et les Suds.

3.1 Dans les pays des Suds, un phénomène marginal voué à disparaître

Majoritairement, les faiseurs de la ville dans les Suds voient les espaces agricoles, quelle que soit leur taille, comme des réservoirs pour une urbanisation future, renvoyant à une situation d'attente pour des citadins précaires qui occupent les sites de manière temporaire (Aubry et Margetic, 2023). Cet antagonisme a toujours existé (partout dans le monde), avec des effets de balancier sur le temps long en fonction des périodes (contextes de sécheresse, protection contre les inondations), mais il tend à s'accentuer ces dernières décennies. L'agriculture ne fait pas partie des critères de promotion d'une ville « durable » ou « moderne » ; aussi, ce n'est en général pas une priorité pour les politiques publiques, sauf à la marge comme au Sénégal où a été promulgué un décret protégeant les Niayes à Dakar. Un exemple original est celui de Bobo-Dioulasso en Côte d'Ivoire, l'AU a été promue sur des terres publiques dans le contexte d'élaboration d'une trame verte. Cependant, l'échec est patent, les populations locales ne reconnaissant pas ces sites créés *ex nihilo* sur des espaces sans caractéristiques écologiques particulières (Robineau, 2023). Un appui institutionnel ne suffit pas toujours.

La participation de l'AU aux enjeux environnementaux est minimisée et elle est plutôt perçue comme marginale et provisoire, voire nuisible ou facteur de criminalité. Dans certains pays, elle est même interdite par texte réglementaire, mais le plus souvent, son absence des lois et décrets fait que, si elle n'est pas formellement reconnue, elle n'est pas non plus formellement interdite. Ainsi au Burkina-Faso et à Ouagadougou, elle s'appuie sur une certaine ambiguïté des textes pour se maintenir, voire se conforter, l'absence de réglementation contrainte constitue une opportunité au final (Ouedraogo et Nikiema, 2023), les maraîchers peuvent s'installer même dans des périmètres *a priori* interdits près de certains barrages. Cette souplesse tient pour partie à la pression de bailleurs de fonds (Banque mondiale, Agence française de développement...) soucieux de privilégier la sécurité alimentaire des populations. Localement, c'est un ensemble hétéroclite d'acteurs (agences d'État ou de coopération internationale, ONG, groupements de la société civile, etc.) aux modes d'action, aux normes de légitimité et aux intérêts pluriels et parfois contradictoires, qui coexistent. Face aux insuffisances des outils de planification locale dans un contexte de décentralisation, les choix opérés comme la définition de quartiers qualifiés d'agricoles au Sénégal peuvent être soutenus grâce à la mobilisation de groupes de résidents et d'agriculteurs qui défendent la cohabitation entre agriculture et autres fonctions urbaines (Maillard, 2023). Dans ce cadre, « *la construction de la ville et la gestion des espaces publics découlent prioritairement de négociations successives entre acteurs et non de l'application zélée d'une planification publique et de normes rigides* » (Aubry et Margetic, 2023, p. 18).

La compétition foncière constitue un enjeu géopolitique majeur dans un contexte d'explosion démographique et ses effets liés. Les tensions qui en découlent s'expriment même dans les zones « non loties » comme des forêts protégées, parfois non *aedificandi*, souvent des bas-fonds. Parfois signe d'occupation et d'utilisation des terres, la pratique agricole devient un marqueur, une étape dans la démarche de demande d'attribution foncière ou dans l'attente de la construction. Ainsi, après achat d'une parcelle en milieu forestier, on assiste à son débroussaillage puis à la plantation (temporaire) de cultures mises en place le plus souvent par un maraîcher recruté pour l'occasion. Ainsi, les situations d'insécurité foncière pour les agriculteurs sont fréquentes, mais les arrangements informels entre acteurs (Robineau, 2023) et leurs formes obligent à dépasser la distinction habituelle entre formel et informel.

3.2 Dans les pays des Nords, une institutionnalisation de l'AU en cours

Dans les pays des Nords, les fonctions environnementales de l'AU revêtent une dimension politique indéniable. Dès la fin du XIXe siècle, la création des jardins ouvriers français (devenus jardins familiaux) repose en partie sur une dénonciation des conditions de vie urbaines de populations laborieuses par quelques figures tutélaires du catholicisme social, dont en premier lieu l'abbé Jules Lemire (Cabedoce et Pierson, 1996, cité dans Consalès, 2023). Également dans les années 1970, l'essor des community gardens (jardins partagés en français) dépend-il initialement du mouvement des Green Guerillas lancé entre autres par l'artiste Liz Christy pour dénoncer l'incurie de la municipalité de New York dans la gestion de terrains vacants situés dans les quartiers populaires de la ville (Baudry, 2010). Cette forme d'activisme écologique influence par la suite toutes les initiatives d'AU qui se diffusent d'abord dans les grandes métropoles d'Amérique du Nord, puis à l'ensemble du monde occidental, afin de promouvoir la justice environnementale et alimentaire en même temps que l'*empowerment* (l'autonomisation ou la capacitation) des populations défavorisées. C'est notamment le cas pour l'emblématique ville de Détroit au sein de laquelle une myriade de projets agricoles a vu le jour consécutivement à l'explosion de la pauvreté urbaine due à l'effondrement de l'industrie automobile (Paddeu, 2021). Bien que parfois contestée par des chercheurs qui n'y voient que de l'« entre-soi » de classes relativement aisées (Mestagh, 2018), l'AU conserve majoritairement dans les Nords sa vocation socio-environnementale.

Cependant, au fur et à mesure de son expansion, elle tend aussi à s'institutionnaliser. Cela passe avant tout par la formulation de politiques publiques dédiées qui s'inscrivent à toutes les échelles territoriales. Ce sont toutefois les municipalités qui s'emparent en premier de cette thématique. Percevant son intérêt multifonctionnel, elles émettent des programmes d'actions ad hoc spécifiquement consacrés à tout ou partie de ses formes, selon des modalités et des intensités qui varient fortement d'un contexte territorial à l'autre (Consalès *et al.*, 2018). Il existe donc des municipalités qui restent très peu engagées en faveur de l'AU et d'autres qui l'ont totalement investie. Dans cette seconde catégorie figure sans nul doute la ville de Paris qui, en la matière, fait office de modèle français. Il faut dire que, depuis le début des années 2000, elle met régulièrement en œuvre des politiques agricoles marquantes, et ce, malgré son statut de commune la plus urbanisée de France. Cela commence en 2003 avec « la Charte Main Verte » destinée à accompagner la création et la diffusion de jardins partagés sur le territoire parisien. Cela se poursuit, depuis 2016, avec le programme « Parisculteurs » qui a pour but de favoriser l'installation de projets agricoles, en identifiant des sites propices à la culture et en lançant des appels à projet pour les exploiter. L'objectif affiché est d'atteindre, à terme, 100 hectares cultivés dans Paris intra-muros. Pour l'heure, ce programme a permis de faire éclore 70 projets et de mobiliser 34 hectares de surfaces exploitables.

Par ailleurs, à une échelle urbaine élargie, l'AU est de plus en plus intégrée au sein de politiques publiques qui tentent de répondre aux enjeux agro-environnementaux de territoires métropolitains de façon cohérente à l'échelle internationale (Villes en transition, Incroyables comestibles, Pacte de Milan 2015) ou nationale. En France, elle est fréquemment convoquée dans les Projets alimentaires territoriaux (PAT) (Maréchal *et al.*, 2018), surtout pour venir renforcer la part des denrées agricoles produites localement et, par conséquent, pour réduire la dépendance vis-à-vis de bassins extérieurs. En parallèle, à l'échelle nationale, de grands programmes d'actions en sa faveur se font jour. En France par exemple, l'Agence nationale de la rénovation urbaine (ANRU) est à la base de l'appel à projets « Quartiers fertiles » qui a pour objectif d'accélérer le développement de l'AU dans les secteurs du Nouveau programme national de renouvellement urbain (NPNRU). Ce programme a d'ores et déjà permis de financer 100 initiatives dans 140 quartiers prioritaires sur l'ensemble du territoire national et aboutit à la création de près de 700 emplois de maraîchers urbains, d'animateurs, de chefs de projet ou de culture, et environ 80 actions de formation professionnelle, et de sensibilisation à l'alimentation, le tout en partie grâce au fonds « France Relance » de l'État (13 millions d'euros en 2020 et 2021 et 17 millions d'euros alloués au soutien de jardins partagés et collectifs en janvier 2021).

Les appels à projet spécifiquement dédiés à l'agriculture urbaine tendent à se multiplier depuis les années 2010, à l'initiative de villes de toute taille (de l'eurométropole aux petites communes) d'une part, de structures et institutions variées (région Île-de-France, État, Banque des territoires, ADEME, Fondations, Lycées, Promoteurs, etc.) avec dans quelques cas un bailleur social[5] pour partenaire d'autre part. Si prédominent des attentes en matière de maraîchage en vue de l'implantation de fermes sur leur propre territoire pour les collectivités (Baysse-Lainé *et al.*, 2018), avec de potentiels

5. Les HLM ont plus de 300 jardins collectifs, plus de 87 espaces intersiticiels, 13 fermes urbaines, 50 ruchers, 7 élevages (poulaillers…), 4 activités d'écopâturage (sur des surfaces entre 500 et 13 000 m^2) et 32 compostages collectifs selon l'Union sociale pour l'habitat en mars 2022.

échecs (Guillemin et Margetic, 2023), les appels lancés par les autres structures sont plus variés[6]. Tous ont en commun l'attention portée aux questions environnementales (pollution des sols...), avec des baux environnementaux en général.

Pour autant, cette institutionnalisation de l'AU dans les pays occidentaux peine encore à se traduire de façon uniforme dans les documents de planification et d'urbanisme. La réglementation des différentes formes reste inféodée à des logiques fermement inscrites à des échelons de gestion extrêmement fins (du quartier à la municipalité) et demeure, par voie de conséquence, très variable d'un territoire à l'autre. À cet égard, les jardins collectifs sont beaucoup mieux représentés dans les documents de planification et d'urbanisme consacrés aux communes que dans ceux dédiés aux intercommunalités (Consalès *et al.*, 2018).

ENCADRÉ 2.3

Des paysages nourriciers à Nantes

À la sortie du premier confinement en mai 2020, la ville de Nantes met en place une expérimentation à visée solidaire : la plantation de légumes sur des espaces verts municipaux afin de les redistribuer gratuitement à des foyers nantais en situation de précarité, intitulée « Nantes, paysages nourriciers ». Pilotés par la direction Nature et jardins de la ville, 54 potagers sur 2,5 ha sont alors sélectionnés, nombre réduit dès l'année suivante avec 26 sites en 2023 pour 5 800 m^2, gérés par 80 bénévoles actifs d'associations de jardinage et d'agriculture urbaine (14), par des agents de la ville (11) ou sous forme d'un potager de plein champ au sein de la pépinière municipale du parc du Grand Blottereau.

Près de 22 tonnes de tomates et autres légumes sortent de terre en 2020, ce chiffre passant à 19 tonnes en 2023 pour une grande variété de plantes (28 espèces de potagères et 18 espèces d'aromatiques). La 4e édition de l'opération s'est clôturée par une grande fête des récoltes, associant les bénévoles et les bénéficiaires (plus de 1 000 ménages) des quartiers nantais. Outre la proposition de diverses visites et animations autour des potagers et de la cuisine, ce temps de rencontre participe d'une sensibilisation à la transition alimentaire en incitant les habitants à repenser leur façon de s'alimenter, avec des ateliers de cuisine (baptisés « papote et popote »), des séances de dégustation, des échanges de conseils et des astuces pour bien manger à petit budget... En parallèle, un volet vise le public du primaire, avec plus de 1 000 élèves, du CP au CM2, qui ont été accueillis dans les potagers.

Novateur en 2020, ce projet est une réussite dans la mesure où il fait sens pour les équipes, partenaires et habitants dans la lutte contre la précarité alimentaire. Intégré dans le projet alimentaire territorial de Nantes métropole, il a été abondamment diffusé autour des bénéfices de la culture de légumes en ville, du lien social créé dans les quartiers, sur les bénéficiaires des paniers, etc.

6. Projets en toiture par des promoteurs, jardins pédagogiques ou thérapeutiques par des fondations, projets liés à l'alimentation par la Banque des territoires ou aux innovations par l'État...

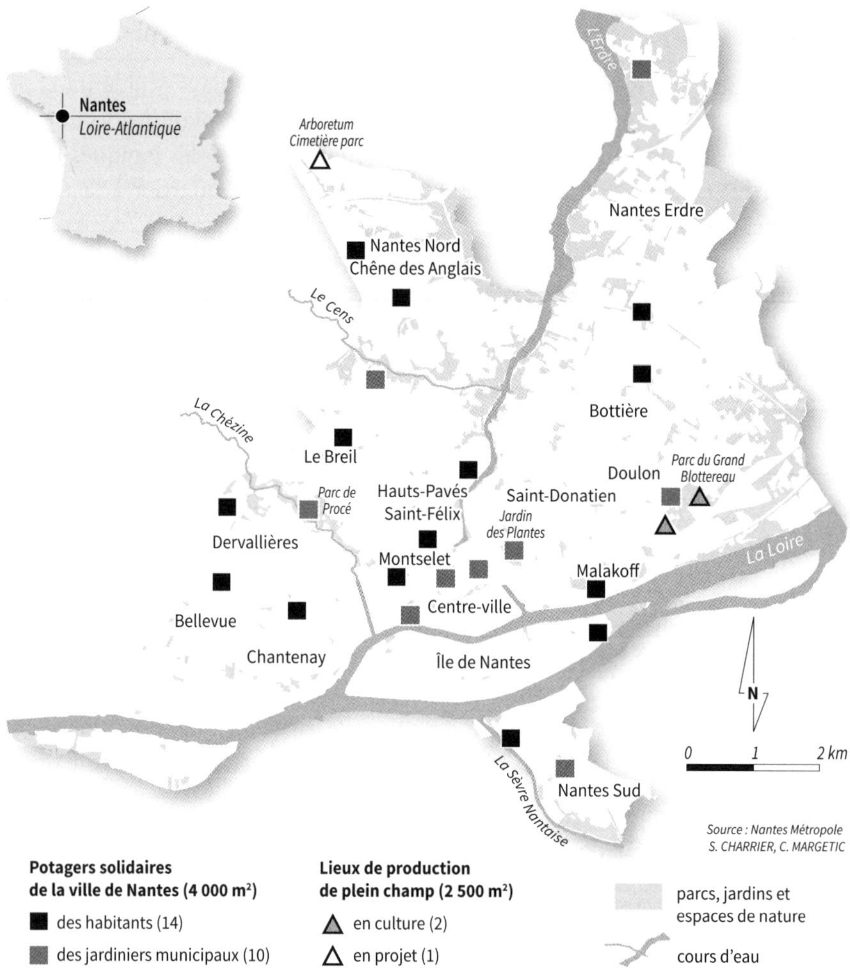

Figure 2.3 -Diversité des lieux et des quartiers de Nantes

Support pour de la prévention et de la médiation, pourtant, de réelles difficultés sont à relever, comme une insécurité des approvisionnements avec le caractère aléatoire des productions de certaines parcelles (pour partie liée à la température estivale) qui a entraîné des répartitions inégales au sein des quartiers ne pouvant pas toujours être compensées alors que le calendrier est très contraint, des contraintes en termes de logistique et de stockage ou les conditions sanitaires de la fourche à la livraison… Au-delà de l'ambition de la démarche, Médiacités[7] a publié un article interrogatif sur l'éventuelle pollution des sols. En effet, ce point n'est jamais évoqué, reflet d'une attitude prudente de la part de la ville, qui a adopté un plan de gestion de la contamination des sols en écartant certains sites pressentis, ou en adaptant la liste des légumes cultivés. Et l'article de conclure : « *Faire des associations de légumes, planter des variétés peu accumulatrices, changer d'usage pour les zones contaminées ; voilà des pistes envisagées. Finalement, pour faire pousser des légumes en ville dans un jardin, une ferme urbaine ou sur des espaces verts, la logique est partout la même : prendre le temps de s'adapter. Pour des villes qui se veulent durables, écologiques et résilientes, concilier les deux mondes, agricole et urbain n'est souvent pas simple. D'ajouter une dimension environnementale complexifie encore l'affirmation de projets pourtant souvent à vocation sociale.* »

Conclusion

Longtemps ignorée voire rejetée, l'agriculture urbaine connaît un intérêt certain pour une diversité d'acteurs car elle est devenue un enjeu crucial au regard des défis du monde contemporain, de l'urbanisation accélérée aux questions d'autosuffisance ou d'indépendance alimentaire. On ne compte plus ses atouts comme d'accorder une place plus grande à la nature en ville et d'introduire une nouvelle esthétique dans le paysage urbain qui procure un bien-être aux habitants. L'AU répond aussi à des défis environnementaux : elle forme un rempart contre l'artificialisation des terres, limite l'effet d'îlot de chaleur urbain, réduit les importations alimentaires, participe à la rétention d'eau et à l'absorption de déchets, reconnecte les habitants avec la nature et renforce leur entraide. D'une certaine manière, son essor et son déploiement permettent de revisiter le système territorial des banlieues agricoles et des ceintures maraîchères, à la différence près que sa diffusion est aussi intra-urbaine.

Au final, peut-on parler d'un « retour en grâce » ? La réponse doit être nuancée selon les formes. Pour les jardins partagés ou l'agriculture vivrière, c'est leur permanence qui ressort avant tout, selon des pratiques traditionnelles qui s'appuient sur des savoir-faire fragilisés par le changement climatique (gestion de l'eau), non sans des innovations techniques surtout. Dans les deux cas, les superficies sont réduites mais les emplois générés permettent de comprendre les contournements de la loi repérés dans les villes des Suds. Pour l'agriculture high-tech non plus, il ne s'agit pas d'un retour en grâce car elle résulte de modèles technologiques récents et innovants aux mains d'investisseurs souvent éloignés du monde agricole (start-up...).

À l'inverse, le retour de formes agricoles professionnelles dans certaines villes des Nords répond à des attentes fortes d'une diversité d'acteurs qui nouent des partenariats

7. https://www-mediacites-fr.budistant.univ-nantes.fr/enquete/nantes/2022/01/13/sous-les-potagers-nantais-la-delicate-question-des-sols-contamines.

inédits tout en imposant en général leur représentation de cette activité aux candidats à l'installation. Cette nouvelle donne déborde les seuls enjeux alimentaires et reflète un changement de paradigme dans la construction de la ville, dont les facteurs environnementaux sont mieux appréhendés.

BIBLIOGRAPHIE

ADEME, VILLATTE, M., (2017). *L'Agriculture urbaine, quels enjeux de durabilité ?* URL : https://www.nature-en-ville.com/sites/nature-en-ville/files/document/2020-02/agriculture_urbaine%255B1%255D.pdf.

AERTS, R., DEWAELHEYNS, V., ACHTEN, W. M. J., (2016). Potential ecosystem services of urban agriculture: a review, *Peer J Preprint*, p. 1-6.

ARTMANN, M., SARTISON, K., (2018). The Role of Urban Agriculture as a Nature-Based Solution: A Review for Developing a Systemic Assessment Framework, *Sustainability*, vol. 10, n° 6, p. 1937.

Association française pour l'étude des sols, (2008). *Référentiel Pédologique*, éditions Quae.

AUBRY, C., (2014). Les agricultures urbaines et les questionnements de la recherche, *revue POUR*, vol. 4, n° 224, p. 35-49.

AUBRY, C., MARGETIC, C., (2023). *Agricultures urbaines en Afrique subsaharienne francophone et à Madagascar*, PUM.

BAUDRY, S., (2010), *Cultiver son jardin, s'inscrire dans la ville : anthropologie de quatre community gardens de New York City.* Thèse de doctorat, université Paris Diderot.

BAYSSE-LAINÉ, A., PERRIN, C., DELFOSSE, C., (2018). Le nouvel intérêt des villes intermédiaires pour les terres agricoles : actions foncières et relocalisation alimentaire, *Géocarrefour,* vol. 4, n° 92.

BODÉNAN, P., DOUX, H., BÉCHET, B., CANNAVO, P., JEAN-SORO, L., LEBEAU, T., LE GUERN, C., VIDAL-BEAUDET, L., (2022). Le jardinage urbain : le défi de la qualité des sols urbains pour les collectivités, *Projets de paysage*, n° 27.

BORIES, O., DELFOSSE, C., EYCHENNE, C., (2022). La présence des animaux en ville : entre héritages, réinventions et nouvelles pratiques, dans AUBRY, C., GIACCHÈ, G., MAXIME, F., SOULARD, C. (dir.). *Les agricultures urbaines en France. Comprendre les dynamiques, accompagner les acteurs*, Éditions Quae.

CHENOT, E.-D., DOUAY, F., DUMAT, C., PERNIN, C., POURRUT, B., SCHWARTZ, C. (dir.), (2012). *Jardins potagers : terres inconnues ?* EDP Sciences.

CLERGEAU, P., (2007). *Une écologie du paysage urbain*, Éditions Apogée.

CONSALÈS, J.-N., (2004). *Les jardins familiaux à Marseille, Gênes et Barcelone : laboratoires territoriaux de l'agriculture urbaine dans l'Arc Méditerranéen.* Thèse de doctorat en Géographie, université de Provence.

CONSALÈS, J.-N., (2018). Des jardins ouvriers au jardinage de rue : pour une géohistoire des jardins collectifs à Marseille, *In Situ*, vol. 37.

CONSALÈS, J.-N., CORDIER, F., BLANCHART, A., SCHWARTZ, C., SÉRÉ G., VANDENBROUCKE, P., (2018). Des documents de planification et d'urbanisme aux politiques publiques dédiées : la prise en compte des jardins collectifs dans sept agglomérations françaises, hors-série 31.

CONSALÈS, J.-N., JOIMEL, S., CORDIER, F., JARENO, C., CHENOT, E., (2015). De l'argument à l'action : la biodiversité au service des jardins familiaux, *Projet de paysage*, n° 13.

CONSALÈS, J.-N., (2023). *(A)ménager des Métropoles-Jardins, Pour une géographie appliquée à la planification et à l'urbanisme écologiques, Le cas d'Aix-Marseille-Provence Métropole.* Habilitation à Diriger les Recherches, université de Lyon 2.

COURTOT, R., (1989). *Campagnes et villes dans les huertas valenciennes.* Mémoires et documents de géographie, CNRS.

DANIEL, A.-C. (2013). *Aperçu de l'agriculture urbaine, en Europe et en Amérique du Nord.* AgroParis Tech, en partenariat avec Vinci.

DARLY, S., (2014). Des moutons dans la ville : quelles externalités environnementales des pratiques d'élevage ovin en milieu urbain ? *revue POUR*, vol. 4, n° 224, p. 285-290.

DELFOSSE, C., BAYSSE-LAINÉ, A., (2018). L'élevage en milieu urbain entre nature et nourriture, *Géocarrefour*, vol. 92, n° 3.

DELFOSSE, C., DUMONT, B., HOSTIOU, N., (2017). Des services contrastés rendus par l'élevage dans les espaces urbains et périurbains européens, *Productions animales*, vol. 30, n° 4, p. 395-406.

DEMAILLY, K.-E., (2017). Les jardins partagés franciliens, *Géographie et cultures*, vol. 101, p. 79-95.

DIEDHIOU S. O., (2023). La place de l'élevage dans la ville de Ziguinchor (Sénégal), dans Aubry, C., Margetic, C., *Agricultures urbaines en Afrique subsaharienne francophone et à Madagascar*, PUM, p. 255-270.

DI FIORE, G., SPECHT, K., ZANASI, C., (2021). Assessing motivations and perceptions of stakeholders in urban agriculture: a review and analytical framework, *International Journal of Urban Sustainable Development*, vol. 13, n° 2, p. 351-367.

DONADIEU, P., (1998). *Campagnes urbaines*, Actes Sud, École Nationale Supérieure de Paysage.

FLEURY, A., DONADIEU, P., (1997). De l'agriculture péri-urbaine à l'agriculture urbaine, *Le Courrier de l'environnement de l'INRA*, n° 31, p. 45-61.

GIACCHÈ, G., CONSALÈS, J.-N., GRARD, B. J.-P., DANIEL, A.-C., CHENU, C., (2021). Toward an Evaluation of Cultural Ecosystem Services Delivered by Urban Micro-Farms, *Sustainability*, vol. 13, n° 4, p. 1 716.

GIACCHÈ, G., (2010). *Pour une meilleure approche de l'agriculture dans l'aménagement des territoires. Analyse et propositions pour les villes d'Assisi, Bastia Umbra, Bettona et Cannara*, thèse de doctorat en aménagement des territoires, École Nationale Supérieure de Paysage et Facoltà di agraria di Perugia.

GRANCHAMP-FLORENTINO, L., (2012). L'agriculture urbaine, un enjeu de la ville durable, *Revue des Sciences sociales*, n° 47, p. 142-152.

GRENET, M., RÉMY, E., CANAVÈSE E., BERTHIER, N., (2015). Des jardiniers à l'épreuve du sol urbain, *Projets de paysage*, vol. 13.
GUILLEMIN, P., MARGETIC, C., (2023). Installer en maraîchage : un modèle de food planning ? Réflexions autour de Nantes, Caen et Alençon, *Géocarrefour*, vol. 96, n° 4.
HOCHEDEZ, C., LANCIANO, E., NOEL, J., SALEILLES, S., (2022). La transition à l'épreuve de la justice alimentaire : construction d'un répertoire de pratiques dans 5 initiatives à Angers, Lyon et Poitiers, *Géocarrefour*, vol. 96, n° 4.
HOUNGNIHIN, R. A., GBÉGAN, P. M, DOUDOU, D. T., (2021). Au-delà de l'État. La vie sociale des pesticides dans le secteur maraîcher au Bénin. *VertigO*, vol. 21, n° 3, p. 1-20.
JOIMEL, S., (2015). *Biodiversité et caractéristiques physicochimiques des sols de jardins associatifs urbains français*, Thèse de doctorat en sciences agronomiques, université de Lorraine.
LAGARD, M., (2021). Peut-on manger les jardiniers ? *Études rurales*, vol. 207.
LEJEUNE, C., DELDRÈVE, V., (2022). Justice environnementale d'un point de vue francophone, *Développement durable et territoires*, vol. 13, n° 3.
LIN, B. B., FULLER, R. A., (2013). Sharing or sparing? How should we grow the world's cities? *Journal of Applied Ecology*, vol. 50, p. 1161-1168.
LIN, B., B., PHILPOTT, S. M., JHA, S., (2015). The future of urban agriculture and biodiversity-ecosystem services: challenges and next steps. Basic Applied Ecology, vol. 16, p. 189-201.
LOVELL, S. T., (2010). Multifunctional Urban Agriculture for Sustainable Land Use Planning in the United States, *Sustainability*, vol. 2, n° 8, p. 2499-2522.
MAILLARD, T., (2023). Faire reconnaître les particularismes en matière d'aménagement et de gestion des quartiers agricoles à Saint-Louis (Sénégal), dans AUBRY, C., MARGETIC, C., *Agricultures urbaines en Afrique subsaharienne francophone et à Madagascar*, PUM, p. 53-64.
MARÉCHAL, G., NOËL, J., WALLET, F., (2018). Les projets alimentaires territoriaux (PAT) : entre rupture, transition et immobilisme ? *revue POUR*, vol. 2-3, n° 234-235, p. 261-270.
MARTIN, P., CONSALÈS, J.-N., SCHEROMM, P., MARCHAND, P., GHESTEM, F., DARMON, N., (2017). Community gardening in poor neighborhoods in France: a way to re-think food practices? *Appetite*, n° 116, p. 589-98.
MAYOL, P., GANGNERON, E., (2020). *L'agriculture urbaine : un outil déterminant pour des villes durables*, Avis du CESE.
MBAYE, A., MOUSTIER, P., (2000). Market-Oriented Urban Agricultural Production In Dakar, dans DUBBELING, M., GUNDEL, S., SABEL-KOSHELLA, U., DE ZEEUW, H. (éds). *Growing cities, growing food: urban agriculture on the policy agenda*, ETC, DES, p. 235-256.
MESTDAGH, L., (2018). *Jardiner entre soi*, L'Harmattan.
MOREL-CHEVILLET G. (dir.), (2017). *Agriculteurs urbains*, éditions France Agricole.
NAHMIAS, P., LE CARO Y., (2012). Pour une définition de l'agriculture urbaine : réciprocité fonctionnelle et diversité des formes spatiales, *Environnement Urbain/Urban Environment*, vol. 6.
NASR, J., KUHNS, J., BAKER, L., (2014). L'expansion de l'agriculture urbaine à Toronto : une collaboration entre la ville et la communauté des habitants, *revue POUR*, n° 224, p. 397-404.
OUEDRAOGO, O., NIKIEMA, A., (2023). *L'agriculture urbaine à Ouagadougou entre ignorance et tolerance : la politique du laisser-faire*. Dans AUBRY, C., MARGETIC, C., *Agricultures urbaines en Afrique subsaharienne francophone et à Madagascar*, PUM, p. 37-51.

PADDEU, F., (2021). *Sous les pavés, la terre, Agricultures urbaines et résistances dans les métropoles*, Éditions du Seuil.

POULOT, M. (2014). Agriculture et ville : des relations spatiales et fonctionnelles en réaménagement. Une approche diachronique, r*evue POUR*, n° 224, p. 51-66.

POULOT, M., (2020). Relire Michel Phlipponneau en 2020 : de la vie rurale de banlieue à l'agriurbain ? *Territoire en mouvement*, vol. 44-45.

RAIMOND, C., GARINE, E., (2020). Agrobiodiversité dans ALEXANDRE, F., ARGOUNÈS, F., BÉNOS, R., BLANCHON, D., BLOT, F., CHANTELOUP, L., CHEVALIER, E., GUYOT, S., HUGUET, F., LEBEAU, B., MAGRIN, G., PELLETIER, P., REDON, M., ROUSSEL, F., SIERRA, A., SOTO, D. (dir.), (2020). *Dictionnaire critique de l'Anthropocène*, CNRS Éditions.

ROBINEAU, O., (2023). Les poids de l'action publique dans le façonnement des paysages agricoles urbains : le cas de Bobo-Dioulasso, au Burkina Faso, dans AUBRY, C., MARGETIC, C., *Agricultures urbaines en Afrique subsaharienne francophone et à Madagascar*, PUM, p. 99-114.

SANYÉ-MENGUAL, E., SPECHT, K., KRIKSER, T., VANNI, C., PENNISI, G., ORSINI, F., GIANQUINTO, G. P., (2018). Social acceptance and perceived ecosystem services of urban agriculture in Southern Europe: The case of Bologna, Italy, *PLOS ONE*, vol. 13, n° 9.

SIMON-ROJO, M., RECASENS, X., CALLAU, C., DUZI, B., EITHER, S., HERNANDEZ-JIMENEZ, V., LAVISCIO, R., LOHRBERG, F., PICKARD, D., SCAZZOSI, L., VEJRE, H., (2015). From urban Food Gardening to Urban Farming, dans LOHRBERG, F., SCAZZOSI, L., LIČKA, L., TIMPE, A. (dir.), *Urban Agriculture Europe*, Jovis, p. 24-31.

TOUBLANC, M., POULOT, M., (2018). Les territoires agri-urbains en Île-de-France : entre paysage ordinaire, paysage agricole et paysage alimentaire ? *Projets de paysage*, vol. 17.

VANDENBROUCKE, P., CANAVESE, M., DACHEUX-AUZIÈRE, B., GRENET, M., MOUHOT, L., BERTHIER, N., MELIN, G., POUVESLE, C., RÉMY, É., CONSALÈS, J.-N., (2017). Derrière l'utopie du jardin collectif, la complexité d'un projet social, technique et politique, *Géographie et cultures*, n° 103, p. 19-37.

VAUDOIS, J., (1994). Les zones maraîchères périurbaines : espaces résiduels ou nouvelles formes d'intégration des espaces agricoles aux stratégies urbaines ? *Bulletin de l'Association de géographes français*, vol. 71, n° 2, p. 123-134.

VIDAL, R., (2009). L'agriurbanisme, une nouvelle approche professionnelle pour reconstruire les relations entre la ville et l'agriculture, *Revue Innovation agronomique*, vol. 5, p. 97-106.

VIDAL, R., (2014). *L'agriurbanisme*, UPPR Éditions.

WEGMULLER, F., DUCHEMIN, E., (2010). Multifonctionnalité de l'agriculture urbaine à Montréal : étude des discours au sein du programme des jardins communautaires, *VertigO*, vol. 10, n° 2.

YENGUÉ, J.-L., (2017). Introduction au dossier « Les espaces verts urbains : éclairages sur les services écosystémiques culturels », *Environnement Urbain/Urban Environment*, vol. 11.

CHAPITRE 3

Environnements océaniques, montée des périls ?

Alain MIOSSEC

SOMMAIRE

L'océan occupe une place essentielle dans la vie de la planète (un peu plus de 70 % de l'espace). Celle de ses habitants en premier lieu qui tirent des bénéfices de son exploitation. Celle-ci a des conséquences. Pour la pêche, cette exploitation trop intensive en certains lieux tourne à la surpêche, terme excessif en ce qu'il masque surtout une absence de gestion raisonnée de la ressource et sous-entend même un usage délictueux de cette ressource (ce qu'est la « pêche illégale »). Ce n'est qu'un exemple qui met en cause la gouvernance des océans. Un thème émergeant que l'on doit considérer à l'échelle des océans, dont le fonctionnement est encore mal connu et d'autant plus mal que l'on plonge dans les profondeurs abyssales. Cet océan est-il en perdition comme le titrait le journal *Le Monde* dans son édition du vendredi 9 juin 2023 ? C'est du moins ce qu'il retirait de la lecture des 1 200 pages d'une évaluation intitulée *The World Ocean Assesment* et portée par l'Organisation des Nations unies. Certes, bien des indicateurs se dégradent mais on est aussi dans l'air du temps, plutôt pessimiste et porteur d'anxiété ; on est aussi dans un jeu politique à facteurs multiples qui fait des organisations internationales (de l'ONU et de ses agences – la Commission Océanographique Internationale par exemple) le moteur d'une action environnementale globalisante qui tend souvent à ignorer le jeu des échelles géographiques. Dégradation certes mais pas partout et pas partout avec la même intensité. Un bilan s'impose…

1 Alertes sur l'océan mondial, les enjeux

Ils ne sont pas de même nature. Les uns sont liés à des facteurs naturels qu'il est difficile de maîtriser, du moins dans un laps de temps restreint, les autres sont la conséquence d'une exploitation mal maîtrisée des ressources que l'on exploite, aussi bien à terre qu'en mer (Roberts, 2013) et l'on comprend que la bande côtière est plus spécialement exposée à des risques qui sont cependant assez strictement localisés et qui devraient être plus aisés à gérer. Cependant, pour ajouter à la complexité, ce qui relève de la nature croise également avec ce qui incombe aux responsabilités humaines.

L'océan est d'abord un océan de ressources. Le poisson constitue la ressource la plus anciennement exploitée. Il fut traqué progressivement de la côte au grand large, à mesure que sa raréfaction posait problème aux pêcheurs. Il fut aussi l'objet de pratiques lointaines dès la fin du Moyen Âge lorsque les basques allaient pêcher la morue sur les bancs de Terre-Neuve. Que ce soit pour le poisson ou les grands mammifères marins (phoques et baleines…), l'homme n'hésita jamais sur les longues distances à parcourir dans des conditions météorologiques souvent extrêmes : la découverte des îles australes comme les Kerguelen ou Crozet fut à la fois le produit de la découverte en même temps que de l'exploitation des grands mammifères pour l'huile et la peau.

Aujourd'hui, un bilan comptable montre que l'ensemble des activités halieutiques porte en gros sur 120 Mt et que ce chiffre paraît stabilisé ; une approche géographique montre des secteurs où la ressource est abondante (mais fluctuante dans des proportions importantes, comme pour le Chili et le Pérou, du fait du périodique balancement des eaux chaudes et des remontées d'eaux froides fortement minéralisées et riches de nutriments (phénomène dit du Nino et de la Nina) ; les plates-formes continentales, les zones d'upwellings côtiers à quoi ajouter les zones de contact entre courants froids issus des hautes latitudes et des eaux chaudes issues des zones tropicales sur les façades occidentales des océans aux latitudes moyennes sont le lieu de la plus forte pression halieutique, fonction de la richesse biologique des eaux : remontées d'eaux fraîches fortement minéralisées le long des côtes occidentales des océans aux latitudes tropicales, contacts eaux froides/eaux chaudes. À la traque du poisson s'est ajouté le poids d'une aquaculture aux formes diverses, allant du poisson aux coquillages et aux algues. Signe que la demande est forte et le paysage en porte le témoignage : parcs à poissons, bassins à crevettes creusés dans les marais ou dans les mangroves. Plus encore, progrès techniques depuis le XIXe siècle. Tout cela pose la question des limites biologiques de l'exploitation : plus la ressource est abondante, plus la pression de pêche est forte. Or, la pêche est toujours une prédation. Un rapport récent (2017) de la FAO montre que l'on est passé de 90 % des stocks exploités de façon durable en 1970 à 65 % en 2017, il note également qu'il est des zones où les stocks tendent à se reconstituer, ceux où la gestion progresse au nom d'une gouvernance plus efficace. Et ceci dans un contexte de fort accroissement de la population mondiale et donc de la demande.

Minerais et hydrocarbures constituent le second grand pôle de l'exploitation des ressources du monde océanique et sans doute le plus « prometteur » pour l'avenir mais les guillemets marquent ici bien des réserves compte tenu justement des questions portées par le réchauffement climatique. Ils caractérisent plus que tout autre ressource un front pionnier dans l'espace océanique puisque l'exploitation s'éloigne de plus en plus des côtes et gagne en profondeur. L'offshore est le plus remarquable assaut mené par les hommes face à l'océan et si la recherche des hydrocarbures est ancienne, la tendance actuelle qui cherche à exploiter les énergies décarbonées multiplie les formes d'usage de la force des vents et des courants ; l'éolien en mer et l'hydrolien occupent dans la zone côtière des espaces qui sont parfois contestés. Les chiffres disent l'avenir : en 1960, la production offshore représentait 10 % de la production totale de pétrole, en 2000 on en était à 32 %. En 1967, le record de forage en eau profonde était de 197 mètres au large des côtes californiennes et… en 2013, on a foré par 2 383 mètres de fond dans le golfe du Mexique. Aujourd'hui, les réserves en mer représentent 20 % des réserves mondiales pour le pétrole, 25 % des réserves découvertes et 28 % des réserves restantes pour le gaz. On peut sans risque penser que la prospection (même si cycliquement elle peut stagner) ne va pas s'arrêter. Et ceci en dépit des risques que l'on connaît, les pollutions qu'il convient d'aborder avec sérénité et surtout la cruciale question du réchauffement climatique et des gaz à effet de serre.

Quant aux ressources de l'océan profond, cela reste encore de peu d'importance… mais de grande ambition ; et source d'inquiétude pour la communauté scientifique. Depuis la première expédition du Challenger en 1873, on sait que les fonds océaniques recèlent des concrétions contenant du nickel, du manganèse, du cobalt, du cuivre… Les progrès de la recherche montrent que la croissance de ces concrétions est très lente. Mystères des abysses progressivement expliqués : ces dépôts correspondent aux zones de rifting, à la distension qui met en place la croûte océanique, et qui s'accompagne d'émissions de lave. Encroûtements cobaltifères et dépôts de sulfures polymétalliques coiffent le sommet de nombreux monts sous-marins… Un monde également de grande richesse biologique qui enrichit la connaissance de la biodiversité des océans ; un monde d'exploration et de progressive mise au point des techniques d'extraction.

Toutes ces ressources sont inégalement exploitées et la grande question reste celle des limites de l'exploitation, dans l'espace et dans le temps. Celle de la « durabilité » qui renvoie à un ensemble de problèmes d'échelles différentes, dont celles de la gestion !

1.1 Le réchauffement climatique et ses conséquences pour les océans et leurs bordures

Le réchauffement climatique concerne également les océans. Tout semble concorder pour l'affirmer selon le dernier rapport du GIEC, d'autant plus que depuis une quarantaine d'années, les méthodes d'analyse et les divers équipements permettant d'ausculter l'océan dans sa masse se sont à la fois multipliés et perfectionnés. Le rapport confirme donc un réchauffement global des eaux jusqu'à une profondeur de 700 m avec un maximum près de la surface (de 0, 11 à 0, 13 °C par décennie pour les 75 premiers mètres entre 1971 et 2010). On estime aussi que les océans ont absorbé 90 % de l'énergie accumulée sur terre entre 1970 et 2010. L'océan est bien une clé du futur du climat de la planète.

L'océan joue ainsi le rôle d'un véritable « attracteur » climatique qui répond aux perturbations que peuvent induire d'autres phénomènes naturels (fluctuations des émissions de CO_2 liées à l'activité volcanique) et anthropiques (déstockage par combustion du carbone organique fossile et par la calcination industrielle des calcaires pour la production de ciment). Plusieurs décennies après le début de l'injection de CO_2 d'origine anthropique dans l'océan, ses effets directs, notamment une acidification accrue, sont désormais clairement mesurables. Plus indirectement, cette acidification a des conséquences sur les écosystèmes ou les organismes coralliens.

À l'échelle de quelques siècles après la stabilisation ou l'arrêt des émissions anthropiques de CO_2, la perturbation transitoire de l'effet de serre cessera. Dans le cas d'une stabilisation des émissions, un nouvel état stationnaire du Système Terre s'établira avec un climat globalement plus chaud, des océans un peu plus acides, et des communautés biologiques adaptées à ce nouvel environnement. Dans le cas d'un arrêt des émissions, la perturbation sera compensée par la dissolution des carbonates sédimentaires et par l'altération des roches alumino-silicatées avec, peut-être, un retour à l'état initial préindustriel.

Certes celui-ci ne date pas de la révolution industrielle puisque, dès le Néolithique, l'homme a modifié son environnement par la déforestation et la mobilisation de surfaces dédiées à l'agriculture et à l'élevage. Néanmoins, ce n'est qu'à partir de la fin du XIXe siècle que l'impact global a commencé à être sensible avec l'utilisation massive du charbon puis du pétrole et du gaz. Cette évolution s'est très fortement accélérée au cours du XXe siècle avec les progrès technologiques et l'explosion démographique de la population humaine et de ses besoins.

Malgré son énorme pouvoir tampon, l'océan ne peut réguler à court terme la perturbation anthropique des émissions de gaz à effet de serre à leur rythme actuel. La terre est donc dans une phase transitoire au cours de laquelle le climat se modifie en raison des activités humaines.

1.2 Montée du niveau des océans

Le niveau des océans s'est relevé en quelques milliers d'années de près de 120 m avec des rythmes contrastés. Le XXe siècle connaît une élévation de la température, de l'ordre de 0,5 °C entre 1880 et 1940 mais elle a baissé de 0,2 °C jusqu'à la fin des années 1960. Depuis lors le relèvement est constant et tend à s'accélérer. Entre 1901 et 2010, l'élévation est de 19 cm en moyenne (avec de forts contrastes locaux) mais de 1993 et 2010, le rythme est passé à 3,2 mm par an. En sorte que le GIEC donne pour le siècle à venir une fourchette de 29 à 82 cm d'élévation, on peut d'ailleurs noter que c'était déjà les fourchettes hautes et basses proposées par l'*Environmental Protection Agency* américaine... au cours des années 1980. Cette montée du niveau de la mer engage dans des travaux de prospectives qui tiennent compte de l'accumulation des populations en bord de mer depuis plusieurs décennies avec des menaces d'autant plus fortes qu'il s'agit aussi de grandes métropoles. Les schémas sont souvent catastrophistes mais c'est aussi manière d'alerter et les gouvernements et l'ensemble des populations. Les schémas sont souvent catastrophistes mais c'est aussi manière d'alerter et les gouvernements et l'ensemble des populations. La migration devra être pensée à travers des scénarios classiques dans leur approche. Si les deltas sont plus menacés que d'autres rivages, c'est à la fois qu'ils sont très peuplés et plus ou moins fortement subsidents mais chaque delta présente des caractères originaux et celui du Nil ne peut être entièrement comparé à celui du Gange et du Brahmapoutre inégalement subsident, d'autant que les apports sédimentaires sont massifs là où ceux du Nil sont presque insignifiants du fait du grand barrage d'Assouan, plusieurs décennies après sa construction. Des solutions existent, plus ou moins contraignantes, tenir en barricadant la côte ou reculer, mais jusqu'où et comment. Pour ne prendre qu'un exemple, l'Indonésie a commencé à penser déplacer sa capitale, Djakarta, dans la grande île de Bornéo et Djakarta c'est plus de 10 millions d'habitants. Il faudra partout à réfléchir à donner du temps au temps : une station balnéaire en Aquitaine, assez menacée, n'est pas comparable aux littoraux de la Mégalopolis américaine et même à Biscarosse les riverains n'ont pas vraiment l'intention de se « redéployer ». Vastes problèmes à échéance.

1.3 Acidification des océans

Les océans absorbent chaque année des milliards de tonnes de CO_2 présentes dans l'atmosphère et l'on a effectivement observé ces trois dernières décennies une augmentation de la concentration relative en CO_2 dans les océans Pacifique (Hawaï) et Atlantique (Bermudes, îles Canaries). Plus il y a de CO_2 dans l'atmosphère, plus il y a de gaz dissout dans les océans. Bien que les océans soient en état de réguler progressivement le taux de CO_2 dans l'atmosphère, les scientifiques ne savent actuellement que très peu de choses sur les conditions et les limitations de cet échange. Et même si l'augmentation du CO_2 peut favoriser la photosynthèse et donc la croissance du phytoplancton (plancton végétal), elle menace parallèlement tous les organismes marins producteurs de calcaire parce qu'elle perturbe les équilibres chimiques à la surface des océans. L'eau est un peu plus acide et contient toujours moins de carbonate de calcium, de sorte que la formation de calcaires des coraux et des espèces à coquilles est ralentie. Le pH (mesure dont la valeur est située sur une échelle de 1 à 14) qui permet d'évaluer le taux d'acidité de l'eau de mer a déjà diminué (et est donc devenu plus acide) de 0,1 unité ; on prévoit que le pH continuera à diminuer de 0,3 à 0,4 unité pour 2100.

Or, la concentration en CO_2 n'a jamais été supérieure à environ 280 ppm pendant les 800 000 dernières années, un pH préindustriel moyen d'environ 8,2 et l'acidification des océans liée aux activités humaines est d'environ 100 fois plus rapide dans l'eau de surface qu'au cours des dernières dizaines de millions d'années. Le CO_2 atmosphérique qui est aujourd'hui à 390 ppm augmente d'environ 2 ppm par an, un phénomène d'une telle inertie qu'il faudra beaucoup de temps pour le stabiliser, en partant d'une moindre consommation des énergies fossiles productrices de CO_2. On mesure la contradiction, par une sorte de clin d'œil de l'histoire des hommes, entre la prospection offshore pour avoir toujours plus d'hydrocarbures (et les brûler) et les craintes relatives à la santé des eaux océaniques. Les îles coralliennes sont particulièrement menacées à terme et à cette menace fragilisante s'ajoutent les menaces classiques liées aux tempêtes et à l'élévation du niveau des océans. Il n'est pas trop tard pour prendre une série de mesures pour conserver et protéger les richesses de l'océan.

1.4 Menaces sur les coraux

Les récifs coralliens font l'objet d'un suivi scientifique constant et attentif (Guilcher, 1998). Ils constituent, en particulier dans l'océan Pacifique, un ensemble de formes qui sont, chronologiquement, les marqueurs d'une longue évolution liée à la mobilité des plaques lithosphériques, allant du récif frangeant à l'atoll. Au départ, l'émersion d'un volcan en zone intertropicale et dans des conditions hydro-climatiques favorables (limpidité des eaux, température de l'eau comprise entre 18 et 30°, agitation forte qui permet une bonne oxygénation), entraîne la formation progressive d'un récif frangeant, puis plus ou moins lentement selon la vitesse de déplacement de la plaque au-dessus d'un point chaud, la formation d'une barrière de corail à mesure que s'enfonce l'édifice volcanique. Enfin, stade ultime, l'atoll qui n'est qu'une couronne de corail. Ces récifs sont aussi des lieux d'activité biologique proliférante : un écosystème d'une grande richesse et, partant, d'une grande sensibilité à toutes les pressions qui peuvent altérer la croissance des coraux. Les activités humaines d'une part et l'évolution naturelle d'autre part conditionnent la vie des coraux et, par conséquent, des îles et îlots.

Ces écosystèmes sont menacés par le réchauffement de la température de l'eau et les preuves ne manquent pas. En situation de stress, ils résistent moins aux effets des cyclones comme cela a été observé en Guadeloupe après les épisodes récents. En soi, une résilience lente mais les effets anthropiques sont plus difficiles à gérer. C'est le cas si l'on compare l'état général des récifs dans les îles françaises du Pacifique où la situation semble satisfaisante et celui des Antilles où la dégradation est plus marquée sans que pour autant la crise soit généralisable. C'est comme souvent en géographie affaire de lieux ! Et des solutions existent comme en témoignent les recherches dans la Grande barrière de corail australienne. Certes, les scientifiques estiment qu'en 24 ans plus de 98 % des 3 000 récifs qui composent la barrière ont été atteints par des épisodes de blanchissement mais les situations sont en partie liées au réchauffement des eaux consécutifs à la mobilité qu'induit le phénomène de balancement périodique des masses d'eau qui caractérisent les épisodes d'El Nino. Mais, des laboratoires de recherche, par exemple le SeaSim de l'Institut australien des sciences marines, envisagent de produire un million de coraux par an et de les implanter sur les sites que l'on pense menacés avec des signes cependant de résilience potentielle.

1.5 Pêche, supêche et pêche illégale

... la cale est pleine de quatre cents tonnes de pâte de surimi, pour 5 semaines de pêche, deux fois moins qu'espéré...

Une énorme tache rouge bordée de jaune occupe tout l'écran. Il a détecté une gigantesque masse de poissons. Le banc qu'Alain vient de trouver mesure 5 kilomètres de long, 300 m de haut et plus de 500 de large... Un Golem assemblé de milliards de merlans venus du golfe de Gascogne réunis pour la période de fraie au large de la montagne sous-marine irlandaise de Porcupine. Une femelle merlan de 35 cm de long pond en moyenne 50 000 œufs, il y a sous la coque du navire des milliards de milliards d'œufs en attente de la laitance des mâles...

Le chalut est rempli à se rompre de tant de poissons, au moins quatre cents tonnes, murmure Alain qui serre les dents...

Nous rejetons à la mer les deux cents tonnes de merlans morts qu'on ne peut stocker à bord. Pêchés pour rien, détruits. On fait tout pour respecter les quotas, pour préserver la ressource et puis des fois, tout merde. L'armateur, il ne le saura jamais qu'on a bousillé autant de poissons. Il verra seulement qu'aujourd'hui, on a bien rempli les cuves.

Extrait du livre de Frédéric Brunnquell, Hommes des tempêtes (Grasset, 2021), ce témoignage est un parfait exposé des ambiguïtés de la pêche. Parti de Saint-Malo pour traquer le merlan bleu (une variété de morue), le navire passe des semaines en mer sans prendre grand-chose, jusqu'au moment où le sonar détecte un banc « à faire couler le navire ». Poisson abondant, femelles pleines, ampleur d'une seule prise et gaspillage faute de pouvoir stocker le poisson mais « *l'armateur ne saura jamais qu'on a bousillé tant de poisson* ». Que dire de plus, la pêche est une prédation, elle n'ensemence pas la mer et les conditions de la campagne peuvent entraîner des gaspillages. Surpêche ? Facile à dire quand on juge de loin. Pêche illégale ? Dans ce cas, certainement pas. Ambiguïtés mais drame de la pêche.

En 1911, le grand biologiste français Marcel Hérubel pouvait écrire ces quelques lignes qui pourraient prêter à sourire aujourd'hui : « *La mer est inépuisable et il ne saurait y avoir de dépeuplement simultané et général. Les pêches maritimes seront toujours faciles et copieuses et leurs résultats d'autant meilleurs que l'océan sera mieux connu et la technique plus perfectionnée.* » C'était encore le temps très romantique où Alexandre Dumas comme Victor Hugo laissaient dire qu'il suffisait de plonger un seau dans l'eau pour le remplir ! De manière plus pittoresque, l'abondance des morues était telle qu'on aurait pu traverser l'Atlantique en marchant sur les bancs. Deux siècles plus tard, on peut dire que l'océan est certes mieux connu et que les techniques sont plus perfectionnées mais d'un optimisme bien de son temps, on est passé à des inquiétudes sur l'avenir de la planète, avec une remise en cause des acquis de la science et de la technique dont justement le monde de l'halieutique est la parfaite expression. Le bilan séculaire est éclairant : selon des estimations, la population des principales espèces halieutiques de la planète a diminué de 75 à 95 % pour la plupart, voire davantage. Peut-être est-il excessif de l'écrire, le jugement scientifique étant pour diverses raisons parfois sujet à caution. Il n'empêche que la raréfaction de la ressource est dans la logique du progrès technologique. Les pêcheurs danois ont progressivement étendu au cours du siècle passé leurs territoires de pêche à la mesure de la diminution des prises : changer de lieu mais aussi passer d'une espèce à une autre, jugée plus rentable parce que plus abondante, c'est mesurer la capacité d'adaptation mais, à l'inverse, décrire une sorte de fuite en avant qui pose la question de la surpêche. Les palangres à l'ancienne ont fait place à des kilomètres de lignes armées d'une grande quantité d'hameçons qui capturent toutes sortes d'espèces et singulièrement des espèces dont on aimerait assurer la conservation (tortues…), les engins de pêche sont de plus en plus sophistiqués (même si l'écartement des mailles permet de gérer la taille des captures), les instruments de repérage des bancs de poissons sont d'une précision telle que le pêcheur peut estimer le volume des prises et planifier le lieu du débarquement au prix le plus intéressant.

Ces zones sont fortement exploitées et posent aujourd'hui la question de la « surpêche ». L'inquiétude n'est pas nouvelle. Les débats animent la communauté des halieutes (Joseph et Goulletquer ; 2017), les uns pensent que le retour à la petite pêche, la pêche artisanale, permettrait de résoudre le problème de la diminution des stocks (carte FAO), d'autres s'attaquent à la grande pêche industrielle sous un angle d'attaque qui mélange la morale (au nom du pillage des pays en développement) et une action qui ferait des grosses unités (et des compagnies fortement « capitalistes ») qui les contrôlent les responsables du pillage de la ressource, comme si les mailles des filets pouvaient laisser passer les espèces indésirables ou faiblement commercialisables. Il faut en la matière convaincre les consommateurs de « manger raisonnablement » et pas seulement quelques rares espèces dont les stocks déclinent (Grescoe ; 2010, Couliou ; 2019). Sans doute aussi faudrait-il revoir les modalités de financement de la pêche (Pauly ; 2020). Pour l'heure, on semble à la mesure de l'immensité océanique, trop importante, trop étendue et surtout politiquement incontrôlable en dépit des efforts constants.

1.6 Marées noires, vertes et pollutions chimiques

Les marées vertes sont la conséquence d'une chimisation de plus en plus poussée de l'agriculture, elles sont liées à l'utilisation d'engrais azotés et de nitrates dans les sols. Cette algue (*ulva*) se développe à mesure du réchauffement saisonnier de la température et forme des accumulations parfois épaisses de plus d'un mètre à mesure que le ressac les entasse dans les fonds de baie bien abrités comme c'est le cas sur le littoral nord du Finistère et des Côtes d'Armor. À mesure que le temps passe l'algue de couleur verte (chlorophylle) blanchit, dégage une odeur pestilentielle et peu devenir dangereuse pour l'homme. Célèbres en Bretagne où leur évolution est suivie (Hélin, 2013), elles le sont plus encore en Chine où les photographies montrent des milliers de baigneurs « profitant du bord de mer » à Quindao pataugeant dans la bouillie verdâtre… Le traitement immédiat suppose qu'on les déblaie avec des pelles mécaniques et que l'on trouve des lieux pour les entasser. Ce qui ne résout pas la question car ces formes de pollutions affectent toute la chaîne trophique. Lutter contre elles suppose une forte volonté de limiter les effets de la modernisation de l'agriculture ! Même si on les observe en maints endroits, la solution ne peut être que locale. Moins de nitrates et moins de phosphates dans les champs et la situation pourra s'améliorer mais il y faudra du temps !

Les pollutions pétrolières sont d'un autre ordre. Elles mobilisent le mieux l'attention des médias qui y voient de l'audience, l'occasion pour la plupart de vitupérer l'irresponsabilité des sociétés pétrolières ou des armateurs qui font circuler des navires-poubelles sur les mers. Des clichés, à quoi ajouter la touche sentimentale dès lors que des oiseaux par milliers sont englués dans les nappes de mazout ou viennent mourir sur les plages. Pour ne rien dire des atteintes à l'environnement littoral. Ces clichés correspondent certes à des réalités mais doivent être appréhendés avec le sang-froid nécessaire à tout scientifique. Dénoncer n'est pas toujours proposer des solutions dont on peut montrer, sinon qu'elles offrent une assurance permanente de succès, du moins qu'en quelques décennies, on aura beaucoup progressé. En fait, les pollutions pétrolières sont très relatives si l'on considère la quantité de pétrole et de produits chimiques qui circulent. Ce résultat a été obtenu alors que, en l'espace de 30 ans, le tonnage des marchandises transportées par voie maritime a pratiquement doublé, le pétrole voyageant par mer représentant un peu plus de 60 % du pétrole produit. Les pollutions liées au pétrole ne représentant même pas 1 % de ce qui est transporté ! Il n'en reste pas moins que ces pollutions, pétrolières ou chimiques, sont toujours un sujet d'inquiétude pour la santé des océans et de leurs bordures. Ces pollutions ont des origines diverses, les plus massives ont été observées à l'occasion de conflits (Koweit en janvier 1991 – 800 000 t) ou lors d'incidents sur des puits (golfe du Mexique à deux reprises, Ixtoc le 3 juin 1979, 500 000 t. ; Deepwater 20 avril 2010, 780 000 t.) mais la plupart sont liées à des naufrages de pétroliers, 18 cas sur 20 déversements selon les statistiques du CEDRE. Somme toute, l'atteinte à l'environnement est presque marginale, « accidentelle » donc liée à l'état de la mer dans des secteurs exposés (parages d'Ouessant en Bretagne par exemple mais aussi côtes de l'Écosse…). Liées aussi à des navires mal entretenus, aux équipages de rencontre : images classiques du désordre qui peut régner dans la « jungle des océans » (Urbania, 2019). Et la résilience après catastrophe est souvent rapide : quelques semaines après le naufrage du Braer (5 janvier 1993) en Écosse, toute trace de pétrole avait disparu.

ENCADRÉ 3.1

La valse des déchets plastiques dans l'océan

Les déchets constituent à la fois un excellent indicateur de la circulation océanique de surface et une menace pour la santé des océans. Ils affectent toute la chaîne trophique, du plancton aux espèces supérieures comme les poissons qui les consomment. S'y ajoute tout ce que les pêcheurs perdent, filets, nasses, dans lesquels poissons et oiseaux viennent se piéger (et les tortues, particulièrement affectées). Sur le plan spatial, on conçoit que les eaux côtières ou proches des continents en portent l'essentiel. On observe également, du fait des courants de surface, de fortes concentrations dans des parties très éloignées de côtes, dans le Pacifique et dans l'Atlantique, à la mesure des concentrations humaines dans l'hémisphère nord. Après le tsunami qui a frappé les côtes japonaises en 2011, environ 100 Mt de déchets sont arrivées à la mer et on estime que 5 Mt ont dérivé vers l'est du Pacifique à l'issue de la catastrophe et la concentration est la plus forte au cœur des grands gyres de courants par lente dérive. Une bonne illustration (carte) est donnée par l'odyssée des jouets en plastique perdus en mer au large de Hong Kong par un porte-container : on suit les jouets jusqu'en 2007… devant les côtes de l'Europe occidentale… après un passage par le détroit de Behring et l'Arctique. Il n'est pas surprenant que la goélette Tara ait repéré plusieurs centaines de milliers de microdéchets lors de son périple dans l'Arctique ! Cet exemple permet de vérifier des hypothèses de circulation imaginées mais non encore prouvées mais surtout, il ajoute aux craintes des biologistes qui mesurent les méfaits de ces milliards de petits débris ingurgités par les poissons…

Cet inventaire n'est pas exhaustif. On a évoqué la dérive des déchets à partir d'un nau frage en introduction. Au-delà de l'anecdote qui permettait en quelque sorte de « lire » la courantologie océanique, c'est pratiquement d'un « 6°continent » qu'il s'agit et dont la taille atteindrait près de 3,5 millions de km^2. Une énorme accumulation de déchets, essentiellement plastiques (ce qui résiste le plus longtemps en s'amenuisant progressivement). En 2006, le Programme des Nations unies pour l'Environnement avait considéré qu'on trouvait en moyenne 46 000 morceaux de plastique pour 2,5 km^2 d'océan sur une profondeur d'environ 30 mètres. Quant aux marées rouges ou vertes, conséquences en bord de mer des afflux de nutriments que certaines algues absorbent en priorité et de réchauffements temporaires de la mer, elles sont récurrentes.

2 La difficile gouvernance des océans

Dominer un si vaste territoire ne va pas sans rencontrer d'immenses difficultés car il s'agit de tenter de mettre de l'ordre dans un si vaste potentiel de désordres. Gérer la pêche a toujours été une entreprise délicate, on le savait déjà au XVIIIe siècle lorsqu'apparurent les premiers constats de raréfaction des prises, lorsque l'on chassait le phoque et l'éléphant de mer dans les eaux de Crozet et des Kerguelen, à peine repérées sur les cartes et difficilement revendiquées par la France. La matraque pour assommer, le couteau pour éventrer dans une ambiance de grand massacre pour la peau ou la graisse, tout cela perdurera longtemps. La maîtrise de la gestion face aux diverses formes d'exploitation est une œuvre de longue haleine…

2.1 La protection des océans, acteurs et mesures de protection

Déjà, avant la Seconde guerre mondiale, des pionniers avaient déjà mis l'accent sur les dangers que posait à l'océan trop de « développement » ; c'est-à-dire d'exploitation d'une ressource pas toujours renouvelable. Dès 1945, la création de grandes institutions internationales a entraîné la mise en place de politiques de protection qui ne soient pas cependant encore des politiques d'interdiction. Au sein des Nations unies, le Programme des Nations unies pour l'Environnement, et au sein de l'UNESCO, la Commission Internationale Océanographique ont agi dans le sens de la défense de l'environnement ; même si le terme n'était pas forcément utilisé. Il faut donc savoir raison garder et prendre le recul nécessaire pour appréhender globalement une sorte d'état des lieux de la protection des océans. Les choses progressent… dans un climat d'incertitude.

Les inquiétudes sont à l'échelle du globe et compte tenu de la place qu'ils occupent, les océans sont l'une des clés d'une atténuation possible des effets du réchauffement anthropique (problème du carbone…). Les grandes conférences internationales font des propositions dont les scientifiques (au moins) attendent qu'elles soient suivies d'effet. D'autres sont plus localisées, toutes les atteintes à l'environnement, qu'il s'agisse de garantir la biodiversité, d'encadrer les effets des pollutions dans les eaux côtières, de mieux gérer les stocks de poisson et d'assurer au sein de ces stocks dans le cadre des écosystèmes marins (un concept émergent) une plus grande diversité. Toute cette problématique est abordée à toutes les échelles de l'analyse géographique, des grandes institutions aux associations locales de protection/conservation en passant par les Organisations Non Gouvernementales sans oublier les États ou les regroupements d'États comme ce que l'on observe au sein de l'Union européenne.

a Les instances internationales autour de l'Organisation des Nations unies

L'Organisation des Nations unies, dans l'ambiance optimiste de l'après-guerre, avait posé les premières pierres d'un édifice de protection-conservation des océans, de manière indirecte au moins dès lors qu'il fallut débattre des responsabilités des États à partir de la côte. Il fallait préciser où s'arrêtait leur souveraineté et ce que l'on devait faire vis-à-vis de la « mer libre ». Si les critiques ne manquent pas, souvent assez injustes, on peut plaider que la protection des océans a suivi un chemin assez tranquille depuis 1945, agité localement de « crises » portant sur des thématiques précises mais qui n'étaient pas d'échelle globale avant que depuis les deux dernières décennies, les questions planétaires ne l'emportent. Celle du développement durable d'une part et celle du climat d'autre part.

Délimiter les responsabilités dans l'espace océanique

Le premier souci des Nations unies fut d'abord de demander aux États de définir les limites de leurs responsabilités au-delà de la ligne de rivage. Dès 1945, les États-Unis cherchèrent à appuyer leurs revendications sur la plate-forme continentale où l'on avait l'espoir de découvertes d'hydrocarbures dans le Golfe du Mexique ; ils furent immédiatement suivis par les États d'Amérique latine riverains du Golfe. La pression devint si forte qu'il fallut réunir plusieurs conférences internationales pour en débattre. Il fallait délimiter espaces de suzeraineté et mer libre, zones économiques exclusives... Ce fut la Convention des Nations unies sur le droit de la mer votée par 157 États le 10 décembre 1982, 320 articles et un tribunal international du droit de la mer. Cet encadrement permettait aussi de considérer les grands fonds comme appartenant au patrimoine commun de l'Humanité.

De cette convention dite de « Montego Bay » à la Jamaïque, il résulte un zonage de souveraineté décroissante en mer selon le dispositif suivant :

- la mer territoriale d'une largeur fixée à 12 milles nautiques (un mille égale 1 842 m) ;
- les eaux intérieures où l'État exerce sa pleine souveraineté ;
- la mer territoriale dans une limite de 12 milles où la responsabilité de l'État riverain s'exerce sur la totalité de la colonne d'eau mais où les navires-tiers ont un droit de passage « inoffensif » excluant l'activité de pêche ;
- une « zone contiguë » d'une largeur de 12 milles au-delà de la limite externe des eaux territoriales. L'État y exerce en particulier des compétences régaliennes (douanes...).

Les conférences qui se succédèrent en quelques années montrèrent que les préoccupations environnementales prenaient de plus en plus de place. Celle de Stockholm en 1972 portait précisément sur l'environnement et déboucha sur la mise en place du Programme des Nations unies pour l'Environnement (UNEP). Cette conférence des Nations unies fut aussi l'occasion pour certaines organisations non gouvernementales de faire émerger des problèmes cruciaux concernant les océans : ainsi du sort des grands cétacés dont les stocks appauvris commençaient à inquiéter les spécialistes. Ainsi également des gros risques de pollution par les hydrocarbures : le naufrage du Torrey Canyon au large des côtes anglaises eut pour conséquence la mise en place d'une convention sur la prévention des diverses pollutions en mer et d'une convention particulière sur les pollutions pétrolières (MARPOL).

Désormais, tout alla dans le sens à la fois d'une globalisation des approches et d'une réelle prise de conscience des enjeux autour de l'océan. Lorsque Gro Bruntland rédigea son rapport « Notre avenir commun » (Our Common Future) tout était prêt pour les grandes décisions des années 1980-1990, celles qui scandèrent la préparation du « Sommet de la Terre » à Rio de Janeiro en 1992 : Convention sur le climat (1990-1992), Comité pour la prise en considération de la diversité biologique (1991-1992), Panel intergouvernemental sur le climat, à large contrôle scientifique sous l'égide du Programme Environnemental des Nations unies.

Le Sommet de la Terre, l'Agenda 21 et les océans (chapitre 17)

Le chapitre 17 est le plus long et le plus détaillé des chapitres de l'Agenda 21 (42 pages). Il fait partie de la section II de l'Agenda 21 intitulé « Conservation et gestion des ressources pour l'environnement » : la protection y est à l'ordre du jour mais le préambule insiste sur le fait que les océans, à la différence des continents, sont moins affectés par la dégradation de l'environnement et donc plus aptes à assurer, via un usage raisonnable, un développement durable ; en particulier pour les pays en développement. Cette protection à mettre en œuvre est renforcée par l'existence de la Loi sur les océans dont le texte approfondit ce que l'on pourrait appeler les prolégomènes dans le sens d'un développement durable.

Avec le recul, on constate que les perspectives de développement des océans et des littoraux sont liées à la qualité de la gestion mise en œuvre, et cette gestion ne peut qu'être intégrée, selon les principes affichés de responsabilisation de chacun au niveau qui est le sien. Le chapitre 17 a, de ce fait, d'incontestables dimensions géographiques, sans entrer dans le détail des formes que prendrait cette gestion : le zonage n'est pas considéré comme prioritaire mais l'existence des aires marines protégées, par exemple, exige que la pression sur la ressource soit « raisonnable » et « raisonnée ». Pour ne retenir que la pêche dont on pointe les excès (la surpêche), aucun choix n'est fait entre la grande entreprise de pêche ou la pêche dite artisanale ; les transferts de technologies (les ventes ou les dons de bateaux à des pêcheurs du Sud) sont justifiés mais de manière précautionneuse tant le transfert peut s'accompagner de surpêche. Le texte est ouvert mais il insiste constamment sur la nécessité de renforcer la surveillance (qui relève du politique et donc des États), de partager les informations et surtout d'assurer une investigation permanente en matière de recherche scientifique par tous les moyens possibles, donc à toutes les échelles, depuis les satellites qui mesurent la tendance locale et globale à l'élévation du niveau des océans jusqu'aux stations locales dont les mesures sont indispensables. Indicateurs partagés à l'échelle internationale et évaluations sont appelés en permanence mais les documents doivent être compréhensibles par tous. D'où l'invitation à renforcer l'outil de gestion intégrée des zones côtières, partout ; et partout où c'est nécessaire. Dernière étape : vers un traité de la haute mer.

Dernière étape : vers un traité de la haute mer

À l'issue de la COP 15 pour la biodiversité qui se tenait à Montréal, 196 États ont promis de protéger au moins 30 % de l'océan d'ici 2023, un espoir qui suppose que l'on puisse aussi gérer la haute mer, vaste espace qui s'étend au-delà des 200 milles marins. Un espace commun que l'on entend exploiter tout en le préservant : au fond, il s'agit de « *mettre en place un nouvel ordre économique, international, juste et équitable dans lequel il serait tenu compte des intérêts et besoins de l'humanité tout entière* », et cela au service de tous c'est-à-dire en particulier des pays en développement. Le traité précise que l'accord concerne « *tout matériel génétique d'origine végétale, animale, microbienne* », enzymes, bactéries, virus et toute molécule connue ou encore à découvrir au service entre autres de la médecine, de la chimie, de la cosmétique… Les discussions se sont poursuivies et le traité a finalement été adopté le 4 mars 2023 à New York. Comme le dit Olivier Poivre d'Arvor, l'ambassadeur de France pour les pôles « *avec ce traité nous avons changé de paradigme, nous sommes passés d'un système où la règle était l'exploitation de l'océan et sa protection l'exception au principe inverse* ». Sans doute est-il dans son rôle. Mais comme il est écrit dans le préambule du traité qu'il est nécessaire de « *s'attaquer… à la perte de la biodiversité et à la dégradation des écosystèmes océaniques dues aux effets du changement climatique sur les écosystèmes marins…* » on fera remarquer que le traité ne s'applique pas au secteur militaire, ni à la grande pêche, ni à l'extraction des ressources minérales des fonds marins. Verre à moitié plein, verre à moitié vide ? Les sceptiques dénonceront les manques peu contestables du traité et les optimistes pourront observer que les choses avancent si l'on veut bien admettre que l'on discute de tout cela depuis 2004 et que le traité prévoit de créer un plus grand nombre d'aires marines protégées dans le processus très « top down » et conforme à la tradition des Nations-Unie qui veut que ce que propose le sommet soit décliné de proche en proche à des échelles locales.

b Déclinaisons locales de la politique de protection des océans

Elles sont nombreuses, aussi bien au sud, objet de bien des préoccupations, qu'au nord.

À l'interface, on peut considérer le *Plan bleu pour la Méditerranée* comme un bon exemple de démarche institutionnelle. Ce Plan bleu est une conséquence indirecte de la conférence pour la protection de la Méditerranée qui s'était tenue à Barcelone en 1975 sous l'égide du Programme des Nations unies pour l'Environnement : il fut établi lors d'une réunion intergouvernementale des États riverains de la Mer à Split début 1977. Le Plan bleu est un programme coordonné de coopération régionale, il est « *conçu comme un processus continu de recherche et d'action ayant pour objectif primordial le développement économique et social de la région sur des bases saines* ». Ce plan bleu, structure légère et sans vrai pouvoir politique, ne peut cependant être dissocié à la fois de l'action des États (qui le financent) et des évolutions en cours, en particulier sur la rive sud de la Méditerranée. Son existence est la preuve de la volonté constamment entretenue des

Nations unies de trouver des solutions locales aux questions d'environnement ; son évolution à court terme peut aussi être liée à l'Union pour la Méditerranée dans un contexte de plus grande transparence démocratique.

C Le poids de l'Union européenne

L'Union européenne a construit de longue date, à travers ses commissions, une véritable politique de la mer. On ne retiendra que la directive la plus exemplaire. La directive 2008/56/CE du Parlement européen et du Conseil, en date du 17 juin 2008 s'inscrit dans la continuité d'une attention toujours plus accrue portée à la santé écologique des mers et des littoraux adjacents. Elle s'inscrit dans le contexte affirmé de la dégradation des écosystèmes marins qui sont la base d'un développement durable. La directive, précise et argumentée, doit être déclinée au niveau de chacun des États membres, dès lors qu'ils sont concernés et, peu ou prou, ils le sont tous puisque les apports telluriques, les pollutions diverses, venant à travers les bassins-versants arrivent à la mer. L'ambition est d'autant plus grande que les échéances sont brèves, au plus tard 2020, pour arriver à « *un bon état écologique* ». Par sa directive-cadre stratégie pour le milieu marin, l'Union s'inscrit de fait dans une architecture planétaire pilotée par les grandes organisations internationales et singulièrement par le Programme des Nations unies pour l'Environnement.

Explicitement, le but de l'Union européenne est de promouvoir l'utilisation durable des mers et la conservation des écosystèmes marins. Pour y parvenir, il faut contrôler l'impact des activités humaines et surtout mettre en place des zones marines protégées. Les mots-clés de la directive portent sur l'état de l'environnement : écosystèmes marins, bon état écologique. Pour définir cet état de santé, des indicateurs sont cités en annexes et les États doivent rapidement présenter un bilan de la qualité des eaux et des fonds marins (la question des formes de chalutage, donc des types de pêche, est transparente) et, plus encore l'article premier de la directive enjoint les États de « *prendre toutes les mesures nécessaires pour réaliser ou maintenir un bon état écologique du milieu marin au plus tard en 2020* » ! Les États doivent donc faire un bilan et présenter des mesures conservatoires : la recherche scientifique est ainsi la base même de la politique mise en œuvre. Sans le dire, la directive met en place une gestion plus intégrée au sein de laquelle le monde scientifique a toute sa place. Le monde des sciences de la nature et de la vie est au cœur de la rédaction puisque les annexes I et III listent les descripteurs qualitatifs (au nombre de 11) servant à définir le bon état écologique et un tableau très détaillé, quoiqu'« indicatif », des pressions et impacts. Le bon état écologique est fondé sur le réseau trophique marin qui doit cependant être mieux connu : c'est même la grande difficulté de la directive qui innove fortement en exigeant un pilotage par grands écosystèmes, une notion qui reste encore à cette échelle à définir plus précisément. En ciblant l'eutrophisation d'origine humaine (indicateur 5), l'intégrité des fonds marins (indicateur 6), les contaminants (indicateurs 8 et 9) ; enfin, les stocks de poissons, c'est bien le monde de la pêche qui est visé. Cela n'ira pas sans poser de redoutables problèmes à presque tous les États.

d La France

La France dispose de la seconde superficie d'espace océanique au monde. Ses ambitions comme ses responsabilités sont grandes...mais ses moyens assez faibles relativement à l'immense surface concernée. La France est un « bon élève » de l'Union européenne, appliquant les principes décidés à Bruxelles. La mise en place récente d'une stratégie nationale pour la mer et le littoral, l'affichage des ambitions recherchées, la place de chacun des partenaires dans le cadre de la gestion intégrée des océans et des zones côtières, tout cela plaide pour l'engagement du pays. On en lit dans l'extrait ci-dessous les effets de la prise de conscience qu'une solide orientation durable vers le futur pour la protection et la mise en valeur des ressources passe par le bon état écologique des milieux, une parfaite application de la Directive-cadre stratégie pour le milieu marin de 2008.

ENCADRÉ 3.2

Le bon état écologique du milieu marin et la préservation d'un littoral attractif

C'est l'objectif qui constitue le pilier environnemental de la stratégie et qui répond à la nécessité de la protection de l'environnement à la fois comme cadre de vie, source de biens et services et potentiel pour l'avenir. Le bon état écologique du milieu marin est l'état de fonctionnement des écosystèmes marins (diversité biologique conservée et interactions correctes entre les espèces et leurs habitats, océan sain, dynamique et productif) permettant à ces derniers d'assurer dans la durée l'ensemble des services écosystémiques. Il détermine l'exercice des usages en mer pour les générations futures dans une perspective de développement durable.

La préservation d'un littoral attractif suppose un environnement préservé et des paysages de qualité, conservant une part importante de milieux naturels et d'usages traditionnels des sols. Ils offrent des conditions de vie agréables et maintiennent à un niveau élevé l'attrait des zones côtières pour des résidents permanents et pour l'accueil touristique. Au travers d'une amélioration de l'état de conservation des écosystèmes et des paysages, c'est également une croissance de leur valeur ajoutée sur un plan économique qui est recherchée.

La France a transposé les principes de la directive-cadre dans le code de l'environnement. Au niveau national, si le pilotage est sous contrôle du ministère de l'Écologie et du Développement durable (et de la Mer...), c'est à l'IFREMER et à l'Agence des Aires Marines Protégées qu'incombe la coordination des travaux à mener. Ce qui n'ira pas sans débat sur les frontières entre les organismes, la montée en puissance de l'agence des Aires Marines Protégées n'allant pas de soi pour l'IFREMER.

e Les ONG

Les Organisations non gouvernementales sont à la fois connues par leur action fortement médiatisée sur des points précis de la protection des océans (le plus souvent la faune, les phoques, les baleines...) et par leur participation aux grandes conférences internationales. Elles constituent des groupes de pression structurés, parfois opaques dans leurs financements qui ont émergé il y a une cinquantaine d'années dans la première vague des contestations écologistes. La plus emblématique est certainement *Greenpeace*, un mouvement écologique né en partie des luttes contre la guerre américaine au Vietnam. Greenpeace possède des navires et les utilise pour des actions coup-de-poing, en particulier contre les baleiniers japonais ou encore comme en 2011 (campagne de l'Arctic Sunrise) pour traquer des chalutiers de fond accusés de capturer des espèces de grand fond. Elle lutte aussi contre la pêche illégale mais sans toujours rejeter l'usage de la violence, même contre des navires qui ont toutes les autorisations de pêcher. Greenpeace a fait beaucoup pour que la pêche du thon rouge soit sérieusement encadrée, agi pour la protection en haute mer, pour la mise en place de zones protégées. En 2013, Greenpeace revendique plus de 3 millions d'adhérents, emploie 1 500 salariés pour un budget de près de 210 millions d'euros. D'autres ONG ont une grande influence, le *WWF* (World Wildlife Fondation) par exemple ou encore, moins connue *Pew Environment Group*, très actif dans le Pacifique pour la mise en place de vastes zones fortement protégées ; *Oceana* pour sa part se revendique comme la plus grosse organisation mondiale vouée entièrement à la protection des océans On retiendra enfin un groupe original, SeaWeb, devenu récemment Ethic Ocean.

ENCADRÉ 3.3

Ethic Ocean

Ethic Océan est une structure issue de SeaWeb Europe, branche de SeaWeb, groupe d'origine américaine dont la devise est « des voix pour un océan sain ». Les programmes d'action de SeaWeb reposaient sur une excellente connaissance scientifique définissant la haute qualité de l'état des mers. Recherche, communication, action et... collaboration avec les entreprises par le biais de Seafood Choices. Seaweb Europe devient en 2017 Ethic Ocean après 10 ans d'activités intenses. Le changement de nom inscrit la démarche dans une vision morale (mais non moralisatrice) de l'ONG qui mêle relations étroites avec Bruxelles et en particulier la DG et fort engagement auprès des acteurs de la filière pêche pour garantir la qualité des produits, du bateau à l'assiette en passant par les mareyeurs et autres intermédiaires. Le lien est également fait avec les restaurateurs (Prix Olivier Roellinger) et les lycées hôteliers (Dinard d'abord, le Var ensuite). Formations au goût, au choix des produits, effort d'éducation de chacun dans la filière avec en particulier un « guide des espèces à l'usage des professionnels » qui trace les lignes d'une pêche durable, espèces par espèces, celles qui sont en péril, celles dont les stocks garantissent encore un avenir possible. Effort aussi d'élargir la gamme des poissons consommés en rappelant les vertus culinaires d'espèces délaissées ou méprisées. Ethic Océan est, de ce point de vue, une organisation exemplaire en ce qu'elle joue le jeu d'une véritable gestion intégrée au sein de la filière.

2.2 Des solutions multiples... mais des interrogations

L'engagement des acteurs depuis des décennies en faveur de la protection et de la conservation de l'environnement océanique donne des résultats, jugés trop souvent insuffisants aux yeux de ceux qui voudraient que l'on aille toujours plus vite. Ceux-là insistent sur les dégâts quand ceux-ci, plus « institutionnels » tentent de construire un avenir meilleur sans se faire d'illusion sur la rapidité du redressement environnemental. Au fond, tout est affaire de politique et même de regard politique. On pourrait tisser un véritable habit d'Arlequin ou un inventaire à la Prévert à partir de toutes les actions entreprises, couronnées de succès ou en voie de l'être... ou se révélant des échecs.

L'avenir des océans est pour une large part lié à l'évolution du climat. Il faut limiter les émissions des gaz à effet de serre, maintenir les émissions de carbone dans une limite « raisonnable ». Il faut donc maintenir l'élévation de la température dans une fourchette qui ménage à la fois le futur et la croissance nécessaire au nom d'une forme de justice sociale. Les COP s'appuient sur les avancées de la recherche scientifique, sur les travaux du GIEC, structure scientifique qui n'est cependant pas totalement indépendante.

La question de la pêche « durable » est récurrente. Les chiffres parlent : en 2010, 148 Mt de captures (pêche et aquaculture), une demande de protéines en hausse constante et, plus important encore, selon la FAO, 54,8 millions de personnes travaillant dans le secteur primaire de la production de poisson... et un secteur secondaire (transformation, conditionnement, commercialisation, distribution, confection de filets, construction et entretien des navires...) qui emploierait entre 660 et 820 millions de personnes. Ces chiffres disent que la disparition de la pêche ne saurait être la seule réponse à une crise environnementale. Il y a deux niveaux d'action : celui des pêcheurs dans leur environnement et celui des institutions ; et l'ensemble fonctionne dans le sens d'une intégration « combattante » mais réelle. Certes, la logique de la pêche, c'est la prédation mais... l'espoir du pêcheur c'est qu'en dépit de la raréfaction de la ressource, sa capacité d'adaptation est incomparable. Adaptation technique constante mais ambivalente car si l'on relève que les techniques de pêche progressent vers plus de précision (sonars...), ces mêmes techniques sont la base scientifique de l'estimation des stocks. Autant dire que rien n'est joué dans le sens de la dégradation constante. Cette vision optimiste s'appuie aussi sur l'engagement des États, appuyés sur des ONG qui sont autant de sonnettes d'alarme et une Organisation des Nations unies attentive depuis 1945. Ce jugement « équilibré » peut déplaire. Lorsque l'Union européenne légifère à travers la politique commune des pêches, lorsque l'on met en place maints protocoles, lorsque l'on crée les TAC (total admissible de capture) à partir d'avis d'experts scientifiques et économiques, en dépit des récriminations des pêcheurs, cela va dans le sens d'une gestion plus durable des ressources de l'océan. Le désastre n'est jamais sûr et la protection des océans progresse.

Les aires marines protégées

La constitution de zones protégées est l'un des meilleurs moyens de préserver les ressources de l'océan (Beuret et Cadoret, 2024), mais leur mise en place a été tardive à l'échelle mondiale (figures 3.1 et 3.2).

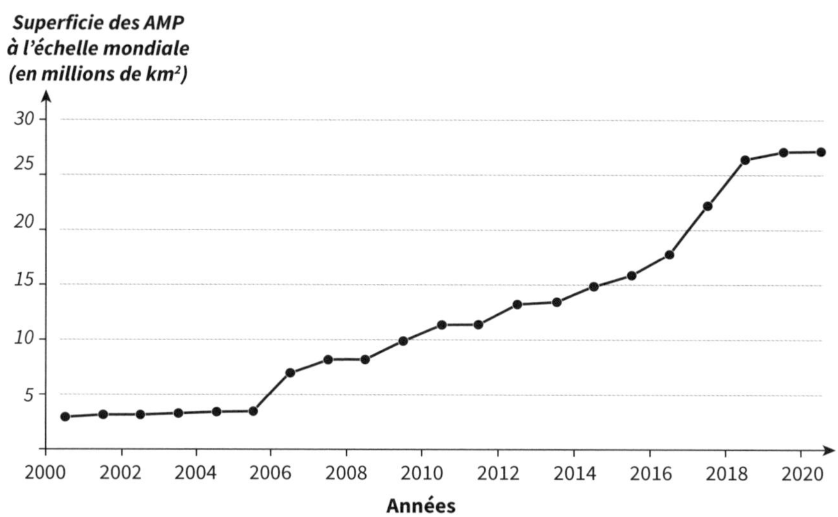

Figure 3.1 – La mise en place des AMP connaît une croissance importante depuis le début des années 2000

Source : https://www.protectedplanet.net/.

De multiples initiatives visant à reconstituer autant que faire se peut des milieux favorables à toutes formes de mise en valeur scandent les dernières décennies. Réserves, parcs marins, aires protégées se sont développées mais de manière inégale selon les continents (figure 3.3). Leur mise en place s'inscrit bien dans la politique menée par les grandes organisations internationales et déclinée au niveau local, sans d'ailleurs que les règles de mise en place soient rigides. L'Union internationale pour la conservation

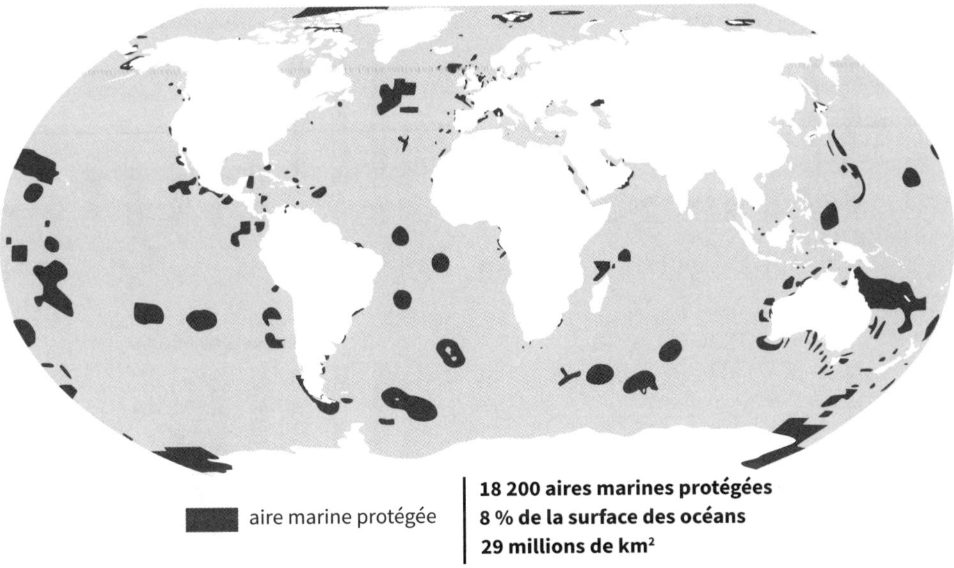

Figure 3.2 – Répartition des AMP à l'échelle mondiale
Source : https://www.protectedplanet.net, avril 2024/.

de la nature (UICN) a défini des catégories numérotées de 1 à 6, qui peuvent caractériser chaque AMP suivant l'intensité de la protection (de 1 : protection totale à 6 : gestion des activités humaines dans un objectif de gestion, restauration et protection). Le concept a été généralisé par la Convention sur la diversité biologique (CDB), qui recommande de protéger par des mesures spécifiques les zones marines et côtières particulièrement menacées, mais la plupart des conventions régionales pour la protection de l'environnement marin (OSPAR, Convention de Barcelone, etc.) préconisent la création de telles zones de protection. Les objectifs sont les mêmes, conservation, restauration, protection mais aussi ouverture contrôlée. Ce qui signifie surveillance, à la fois par une veille de type scientifique garantissant les progrès liés à l'effet réserve mais aussi par une veille de type sécuritaire pour traquer les braconniers ou expliquer aux pêcheurs « égarés ». La création de ces aires protégées repose largement sur la nécessaire intégration de la gestion : nul n'est chassé des réserves mais les conditions d'accès sont strictement limitées. Trop peu nombreuses aux yeux de beaucoup, 3,4 % de la surface des océans en 2015, elles devraient être étendues, selon des études du WWF à plus de 10 % en 2020. En soi, ce chiffre ne doit pas être pris de manière trop restrictive : dans l'océan mondial, tout n'est pas dégradé et tout ne doit pas être restauré. Plutôt que de retenir en le critiquant le chiffre des espaces protégés, c'est le mouvement qui importe, le dynamisme collectif dont bien des pêcheurs sont d'ailleurs conscients. Que ce soit dans la plus vaste aire protégée du monde autour des îles Hawaï ou dans la mer d'Iroise.

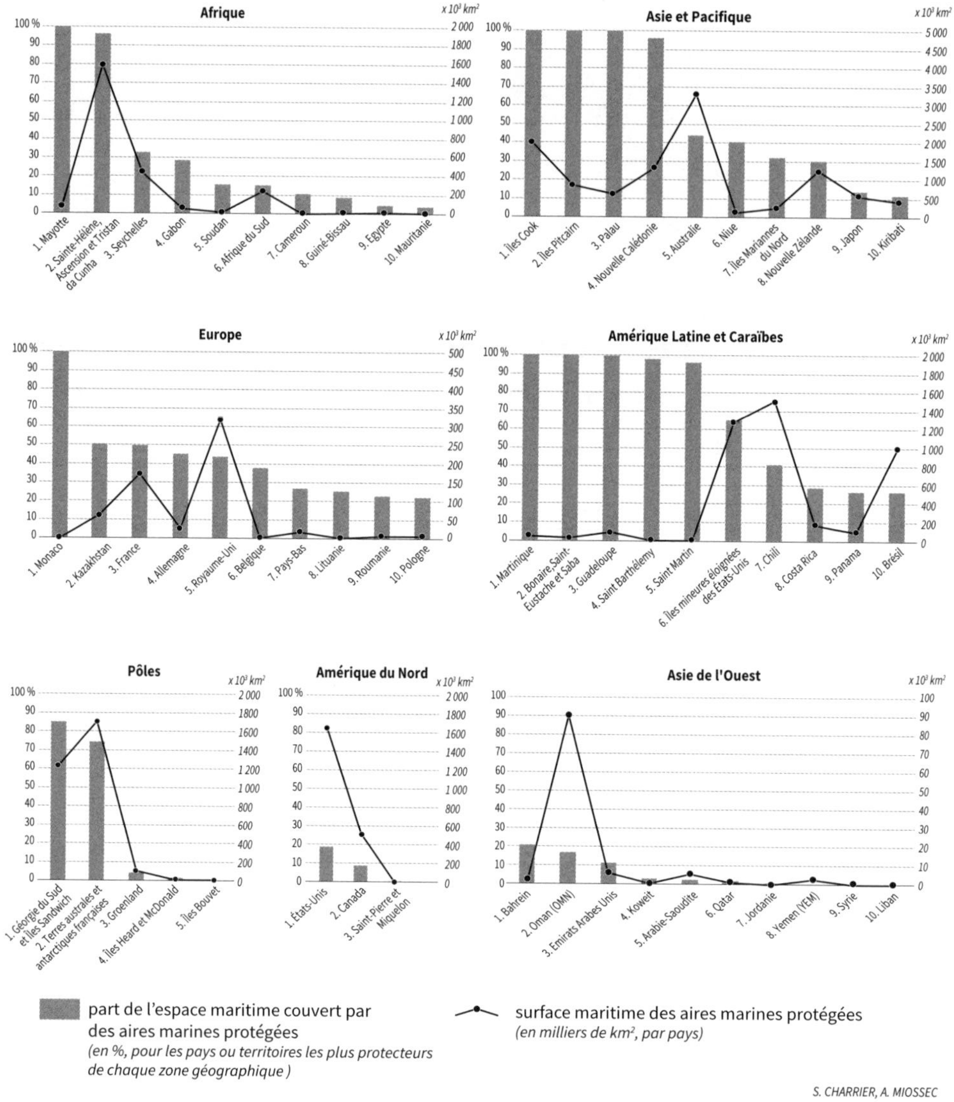

Figure 3.3 – Une inégale répartition des AMP à l'échelle mondiale

Source : https://www.protectedplanet.net.

Reste que dans le domaine de l'environnement océanique, la place de la recherche scientifique est de plus en plus reconnue. Même si elle fait l'objet de débats. On doit aux chercheurs dans le domaine de l'océan des avancées remarquées en ce qui concerne la biodiversité, un des aspects essentiels de la notion d'écosystèmes comme base de gestion des milieux et des espaces océaniques. Comme gage d'une intégration en voie de réussite, on notera par exemple le rapprochement des points de vue entre les chercheurs en halieutique, souvent réputés trop proche du monde des pêcheurs et les spécialistes de la biologie supposés peu préoccupés de l'avenir des millions d'hommes dont l'exploitation des ressources de la mer est la garantie d'une vie meilleure. En matière d'estimation des stocks par espèces, du « recrutement » au sein d'une espèce donnée, le débat est vif mais les positions tendent à converger. On est bien dans la logique du développement durable et des multiples liens entre acteurs qu'elle suppose.

Conclusion

Comme souvent en matière d'environnement, il faut savoir raison garder. Les océans ne sont pas si menacés et les hommes pas si impuissants à affronter les enjeux du futur. Cette vision pessimiste est une caricature. Certes, des menaces existent, les unes planétaires et les autres plus strictement localisées. La géographie, dans l'emboîtement des échelles qui fonde une large partie de sa démarche, aide à les comprendre et à la gérer. Les océans se réchauffent et s'acidifient, inquiétudes légitimes qui font autant l'objet de recherches que de débats : il faut aussi laisser aux scientifiques leur place. Bien des menaces sont prises en compte, des résultats obtenus ; les choses progressent, même dans le domaine très délicat de la pêche et de l'aquaculture. C'est que depuis la Seconde guerre mondiale, sous l'égide des Nations unies, les questions liées à l'océan ont fait l'objet de multiples initiatives relayées sur le terrain à l'échelle régionale pour les États et localement par le jeu à acteurs multiples de tous ceux que préoccupe un avenir commun et « durable ». Cette nébuleuse complexe obtient et a obtenu des résultats : même si on peut regretter que cela n'aille pas assez vite, les diverses formes d'aires marines protégées sont à la fois plus nombreuses et plus vastes. Faux sanctuaires mais vraies expériences de recherche d'un avenir partagé par les divers usagers… et toujours la question fondamentale, celle des échelles (trop grandes et sources de conflits multiples entre acteurs locaux), trop petites et l'espace dédié est si vaste qu'elles sont ingérables, du simple papier « politique » pour conforter ceux qui les ont conçues, de la poudre aux yeux pour beaucoup d'observateurs !

BIBLIOGRAPHIE

BEURET, J.-E., et CADORET, A., (2024). *Les Aires Marines Protégées, vaines promesses et vrais enjeux*, Presses universitaires de Rennes.

CHADENAS, C., MIOSSEC, A., (2015). *Acteurs et territoires de la protection des espaces remarquables sur les océans : de la sanctuarisation au développement durable*, chap. 8. Dans GUILLAUME, J. (coord.), (2015). *Espaces maritimes et territoires marins*, Ellipses.

CICIN SAIN, B., et KNECHT, R., (1998). Integrated Coastal and Ocean Management, Concepts and Practices. Island Press, p. 517.

EUZEN, A., GAILL, F., LACROIX, D., CURY, P. (dir.), (2017). *L'océan à découvert*, CNRS Éditions.

GRESCOE, T., (2010). *La mer engloutie : le poisson de nos assiettes aura-t-il la peau de la planète ?* Les Éditions Noir sur Blanc, p. 456.
GUILCHER, A., (1998). *Coral Reef Geomorphology*, Wiley and Sons, p. 228.
HELIN, J.-C., (2013). Des marées vertes pour longtemps ? Analyses scientifiques et plan de lutte contre les algues vertes. *Le courrier de l'environnement*, n° 63, août.
JOSEPH, A., GOULLETQUER, P., (2017). *Un océan de promesses*, éditions Quae.
LOUCHET, A, (2009). *La planète océane, précis de géographie maritime*, Armand Colin, coll. « U », p. 559.
LOUCHET, A., (2015). *Atlas des mers et des océans (conquêtes, tensions, explorations)*, Éditions Autrement, p. 95.
MIOSSEC, A. (dir), (2012). *Dictionnaire des mers et des côtes*, Presses universitaires de Rennes, p. 550.
MIOSSEC, A., (2014). *Géographie des mers et des océans*, Presses universitaires de Rennes p. 494.
MONACO, A et PROUZET, P. (dir.), (2014). *Mer et Ocean (7 volumes, en particulier, Complexité du système océanique, vulnérabilité du système océanique, risques côtiers et adaptation des sociétés, valorisation et économie des ressources marines…)*, ISTE Éditions.
PASKOFF, R., (1993). *Côtes en danger*. Masson, p. 250.
ROBERTS, C., (2012). *Ocean of Life, How Our Seas Are Changing*, Allen Lane et Penguin Books. Traduction française en 2013 : *Océans, la grande alarme*. Flammarion, p. 492.
VANNEY, J.-R., (2002). *Géographie de l'océan global*, Éditions scientifiques GB.

CHAPITRE 4

Les espaces naturels protégés : de la diversité des régimes de protection à la diversification des modes de gestion

Céline CHADENAS, Louise QUINIO et Vincent ANDREU-BOUSSUT

SOMMAIRE

Depuis leur apparition, les politiques de protection de la nature ont majoritairement été mises en œuvre en isolant des espaces naturels menacés par l'anthropisation, dans lesquels ont été développés des projets de conservation, « *le fait même de créer des objets de protection de la nature, parcs ou réserves, constitue d'ailleurs en soi la preuve de cette artificialisation. En effet, s'il y a eu nécessité d'établir un tel périmètre de protection, c'est qu'il existait auparavant (ou bien qu'il existe encore) une pression anthropique susceptible de porter atteinte à la conservation des milieux* » (Depraz, 2008). S'il est extrêmement difficile d'évaluer de manière générale ou systématique la contribution environnementale ou écologique effective de ces espaces « mis en protection », il n'en demeure pas moins qu'ils restent l'outil privilégié de la protection de la nature quels que soient les échelles spatiales et les contextes considérés. Dans ce sens, les espaces protégés ou aires protégées (traduit littéralement de l'anglais *protected areas*) participent à la dynamique du territoire et à son aménagement. Ils rassemblent également des démarches et des projets dont les motivations, les formes matérielles, administratives et juridiques, tout comme les enjeux qu'ils renferment peuvent différer très largement d'un territoire/contexte à l'autre. Parcs nationaux, réserves naturelles, parcs naturels, réserves de biosphère sont autant de vocables différents qui désignent des modalités variées de mise en protection à des échelles spatiales hétérogènes. Le tableau 4.1 restitue quelques définitions données aux espaces protégés, que ce soit dans le monde opérationnel (Convention sur la Diversité Biologique – CDB –, Union internationale pour la Conservation de la Nature – IUCN –, Programme des Nations unies pour l'Environnement – PNUE) ou dans le monde académique. Ces définitions témoignent d'un ensemble de caractéristiques qui fondent et clarifient la notion d'espace protégé :

- l'existence d'un périmètre géographique (quelle que soit sa taille) reconnu administrativement et réglementairement par l'État, les collectivités territoriales ou les associations ;
- l'existence d'un processus ou d'un cadre de gestion, questionnant au passage les méthodes de gestion et le travail local d'un ou de plusieurs gestionnaires désignés ;
- la définition d'objectifs de conservation qui concernent la « nature » dans l'intégralité de l'acception du terme, la biodiversité mais aussi les services écosystémiques (dont les services culturels rendus par les écosystèmes) ou des objets culturels et historiques (l'intégration de ces deux dernières dimensions est néanmoins plus récente mais constitue un enjeu de taille pour les gestionnaires et les populations locales) ;
- les processus de mise en protection de la nature ne concernent pas uniquement le domaine terrestre mais aussi le domaine marin.

Tableau 4.1 – Les définitions courantes de l'espace protégé

Définition d'espace protégé	Source
À geographically defined area, which is designated or regulated and managed to achieve specific conservation objectives	Article 2 de la CDB, 1992
Un espace géographique clairement défini, reconnu, consacré et géré, par tout moyen efficace, juridique ou autre, afin d'assurer à long terme la conservation de la nature ainsi que les services écosystémiques et les valeurs culturelles qui lui sont associés.	UICN
Terme générique désignant tout site de taille variable bénéficiant d'une ou de plusieurs mesures de protection visant à assurer sa préservation sur le long terme (réglementation, dispositions contractuelles, règles foncières...).	Bioret *et al.*, 2009

Définition d'espace protégé	Source
Protected areas are internationally recognised as regions set aside primarily for nature and biodiversity conservation and are a major tool in managing species and ecosystems which provide a range of goods and services essential to sustainable use of natural resources. The term « protected area » includes Marine Protected Areas (MPA) the boundaries of which will include some area of ocean.	PNUE, non daté
L'espace protégé peut être qualifié d'étendue délimitée, socialement investie de valeurs, pouvant comporter plusieurs « zones » correspondant à un gradient de mise en valeur du territoire. Au sein de ces zones, les pouvoirs publics, des particuliers ou des associations décrètent des mesures de protection (relatives au paysage, au patrimoine, à la faune et à la flore – dans leur globalité ou autour d'une espèce en particulier), en s'appuyant sur des réglementations. L'espace devient alors administré : il est en général géré par des États, des administrations publiques, des collectivités territoriales, des associations ou des organismes dédiés.	Laslaz *et al.*, 2012

D'une manière générale, les espaces protégés doivent être considérés comme des territoires de la protection de la nature (Depraz, 2008). Ils sont des espaces appropriés par les sociétés (même si le motif de leur appropriation est celui de leur mise en protection) qui subissent l'empreinte humaine sous des formes diverses (artificialisation, utilisation des ressources naturelles), ne serait-ce que par les formes de gestion dont ils font l'objet. Leur devenir écologique est évidemment très lié aux choix de protection et de gestion réalisés à l'échelle locale.

Porté par plusieurs études de cas, ce chapitre débutera par un historique de la protection de la nature contribuant à poser les fondements et les courants qui l'ont animé depuis plus d'un siècle ; la mise en protection des écosystèmes sera ensuite analysée avant d'évoquer les évolutions actuelles de la gestion des espaces protégés, y compris au regard des enjeux que le changement climatique implique pour leur devenir.

1 La mise en protection des espaces naturels : une longue histoire des valeurs données à la nature

Si le fait socio-économique majeur du XIXe siècle reste la révolution industrielle, celle-ci s'accompagne d'une transformation profonde du monde occidental. Les sociétés qui avaient l'habitude de puiser dans les espaces de nature pour en tirer des ressources (forestières, minières, agricoles) et leur donnaient une valeur instrumentale (Mouhot et Mathis, 2013), leur confèrent progressivement de nouvelles valeurs : esthétiques, philosophiques, scientifiques… Si ces nouvelles valeurs qui se diffusent dans la sphère publique imposent progressivement la mise en protection d'espaces de nature (soit à titre privé sous la poussée d'individus visionnaires soit à titre public dès lors que les premières réglementations sont imaginées et mises en œuvre), ces derniers entrent par la même occasion dans le champ patrimonial au même titre et à la même époque que les bâtiments considérés comme des monuments historiques. Il est ainsi possible de postuler que le choix d'un régime de protection pour un objet de « nature » (espèce, écosystème, paysage, espace...) induit sa mise en patrimoine dans la mesure où cet objet est choisi par un groupe social ou par la société dans son ensemble pour être conservé tel quel, comme un « *bien commun* » (Micoud, 1995) ou dans une stratégie de renforcement de ses qualités biologiques et/ou écologiques dans le temps long. Choisir de protéger la nature (des paysages, des milieux naturels, des espèces particulières prises dans leurs habitats...) et développer des mesures pour assurer sa conservation (selon les projets et les réglementations) est bien un acte de transmission patrimoniale et, de fait, de mise en patrimoine. L'acte de protéger répond en ce sens à « *une activité sociale consistant à faire être quelque chose qui prend nom et valeur de patrimoine* » (Micoud, 2005). La nature apparaît alors comme un ensemble d'objets pouvant devenir patrimoine(s) au gré des positionnements des acteurs publics et privés des territoires. La particularité ici réside dans la dimension spatiale de telles postures patrimoniales car ce sont les espaces dans leur intégralité qui changent ici de valeur même si, parfois, il s'agit de conserver les espèces qui y vivent spécifiquement. Les espaces protégés apparaissent donc clairement comme des formes de territorialisation de la pensée patrimoniale, ou plus largement comme des territoires patrimoniaux, des espaces « *produits par l'action sociale* » (Di Méo, 1995 et 1998) se référant « *à des valeurs attribuées à différents éléments, valeurs qui varient et évoluent dans le temps selon les préoccupations d'une société* » (Veschambre, 2007).

1.1 L'esthétisation de la nature : des paysages pittoresques aux monuments naturels

Les paysages naturels et le pittoresque sont étroitement intriqués. Au XVIIIe siècle, la haute société, notamment en Angleterre, envoie ses jeunes adultes à travers l'Europe, pour parfaire leur éducation. C'est le grand tour, qui donnera naissance plus tard au terme *tourisme*. Certes, les grandes villes comme Paris, Rome, sont une des étapes de ce voyage, mais d'autres lieux, naturels cette fois, sont également visités. Ces espaces naturels sont étroitement liés à des artistes, qui s'imprègnent d'une nature sauvage que les peintres romantiques du XIXe siècle subliment. Une « *culture esthétique naquit en effet à cette époque, une culture élitaire qui, en partie à cause du prestige social qui ne tarda pas à lui être lié, va se diffuser de plus en plus largement au sein du corps social dès le XIXe siècle, participant ainsi au développement et à la mise en forme des pratiques touristiques* » (Vernex, 2004). En Europe, des sites deviennent incontournables, intégrés dans des itinéraires, comme le Lake District en Angleterre, les Alpes, la Toscane, la Grèce ou encore la Chaussée des Géants en Irlande du Nord, qui « *est officiellement découverte et fréquentée par les premiers voyageurs à la fin du XVIIe siècle et, pendant tout le XVIIIe siècle, sa notoriété n'a de cesse de croître. Les colonnes de basalte sont alors l'objet d'un très grand intérêt scientifique et leur origine fait l'objet d'un vaste débat [...]. Des représentations du site commencent à circuler grâce à Thomas Molyneux dès la fin du XVIIe siècle, puis les gouaches de Susanna Drury qui seront reprises dans de nombreuses gravures qui circulent en Grande-Bretagne mais aussi en Europe dans les publications scientifiques (Encyclopédie en France) mais aussi les guides de voyage* » (Andreu-Boussut *et al.*, 2024). Certains peintres participent pleinement à l'essor de sites dits pittoresques dont les représentations se diffusent progressivement en Europe. Ainsi, Claude Lorrain en particulier « *joua un rôle très important dans l'élaboration d'une norme picturale, d'un "modèle" de paysage qui, au-delà des représentations mythologiques à la mode dans l'idéal classique, conduira au réalisme paysager du XIXe siècle. Non seulement avec lui le paysage devient-il nature, non seulement s'efforça-t-il de saisir telle lumière, telle heure, telle saison, tel lieu, mais surtout se développera dans son sillage le goût pour la peinture de plein air et donc pour l'exploration des lieux, des ambiances* in situ *pour le voyage à la recherche de scènes à peindre, à la recherche des paysages vrais, autrement dit le goût pour le voyage de l'œil. Son influence sera considérable en Angleterre dès les débuts du XVIIIe siècle en relation avec l'émergence d'une nouvelle sensibilité fondée sur la valorisation de l'émotion face à la nature que l'on retrouvera dans la poésie d'un Milton, d'un Thompson ou dans la réflexion philosophique* » (Vernex, 2004). C'est dans cet esprit que des artistes intègrent dans leurs tableaux certaines populations, qui attirent les premiers voyageurs. Très tôt, dans les marais salants de Guérande, les peintres représentent le paludier travaillant dans sa saline ou les danseurs fêtant la fin de la récolte de sel', comme la ronde paludière de Jules Cornilliet (Buron, 2000). Ces « tableaux » pittoresques du XIXe siècle, issus de paysages naturels sont également copiés dans les parcs et jardins privés, dans lesquels se succèdent, le long de chemins, des paysages créés, des mises en scène de ce qui a été vu ailleurs. Certains auteurs estiment que ces tableaux constituent l'une des origines du *gardening*, « *en rupture avec l'idéal classique, le jardin "anglais", ou "paysage", ou "pittoresque", étale à première vue dans un désordre "naturel" ses prairies, ses bosquets, ses bois, ses lacs, ses rochers, ses cascades, ses monuments en ruine. Le peintre remplace l'architecte dans la conception même de ces nouveaux lieux d'éducation du regard. Beaucoup de créateurs de jardins sont des peintres (William Kent, par exemple), le prestige de la peinture en tant qu'art rejaillissant sur le "gardening". Il est alors couramment admis que tout jardinier doit "commencer par former son œil et son esprit aux beautés de la nature", et donc s'associer à un "paysagiste"* » (Vernex, 2004).

Appréciés, à l'origine de voyages, ces paysages naturels sauvages font progressivement l'objet d'une attention de plus en plus importante, en particulier en lien avec les menaces qui pèsent sur eux. Petit à petit, l'idée de mise en protection de ces paysages chemine, en Europe comme aux États-Unis, les considérant progressivement comme des « monuments naturels ». Le terme monument est en réalité emprunté au processus de patrimonialisation qui concerne à la même époque les édifices historiques. En 1834, consciente des destructions de monuments opérées pendant la Révolution, poussée par des intellectuels comme Victor Hugo qui écrit en 1832 « *Il y a deux choses dans un édifice : son usage et sa beauté. Son usage appartient au propriétaire, sa beauté à tout le monde. [...]. Une loi pour l'irréparable qu'on détruit, une loi pour ce qu'une nation a de plus sacré après l'avenir, une loi pour le passé, cette loi juste, bonne, excellente, sainte, utile, nécessaire, indispensable, urgente !* » (Victor Hugo, *Guerre aux démolisseurs !* 1832), la France a créé le Comité pour la publication des documents inédits de l'histoire de France (Comité des travaux historiques et scientifiques) pour recenser et protéger les monuments illustrant l'histoire nationale. En 1837, la Commission des monuments historiques est créée et le 30 mars 1887 est votée la loi pour la conservation des monuments et objets d'arts ayant un intérêt historique et artistique. Tenant compte des imperfections de cette loi, une autre relative aux monuments historiques est adoptée à l'Assemblée nationale le 20 novembre 1913. « *La conception plus large de l'histoire qui se développa au* XIX*e siècle, éveilla une conscience nouvelle de la valeur du "patrimoine" national : les monuments révèlent le "génie" d'une nation* » (ministère des Affaires culturelles, 1964). L'approche n'est encore qu'historique, culturelle mais c'est surtout l'idée d'un patrimoine national fragile qui émerge à cette époque, en même temps que la prise de conscience de sa nécessaire transmission aux générations futures. « *Ces monuments sont devenus la propriété du peuple, le bien commun de la nation. La notion d'héritage commun de l'humanité est en germe [...]. Si la dimension culturelle du patrimoine prend dès lors une importance considérable, la dimension naturelle met longtemps à s'imposer* » (Lepart et Marty, 2006). Ce détour par le monument historique est important car il permet d'appréhender le contexte dans lequel s'est constituée la reconnaissance par la nation d'un patrimoine naturel, caractérisé par des « monuments naturels », avec des dispositions réglementaires très proches les unes des autres, jusqu'à se rejoindre dans une même loi. La loi du 21 avril 1906 organisant la protection des sites et monuments naturels de caractère artistique renforce celle de 1887 sur le plan du patrimoine historique et consacre la nature comme un bien à protéger. La loi du 2 mai 1930 la complète. Elle est l'une des seules du genre à travers le monde. On retrouve cependant des dispositions assez proches en Grande-Bretagne avec les *Area of Outstanding Natural Beauty* (AONB) constitués de paysages exceptionnels dont le caractère distinctif et la beauté naturelle sont suffisamment précieux pour être sauvegardés dans l'intérêt national ou au Portugal avec les *Monumento Natural* et les *Paisagem Protegida* dont l'objectif est de préserver leur intégrité physique et paysagère. Ce sont des sites reconnus pour leurs valeurs écologiques, esthétiques, scientifiques et culturels (Chadenas, 2019). Un dispositif assez proche existe également aux États-Unis, c'est l'*Antiquities Act* de 1906 qui permet au président de classer en *National Monument* un site du patrimoine naturel, historique et archéologique, sans passer par le vote d'une loi au Congrès. Ainsi, « *Avant même les premières mesures américaines, les élites sociales, le plus souvent urbaines, faisaient pression sur les pouvoirs publics pour obtenir la protection d'une nature vue comme belle car "pittoresque" (Mathis, 2010), ou vue comme belle car "sauvage" ; dans tous les cas d'une nature qui ne serait pas exploitée et dans cette nouvelle vision "dénaturée"* » (Chalvet, 2021).

1.2 Le préservationnisme nord-américain et les parcs nationaux

Nombre d'auteurs s'accordent souvent à faire naître aux États-Unis puis au Canada le premier mouvement social majeur en faveur de la protection de la nature. Si activistes, artistes et intellectuels trouvent appui auprès de l'État fédéral et obtiennent les premières mesures réglementaires de protection avec la réserve de Hot Springs en 1832, la vallée du Yosemite en 1864 (Jaffeux, 2010) puis le Parc national de Yellowstone en 1872, une dynamique comparable existe néanmoins en Europe à la même époque. Sous la houlette d'artistes et de personnalités politiques, en 1853 « *l'école de Barbizon obtient une dérogation aux règles d'exploitation habituelles pour 624 ha de la forêt de Fontainebleau. Puis, en 1861, 1 097 ha sont classés par Napoléon III en "série artistique"* » (Luglia, 2023), constituent ainsi le premier espace naturel protégé, le décret impérial interdisant les coupes d'arbres sur un périmètre d'un peu plus de 1 000 ha. Des mouvements associatifs bien structurés militent également en faveur de la protection de la nature et des oiseaux en particulier, comme la Royal Society for Protection of Birds (RSPB) créée en Grande-Bretagne en 1889 ou la Ligue pour la Protection des Oiseaux (LPO) créée en France en 1912, ou défendent la qualité des paysages naturels (comme la Société Nationale de Protection des Paysages fondée en 1901). Les motivations sont proches des deux côtés de l'Atlantique à une nuance près. Ces mouvements de la société civile sont traversés par la volonté de voir reconnaître à des objets de nature ou de paysage des valeurs esthétiques et/ou scientifiques. Il est donc logique de trouver parmi les défenseurs de la nature des artistes mais aussi des naturalistes de renom, que ce soit John Muir aux États-Unis, Nathaniel Charles Rothschild en Grande-Bretagne ou Jean Delacour en France qui, en créant respectivement le Sierra Club, la Society of Wildlife Trust ou encore l'International Council for Bird Preservation (actuelle Birdlife International) structurent une dynamique en faveur de la protection. La grande différence pour l'Amérique du Nord est l'importance que tiennent l'environnement et les grands espaces de nature dans l'émergence d'une pensée transcendantale largement diffusée par *nature writers* et activistes comme Ralph Waldo Emerson ou Henry David Thoreau.

Les premières mises en protection se font au titre du Parc national, en particulier aux États-Unis où le projet de patrimonialisation s'appuie sur un projet politique de construction d'une identité nationale rendue particulièrement nécessaire après la guerre de Sécession. Le Parc national est pensé comme un outil de protection fédérale qui exclue toute action de prédation humaine sur les milieux naturels tout en ouvrant largement l'espace à un public de visiteurs. La création des premiers Parcs nationaux est alors facilitée par le statut foncier du sol, propriété fédérale, et s'accompagne régulièrement de l'expulsion des populations autochtones non sans générer de nombreuses tensions locales. Le modèle de Parc national inventé aux États-Unis est aussi profondément un projet de mise en tourisme pour un public citadin ayant rompu ses liens traditionnels avec la nature, à l'image du Parc national de Yellowstone considéré « *hereby reserved and withdrawn from settlement, occupancy, or sale under the laws of the United States, and dedicated and set apart as a public park or pleasuring ground for the benefit and enjoyment of the people* » (Yellowstone Act, 1872). Leur popularité tient aussi de leur accessibilité d'abord facilitée par les lignes de chemin de fer transcontinentales puis par leur adaptation à l'automobile (Young, 2018). S'il a été largement médiatisé et reproduit au Canada, puis en Suède et en Suisse dès le début du XXe siècle, l'exportation de ce modèle de protection dans d'autres contextes géographiques se heurte généralement au statut foncier privé et à la légitimité des États à réguler l'accès à des espaces de nature depuis longtemps exploités. C'est dans ce contexte que se tient à Paris en 1909 le premier congrès international pour la protection des paysages qui « *réclame aux États la constitution de parcs nationaux afin de faire triompher l'intérêt général ("le droit à la beauté") sur l'intérêt privé (droit d'usage du propriétaire)* » (Luglia, 2023). En France, avant toute réglementation officielle, les premiers Parcs nationaux sont créés là où le statut du sol est public et où les populations locales ne peuvent donc s'opposer aux projets de mise en protection. Le Parc national dit de la Bérarde est ainsi créé dans les Alpes en 1913 sur des terrains domaniaux de l'administration des eaux et forêts. Les territoires des colonies fournissent également un cadre propice au développement des Parcs nationaux comme en Algérie à partir de 1921 (Parcs de Gouraya, de Taza…) faisant évidemment fi des droits du sol et d'usage historiques des populations locales au profit des administrations coloniales. L'argumentaire de la protection est alors à la fois scientifique et touristique. Il faut finalement attendre 1960 pour que la loi de création des Parcs nationaux entre en vigueur en France. Depuis, onze Parcs nationaux ont été créés sur 8 % du territoire national, ce qui est loin d'en faire l'outil de protection le plus courant à l'échelle française.

ENCADRÉ 4.1

Préservationnisme *versus* conservationnisme

Le Parc national du Yosemite est créé aux États-Unis en 1890, en partie grâce à l'engagement de John Muir (1838-1914), naturaliste. Celui-ci défend l'idée d'une nature protégée, sauvage, loin de toute intervention humaine : il s'agit d'une vision dite préservationniste. À l'inverse, une autre personnalité américaine, Gifford Pinchot (1865-1946), forestier et politicien, rejoint en France par Louis Mangin (1852-1937) et plus tard par le Britannique Julian Huxley (1887-1975) (Blandin, 2009), défend une utilisation rationnelle et limitée de la nature. Cette vision plus « écocentrée » (Depraz, 2008) est dite conservationniste. Elle admet que la nature apporte des bénéfices aux sociétés, en plus d'améliorer l'état des écosystèmes. L'un des exemples qui incarne le mieux les vifs débats entre John Muir et Gifford Pinchot est la construction du barrage de la vallée de *Hetch Hetchy* dans le Parc national du Yosemite (Devictor, 2015). Gifford Pinchot défend l'utilité du barrage pour l'alimentation en eau de la ville de San Fransisco, alors que John Muir dénonce l'impact d'une telle infrastructure sur la vallée et se bat en proposant des alternatives d'évitement, qui ne verront jamais le jour, puisque la construction du barrage s'achèvera en 1923. L'opposition entre la vision préservationniste de John Muir et la vision conservationniste de Gifford Pinchot illustre différentes représentations qui animent toujours les débats éthiques sur la conservation de la nature aujourd'hui.

1.3 Les mouvements et associations naturalistes, des acteurs clés de la protection de la nature

Alors que le Parc national devient une icône culturelle de la protection, le contexte européen produit à la même époque deux autres modes de patrimonialisation, par l'acquisition foncière et par la réglementation des « monuments naturels », permettant d'intervenir dans des territoires majoritairement constitués de propriétés privées. D'abord à l'initiative de propriétaires privés qui acquièrent des terres pour les soustraire à des formes d'anthropisation mettant en péril l'intégrité des paysages et des milieux naturels, ceux-ci se regroupent et créent des associations qui vont devenir des acteurs clés de la protection de la nature. Palliant à l'absence de réglementation publique de protection, ces associations choisissent d'acheter des terrains avec les moyens fournis par les adhésions ou par le biais de legs afin de mettre en œuvre leurs projets de protection. Créée en 1895 en Grande-Bretagne, sous l'impulsion de Hardwicke Rawnsley, Robert Hunter et Octavia Hill pour contrer un projet de chemin de fer traversant une des vallées du Lake District (Parc national situé au nord-ouest de l'Angleterre), le National Trust est la première organisation non gouvernementale (une *conservation charity* en réalité) à devenir un acteur foncier majeur de la protection de la nature en Angleterre, au Pays de Galles et en Irlande du Nord, intervenant sur plus de 500 sites aujourd'hui (dont une majorité de monuments historiques agrémentés de jardins). À partir de 1912, en France, la Ligue de protection des oiseaux (LPO), toute nouvelle sous-section dédiée aux oiseaux de la Société d'acclimatation, développe une stratégie comparable sur l'archipel des Sept-Iles, dont une partie est mise en protection afin de sauvegarder les populations de Macareux Moine (*Fratercula arctica*), oiseau chassé pendant sa période de nidification. Ce mode d'intervention sera conforté ou relayé par les pouvoirs publics à partir des années 1930 puis 1970. L'État français développe également des outils publics de protection par acquisition foncière comme les Périmètres sensibles en 1954 (futurs Espaces naturels sensibles – ENS – à l'initiative, à l'origine, du Département du Var), ce dispositif est progressivement étendu à tous les départements littoraux puis à l'ensemble du territoire français (Barthon *et al.*, 2013) ou le Conservatoire du Littoral à partir de 1975. Développé dès le début du XXᵉ siècle des deux côtés de l'Atlantique, ce mode de protection émerge d'une prise de conscience de la part des États de la nécessité de protéger des éléments remarquables des paysages pour leurs valeurs esthétiques et identitaires (souvent sur des superficies limitées) contre des dégradations imposées généralement par les propriétaires et exploitants du sol.

Ces mouvements naturalistes et ces associations sont intimement liés à des personnalités particulières. On l'a vu, au cours du XIXᵉ siècle, la nature attire de plus en plus, elle est admirée, observée, on s'y promène et parfois, on l'étudie. En effet, à cette époque, le naturaliste inventorie, dessine, dissèque, naturalise et ramène de ses voyages des espèces. Dans cette dynamique, les oiseaux représentent un des éléments du règne animal à l'origine des mouvements associatifs les plus importants à l'échelle internationale mais aussi de mesures de protection, soit pour les protéger eux-mêmes soit pour protéger les habitats dans lesquels ils vivent. Ainsi, Jean Delacour et Peter Scott influencent de manière notable la protection puis la gestion de la nature au cours du xxe siècle. Ils en ont une vision fortement inspirée du collectionneur-chasseur. Jean Delacour, naturaliste reconnu internationalement, secrétaire de la LPO en 1913 puis président de l'association, acquiert le domaine de Clères (Seine-Maritime) en 1919. Dès son achat, il y aménage un parc zoologique grâce au naturaliste et architecte-paysagiste Henri Avray Tipping. Ce dernier « *agence le parc pour recevoir oiseaux et mammifères. Bientôt, les animaux évoluent en liberté. La collection d'oiseaux était très importante puisqu'elle a regroupé jusqu'à trois mille spécimens répartis en cinq cents espèces. Clères devient un centre d'attraction, non seulement pour les naturalistes, mais aussi pour les amateurs de la nature et des arts* » (parcdecleres.net). À travers l'aménagement de son parc, Jean Delacour réalise un vieux rêve : « *Tout enfant, j'étais intrigué par la légende du Jardin de l'Éden, le paradis terrestre où l'homme, les animaux et les plantes vivaient en parfaite harmonie, sous l'œil de Dieu. J'ai toujours rêvé de le reconstituer. C'était un songe improbable, mais il a inspiré mes premiers efforts. Curieusement, j'ai réussi plusieurs fois à m'entourer des plus belles choses produites par la nature ou par l'art des hommes. J'ai désespérément souffert de les perdre, mais je ne me suis jamais découragé. J'ai reconstruit sans cesse un paradis terrestre* » (parcdecleres.net). Soutenu par Jean Delacour, Peter Scott, également féru d'ornithologie, créé en 1946 le Severn Wildfowl Trust à Slimbridge, qui devient un « *centre for science and conservation. Uniquely at the time, he opened it to the public so that anyone could enjoy getting close to nature* » (wwt.org.uk). À une échelle plus grande que dans le parc de Clères, il y aménage des espaces dédiés aux oiseaux du monde entier (Chadenas, 2019). L'ensemble de ces aménagements est directement inspiré de la tradition paysagère anglaise, renouvelée et portée par des personnalités influentes au cours des années 1950 et 1960, comme l'architecte-paysagiste Ian McHarg. L'exemple du parc zoologique de Slimbridge fait des émules (figure 4.1), comme l'initiative menée par Léon Lippens en Belgique. Celui-ci acquiert plusieurs hectares de marais et un polder au Zwin, sur le littoral belge à la frontière avec les Pays-Bas et y ouvre au public une réserve naturelle en 1952. La mise en réseau se poursuit à travers les années. En France, Michel Jeanson est propriétaire d'un polder au Marquenterre, dans la baie de Somme, sur lequel il cultive des bulbes de fleurs. Mais éloigné des marchés néerlandais, le site ne s'avère pas rentable sur le plan économique et périclite. À la fin des années 1960, Michel Jeanson échange avec Léon Lippens, rencontré lors de parties de chasse et, sous son influence, réaménage le Marquenterre en un parc zoologique, qu'il ouvre au public en 1973. Clères, Slimbridge, Le Zwin, Le Marquenterre : ces sites sont progressivement érigés en modèles et d'autres espaces naturels s'en inspirent quelques années plus tard (Chadenas, 2003 ; Chadenas, 2019).

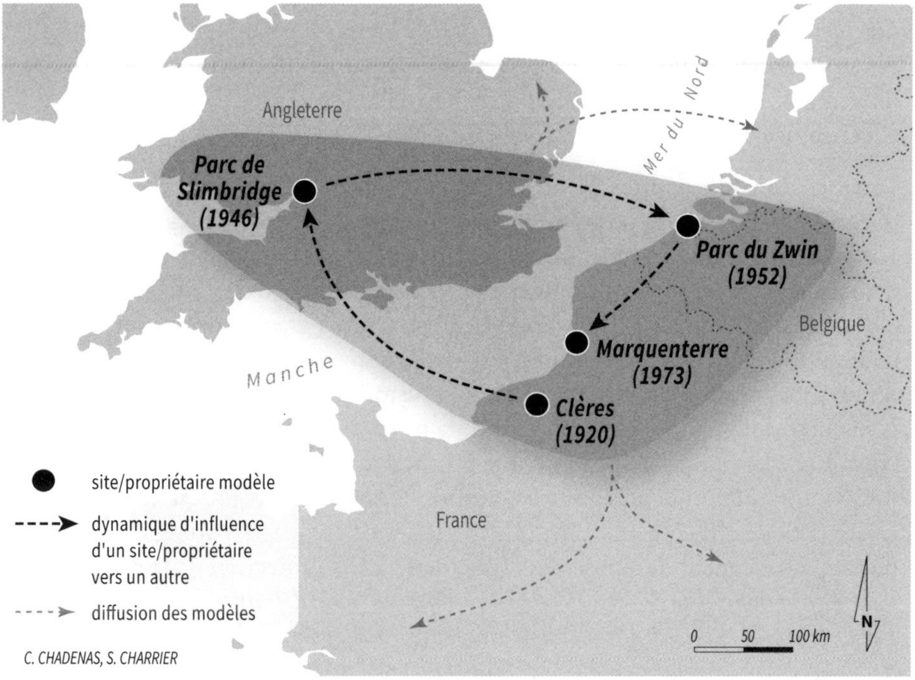

Figure 4.1 – La mise en réseau des premiers parcs zoologiques pour la sauvegarde des oiseaux

Cependant, si certains hommes mentionnés précédemment se cantonnent aux sites qu'ils ont créés, d'autres poursuivent la mission qu'ils se sont assignée, en se mettant eux-mêmes, ainsi que leurs réseaux, au service de la protection de la nature à l'échelle internationale. Jean Delacour et Thomas Gilbert Pearson, à l'origine de la *National Audubon Society* en 1905 fondent en 1922 *l'International Council for Bird Preservation* (ICPB futur Birdlife International). Après avoir créé le *Severn Wildfowl Trust* (devenu le *Wildfowl Trust* en 1954 puis le *Wildfowl & Wetlands Trust* (WWT) en 1989), Peter Scott réunit en 1957 à Slimbridge, dans le cadre des travaux scientifiques du *Wildfowl Trust*, des chercheurs, dont Julian Huxley. Celui-ci est biologiste et a confondé le *British Trust for Ornithology* (BTO) en 1933 (centre de recherche réputé internationalement). Il participe à la création de l'Organisation des Nations unies pour l'éducation, la science et la culture (UNESCO) dont il devient directeur général en 1946. Il est aussi l'un des fondateurs de l'UICN (Union internationale pour la conservation de la nature). Avec plusieurs personnalités, dont Peter Scott et Luc Hoffmann, John Huxley fonde le *World Wildlife Fund* (WWF) en 1961 et milite pour la signature d'une convention internationale en faveur des zones humides : la convention internationale de Ramsar sera signée en 1971. Cet exemple illustre le renforcement des mobilisations en faveur de la protection de la nature face à la prise de conscience de la dégradation des écosystèmes. Des intellectuels et des scientifiques participent à ce mouvement, comme la biologiste américaine Rachel Carson qui publie « *Silent spring* » en 1962 ou l'ornithologue Jean Dorst avec la publication de son ouvrage « Avant que nature meure » en 1965. La transformation de la Société d'acclimatation en Société nationale de la protection de la nature (SNPN) en 1960 en est une autre illustration, tout comme la création de nouvelles associations, à l'échelle internationale (Greenpeace ou Les Amis de la Terre en 1971).

La protection de la nature telle qu'elle est connue aujourd'hui est l'héritière d'un peu plus d'un siècle de prises de position, de décisions pour garantir l'intégrité des monuments naturels à travers le monde. Portée par des personnalités emblématiques, regroupées d'abord au sein de sociétés savantes puis d'associations qu'elles ont elles-mêmes créées, elle s'est construite au gré des opportunités, parfois grâce à des textes réglementaires, d'autres fois en lien avec des initiatives privées qui y ont très tôt vu une voie pour accélérer un processus parfois jugé trop lent. Cet historique permet également de comprendre la manière dont les modèles en faveur de la protection de nature se sont progressivement constitués. La figure 4.2 propose une synthèse des principaux modèles qui ont animé jusqu'à aujourd'hui le processus de création d'espaces protégés. Au XIXe siècle, une première période attachée aux valeurs esthétiques des paysages naturels et à leur caractère remarquable contribue à poser les fondements de la protection de la nature, s'appuyant « *sur l'exceptionnalité de certains éléments naturels pour définir les premiers espaces protégés. Ce sont surtout des lieux pittoresques (grottes, cascades, gorges, reliefs abrupts, etc.) ou recelant des espèces rares et remarquables qui sont classés* » (Laslaz, 2012). Elle conduit, en France, au vote des premiers textes de lois en la matière. La sanctuarisation est en gestation dès le XIXe siècle, sans en porter le nom. En proposant la création de réserves naturelles dans la loi de 1930 dédiée aux sites inscrits et aux sites classés, le législateur ne transmet-il pas, à sa manière, un message clair pour proposer la sanctuarisation de certains espaces naturels ? C'est ce que confirment les lois de 1953 et 1957, y compris la loi de 1960 portant la création des parcs nationaux, dans lesquels sont intégrées des réserves intégrales que la loi de 2006 renomme en « cœurs de parcs ». D'autres périodes apparaissent, proposant une plus grande cohabitation entre l'homme et la nature. Pour autant, les pointillés de la figure 4.2 illustrent la permanence du recours à la sanctuarisation, lorsqu'elle est nécessaire pour garantir la protection de certains biotopes ou parce que c'est le chemin que s'est fixé le propriétaire ou le gestionnaire d'un espace protégé. Les modèles développés par Jean Delacour, Peter Scott, Léon Lippens ou encore Michel Jeanson pèsent sur la gestion interventionniste mise en place, à partir des années 1970 et surtout 1980, dans de très nombreux espaces protégés. En France, dans les années 1990, les Cahiers techniques de l'Aten reprennent, d'une certaine manière, les idées de ces précurseurs et laissent penser que l'intervention sur le milieu naturel, la restauration écologique, la gestion des niveaux d'eau, la fauche pour favoriser la nidification des oiseaux grâce à une herbe rase, sont la voie unique pour gérer les milieux naturels. Cependant, à la fin des années 1990 et au début des années 2000, la notion de services écosystémiques rappelle l'importance de garantir la fonctionnalité des milieux naturels ; l'IUCN, en proposant de réfléchir aux solutions fondées sur la nature, renouvelle ces réflexions et met à jour la liste des services rendus par les écosystèmes, s'éloignant encore un peu plus de la vision préservationniste de John Muir. Cependant, des voix s'élèvent pour appeler à laisser les milieux évoluer plus librement, au prétexte que la nature est malade de la gestion, pour reprendre le titre d'un ouvrage de Jean-Claude Génot (Génot, 2008). L'IUCN crée un groupe « Nature férale » en France et l'Association pour la protection des animaux sauvages (ASPAS) organise des levées de fonds pour acquérir des terres et y favoriser la création de réserves de vie sauvage, questionnant l'interventionnisme précédent.

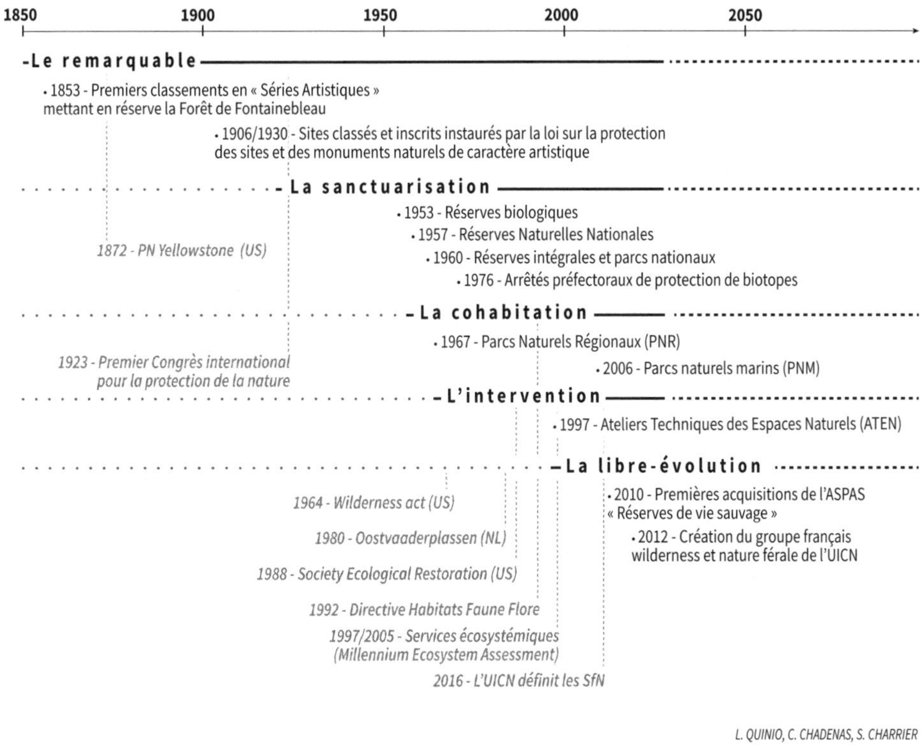

Figure 4.2 – Évolution des modèles de conservation de la nature en France
Sources : Ervin *et al.* (2010), Laslaz (2012), UICN.

2 La diversité des espaces protégés en France

En 1994, face à la multiplication des types d'espaces protégés à l'échelle internationale, l'IUCN a cherché à standardiser les appellations des espaces protégés et a ainsi distingué six catégories, « *en fonction de leurs modalités de gestion [...] elles correspondent à une gradation des interventions humaines dans les milieux naturels, depuis l'exclusion de toute activité jusqu'à des stratégies de gestion durable de la biodiversité* » (iucn.fr) :

- les réserves naturelles intégrales ;
- les zones de nature sauvage ;
- les parcs nationaux ;
- les monuments naturels ;
- les aires de gestion des habitats ou des espèces ;

- les paysages terrestres ou marins protégés ;
- les aires protégées de ressources naturelles gérées.

Si ce classement permet effectivement des comparaisons à l'échelle internationale, la diversité des formes que prend la protection à l'intérieur de chaque pays, les contextes culturels propres à chacun, oblige à nuancer la portée de ces catégories. Par exemple, en France, il existe trente types de protection différents (inpn.mnhn.fr), sans compter les périmètres calédoniens et polynésiens.

2.1 Différencier les formes de protection

En France, de manière classique, quatre grands types d'espaces protégés sont proposés : réglementaire, par acquisition foncière, contractuel et par conventions et engagements internationaux. On peut y ajouter les périmètres d'inventaires de la biodiversité, réalisés soit à l'échelle nationale, soit à l'échelle européenne pour les pays n'ayant pas mis en place un tel dispositif. La protection réglementaire implique la mise en place d'une réglementation spécifique pour limiter les pressions induites par les activités anthropiques sur les milieux naturels et le patrimoine. En France, la loi de 1906, actualisée en 1930, constitue un premier socle de la protection réglementaire. Elle permet la création de sites classés et de sites inscrits, dans lesquels la moindre modification portant atteinte au paysage est soumise à autorisation. Ces périmètres existent toujours aujourd'hui et sont préparés par les Directions régionales de l'environnement, de l'aménagement et du logement (DREAL) avec avis des Commissions départementales chargées des sites. Jusqu'aux années 1960, ce sont essentiellement des protections réglementaires qui voient le jour : Réserve naturelle de chasse et de faune sauvage, Réserve biologique, Réserve naturelle nationale (RNN) et Parc national (figure 4.3), illustrant le côté impératif de la mise en protection, dans un contexte de prise de conscience grandissante des atteintes portées par l'anthropisation aux écosystèmes.

En 1959, comme évoqué précédemment, les périmètres sensibles sont créés dans le département du Var, premier département touristique dans lequel l'urbanisation massive d'origine touristique contribue à la disparition de nombreux écosystèmes littoraux. C'est la première mesure de protection par acquisition foncière en France, identifiant des zones de préemption dans lesquelles la vente d'un terrain est prioritairement proposée à la collectivité. Pour faire face aux impacts de l'urbanisation massive du littoral, le rapport Piquard[1] préconise la création d'un établissement public à même de résister aux pressions foncières d'origine touristique en particulier. Le Conservatoire du littoral est créé en 1975. L'année suivante, le premier Conservatoire d'espaces naturels (CEN) voit le jour en Alsace (alors Conservatoire des sites). Ils ont tous deux pour

1. En 1971, Michel Piquard est chargé par la Délégation interministérielle à l'aménagement du territoire et à l'attractivité régionale (DATAR) d'animer un groupe d'études pour dresser un bilan du littoral français et d'identifier les perspectives pour son aménagement. Son rapport, remis au gouvernement le 5 novembre 1973 est dit « rapport Piquard ».

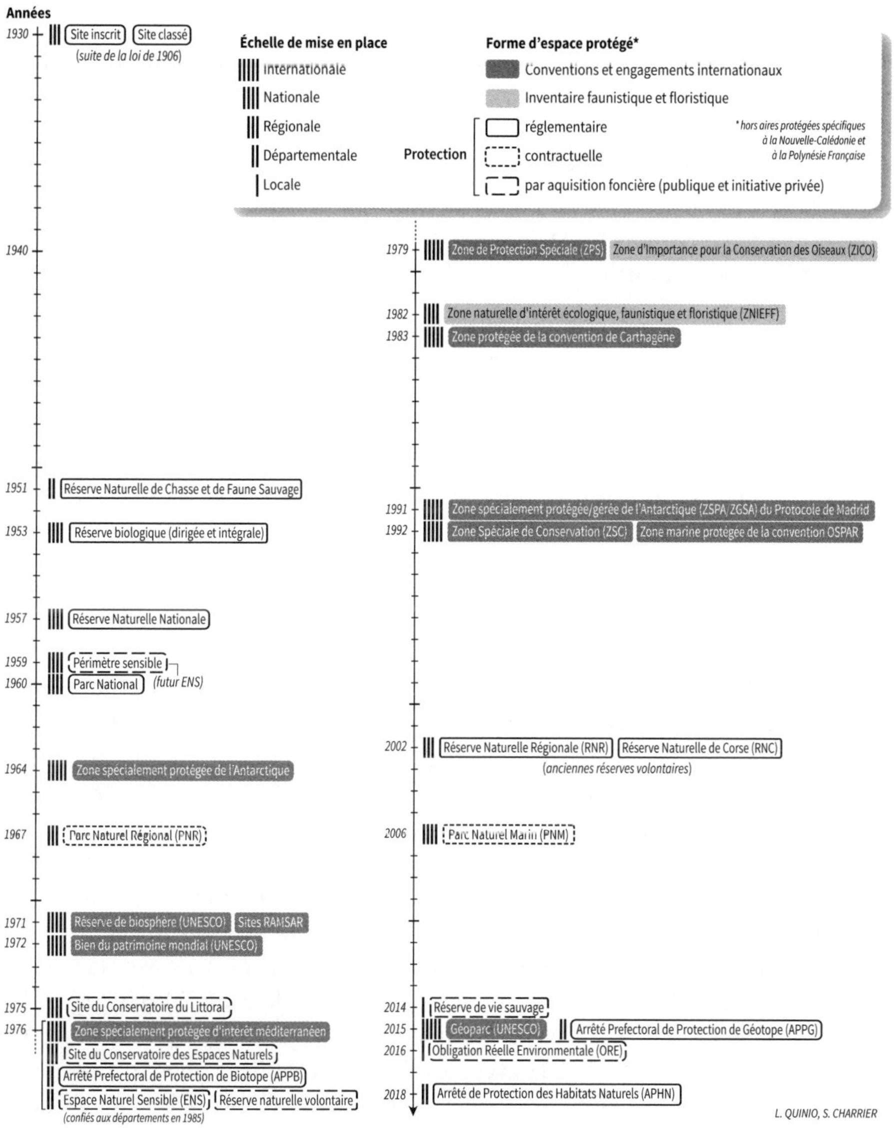

Figure 4.3 – Les périmètres de protection sur le territoire français : échelles et niveaux de protection

objectif de réaliser des acquisitions foncières en vue de protéger des espaces naturels de l'urbanisation. Les Espaces naturels sensibles (ENS) sont institués en 1976 à la suite des périmètres sensibles, confiant aux départements une politique de protection grâce au Code de l'urbanisme. Celle-ci est financée grâce à une taxe d'aménagement (ancienne taxe départementale des espaces naturels sensibles) avec un taux fixé entre 0 et 2,5 %. Cette taxe est prélevée sur les parcelles constructibles, permettant également la mise en place d'opérations de gestion et d'ouverture au public au sein de ces périmètres. Des associations de protection de la nature utilisent également l'acquisition foncière pour assurer la mise en protection d'espaces naturels, comme c'est le cas de la LPO. La même année, 1976, est votée la première loi relative à la protection de la nature (loi n° 76-629 du 10 juillet 1976) qui institue les Réserves naturelles nationales (RNN). Plus de vingt ans après, la loi « Démocratie de proximité » de 2002, permet aux Régions de créer des Réserves naturelles régionales (RNR) et disposent ainsi d'un outil équivalent à celui proposé à l'échelle nationale.

La protection contractuelle a pour objectif d'organiser les usages anthropiques au sein d'un espace naturel avec les propriétaires, les acteurs économiques, les usagers, les organismes gestionnaires ou l'État. C'est le cas des Parcs naturels régionaux (PNR), mis en place en 1967, puis les Parcs naturels marins en 2006. Ce sont des protections qui misent davantage sur la cohabitation des activités humaines (figure 4.3), plutôt que sur une mise en protection stricte. Les PNR ont pour objectif de « *protéger, mettre en valeur de grands espaces ruraux habités* » autour d'une Charte à laquelle adhèrent les communes qui le souhaitent. Les Parcs nationaux, créés en 1960, ont également une partie de leur périmètre concernée par de la protection contractuelle : c'est l'aire d'adhésion.

Les années 1970 ont également vu se développer un certain nombre de conventions et engagements internationaux, qui participent à la reconnaissance de l'importance de la protection de certains espaces naturels. Les Réserves de biosphère et les Biens du patrimoine mondial voient le jour grâce à l'UNESCO, respectivement en 1971 et 1972. La signature d'engagements entre plusieurs États débute à la même époque, notamment avec la Convention Ramsar pour la conservation des zones humides en 1971. Les conventions internationales concernent particulièrement les espaces maritimes, comme en témoignent ces exemples : la Convention sur la protection du milieu marin et du littoral de la mer Méditerranée est signée en 1976 et la Convention de Carthagène en 1983 pour la mise en valeur du milieu marin dans la région des Caraïbes. Dans les années 1990, le Protocole de Madrid renforce la protection de l'Antarctique (entamée en 1964) avec la mise en place des zones spécialement protégées (ZSPA) et gérées (ZGSA) en 1991 tandis que la Convention OSPAR en 1992 renforce la protection des écosystèmes marins en Atlantique nord-est, notamment au regard des pollutions engendrées par les activités anthropiques. En Europe, la mise en place du réseau Natura 2000 avec les Zones de Protection Spéciale (ZPS) issues de la directive Oiseaux (1979) puis les Sites d'importance communautaire (SIC[2]) voulues par la Directive Habitats-Faune-Flore (1992) propose de nouveaux périmètres. Leur mise en place ne serait pas complète sans l'établissement d'inventaires préalables, pour lesquels deux types différents cohabitent : le premier est d'origine française, ce sont

2. Le SIC est une dénomination européenne. Il devient, par arrêté ministériel, une Zone Spéciale de Conservation (ZSC). Dans la littérature, les deux appellations sont utilisées.

les Zones d'Intérêt écologique, faunistique et floristique[3] (ZNIEFF) créées en 1982 ; le deuxième est un dispositif européen, élaboré à la fin des années 1970 par Birdlife International à la demande de la Commission européenne. Il s'agit des Zones d'Importance pour la Conservation des Oiseaux (ZICO).

L'ensemble de ces formes de protection ont donc progressivement vu le jour en France (figure 4.3), influencées par les échelles internationales et européennes, mais aussi du fait des évolutions nationales (lois de décentralisation par exemple). Elles s'inscrivent spatialement au sein du territoire et se superposent (Laslaz, *et al.*, 2023), mobilisant différents acteurs. Le Parc naturel régional des Volcans d'Auvergne, situé à l'ouest de Clermont-Ferrand est un exemple illustrant cette mise en protection[4].

Le PNR des Volcans d'Auvergne, créé en 1977, est le plus grand de France, comptabilisant près de 400 000 ha sur deux départements (Puy-de-Dôme et Cantal) et 153 communes. La richesse du milieu naturel se lit tout d'abord grâce à l'observation des inventaires (figure 4.4A). Fondé sur la présence d'espèces animales et végétales à protéger, ce périmètre constitue, en France, l'étape initiale de la mise en protection. De nombreuses ZNIEFF de type 1 sont présentes, couvrant plus de 120 000 ha, soit près de 30 % de la superficie totale du PNR, tandis que les ZNIEFF de type 2 couvrent presque sa totalité.

Au sein du PNR, on distingue un certain nombre d'autres périmètres de protection, qui se superposent plus ou moins. Parmi eux, il faut tout d'abord rappeler que deux périmètres de protection réglementaires existaient avant la création du PNR. En effet, sur les 38 sites inscrits au sein du PNR, les trois quarts le sont avant 1960, dont cinq dès 1931. La tendance est similaire pour les sites classés, dont deux tiers ont été créés entre 1934 et 1960. Une première RNN a été classée en 1975 pour protéger des tourbières, zones humides où s'accumule la matière végétale. L'année suivante, la RNN du Rocher de la Jaquette est classée pour protéger le Hibou grand-duc (*Bubo bubo*) qui niche dans les falaises de la vallée. Les derniers périmètres de protection réglementaire mis en place au sein du PNR à la fin du XXe siècle sont des Arrêtés préfectoraux de protection de biotope[5] (APPB), dont le premier est institué dans le Cantal en 1983. C'est en 1996 que le plus grand nombre d'arrêtés est pris par le département du Puy-de-Dôme.

....

3. Il existe deux types de ZNIEFF, I et II. « *Les ZNIEFF de type I sont des espaces homogènes écologiquement, définis par la présence d'espèces, d'associations d'espèces ou d'habitats rares, remarquables ou caractéristiques du patrimoine naturel régional. Ce sont les zones les plus remarquables du territoire. Les ZNIEFF de type II sont des espaces qui intègrent des ensembles naturels fonctionnels et paysagers, possédant une cohésion élevée et plus riches que les milieux alentours* » (inpn.mnhn.fr).

4. Pour plus de précisions sur cet exemple, se référer au CEN Auvergne, au Conseil Général du Cantal, au Conseil départemental du Puy-de-Dôme, à la DREAL Auvergne-Rhône-Alpes, à RNF, au Syndicat mixte du Parc naturel régional des Volcans d'Auvergne.

5. L'APPB est un dispositif de protection de la biodiversité créé par arrêté préfectoral et apparu dans la loi sur la protection de la nature de 1976. Il vise la protection d'un biotope, qui est « *un milieu de vie défini par des caractéristiques physiques, chimiques et climatiques relativement homogènes et abritant une communauté d'êtres vivants appelée biocénose* » (ecologie.gouv.fr).

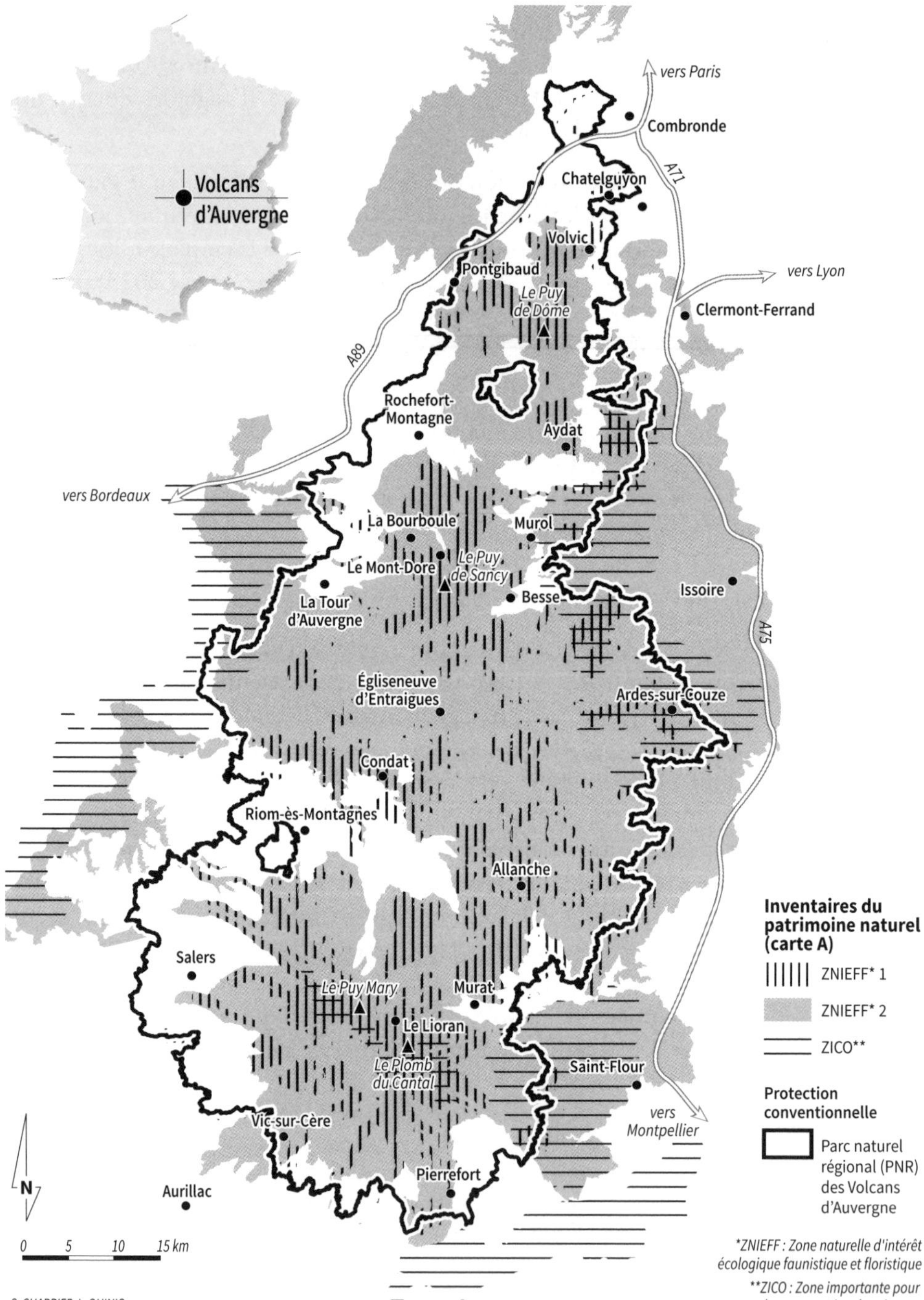

Figure 4.4A – Superposition des périmètres d'inventaires du patrimoine naturel : le cas du PNR des Volcans d'Auvergne

Si le dernier APPB date de 1997, une nouvelle protection par arrêté préfectoral est prise en 2022 dans le Puy de Dôme : il s'agit de l'arrêté de protection de géotope, nouvel outil de protection créé en 2015 pour les sites à fort intérêt géologique. Deux RNR sont également créées, l'une en 2014 et l'autre en 2018, protégeant pour la première les Chauves-souris des grottes de Volvic et pour la deuxième les tourbières du Jolan. Au début des années 2000, de nombreux ENS sont également acquis, plus de la moitié entre 2007 et 2010.

Le début des années 2000 voit également les périmètres issus des directives Européennes « Oiseaux » et « Habitats » se mettre en place au sein du PNR, formant le réseau Natura 2000. Quatre ZPS sont créées en 2005 et en 2006, dont l'animation est assurée par le Syndicat mixte du PNR et la LPO. Les SIC concernent principalement des zones humides et des cours d'eau (vallées, lacs), ce qu'on peut facilement deviner au regard de leur forme épousant le réseau hydrographique (figure 4.4B). Un certain nombre des périmètres concerne également des zones plus en altitude, comme au Mont Dore et au Puy de Dôme au nord du PNR, le Puy Mary et le Plomb du Cantal au sud. Les SIC sont davantage animés par le CEN Auvergne, le PNR et, dans une moindre mesure, certaines communautés de communes. Enfin, la « *Chaîne des Puys – Faille de Limagne* », au nord du PNR, a été reconnue patrimoine mondial de l'UNESCO en juillet 2018, après l'échec de deux candidatures refoulées par l'UICN. Son périmètre superpose notamment un certain nombre de sites inscrits et classés le long de la Chaîne des Puys. Enfin, un projet de labellisation Ramsar est en cours sur les lacs naturels et tourbières du Cézallier et de l'Artense. Situé au cœur du PNR, il concerne 36 communes du parc et son périmètre intègre cinq APPB. Ces reconnaissances internationales et les périmètres contractuels Natura 2000 concernent dorénavant une surface non négligeable du parc. Ainsi, les figures 4.4B et 4.4C illustrent la différence de superficie entre les périmètres de protection. De manière plus générale, dans un contexte de densité humaine relativement importante, plus le zonage impose des restrictions d'usages dans le milieu naturel moins l'espace protégé est vaste, comme c'est le cas d'une RNN par rapport à un site Natura 2000.

L'exemple du PNR des Volcans d'Auvergne incarne une trajectoire de mise en protection d'espaces naturels parmi de nombreuses autres, depuis le début du XXe siècle. L'illustration cartographique de ces périmètres témoigne également de la diversité mais aussi de la superposition des zonages de différents ordres définis au sein de ce territoire. Si leur mise en place est, dans la plupart des cas, motivée par un groupe d'acteurs alertant sur l'état de dégradation des milieux naturels, localement, il est parfois complexe de faire accepter à cette échelle les contraintes que les mesures de protection induisent, leur lecture, sur le terrain, étant parfois ardue. Cependant, cette superposition, « *maintes fois critiquée car elle contribue à complexifier la lecture de ce qui fait la protection de la nature sur un espace, n'est-elle pas pour autant garante de la mise en protection des espaces naturels ?* » (Chadenas *et al.*, 2024).

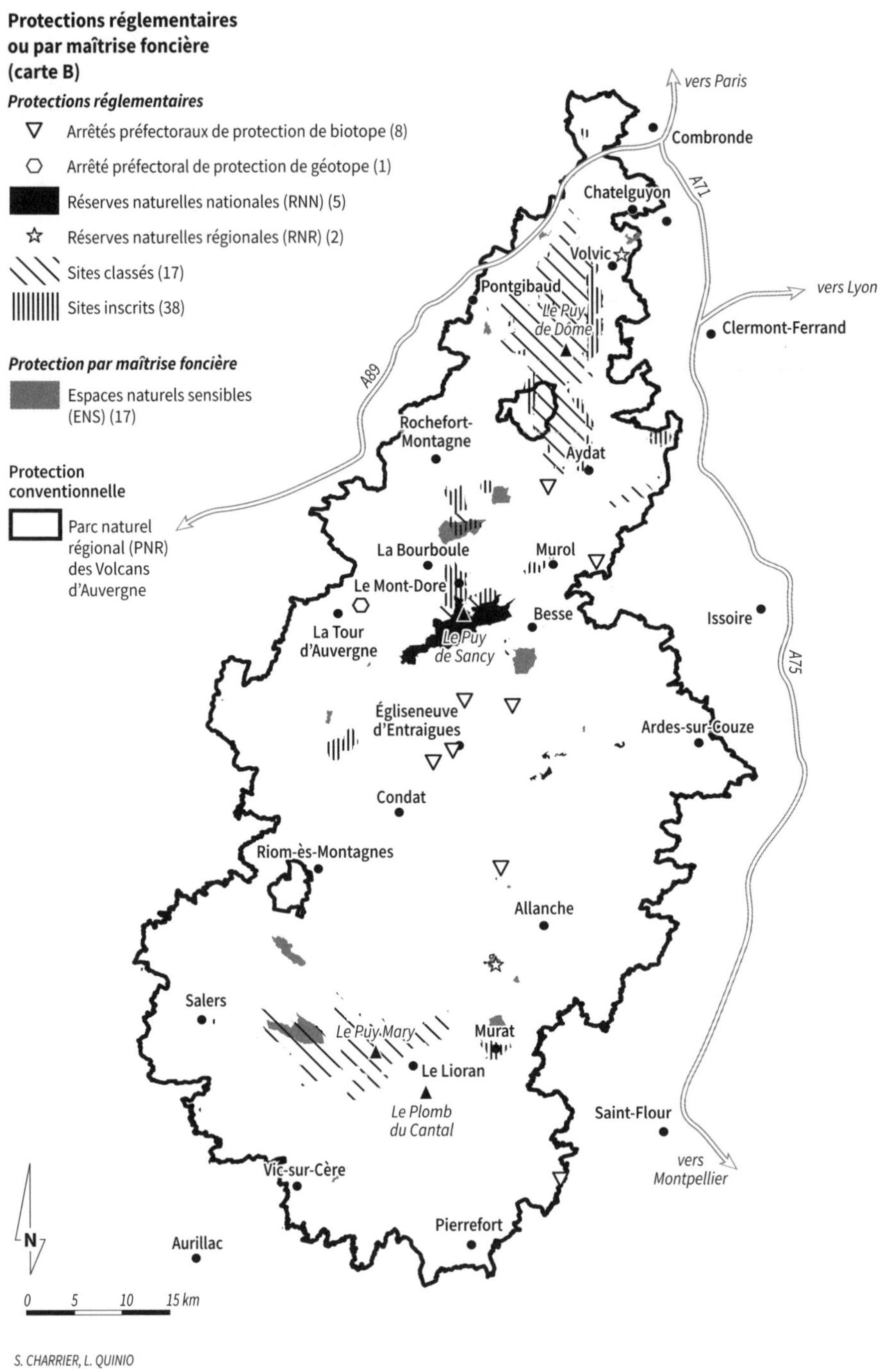

Figure 4.4B – Superposition des périmètres de protection réglementaire et maîtrise foncière du patrimoine naturel : le cas du PNR des Volcans d'Auvergne

Sources : INPN (https://inpn.mnhn.fr), Syndicat mixte du PNRVA (https://carto.parcdesvolcans.fr/), DREAL Auvergne - Rhône-Alpes (https://catalogue.datara.gouv.fr/).

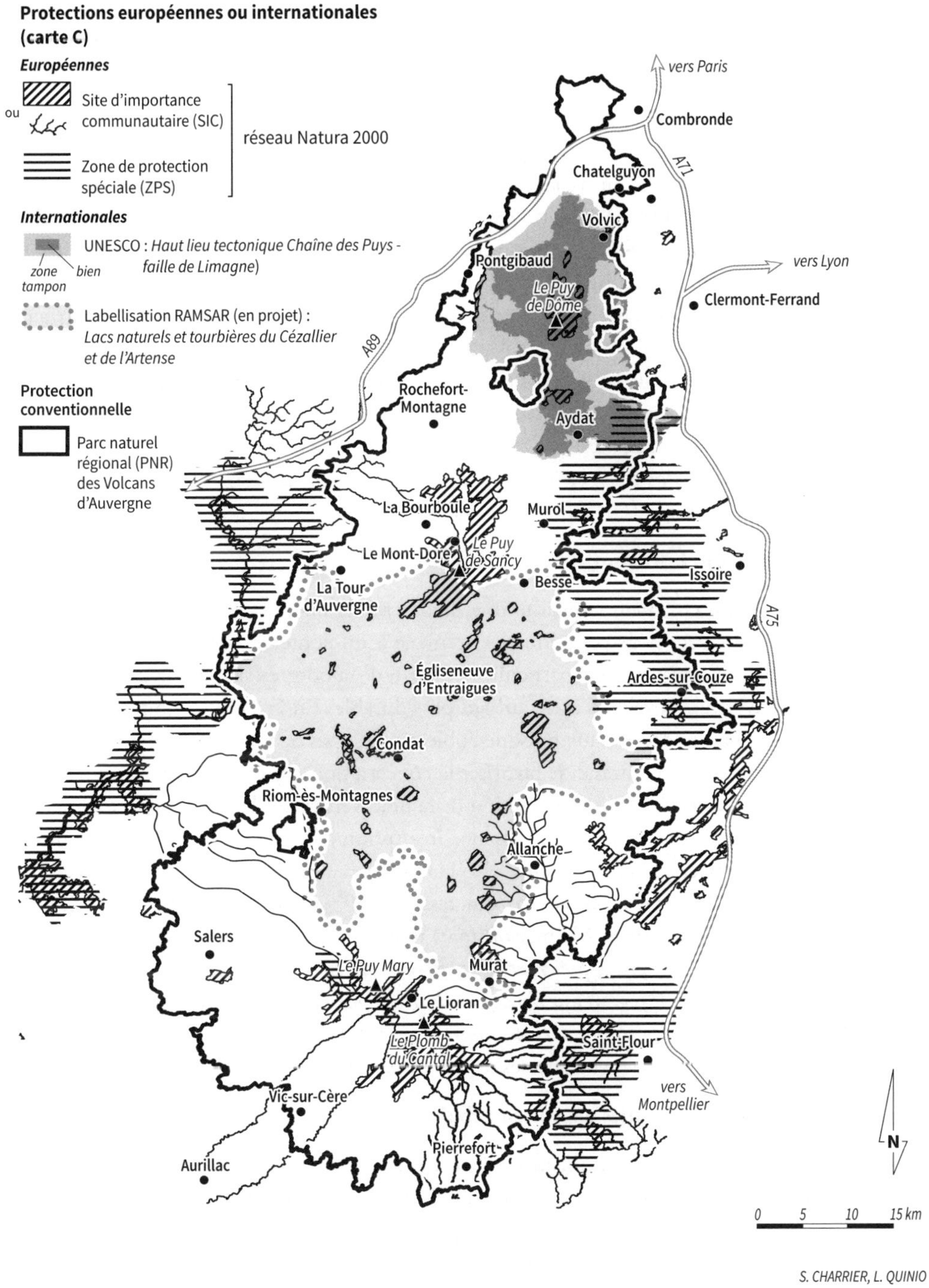

Figure 4.4C – Superposition des périmètres de protection européenne et internationale : le cas du PNR des Volcans d'Auvergne

ENCADRÉ 4.2

La protection de la nature dans les espaces urbains

Les villes comptent également des périmètres de protection du patrimoine naturel, regroupant l'une ou l'autre des catégories de l'IUCN. Elles peuvent être situées au cœur de l'espace urbain, comme le Parc national de Tijuca situé à Rio de Janeiro au Brésil (s'étendant sur 4 000 ha, il a été créé en 1961) ou dans sa périphérie, comme la RNN des Marais d'Isle (figure 4.5), située sur les communes de Rouvroy et de Saint-Quentin dans le département de l'Aisne (sa superficie est de 48 ha et elle a été créée en 1981). Elles se caractérisent par une pression anthropique importante, matérialisée par les constructions situées sur leurs abords mais aussi par une forte fréquentation quotidienne, si l'espace protégé est ouvert au public. Pour l'UICN, cette ouverture est un avantage puisque « *les populations urbaines de la planète jouent un rôle essentiel dans la protection de la nature. [...] Mais les citadins ont de moins en moins de contact avec la nature. Il faut recréer ce lien si nous voulons qu'ils incitent leurs dirigeants et faire en sorte qu'ils fassent de la conservation de la nature une priorité* » (UICN, 2014).

Le parc naturel urbain (PNU) en France

Le parc naturel urbain constitue une démarche de planification en faveur de la biodiversité. La création de ces périmètres renvoie à un contexte de mobilisation important des villes, européennes en particulier (Charte d'Aalborg en 1994 par exemple) afin de promouvoir un développement urbain plus durable. En France, le mouvement s'inspire des parcs naturels régionaux puisque l'objectif n'est pas de mettre en place un outil réglementaire mais au contraire de favoriser la concertation entre les acteurs, autour du développement durable et de la protection de la biodiversité par la mise en place de cet outil. Malgré la faiblesse de la reconnaissance institutionnelle et réglementaire de ce nouveau modèle d'espace protégé, le premier PNU français a vu le jour en 2004, sur les communes de Rueil-Malmaison (700 ha), de Vaucresson (150 ha) et de Garches (40 ha). Il occupe la forêt domaniale de la Malmaison mais intègre aussi des quartiers d'habitations. « *La création d'un PNU vise à préserver et à valoriser des espaces naturels, agricoles et aquatiques en milieu urbain. Il s'agit d'une démarche de développement durable d'un territoire, basée à la fois sur les richesses patrimoniales des quartiers et sur une collaboration étroite entre les acteurs locaux* » (la Gazette des communes du 14/11/2019).

Les trames écologiques en milieu urbain

À côté de ces différents outils, afin de favoriser les connections écologiques, ont été mises en place les trames écologiques (Bonnin, 2008). Elles désignent un réseau de continuités comprenant des réservoirs de biodiversité (espaces protégés ou simples parcs/jardins/squares) et des corridors écologiques constituant des voies de déplacement entre réservoirs (Sordello, 2017). Par exemple, à Saint-Quentin, dans l'Aisne, une partie des Marais de l'Isle a été mise en protection au titre de la loi de 1976 avec la création d'une RNN ; ils sont également considérés comme un réservoir de biodiversité et en tant que tel, intégrés dans la trame bleue (figure 4.5). Le Grenelle de l'environnement de 2007 a lancé une nouvelle politique publique, la Trame verte et bleue (TVB), faisant référence aux milieux naturels terrestres et aux zones aquatiques et humides. Elle « *vise à préserver et à restaurer un réseau de continuités écologiques pour que les espèces animales et végétales puissent circuler, s'alimenter, se reproduire, se reposer, assurant ainsi leur cycle de vie* » (MTE, 2023). Cependant, Romain Sordello pointe trois limites à la TVB : l'absence de prise en compte de la variabilité temporelle (par exemple entre le jour et la nuit), la considération de l'espace seulement en deux dimensions (absence des continuités aériennes et sous-terraines) et le manque d'intérêt pour les fragmentations immatérielles qu'incarnent les pollutions (chimique, sonore, lumineuse) (Sordello, 2017). Des trames additionnelles à la TVB ont donc été identifiées : la trame blanche (aérienne), la trame brune (sol) ou encore la trame noire (nuit et pollution lumineuse).

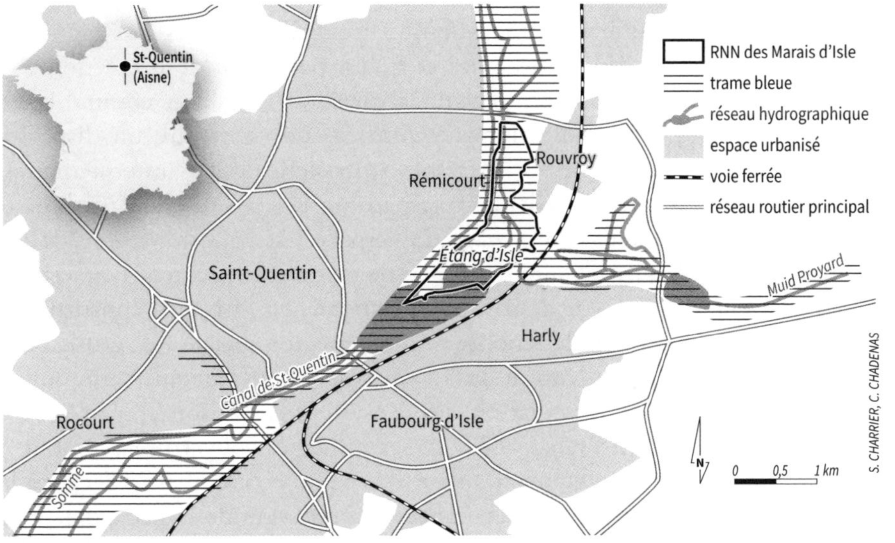

Figure 4.5 – Les marais de l'Isle, RNN et trame bleue

Sources : https://www.agglo-saintquentinois.fr, Géoportail (IGN).

2.2 L'espace protégé dans son territoire, des tiraillements toujours présents

L'histoire de la protection de la nature est jalonnée de nombreuses étapes. Après les premières mesures prises pour mettre à l'abri des paysages naturels puis des écosystèmes menacés par différentes formes d'anthropisation, et par conséquent le passage par des textes réglementaires susceptibles de répondre à l'urgence, est progressivement venu le temps de la cohabitation entre l'espace protégé et le territoire dans lequel il se trouve (figure 4.2). Si celle-ci a été questionnée dès la création des espaces protégés, elle a ensuite pris différentes formes, y compris par le biais de périmètres qui l'intègrent d'emblée, comme les PNR ou les sites européens Natura 2000. Il convient désormais d'analyser l'intégration des espaces protégés dans leur territoire, d'une part sous l'angle de leur ouverture au public mais aussi de leur acceptabilité et leur ancrage locaux, tous les deux de plus en plus considérés comme les garants de la réussite d'un espace protégé, en attestent les nombreux travaux lancés ces dernières années sur ce sujet, en sciences humaines et sociales comme en écologie, au-delà de la contribution écologique de l'aire protégée à la dynamique des écosystèmes.

a L'ouverture au public des espaces protégés

L'ouverture au public est une question fondamentale dès lors que l'on s'intéresse à la préservation des écosystèmes et qu'un périmètre de protection est établi. Si, en France, certains zonages règlent la question d'emblée, comme la réserve intégrale, d'autres ont l'obligation au contraire de construire un dispositif d'accueil du public. Entre ces deux « extrêmes », existent des cas intermédiaires, des aménagements ouvrant partiellement l'espace protégé au public dans le temps et dans l'espace, occasionnant un partage de l'espace (de Lajartre *et al.*, 2016 ; Chadenas *et al.*, 2020). Règlementairement, peu de textes mentionnent l'ouverture au public, mais un en fait le cœur de son fonctionnement : l'ENS. Il constitue un dispositif précurseur en matière de réponse à une demande sociale de nature, en alliant protection et valorisation/éducation à l'environnement, lorsque cette ouverture est en adéquation avec la préservation des écosystèmes. De son côté, dès sa création, le Conservatoire du littoral a posé dans ses principes l'ouverture au public des terrains acquis. Cependant, celle-ci est autant liée à l'objectif de laisser l'accès à la mer pour tous, un principe dans le droit français, la question de la pédagogie à l'environnement étant un prétexte plus qu'un objectif clairement posé par le CDL lors de sa création. Dans de nombreux sites protégés, si l'ouverture est tolérée, elle est aussi encadrée par des textes réglementaires comme la loi de 1976 sur la protection de la nature notamment. L'article L. 322-9 stipule que l'ouverture au public doit se faire « *dans la limite de la vocation et de la fragilité de chaque espace* », « *sous réserve de la vocation de chaque espace* ». Mais, s'agissant des réserves naturelles, ce sont les décrets d'application portant création de ces espaces protégés qui proposent les règles de l'ouverture au public et si ce n'est pas le cas, le plan de gestion se chargera de les détailler. Ainsi, la RNN du lac de Grand-Lieu, située au sud-ouest de l'agglomération nantaise, interdit strictement l'accès au public dès sa création en 1980, excepté pour l'association des pêcheurs (de taille réduite) et pour la fête du lac, charge au directeur de la RNN d'organiser le partage du plan d'eau à cette occasion. Parfois, la superposition des zonages est considérée par le gestionnaire comme un moyen d'augmenter le contrôle sur l'espace et donc interdire totalement en certains lieux l'accès du public : la RNN de Moëze-Oléron, située en Charente-Maritime entre le continent et l'île d'Oléron, est complétée de trois réserves intégrales, signées par le préfet, pour assurer la préservation des hauts de plage, que certains oiseaux utilisent comme sites de reproduction.

En Angleterre, l'ouverture au public d'espaces de nature est consécutive à leur création, et ce dès le début du xxe siècle, « *beaucoup de naturalistes s'inquiétaient de voir certains sites présentant un intérêt scientifique négligés pour la simple raison qu'ils ne contenaient pas le potentiel récréatif requis* » (Naski-Brown, 1986). Dès ses premières acquisitions, le National Trust a proposé leur accès au public, allant même jusqu'à refuser « *les sites qui n'avaient d'intérêt que pour les naturalistes et ne présentaient pas d'intérêt récréatif* » (Naski-Brown, 1986). L'objectif est non seulement marchand puisque les entrées sont payantes (sauf si le visiteur a adhéré au *trust*) mais il est également citoyen, puisqu'il s'agit d'offrir aux Anglais la possibilité de visiter des lieux de nature aménagés en développant leur goût pour la protection des espèces végétales et animales (Chadenas, 2019). Au cours des années 1920, les *trusts* ont d'ailleurs organisé, en quelque sorte, un partage de l'espace : à ces organisations les sites intéressants sur le plan de la préservation mais situés à proximité de pôles urbains pour favoriser leur accès au plus grand nombre, à l'État le reste des écosystèmes à protéger (Naski-Brown, 1986).

La question de l'accès au public est primordiale puisque c'est elle qui structure la gestion de la nature dans la plupart des espaces protégés en Europe et les courants conservationniste et préservationniste obligent à interroger à la fois les formes qu'elle prend (voir à ce sujet la typologie proposée par Chadenas *et al.*, 2020) et les conséquences induites par cette ouverture, pour l'espace protégé lui-même mais aussi pour l'ensemble du territoire dans lequel il s'inscrit (Chadenas, 2019). Cette ouverture renvoie alors à la perception sociale de l'objet protégé : en ouvrant au public l'espace, en lui donnant à voir la nature, on rend à la société, en quelque sorte, ce qui lui « appartient », ce fameux bien commun de l'humanité. Elle interroge, tout comme l'espace protégé lui-même, son acceptation et son ancrage territoriaux.

b L'acceptabilité et l'ancrage territoriaux des espaces protégés

La création des espaces naturels protégés ne va pas de soi dans certains territoires. Si elle est souvent motivée par un collectif, qui exerce un lobbying plus ou moins important auprès des acteurs en charge de la protection depuis l'échelle locale jusqu'à l'échelle européenne s'agissant de la France, son acceptabilité par l'ensemble des acteurs d'un territoire n'est jamais unanime. Elle peut être d'autant plus mise à mal si le milieu naturel est pratiqué, soit à des fins de loisirs (chasse, par exemple) soit par des usages professionnels comme la pêche, l'agriculture. L'analyse des conditions dans lesquelles l'espace protégé est créé, la qualité de la négociation mise en place pour élaborer le périmètre de protection sont des éléments contribuant à comprendre les tensions qui peuvent exister localement. Le refus du projet d'extension de la RNR des Marais de la Taute, dans le Cotentin, à l'automne 2023, ne traduit-il pas une intégration mal réussie de la RNR dans son territoire ? C'est ce que semble penser le propriétaire-gestionnaire, le Groupe ornithologique normand (GONm), qui a récemment lancé un travail sur l'ancrage territorial de cette RNR. Le GONm utilise pour cela une méthodologie mise en place par Réserves Naturelles de France (RNF) et la LPO. « *Le Diagnostic d'Ancrage Territorial (DAT) vise à apporter aux gestionnaires un état de référence puis des recommandations pour améliorer l'intégration de leur site. Il permet également de mieux comprendre, maîtriser et dynamiser les interactions de ce dernier avec son territoire. Mesurer cet ancrage permet le partage et le soutien du projet de protection par les acteurs locaux eux-mêmes, dont les habitants et leurs élus. En retour, pour les acteurs locaux, l'ancrage d'une aire protégée dans son territoire durable, respectueux du patrimoine naturel* » (https://ancrage.reserves-naturelles.org). L'élaboration de cette méthodologie témoigne non seulement de « *l'actualité des problématiques d'intégration et d'acceptation des espaces protégés dans les territoires* » (Robert-Kerivel, 2023) mais questionne, d'une certaine manière, plus globalement, la place de la conservation de la nature et des espaces naturels protégés dans la société. S'agissant, par exemple, des espaces protégés urbains, l'IUCN rappelle dans un document intitulé « *Aires protégées urbaines. Profils et lignes directrices des meilleures pratiques*[6] » que les parcs, les squares, les jardins situés dans les villes ne sont pas des mesures pour protéger la biodiversité au sens communément admis pour ces espaces (sauf s'ils sont eux-mêmes concernés par un périmètre de protection). Au mieux peuvent-ils être des connecteurs de la trame verte et donc y être intégrés. Pendant de nombreuses années, les espaces protégés ont été considérés comme des bulles hors du temps, déconnectés du reste du territoire, pour mieux préserver les écosystèmes menacés. L'uniformisation des aménagements pour accueillir du public dans les espaces protégés, utilisés également dans les espaces urbains, le développement d'activités de nature dans les aires protégées, ne contribuent-ils pas tous, à leur manière, à brouiller le message de la conservation ? Et, d'une certaine manière, à rendre difficilement compréhensible le message d'une fermeture, même partielle, d'écosystèmes pourtant menacés par les activités humaines ? Les explications des élus locaux pour justifier les raisons du vote en la défaveur de l'extension de la RNR des Marais de la Taute sont remarquables à ce sujet, tant ils illustrent leur méconnaissance de la conservation de la nature et les tensions locales probables dans le jeu d'acteurs : « *Cette réserve constitue un maillage de petits îlots fermés. [...] Quand on regarde la carte, c'est mité. [...] En conclusion, le côté mité plus un seul propriétaire, où est l'intérêt général ? [...] Le danger pour la santé publique. Ces îlots vont devenir des viviers de ragondins que l'on ne pourra plus piéger. [...] Ces marais ont été façonnés par les hommes et je ne souhaite pas que l'on y restreigne les activités humaines de chasse et de pêche* » (Ouest-France du 18/10/2023, édition Normandie). Dans sa thèse, Agathe Robert-Kérivel montre

....

6. https://portals.iucn.org/library/sites/library/files/documents/PAG-022-Fr.pdf.

également, exemples à l'appui, la difficulté à faire accepter les réserves naturelles nationales et régionales étudiées (en Bretagne et en Haute-Savoie), en particulier en s'intéressant « *aux histoires des réserves naturelles sur les territoires pour tenter de comprendre dans quelle mesure le récit formulé de la création et de la trajectoire d'une réserve, même par les personnes qui ne l'aurait pas vécue, éclaire les ressorts contemporains de l'acceptation ou du rejet de celle-ci* » (Robert-Kérivel, 2023).

ENCADRÉ 4.3

Les espaces protégés : des fronts écologiques ?

Dans un certain nombre de cas, les espaces naturels protégés peuvent également apparaître comme les têtes de pont de fronts écologiques ou d'éco-fronts (Guyot, 2009), selon une lecture dans laquelle la création des espaces protégés est assimilée ou vient renforcer le processus d'appropriation de l'espace « classique » du front pionnier. On voit ainsi comment les espaces protégés, même si leur création reste guidée par un motif protectionniste, alimentent l'extension des limites de l'œkoumène. La notion de front écologique regroupe néanmoins des situations et des logiques très diverses et contrastées (Côte sauvage en Afrique du Sud, Patagonie...) où les ONG environnementales semblent jouer un rôle fondamental. D'une manière générale, le front écologique opère dans des espaces géographiques dont la valeur écologique et esthétique est reconnue et dans des espaces isolés, à faible densité de population et territorialement mal définis (Guyot, 2009). Certaines des ressources écologiques s'y retrouvent convoitées, appropriées, souvent par des acteurs extérieurs au territoire local. S. Guyot utilise d'ailleurs le terme d'éco-conquérants pour désigner certains des acteurs à l'origine de cette appropriation. Les situations complexes et conflictuelles qui s'y développent conduiraient à différentes formes de fronts écologiques guidées soit par la quête de la *wilderness* (le concept de nature sauvage dans le contexte nord-américain), soit par la patrimonialisation du paysage, soit par la mise en tourisme, soit par le sacré avec une quête du spirituel dans la nature. Ces postures participeraient ainsi à façonner de nouveaux territoires : enclaves de nature pour la conservation, étalement urbain touristique et/ou périurbain, hauts lieux patrimonialisés, voire des « non-lieux » (friches, no man's land post-extractifs...) en cas d'échec des écologistes (Guyot, 2009, 2011). En somme, ce sont d'abord aujourd'hui dans ces nouveaux fronts écologiques que s'observe l'effet d'un écologisme globalisé contemporain. Tel est le cas du Traité international de protection de la haute mer, adopté à l'ONU le 19 août dernier. Il vise à « *assurer la conservation et l'utilisation durable de la diversité biologique marine dans les eaux internationales* », c'est-à-dire les eaux sous aucune juridiction nationale, au-delà des zones économiques exclusives des États côtiers telles qu'elles ont été définies dans le cadre de la Convention de Montego. Or, la création d'espaces protégés en haute mer, l'un des objectifs de ce traité, correspond en tout point à un front écologique.

3 Conserver la nature au XXIe siècle : les postures de gestion des espaces naturels

La mise en protection des espaces naturels et la réglementation des activités en leur sein ont profondément fait évoluer le rapport des sociétés occidentales à la nature. Outre l'intégration croissante de périmètres qui leur sont dédiés, la gestion à adopter peut prendre des formes variées. Ainsi, pour conserver la biodiversité et assurer le bon état écologique des écosystèmes, différentes postures se dessinent. Que ce soit à travers des pratiques de restauration écologique importante ou au contraire, de gestion de moins en moins interventionniste, l'actualité des espaces naturels protégés est de plus en plus préoccupée par la question de leur adaptation au changement climatique. Dans la trajectoire de conservation de la nature telle que décrite dans la première section de ce chapitre, les effets du changement climatique engendrent aujourd'hui des postures nouvelles qu'il convient d'analyser puisqu'elles influencent déjà la manière de concevoir la protection de la nature et animent les débats en la matière.

3.1 Restauration écologique et *nature design*

a Restaurer la nature

La loi sur la restauration de la nature a été débattue pendant de nombreux mois dans les instances de l'Union européenne (UE) en 2022 et 2023. Elle prévoit que 20 % des terres et des mers de l'UE d'ici à 2030 soient restaurées ainsi que tous les écosystèmes dégradés d'ici à 2050. En France, le Plan Biodiversité présenté en 2018 compte six axes pour « *reconquérir la biodiversité* » dont l'un d'eux s'intitule « *Protéger et restaurer la nature dans toutes ses composantes* ». Cette actualité ne doit pas faire oublier que le terme restauration date d'environ un siècle. Son émergence remonterait aux années 1930 aux États-Unis (Mutillod *et al.*, 2024) et c'est en 1988 que la « *Society Ecological Restoration* » voit le jour. Si la restauration s'est imposée depuis la fin du XXe siècle, c'est évidemment en raison de la dégradation croissante des milieux naturels causés par les pressions anthropiques comme l'artificialisation des sols, la pollution ou le changement climatique, participant largement à la sixième extinction de masse de la biodiversité.

Ainsi, la restauration de la nature peut être définie comme le « *processus d'aide de rétablissement des écosystèmes qui ont été dégradés, endommagé ou détruit* » (Gann *et al.*, 2019). Selon le Conseil de l'UE et le Conseil Européen, ce soutien à la restauration des écosystèmes se ferait « *en améliorant leur structure et leurs fonctions, dans l'objectif général d'améliorer la résilience et la biodiversité dans la nature* » (2024). Cependant, différentes visions cohabitent derrière ce concept montrant que « *le monde de la restauration est loin d'avoir une attitude homogène* » (Lévêque *et al.*, 2003, p. 3). De manière classique, on distingue la restauration active et la restauration passive. En effet, si la restauration passive est fondée sur la résilience des écosystèmes et peu interventionniste, la restauration active, elle, fait appel à des techniques artificielles plus ou moins développées en modifiant la structure de l'écosystème, sa fonctionnalité et sa composition (Bioret *et al.*, 2009).

La restauration active de la nature implique un certain nombre d'éléments. D'abord, elle implique un choix concernant les habitats à recréer. Hobbs *et al.* (2009) distinguent trois trajectoires possibles : recréer l'écosystème à un état historique à l'identique ; ne retrouver que certains éléments essentiels au fonctionnement de l'écosystème ; créer un nouvel écosystème à partir de rien d'existant (Hobbs *et al.*, 2009). Dans ce dernier cas, cela peut être par choix ou impossible quand les conditions biotiques et/ou abiotiques sont trop différentes de l'état historique. Bernard Kalaora (2010) parle d'un nouveau langage modifiant le dictionnaire de la conservation de la nature, alors complété de nouveaux mots tels que restauration active/passive ou encore réhabilitation.

En effet, la réhabilitation désigne les « *actions de gestion visant à rétablir un certain niveau de fonctionnement des écosystèmes sur des sites dégradés, l'objectif étant de renouveler et de continuer à fournir des services écosystémiques plutôt que d'assurer la biodiversité et l'intégrité d'un écosystème de référence indigène désigné* » (Gann *et al.*, 2019). Ainsi, les services rendus par les écosystèmes (services de support, services de production, services de régulation et services culturels) sont définis par le *Millennium Ecosystem Assessment*, rapport commandé par les Nations unies et publié en 2005 qui participe à démocratiser leur utilisation. En France, un rapport intitulé « *Approche économique de la biodiversité et des services liés aux écosystèmes. Contribution à la décision publique* » écrit par Bernard Chevassus-au-Louis, inspecteur général de l'agriculture, est publié en 2009. Le rôle attribué aux écosystèmes par les sociétés humaines, la mise en valeur des services rendus et parfois leur monétarisation est une posture qui peut interroger, Méral *et al.* (2016) parlant de « marchandisation des écosystèmes ». La conservation de la nature n'est donc plus pensée uniquement pour son caractère remarquable, pour la rareté des habitats et des espèces, mais pour sa fonctionnalité (figure 4.3).

b *Wallasea Island* : à la pointe de l'ingénierie écologique

Wallasea Island est situé dans l'estuaire Crouch-Roach dans l'Essex, à l'est de l'Angleterre, à environ 80 kilomètres de Londres. Dans le passé, plusieurs îlots étaient soumis au fonctionnement hydraulique et sédimentaire intertidal auquel l'homme a tenté de se soustraire en créant des digues, permettant alors de laisser pâturer des moutons quand les conditions le permettaient. Le site de *Wallasea Island* a été définitivement drainé dans la première moitié du XXe siècle, afin d'être transformé pour y faire de grandes cultures.

Plus récemment, la juridiction européenne a obligé l'Angleterre à compenser la perte de milieux naturels intertidaux induits par l'artificialisation de zones humides littorales. Les terrains agricoles le long de l'estuaire Crouch-Rouch ont été identifiés comme des sites propices à la restauration de zones humides intertidales. En parallèle, la Royal Society for Protection of Birds (RSPB), l'une des plus puissantes organisations pour la protection des oiseaux en Europe, créée à la fin du XIXe siècle, organise des collectes de fonds spécifiques pour l'achat de terres destinées à compenser la perte d'habitats naturels littoraux liés à l'élévation du niveau marin (ENM). La RSPB possède ou gère plus de 150 réserves naturelles, dans lesquelles elle a pu mener de nombreuses opérations de restauration. L'une des plus réputées en la matière et qui sert de modèle à travers l'Europe, est la réserve de Titchwell, située à près de 200 km au nord de *Wallasea Island* et particulièrement concernée par le *coastal squeeze* (littéralement le resserrement littoral, directement lié à l'ENM, il contribue à réduire l'espace littoral et les milieux associés, ici les vasières et prés salés, les habitats intertidaux). C'est dans cette perspective que la RSPB décide d'acquérir des terres à *Wallasea Island*, au début des années 2000. L'ONG réfléchit à un projet de restauration écologique incluant la reconnexion à la mer d'une partie du site pour recréer des habitats intertidaux. Le projet a été réalisé grâce à un apport de sédiments importants, lié à l'extension du réseau de transport londonien entraînant l'extraction massive de terre et motivant une collaboration pour utiliser les matériaux extraits dans le projet de restauration de *Wallasea Island*. Les travaux se sont étalés entre 2011 et 2018, après de nombreux mois de procédures d'autorisations et d'achats des terres. Le projet de restauration écologique de *Wallasea Island* s'étend sur 677 ha de terres, dont 165 ha d'habitats intertidaux.

Bien que le projet soit appelé « *Wallasea Wild Coast* », il est constitué d'une mosaïque d'habitats et imaginé avec des hydrologues, sédimentologues et écologues (entre autres domaines d'expertise) pour penser le fonctionnement de *Wallasea Island*. L'objectif principal du projet est d'optimiser l'accueil d'une grande diversité d'oiseaux. Si la partie est du site est reconnectée à la mer, *Allfleet's Marsh* dès 2006, puis *Jubilee Marsh* en 2015 avec l'ouverture de trois brèches (figure 4.6 et photos 4.1), une vaste surface dépend d'un système de gestion hydraulique complexe permettant de réguler la hauteur des niveaux d'eau, sa salinité et son mouvement.

Le gestionnaire de la RSPB gère à la fois des habitats halophiles (vasières, lagunes, prés-salés) et des milieux plus doux (étendues d'eau douce, prairies, cultures non récoltées) (figure 4.6), permettant selon les saisons de manipuler les conditions abiotiques sur le site et ainsi maximiser la diversité d'espèces présentes (avifaune, invertébrés, poissons). Le design du site a été pensé par des paysagistes ; il prend en compte de nombreux facteurs, comme la protection contre d'éventuels prédateurs, grâce à des sauts-de-loup,

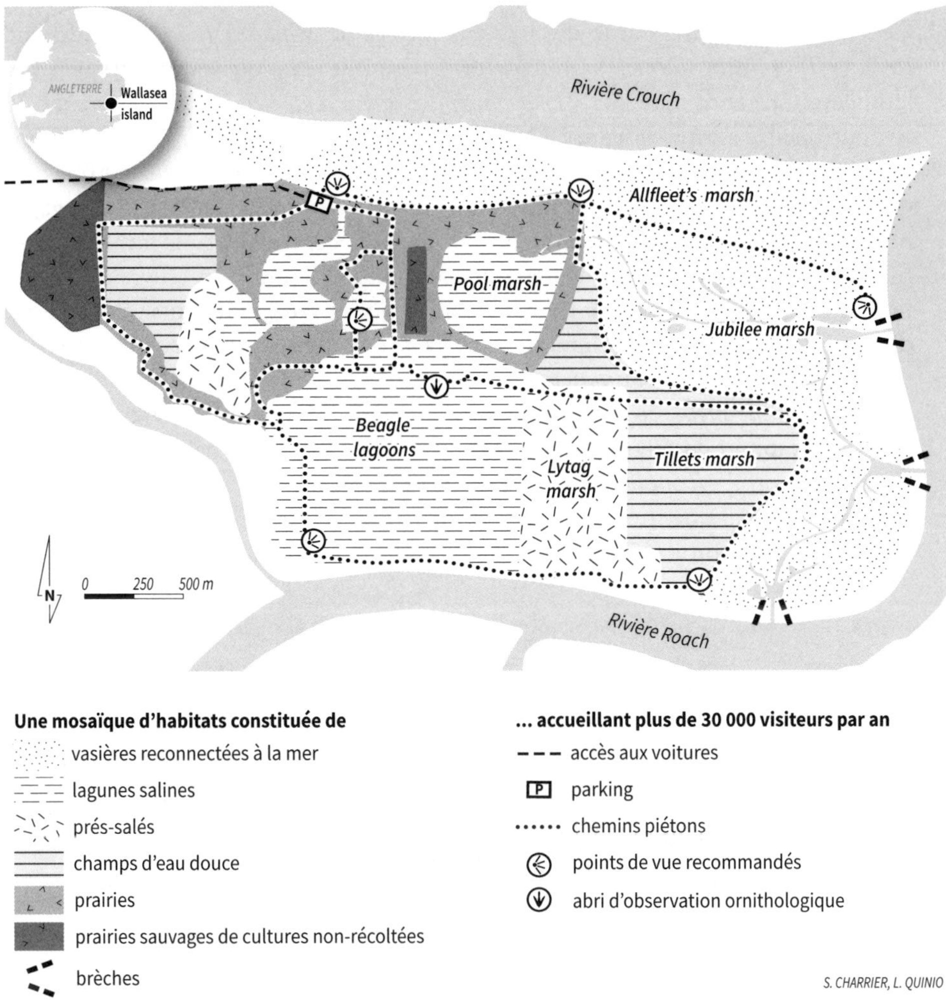

Figure 4.6 – *Wallasea Island*, création d'une mosaïque d'habitats

Sources : ABPmer, 2018 (https://www.abpmer.co.uk) et Royal Society for the Protection of Birds (RSPB).

grands fossés creusés, parfois équipés de clôtures électriques, sans entraver la vue et l'esthétique paysagère (photos 4.1). Quinze kilomètres de chemins peuvent être parcourus par les visiteurs de *Wallasea Island*, dont le nombre était de 30 000 en 2020. Le site ne possède pas encore de structures d'accueil (magasin, café…) comme c'est le cas dans de nombreuses réserves de la RSPB, mais il a été pensé pour être parcouru par les ornithologues, photographes et férus de nature. Plusieurs points de vue sont recommandés par la RSPB sur les panneaux d'affichage et un observatoire ornithologique est accessible aux visiteurs. *Wallasea Island* incarne un exemple récent de création d'habitats employant des techniques d'ingénierie écologique particulièrement poussées. La RSPB affiche ses nouveaux records : 38 000 oiseaux d'eau ont été dénombrés en décembre 2023, dont plus de la moitié sur *Jubilee Marsh*, la partie reconnectée à la mer en 2015.

Cependant, toute une partie des habitats recréés de *Wallasea Island* sont dépendants de la gestion anthropique. La restauration pose plusieurs questions éthiques, comme le soulèvent certains auteurs : « *Peut-on refaire ce qui a été défait […]* » (Lévêque, 2013) et pour quelles raisons le faire ? On peut également se demander dans quelle mesure peut-on vraiment reconstituer les écosystèmes perdus ? Yanni Gunnell (2009) considère que la restauration, et dans certains cas le « *garden scenario* », est l'unique engagement humain possible en faveur de la nature. Il formule cependant trois limites aux opérations de restauration : elles ont un coût économique de mise en œuvre et d'entretien, impliquant également un coût humain ; il dénonce les faux-semblants véhiculés dans les discours qui prônent la restauration : « *Exiger de la nature perturbée par l'homme qu'elle se maintienne dans un état stationnaire revient à demander à la restauration une performance que la nature elle-même est incapable d'accomplir seule* » (Gunnell, 2009, p. 260) ; enfin, il critique le rapport entretenu de domination de l'humain sur la nature grâce aux actions de restauration : « *Restaurer la nature relève de l'arrogance humaine* » (p. 180). Cela est d'autant plus vrai que, fréquemment, les opérations de restauration prennent place en compensation de projets impactant durablement une nature préexistante.

Jubilee marsh, partie reconnectée à la mer en 2015

Saut-de-loup pour protéger des prédateurs les oiseaux présents dans la lagune à gauche de la photo

Photo 4.1 – Vasières et lagunes à *Wallasea island*

3.2 Quelle place pour la nature sauvage ?

Le *rewilding* ou réensauvagement peut désigner un processus de reconstitution d'un écosystème naturel après une perturbation humaine, rétablissant les processus et les chaînes alimentaires pour devenir un écosystème autonome et résilient. Sans limite fixée, le réensauvagement encourage les processus naturels en redonnant une dimension sauvage à la nature (Carver *et al.*, 2021 ; Mutillod *et al.*, 2024). Sa définition est largement discutée, ainsi que ses différences et similitudes avec la définition de restauration écologique (Barraud *et al.*, 2019, Mutillod *et al.*, 2024).

Barraud *et al.* (2019) présentent trois phases d'initiatives autour du réensauvagement en Europe. Dans un premier temps, le débat sur le sauvage est revenu en Europe dans les années 1980, notamment en Italie mais aussi aux Pays-Bas, grâce à l'expérimentation proposée par Frans Vera sur l'ancien polder d'*Oostvaardersplassen* (Vera, 2009) et en Écosse où se tient le troisième congrès mondial sur la nature sauvage ; les années 1990 à 2010 voient différents groupes d'acteurs s'intéresser au réensauvagement : associatifs, avec Wild Europe ou Rewilding Europe par exemple, scientifiques comme le Wildland Research Institute de l'Université de Leeds (Angleterre) et institutionnels avec la création d'un groupe de travail Wilderness et nature férale à l'UICN en 2012 (figure 4.2) ; après 2012, de plus en plus d'initiatives voient le jour liées à « *la labellisation et l'extension d'aires protégées existantes, action de réintroduction, valorisation de la nature férale issue de l'abandon de terres agricoles ou bien de déprises urbaines, industrielles ou militaires* » (Barraud et al., 2012, p. 306). Les pratiques en la matière sont variées, faisant écho aux « paradoxes » et au « dualisme » de la *wilderness* soulignée par Patrick Blandin, rappelant que « *La wilderness est tout sauf naturelle, tout sauf sauvage : elle a une histoire, elle est le produit d'une civilisation* » (Blandin, 2009, p. 28). L'un des objectifs des projets de r*ewilding* est de laisser la nature agir librement sans interférer dans son développement, « *une nature libre, laissée à elle-même, à sa nature propre. Celle-ci est définie comme originaire, ou primitive [...]. Cette nature sauvage est vierge* » (Larrère et Larrère, 2018, p. 33). Une autre façon de travailler la question est d'accompagner la nature de manière structurée, une sorte de réensauvagement anthropisé, assimilable à de la restauration écologique telle que présentée précédemment. Sur ces sites, des travaux importants peuvent être entrepris, par exemple pour supprimer des infrastructures existantes (retrouver un espace sauvage non anthropisé), réintroduire certaines espèces animales, notamment celles dites « clés de voûte » (Barthod *et al.*, 2022) ou favoriser la recréation d'habitats naturels favorables à telle ou telle espèce. *Wallasea Island* (figure 4.6) fait, par exemple, partie du réseau European Rewilding mis en place par l'ONG Rewilding Europe. La restauration et le *rewilding témoignent donc d'*intérêts communs, bien que les objectifs et la façon de les atteindre diffèrent (Mutillod *et al.*, 2024).

À l'inverse, la libre-évolution renvoie à des « *degrés de liberté des systèmes complexes* » (Barthod *et al.*, 2022, p. 106). « *La libre évolution, à l'inverse du culte de la wilderness, comme nature pristine et intacte, accepte l'histoire humaine* » (Morizot, 2020, p. 21) et l'humain accompagne davantage qu'il intervient. La libre-évolution renvoie au concept de la naturalité, définie par Adrien Guetté comme « *une qualité mesurant le degré auquel un espace est épargné de l'emprise humaine » (Guetté et al.*, 2018, p. 3) fondée sur trois critères : l'intégrité biophysique (artificiel à originel), la spontanéité (contrôlé à libre) et les continuités spatio-temporelles (fragmenté à continu). Concrètement, la libre-évolution est, par exemple, défendue en France par l'Association pour la protection des animaux sauvages (ASPAS) au sein des « Réserves de Vie Sauvage » dont la création aboutit par le biais d'acquisitions foncières. Ainsi, d'innombrables scénarios existent le long de ces gradients, entre nature férale, libre-évolution et réensauvagement anthropisé, avec une main mise plus ou moins forte de l'Humain sur ces processus.

Ces discussions autour du *rewilding* et de la libre-évolution reposent sur des débats (au moins) éthiques, philosophiques, scientifiques et politiques (Barthod *et al.*, 2022), qui évoluent différemment selon les régions ainsi que les contextes locaux. Guetté *et al.* (2018) font par exemple le constat que la nature sauvage ne « prend » pas en France comme dans d'autres pays européens et qu'elle dépend des perceptions de chacun. Enfin, la situation joue un rôle essentiel : le *rewilding* et la libre-évolution sont-ils compatibles avec des espaces de grande densité humaine (Gunnel, 2009) ? Dans quelles mesures peuvent-ils être réellement envisagés partout, par exemple sur les littoraux ? Dans tous les cas, ces deux approches, comme la restauration, répondent à des enjeux communs, comme celui de la disparition du vivant, accélérée sous l'effet du changement climatique.

3.3 Conserver la nature dans le contexte du changement climatique

a Quelles implications pour les milieux naturels ?

En plus des pressions exercées sur les milieux par les activités anthropiques, qui ont nécessité une mise en protection d'espaces naturels pour améliorer leur état écologique et éviter leur disparition, les changements rapides du climat affectent également durablement les milieux naturels. Les espèces et les habitats naturels développent des réponses aux évolutions climatiques qu'il est possible de regrouper en trois catégories : s'adapter, se déplacer et disparaître.

Une première forme de réponse tient dans l'adaptation de l'activité physiologique afin de trouver progressivement des solutions pour se maintenir dans des conditions climatiques changeantes. Dans le cas de certaines essences d'arbres par exemple, des mécanismes d'adaptations possibles sur le long terme sont le renforcement du système racinaire ou la réduction de la transpiration pour faire des économies en eau. La production primaire des écosystèmes, c'est-à-dire la production de matière organique végétale grâce à la photosynthèse et certains organismes vivants, évolue également sous l'influence des changements de climats. Selon les types d'écosystèmes, la production peut diminuer ou augmenter, notamment sous l'effet de l'augmentation de la température. Sur des événements plus ponctuels, certaines espèces vont réussir à gérer un stress physiologique intense, face à des extrêmes climatiques, notamment les sécheresses pour les végétaux (Arend *et al.*, 2016). Ainsi, la « limite physiologique », c'est-à-dire les conditions extrêmes qu'une espèce est capable de supporter sans s'éteindre, est critique pour l'adaptation aux évolutions climatiques (Hoffmann et Sgrò, 2011). Des changements phénologiques annuels sont aussi à mentionner, comme par exemple l'évolution de la date de débourrage ou de floraison des espèces végétales ou encore le décalage de migrations pour les oiseaux en particulier.

La deuxième réponse désigne un changement spatial avec un déplacement des espèces. Laurent Godet (2015) distingue six grands types de changements des dynamiques naturelles avec des implications spatiales. Les trois premiers concernent l'aire de distribution, qui peut (1) glisser vers les pôles ou en latitude, (2) se contracter vers les pôles ou en latitude ou (3) s'étirer. Les autres types de changements peuvent s'opérer par (4) un basculement des noyaux de fortes abondances vers les pôles ou en latitude, et enfin (5) une diminution généralisée de la population ou (6) une progression de la population sur toute l'aire de distribution. Ces déplacements et modifications des aires de répartition peuvent aussi se caractériser par une remontée d'espèces exotiques, qui peuvent devenir envahissantes pour les autres espèces présentes. Des effets indirects sont causés par ces déplacements, comme l'entrée en compétition de nouvelles espèces qui vont venir fragiliser la survie des espèces présentes. En s'adaptant aux nouvelles conditions, des phénomènes d'hybridation peuvent être constatés avec l'apparition de ces nouvelles zones de contacts (Hoffmann et Sgrò, 2011) qui peuvent induire des « *réassemblages de communautés* » (Godet, 2015).

La dernière réponse, disparaître, fait directement écho à l'érosion de la diversité du vivant. Un million d'espèces sont déjà menacées d'extinction, avec un taux mondial de disparition d'espèces à plusieurs dizaines, voire plusieurs centaines de fois supérieure au taux moyen des dix derniers millions d'années. La proportion d'espèces menacées d'extinction en raison du climat va de 5 % avec un réchauffement à 2 °C jusqu'à 16 % avec un réchauffement à 4,3 °C (IPBES, 2019). Les facteurs participant à ces extinctions sont évidemment multiples et il est difficile d'identifier le partage des causes, mais l'IPBES rappelle que 25 % des espèces de la plupart des groupes d'animaux et de végétaux étudiés sont déjà menacées d'extinction.

ENCADRÉ 4.4

Réserves naturelles de France s'empare du changement climatique

Réserves Naturelles de France (RNF) est une association, responsable de l'animation du réseau des réserves naturelles, créée en 1982, à laquelle les organismes gestionnaires de réserves naturelles prennent part. En 2002, la loi démocratie de proximité donne aux régions de nouvelles compétences avec la création des réserves naturelles régionales (RNR), qui viennent intégrer et grossir progressivement le réseau de RNF. En animant le réseau des réserves, RNF a pour mission d'apporter son expertise aux organismes gestionnaires et aux autres adhérents. En 2018, RNF a lancé le programme LIFE Natur'Adapt (2018-2023), financé par la Commission européenne via le programme LIFE Climat, ainsi que le ministère de la Transition écologique et l'Office français de la biodiversité (OFB). L'objectif de ce projet était d'intégrer le changement climatique dans la gestion des espaces protégés en France et en Europe, en développant des méthodes et des outils particuliers. Dans un premier temps, six réserves (RNN ou RNR) ont été identifiées afin de mettre en place une méthodologie pour appréhender le changement climatique dans les pratiques de gestion. Dans un deuxième temps, 15 sites supplémentaires, recoupant cette fois diverses catégories d'espaces protégés, ont expérimenté les outils pour vérifier leur adaptabilité à différents périmètres de protection : ENS, PNR, site du Cdl, du CEN ou site Natura 2000. La méthodologie Natur'Adapt à destination des gestionnaires propose une approche pas à pas pour réaliser un diagnostic de vulnérabilité et d'opportunité (analyse climatique et effets sur le site) à intégrer dans l'état des lieux du plan de gestion (partie A) et une analyse de la gestion actuelle pour proposer un plan d'adaptation à insérer dans le volet stratégique (partie B) du plan de gestion (Coudurier *et al.*, 2023).

b Penser l'adaptation des espaces naturels ?

Le concept d'adaptation, qui « *dérive du latin médiéval* adaptatio *[...] pour désigner l'action d'adapter au sens d'ajuster* » (Simonet, 2009), tirerait son origine de la biologie où on la considère à l'origine de la diversité du vivant, puisque les espèces s'adaptent en évoluant sur le long terme du fait de la sélection naturelle (Simonet, 2009). Cela questionne la nécessité de penser l'adaptation des espaces naturels par les sociétés : les espèces ne sont-elles pas les propres instigatrices de leur adaptation ? D'un autre côté, face au changement global, la question de la responsabilité de ces mêmes sociétés à penser l'adaptation des espaces naturels apparaît comme une évidence.

Différentes pistes s'ouvrent pour penser l'adaptation des espaces naturels, favorisant ainsi leur résilience face au changement climatique. Les adaptations envisageables dépendent particulièrement du degré d'intervention et de l'objectif poursuivi : il est possible de limiter l'impact du changement climatique sur les écosystèmes ou d'augmenter la capacité d'adaptation des espèces et des habitats (Prober *et al.*, 2019). Les exemples les moins interventionnistes consistent à éviter certaines dégradations, réduire les stress non climatiques ou protéger les habitats existants, tout en laissant ces espaces évoluer librement. Par rapport aux périmètres établis, alors que les aires de répartition sont soumises à de possibles évolutions, il est essentiel de s'interroger sur l'avenir des périmètres de protection établis depuis près d'un siècle. Que ce soit les modifications d'étagement en montagne ou le recul du trait de côte sur les littoraux, est-il possible de faire évoluer les limites des espaces protégés et comment le faire ? (Chadenas *et al.*, 2022).

La migration assistée d'espèces, l'introduction d'espèces ou l'intervention hydraulique (à l'image du design imaginé à *Wallasea Island*) sont des exemples de mesures qui existent, proactives (Hansen *et al.*, 2010 ; Prober *et al.*, 2019). Langridge *et al.* (2020) rappellent d'autres exemples mentionnés dans la littérature, comme la construction de structures d'ombrages ou le versement d'eau froide pour réduire la température de l'eau. Jusqu'où aller pour conserver telle ou telle espèce ou habitat à un endroit donné : cette nature en est-elle encore ? Ces exemples témoignent de l'hétérogénéité des postures de gestion et de protection, entre mesures hyper-interventionnistes et libre-évolution, dont les arguments sont renouvelés face aux changements du climat.

Un autre argument porté dorénavant réside dans le besoin d'atténuer les effets du changement climatique et le rôle crucial que jouent certains écosystèmes sur ce phénomène. Par exemple, les forêts ou les zones humides sont capables de séquestrer le carbone, atténuant ainsi les émissions de gaz à effet de serre (GES). Outre le captage du carbone, d'autres rôles sont assignés à certains milieux, comme l'importance des zones tampons face aux risques d'inondation ou de submersion, ce dernier étant par exemple renforcé par l'élévation du niveau de la mer induite par le changement climatique. Les espaces naturels contribuent donc à atténuer les impacts du changement climatique et participent ainsi à réduire la vulnérabilité des milieux et sociétés humaines. Si le *Millennium Ecosystem Assessment* a octroyé une définition internationale aux services écosystémiques en 2005, l'articulation de ces services par les sociétés a conduit à la conceptualisation des solutions fondées sur la nature (SFN), que l'UICN définit comme des « *actions qui s'appuient sur les écosystèmes pour relever les défis que posent les changements globaux à nos sociétés comme la lutte contre les changements climatiques, la gestion des risques naturels, la santé, l'approvisionnement en eau ou encore la sécurité alimentaire* ». Ces actions peuvent par exemple concerner la restauration de dunes, la végétalisation de certains espaces en ville, l'amélioration des continuités écologiques de manière générale ou le maintien de prairies inondables grâce à l'agriculture (UICN France, 2018). Les SFN sont au cœur du projet Life-ARTISAN, porté par l'Office Français de la Biodiversité (OFB) jusqu'en 2027. Ainsi, les aires protégées sont considérées par l'UICN comme des SFN « *dès lors qu'elles apportent une contribution identifiée à l'un des défis cités (changements climatiques, réduction des risques naturels, santé, sécurité alimentaire, approvisionnement en eau, ou développement socio-économique)* » et elles sont le lieu de mise en place de solutions, notamment dans les espaces protégés classés catégories V et VI « *où les activités humaines contribuent à la conservation de la nature* » (UICN France, 2018). Dans le futur, cela peut conduire à prioriser la protection des espaces les plus intéressants (Jankte *et al.*, 2016). Mais les plus intéressants pour qui ? L'adaptation de la conservation de la nature face au changement climatique et le rôle atténuateur que joue celle-ci conduit à parler de « *climate-responsive management* » ou de « *climate-ready conservation* » (Hopkins *et al.*, 2015), mais aussi de « *climate-smart conservation* » (Stein *et al.*, 2014). Ainsi, le climat devient désormais l'argument central dans la mise en place de politiques de conservation des espaces naturels. La stratégie européenne en faveur de la biodiversité à l'horizon 2030 a introduit un nouvel objectif de conservation et de restauration des écosystèmes riches en carbone qui vient compléter les objectifs plus traditionnels de conservation des espèces et habitats naturels.

Le changement climatique entraîne de nombreuses conséquences sur les milieux et participe activement à l'érosion de la biodiversité, obligeant à penser l'adaptation pour favoriser leur résilience. Si la réduction des émissions de GES est une des clés en la matière, leur atténuation apparaît également comme un enjeu majeur et les espaces naturels, stockant naturellement le carbone, sont dorénavant identifiés comme des solutions par les sociétés. L'adaptation au changement climatique s'impose, cela ne fait aucun doute, mais les trajectoires d'adaptation divergent (et se complètent) au regard du gradient de visions, de la restauration à la libre-évolution, qui rappellent l'interdépendance de la nature et du climat.

Conclusion

En un peu plus d'un siècle, la conservation de la nature s'est structurée et a pris des formes diverses, suivant les représentations que la société se fait de l'urgence à protéger tel ou tel habitat, telle ou telle espèce. Aujourd'hui, le changement climatique procure de nouvelles opportunités de gestion et de protection des espaces naturels. Pourtant, la question centrale reste la même : quelle nature voulons-nous protéger ? Pour reprendre les termes de Rémi Luglia, « *Qui doit agir et comment pour la protéger efficacement ? Quelle gestion adopter ? La libre évolution est-elle la solution ? Plus largement, les espaces naturels protégés permettent de questionner la place de l'homme dans la nature et ses rapports au sauvage* » (Luglia, 2023). Le changement climatique n'est-il qu'un moyen, différent certes de ce qui se faisait auparavant, de questionner « *la place de l'homme dans la nature et ses rapports au sauvage* » ? La mobilisation des SFN pour protéger plus, ou d'autres, ou autrement, les milieux naturels, peut le laisser penser. Même s'ils permettent de mettre en évidence l'intérêt à les protéger, les SFN ne sont-ils pas par nature anthropocentrés, au regard du rôle qu'ils peuvent rendre aux sociétés, réactualisant, d'une certaine manière, le vieux débat entre conservationnisme et préservationnisme ? L'exemple de *Wallasea island* est à ce titre particulièrement intéressant. En effet, non seulement le site contribue à jouer son rôle dans la réduction des GES, mais il constitue également une véritable vitrine en la matière pour la RSPB, un moyen de renouveler son image comme acteur de premier ordre de la restauration écologique.

BIBLIOGRAPHIE

ANDREU-BOUSSUT, V., CHADENAS, C., MICHEL, X., SALIN, E., RUFIN-SOLER, C., HERBERT, V., (2024). *Patrimonialisation et gestion du tourisme dans quatre hauts lieux du littoral européen : Chaussée des Géants (Irlande du Nord), Mer des Wadden (Danemark), Deux Caps et marais salants de Guérande (France). Dans* SAUPIN, G., VINCENT, J., MORICE, J.-R. ET VIVIER, N. (dir.), (2024). *Nouvelles lectures patrimoniales. Les Pays de la Loire au miroir de l'Europe*, Presses universitaires de Rennes, collection « Art et société ».

AREND, M., BRAUN, S., BUTTLER, A., SIEGWOLF, R. T. W., SIGNARBIEUX, C., KÖRNER, C., (2016). *Écophysiologie : les réactions des arbres forestiers aux changements climatiques*, p. 79-94.

PLUESS, A. R., AUGUSTIN S., BRANG P., (2016). *Forêts et changements climatiques. Éléments pour des stratégies d'adaptation*, Haupt.

BARRAUD, R., ANDREU-BOUSSUT, V., CHADENAS, C., PORTAL, C., GUYOT, S., (2019). Ensauvagement et ré-ensauvagement de l'Europe : controverse et postures scientifiques. *Bulletin de l'Association de géographes français*, 96(2), 301-318. https://doi.org/10.4000/bagf.5141.

BARTHON, C., CHADENAS, C., DE LAJARTRE, A., PANCHER, A., (2013). Valeur, fonction et médiation dans les espaces naturels sensibles : une patrimonialisation inachevée de la nature. Exemples dans les Pays de la Loire, *VertigO – la revue électronique en sciences de l'environnement* [En ligne], hors-série 16, DOI : 10.4000/vertigo.13621.

BARTHOD, C., DUPOUEY, J.-L., LARRÈRE, R., SARRAZIN, F., (2022). La libre évolution, un concept aux multiples facettes. *Revue forestière française*, 73(2-3), 105-114. https://doi.org/10.20870/revforfr.2021.5421.

BIORET, F., ESTÈVE, R., STURBOIS, A., (2009). *Dictionnaire de la protection de la nature*, Presses universitaires de Rennes.

BLANDIN, P., (2009). *De la protection de la nature au pilotage de la biodiversité*, Éditions Quæ.

BONNIN, M., (2008). *Les corridors écologiques. Vers un troisième temps du droit de la conservation de la nature ?* L'Harmattan, coll. « Droit du patrimoine culturel et nature ».

BURON, G., (2000). *Hommes du sel. Bretagne des marais salants*, Skol vreizh.

CARVER, S, *et al.*, (2021). Guiding principles for rewilding. *Conservation Biology*. 35: 1882-1893. https://doi.org/10.1002/cobi.13730.

CHADENAS, C., (2003). *L'homme et l'oiseau sur les littoraux d'Europe occidentale : appropriation de l'espace et enjeux territoriaux : vers une gestion durable ?* Thèse de doctorat de géographie, université de Nantes.

CHADENAS C., (2019). *Entre permis et interdit : les espaces naturels littoraux à l'épreuve de la pression anthropique*. Vol. 1 Position et projet de recherche, Habilitation à diriger des recherches, Université de Nantes.

CHADENAS, C., ANDREU-BOUSSUT, V., BARTHON, C., MICHEL, X., DE LAJARTRE, A., (2020). La gouvernance des espaces protégés : vers un partage de la nature ? *VertigO – la revue électronique en sciences de l'environnement.* 20(1) [En ligne].

CHADENAS, C., LOUGÈS C., QUINIO L., (2024). *La nature et les paysages littoraux aux défis de l'aménagement*, p. 459-508. Dans Desse, M., Robert, S., Herbert, S., Chadenas, C., (2024). *Les littoraux français. Permanence, changements, enjeux*, Armand Colin.

CHALVET, M., (2021). Conservation/préservation de la nature « sauvage » : une histoire des savoirs, des imaginaires et des idéologies (XIXe siècle et première partie du XXe siècle). *Revue forestière française*, vol. 73, n° 2-3, p. 227-251, https://doi.org/10.20870/revforfr.2021.5470.

COUDURIER, C. *et al.*, (2023). *Démarche d'adaptation au changement climatique Natur'Adapt – Guide méthodologique d'élaboration d'un diagnostic de vulnérabilité et d'opportunité et d'un plan d'adaptation à l'échelle d'une aire protégée*, LIFE Natur'Adapt – Réserves Naturelles de France.

DEPRAZ, S., (2008). *Géographie des espaces naturels protégés : genèse, principes et enjeux territoriaux*, Armand Colin.

DEVICTOR, V., (2015). *Nature en crise : penser la biodiversité*, Éditions du Seuil.

DI MÉO, G., (1995). Patrimoine et territoire, une parenté conceptuelle, *Espaces et Sociétés*, n° 78, p. 16-33.

DI MÉO, G., (1998). *Géographie sociale et territoires*, Nathan.

GANN, G. D., MCDONALD, T., WALDER, B., ARONSON, J., NELSON, C. R., JONSON, J., HALLETT, J. G., EISENBERG, C., GUARIGUATA, M.R., LIU, J., HUA, F., ECHEVERRÍA, C., GONZALES, E., SHAW, N., DECLEER, K. AND DIXON, K. W., (2019). International principles and standards for the practice of ecological restoration. Second edition. *Restor Ecol*, 27: S1-S46. https://doi.org/10.1111/rec.13035.

GÉNOT, J.-C., (2008). *La nature malade de la gestion. La gestion de la biodiversité ou la domination de la nature*, Sang de la Terre.

GODET, L., (2015). La conservation de la biodiversité dans un contexte de changements globaux. Dans Mathevet R., Godet L. (éds.), (2015). *Pour une géographie de la conservation : biodiversités, natures et sociétés*, L'Harmattan.

GUETTÉ, A., CARRUTHERS-JONES, J., GODET, L., ROBIN, M., (2018). Naturalité : concepts et méthodes appliqués à la conservation de la nature. *Cybergeo*, https://doi.org/10.4000/cybergeo.29140.

GUNNELL, Y., (2009). *Écologie et société*, Armand Colin.

GUYOT, S., (2009). Fronts écologiques et éco-conquérants : définitions et typologies. L'exemple des ONG environnementales en quête de Côte Sauvage (Afrique du Sud), *Cybergeo: European Journal of Geography* [En ligne], Environnement, Nature, Paysage, document 471, mis en ligne le 5 octobre 2009. https://doi.org/10.4000/cybergeo.22651.

GUYOT, S., (2011). The eco-frontiers paradigm: rethinking the links between space, nature and politics. *Geopolitics*, 16(3), p. 675-706.

HANSEN, L., HOFFMAN, J., DREWS, C., MIELBRECHT, E., (2010). Designing Climate-Smart Conservation: Guidance and Case Studies. *Conservation Biology*, 24(1), 63-69. https://doi.org/10.1111/j.1523-1739.2009.01404.x.

HOBBS, R. J., HIGGS, E., HARRIS, J. A., (2009). Novel ecosystems: Implications for conservation and restoration. *Trends in Ecology & Evolution*, 24(11), 599-605. https://doi.org/10.1016/j.tree.2009.05.012.

HOFFMANN, A. A., et SGRÒ, C. M., (2011). Climate change and evolutionary adaptation. *Nature*, 470(7335), 479-485. https://doi.org/10.1038/nature09670.
HOPKINS, A., MCKELLAR, R., WORBOYS, G. L., GOOD, R., (2015). *Climate Change and Protected Areas*. Dans G. L. WORBOYS, M. LOCKWOOD, A. KOTHARI, S. FEARY, I. PULSFORD (éds.), *Protected Area Governance and Management* (1re éd.), ANU Press, https://doi.org/10.22459/PAGM.04.2015.17.
IPBES, (2019). *Summary for policymakers of the global assessment report on biodiversity and ecosystem services of the Intergovernmental Science-Policy Platform on Biodiversity and Ecosystem Services.* S. DÍAZ, J. SETTELE, E. S. BRONDÍZIO E. S., H. T. NGO, M. GUÈZE, J. AGARD, A. ARNETH, P. BALVANERA, K. A. BRAUMAN, S. H. M. BUTCHART, K. M. A. CHAN, L. A. GARIBALDI, K. ICHII, J. LIU, S. M. SUBRAMANIAN, G. F. MIDGLEY, P. MILOSLAVICH, Z. MOLNÁR, D. OBURA, A. PFAFF, S. POLASKY, A. PURVIS, J. RAZZAQUE, B. REYERS, R. ROY CHOWDHURY, Y. J. SHIN, I. J. VISSEREN-HAMAKERS, K. J. WILLIS, C. N. ZAYAS (éds.). IPBES secretariat, Bonn, Allemagne.
JANTKE, K., SCHLEUPNER, C., SCHNEIDER, U. A., (2013). Benefits of earth observation data for conservation planning in the case of European wetland biodiversity. *Environmental Conservation*, 40(1), 37-47, https://doi.org/10.1017/S0376892912000331.
KALAORA, B., (2010). Les zones humides et le Conservatoire du littoral : Perceptions et cadre d'expérience. *L'espace géographique*, 39(4), 361, https://doi.org/10.3917/eg.394.0361.
DE LAJARTRE, A., MICHEL, X., BARTHON, C., ANDREU-BOUSSUT, V., CHADENAS, C., LAMBERTS, C., (2016). *Habiter les habitats (naturels) : quelle place pour l'homme au sein des espaces du patrimoine naturel littoral ?* p. 39-55. Dans ROBERT, S., MELIN, H., (2016). *Habiter le littoral. Enjeux contemporains*, Presses universitaires d'Aix-Marseille, coll. « Espaces et développement durable ».
LANDRIDGE, J., SORDELLO, R., REYJOL, Y., (2020). *Synthèse des mesures possibles pour favoriser l'adaptation de la biodiversité au changement climatique basée sur Prober et al. (2019) et Heller & Zavaleta (2009).* LIFE Natur'Adapt – rapport de l'UMS Patrinat (MNHN, CNRS, OFB), p. 24.
LARRÈRE, C., LARRÈRE, R., (2018). *Penser et agir avec la nature : une enquête philosophique*, La Découverte.
LASLAZ, L., DEPRAZ, S., GUYOT, S., HÉRITIER, S., NICOLAS, A., (2012). *Atlas mondial des espaces protégés : Les sociétés face à la nature*, Éditions Autrement.
LASLAZ, L., MILIAN, J., CADORET, A., (2023). *Dans la jungle des espaces protégés. Multitude, imbrication et superposition des dispositifs de protection en France*, Géoconfluences.
LÉVÊQUE, C., LEEUW, S. E. VAN DER, REYNIER, I., (2003). *Quelles natures voulons-nous ? Pour une approche socio-écologique du champ de l'environnement*, Elsevier.
LUGLIA, R., (2023). Aux origines des espaces naturels protégés en France. Dynamiques Environnementales – Journal international des géosciences et de l'environnement, *Nature et société*, 47, p. 88-105.
MÉRAL, P., PÉRESSE, A., PESCHE, D., (2016). Conclusion-Les services écosystémiques, entre controverses et certitudes. Dans *Les services écosystémiques : repenser les relations nature et société*, Éditions Quae.
MICOUD, A., (1995). *Le Bien Commun des patrimoines, in Patrimoine culturel, patrimoine naturel,* Actes du colloque du 12 et 13 décembre 1994, École Nationale du Patrimoine, La Documentation française, p. 25-38.

MICOUD, A., (2005). *La patrimonialisation ou comment redire ce qui nous relie (un point de vue sociologique)*, p. 81-96. Dans BARRÈRE, C., BARTHÉLEMY, D., NIEDDU, M. VIVIEN F.-D., (2005). *Réinventer le patrimoine. De la culture à l'économie, une nouvelle pensée du patrimoine* ? L'Harmattan.

Ministère des Affaires culturelles, 1964. *L'inventaire général des monuments historiques.*

MOUHOT, J.-F., MATHIS, C.-F., (2013). *Une protection de la nature à la française ? XIXe et XXe siècles.* Champ Vallon, coll. « L'environnement a une histoire ».

MUTILLOD, C., BUISSON, É., MAHY, G., JAUNATRE, R., BULLOCK, J. M., TATIN, L., DUTOIT, T., (2024). Ecological restoration and rewilding: two approaches with complementary goals? *Biol Rev*, 99: 820-836, https://doi.org/10.1111/brv.13046.

MTE, (2023). *Trame verte et bleue.* https://www.ecologie.gouv.fr/trame-verte-et-bleue.

NASKI-BROWN, F., (1986). *Les problèmes de la protection de la nature en Grande-Bretagne depuis la Seconde Guerre mondiale.* Doctorat en droit, université Paris 4.

PROBER *et al.* PROBER, S. M., DOERR, V. A. J., BROADHURST, L. M., WILLIAMS, K. J., DICKSON, F., (2019). Shifting the conservation paradigm: A synthesis of options for renovating nature under climate change. *Ecological Monographs*, 89(1), e01333, https://doi.org/10.1002/ecm.1333.

ROBERT-KERIVEL, A., (2023). *Les promesses de l'autre Construire l'acceptation sociale des réserves naturelles en Bretagne et en Haute-Savoie.* Thèse de doctorat de géographie, université Savoie Mont-Blanc.

RSPB, (2024). RSPB Wallasea Island. *RSPB Wallasea Island*, https://group.rspb.org.uk/southeastessex/local-wild-places/rspb-wallasea-island.

SIMONET, G., (2009). Le concept d'adaptation : Polysémie interdisciplinaire et implication pour les changements climatiques. *Natures Sciences Sociétés*, 17(4), 392-401, https://doi.org/10.1051/nss/2009061.

SORDELLO, R., (2017). *Trame verte et bleue : toutes ces autres trames dont il faudrait aussi se préoccuper.* Société française d'écologie (SFE).

STEIN, B. A., GLICK, P., EDELSON, N., STAUDT, A., (2014). *Climate-Smart Conservation: Putting Adaptation Principles into Practice*, National Wildlife Federation, Washington, D.C.

UICN FRANCE, (2018). *Les Solutions fondées sur la Nature pour lutter contre les changements climatiques et réduire les risques naturels en France.*

VERNEX, J.-C., (2004). Du voyage de l'œil à l'appréciation du paysage : le pittoresque comme une des origines culturelles du paysage. Dans Le Globe. *Revue génevoise de géographie*, tome 144, Voyage, tourisme, paysage. p. 57-66, https://doi.org/10.3406/globe.2004.1486.

VESCHAMBRE, V., (2007). Patrimoine : un objet révélateur des évolutions de la géographie et de sa place dans les sciences sociales, *Annales de Géographie*, n° 656, p. 361-381.

VERA, F., (2009). Large-Scale nature development – the Oostvaardersplassen, *British Wildlife*, juin, p. 28-36.

YOUNG, T., (2018). E.P. Meinecke and the Development of the Modern Auto Campground, *IdeAs* [En ligne], 12, https://doi.org/10.4000/ideas.3502.

PARTIE 2
LES TEMPS DE L'ENVIRONNEMENT : HÉRITAGES ET RUPTURES

SOMMAIRE

Introduction

« *L'Espace d'un côté, le Temps de l'autre parce qu'à travers lui, ce sont les changements, les mutations que l'on peut comprendre. Ainsi en va-t-il d'une géographie qui doit assumer son passé en même temps que sa globalité* » (Miossec, 2021, p. 77). L'objectif de cette partie est d'appréhender la manière dont la géographie s'empare des temporalités pour comprendre les héritages du temps et les accélérations de l'action. Dans cette perspective, le paysage tient une place particulière, puisqu'il constitue un marqueur indéniable des soubresauts, des accélérations ou au contraire des décélérations, des ralentissements que la société lui imprime. La sédimentation des paysages procure des indices sur l'évolution des rapports société environnement sur des temps plus ou moins longs. « *Comment s'inscrivent la forêt se régénérant, le champ et sa récolte, le fleuve et ses polluants, la ville et ses habitants, la planète et son équilibre, dans le temps qui passe et dans le temps qu'il fait ? Univoques ou équivoques, les réponses ne manquent pas* » (Bertrand et Bertrand, 2000). La politique de lutte contre le changement climatique ou au contraire du refus de cet héritage procure de nouvelles opportunités de recherche, à la fois sur la compréhension du phénomène lui-même mais aussi pour réfléchir aux leviers d'action à mettre en place, en matière d'atténuation ou d'adaptation, un moyen de penser la capacité de rompre ce que la société est en train d'hériter. La géographie évolue au rythme du changement global, en fonction de la manière dont on pense l'Anthropocène et les échelles temporelles considérées. « *Le temps anthropisé correspond au temps naturel tel qu'il est modifié par les interventions humaines qui en perturbent la vitesse, le rythme et la durée. Ce temps hybridé, ni naturel ni social, est, de fait, le temps réel de l'environnement* » (Bertrand et Bertrand, 2000, p. 67).

Cette deuxième partie propose d'éclairer l'importance de la prise en compte des temporalités dans la géographie de l'environnement et d'explorer en même temps les outils et méthodes mobilisées par les géographes. La première dimension temporelle explorée ici est celle du temps long, fondamentale pour saisir les dynamiques environnementales de long terme et les grands cycles du système terrestre. Voisinant avec la géologie et la climatologie, la paléogéographie mobilise marqueurs naturels et anthropiques pour mieux comprendre les passés de nos environnements afin de saisir les temporalités de leur évolution. La deuxième dimension temporelle est celle du temps historique travaillé par la géohistoire. L'analyse des corpus historiques disponibles (archives, cartes anciennes…) permet de révéler la diversité, la complexité et les rythmes des transformations des paysages. Les hydrosystèmes constituent ici de précieux témoignages des évolutions historiques des rapports entre les sociétés et leurs environnements dont les paysages de zones humides ou de vallées en sont l'héritage contemporain. Enfin, la géopolitique climatique permet de saisir, dans le cadre de la lutte contre le changement climatique, comment ces différents régimes de temporalités se trouvent articulés sur la scène internationale. Temps historique et temps long sont mobilisés pour comprendre les évolutions globales et locales du climat et la contribution des activités humaines et les responsabilités différenciées des pays selon leur niveau de développement. Le temps contemporain et la prospective à différents horizons temporels permettent de négocier actions d'atténuation et d'adaptation lors des COP et dans les politiques publiques climatiques.

CHAPITRE 5

Le temps long en géographie

Agnès BALTZER

SOMMAIRE

En géographie, la définition de ce qu'est le « temps long » est totalement dépendante de la thématique scientifique abordée. Au lendemain de la tempête Xynthia qui a frappé le littoral de l'ouest français dans la nuit du 27 au 28 février 2010, il a beaucoup été question de la mémoire du risque. De tels événements peuvent être vite oubliés par les sociétés locales, le temps peut être considéré comme long entre deux événements tempétueux. De 1634 à 1902, la Montagne Pelée, en Martinique, n'a connu aucune éruption magmatique (explosion), seules des éruptions phréatiques sont survenues. Autrement dit, pendant un peu plus de deux siècles, la mémoire des événements de 1634 s'est effacée. Cependant, le temps long du géographe peut aussi être beaucoup plus important et dépasser l'échelle humaine, en s'étalant sur un millier d'années. Il est considéré comme une marge d'erreur infime par rapport au temps long du paléogéographe, de l'ordre du million d'années. Pour le géographe, au premier abord, le temps long est complexe à appréhender si l'on s'arrête à la description de la planète et en particulier des phénomènes physiques, biologiques et humains qui se produisent à sa surface et qui façonnent le monde. L'héritage géologique fait partie intégrante du paysage suivant cette définition et le temps long pour les paléogéographes se rapproche du temps long des géologues qui considèrent que le million d'années est l'unité de mesure minimum nécessaire pour approcher des phénomènes décrivant l'évolution de la planète Terre, âgée de 4,6 milliards d'années.

La paléogéographie est aussi bien une discipline de la géographie que de la géologie ou de la paléontologie, dont l'objet est la reconstruction (théorique) de la géographie passée de la surface du globe. En effet, à travers les temps géologiques, la disposition des plaques continentales et océaniques a changé (figure 5.1), entraînant des bouleversements paléotectoniques importants. La cinématique des plaques, pressentie par Alfred Wegener dès 1912, est la science qui retrace les déplacements des différentes plaques à la surface du globe. Ces reconstructions se font grâce aux similitudes des affleurements géologiques sur les différents continents, en particulier en suivant le déplacement des lignes de rivages au cours du temps, les relations géométriques entre les formations considérées. Grâce aux travaux de Jason Morgan (1967) sur la répartition des anomalies magnétiques des fonds océaniques, des cartes de plus en plus précises de ces déplacements ont pu être réalisées.

La figure 5.1 montre la rupture de la Pangée, il y a 175 Ma au Jurassique, au début de l'ère secondaire. La Pangée était un très grand paléocontinent qui regroupait tous les continents actuels (en blanc sur la figure 5.1). Sur cette reconstruction cinématique, l'Afrique est fixe dans le temps et l'on voit les mouvements de tous les autres continents qui se sont éloignés d'elle. La séparation des différents « blocs » se fait le long des pointillés sur la carte, qui matérialisent l'ouverture des différents océans grâce aux grandes dorsales océaniques. Ces dorsales correspondent à l'endroit où la croûte terrestre (la croûte continentale constituée de granite) se déchire et va laisser se former la croûte océanique (croûte océanique constituée de basalte, plus dense). La création de cette nouvelle croûte océanique (l'accrétion), qui se perpétue dans le temps, va donc écarter les continents les uns des autres à des vitesses différentes correspondant à la vitesse d'accrétion de la dorsale. Le bloc Amérique par exemple, Amérique du Sud et Amérique du Nord, s'éloigne de l'Afrique et de l'Europe du Nord depuis l'ouverture de l'océan Atlantique. La vitesse d'accrétion a varié au cours des temps, mais elle est, depuis 25 Ma, d'environ 2 cm de part et d'autre de la dorsale atlantique, soit un éloignement « actuel » de 4 cm/an entre l'Amérique et l'Afrique/Europe. Il est particulièrement intéressant de noter que certains continents se sont déplacés de plusieurs milliers de kilomètres, comme par exemple l'Antarctique qui était situé beaucoup plus proche de l'Équateur qu'à l'heure actuelle. On pourra aussi observer que l'Inde et l'Australie ont changé de direction : alors qu'elles descendaient vers le sud jusque vers 55 Ma, leur mouvement s'est brusquement inversé et elles sont remontées vers le nord. Les géologues parlent du « ballet » de l'Inde qui est revenue « s'encastrer » dans le bloc continental asiatique en formant la super chaîne de montagnes (dite chaîne de collision) de l'Himalaya. Cette cinématique des plaques se perpétue et provoque des affrontements de continents créant des montagnes (les Alpes continuent de monter de 2 cm par an) et donc des séismes et des volcans, comme la Ceinture de feu du Pacifique, aussi appelée ceinture circum-Pacifique. Ainsi, les continents et les océans sont en perpétuels mouvements à l'échelle des temps géologiques, mouvements peu perceptibles par les hommes sauf lors de ruptures de contraintes : lors des séismes ou de création de volcans.

Ce chapitre débutera par les différentes représentations du temps long, puis les méthodes et outils pour les travailler ; il se terminera par l'analyse des marqueurs naturels et humains des évolutions du paysage.

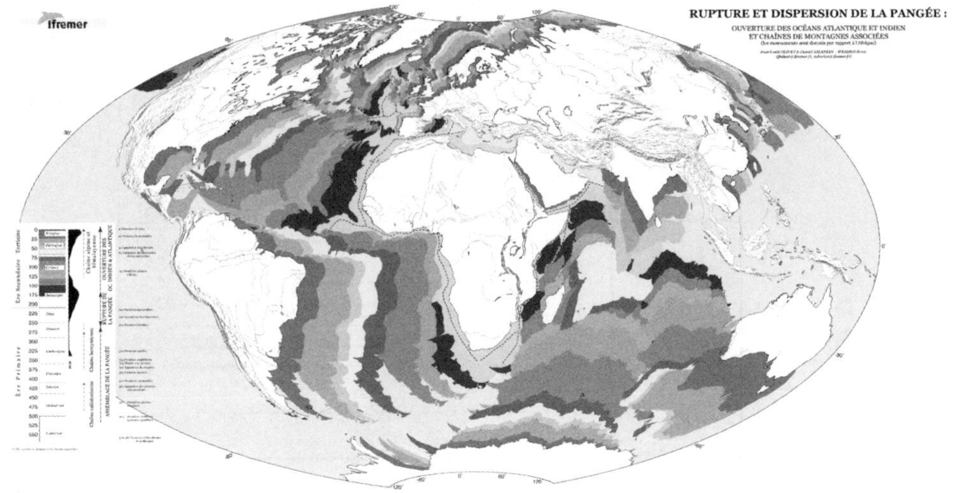

Figure 5.1 – La tectonique des plaques depuis 175 Ma
Source : Aslanian, 2019.

1 Les représentations du temps long

1.1 La représentation classique : étages/périodes géologiques

La représentation la plus classique des étages géologiques est donnée dans la figure 5.2, à partir des observations des géologues qui ont décrit les différentes strates sédimentaires et les différents âges suivant un ordre chronologique reconnu dans le monde entier. Cette échelle des temps est découpée en quatre grandes ères.

La plus ancienne, le Précambrien couvre la période qui va de la formation de la planète Terre, environ 4,6 Md d'années à 542 Ma, une période très longue donc, mais qui reste floue du point de vue des observations scientifiques, car la plupart des traces et empreintes sur le terrain ont été effacées. Ensuite, le Paléozoique (ère primaire) couvre la période qui va de 542 Ma à 251 Ma. Cette période se manifeste par l'émergence il y a 541 Ma d'une abondante faune, constituée d'animaux à coquilles rigides, suivie par une période dite « explosion cambrienne » qui marque l'histoire de la vie par l'apparition de nombreuses formes de vie animale (animaux dotés de pattes articulées et squelettes). La période du Mésozoïque (ère secondaire) s'étend de 251 Ma à 61 Ma.

Elle voit l'apparition de nombreuses espèces de mammifères et de dinosaures. Elle est caractérisée par de profonds bouleversements mondiaux, avec la dislocation des masses continentales, bien documentée par la cinématique. De 61 Ma à l'actuel, la période du Cénozoïque, se distingue quant à elle par la formation des chaînes alpine et pyrénéenne. Elle clôture ce tableau. Elle regroupe l'ère tertiaire puis l'ère quaternaire qui a débuté il y a seulement 2,6 Ma. L'ère quaternaire est marquée par l'apparition de l'homme et l'alternance des périodes glaciaires et interglaciaires qui ont profondément modelé l'environnement.

	Éon	Ère	Période		Époque	Âges (Ma)
	Phanérozoïque	Cénozoïque	Quaternaire		Holocène	0,012
					Pléistocène	2,6
			Tertiaire	Néogène	Pliocène	5,3
					Miocène	23
				Paléogène	Oligocène	33,9
					Éocène	55,8
					Paléocène	66
		Mésozoïque	Crétacé			146
			Jurassique			200
			Triassique			251
		Paléozoïque	Permien			299
			Carbonifère	Pennsylvanien		318
				Mississippien		359
			Dévonien			416
			Silurien			444
			Ordovicien			488
			Cambrien			542
PRÉCAMBRIEN	Protérozoïque	Néo	Édiacarien			~635
		Méso				
		Paléo				2 500
	Archéen					4 000
	Hadéen		Origine de la Terre			~4 600

Notes :
- l'échelle verticale des temps géologiques n'est pas uniforme ;
les époques du Mésozoïque, et du Paléozoïque sont trop nombreuses pour être précisées ici.

Figure 5.2 – Échelle des temps géologiques divisée en quatre grandes périodes

Sources des limites stratigraphiques : Commission internationale de stratigraphie (2010).

La succession de ces périodes est cependant particulièrement difficile à appréhender, à l'échelle humaine ! Ces âges géologiques et les différents évènements qui ont alterné tout au long de ces « temps », calculés en millions d'années, voire en milliards d'années, ne représentent que peu de choses et restent hors de notre portée ou plus exactement ne peuvent imprimer facilement notre mémoire.

1.2 La représentation « perceptible »

Ce temps long est représenté suivant des artifices plus faciles à percevoir et à hiérarchiser pour l'homme. Le tableau 5.1 rapporte le temps long de la formation de l'Univers sur une année, ainsi que tous les évènements marquants successifs. Cette approche « perceptible » permet de comprendre qu'il a fallu presque « une année » pour construire le système terre : ce n'est que le 25 septembre que la vie apparaît sur Terre et l'apparition de l'homme ne date que du 31 décembre à 22 h 30. Cette relativité du temps et des évènements prend ainsi une forme que nous pouvons beaucoup plus aisément comprendre et garder en mémoire.

Tableau 5.1 – Étapes de l'histoire de l'Univers rapportées à une année

Avant le mois de décembre		
Dates	**Événements**	**Âge réel (en années)**
1er janvier	Formation de l'Univers (*Big Bang*)	$1{,}4\ 10^{10}$
	Début de l'expansion de l'Univers	
19 février ?	Formation des premières étoiles et des galaxies	$1{,}2\ 10^{10}$
9 septembre	Formation du système solaire	$4{,}6\ 10^{9}$
14 septembre	Formation de la Terre	$4{,}5\ 10^{9}$
25 septembre	Apparition de la vie sur Terre	$3{,}8\ 10^{9}$
2 octobre	Formation des plus vieilles roches connues sur Terre	$3{,}4\ 10^{9}$
9 octobre	Bactéries et algues fossiles les plus anciennes	$3{,}2\ 10^{9}$
26 octobre	Fin de la croissance des continents	$2{,}6\ 10^{9}$
1er novembre	Invention du sexe (par les microorganismes)	$2{,}4\ 10^{9}$
12 novembre	Plantes fossiles les plus anciennes effectuant la photosynthèse	$2\ 10^{9}$
Décembre		
1er	Oxygène dans l'atmosphère terrestre	$1{,}2\ 10^{9}$
5	Volcanisme intense sur Mars	10^{9}
18	Explosion cambrienne. Début de l'ère primaire	$5{,}6\ 10^{8}$
20	Les plantes colonisent les terres	$4{,}8\ 10^{8}$
22	Premiers amphibiens	$4{,}0\ 10^{8}$
24	Premiers dinosaures	$3{,}2\ 10^{8}$

Avant le mois de décembre		
Dates	**Événements**	**Âge réel (en années)**
25	Rien à signaler dans ce calendrier	2,8 10^8
26	Premiers mammifères	2,4 10^8
26, 12 h	Formation de la Pangée. Début de l'ère secondaire	2,2 10^8
27, 12 h	Dislocation de la Pangée	2 10^8
29	Premiers primates	1,2 10^8
30, 10 h	Disparition des dinosaures. Début de l'ère tertiaire	6,5 10^7
31 décembre		
21 h	Australopithèques	6 10^6
22 h 30 min	Premiers hommes. Début de l'ère quaternaire	3 10^6
23 h 46 min	Domestication du feu	4 10^5
23 h 58 min 30 s	Cromagnon	4.2 10^4
23 h 59 min 20 s	Invention de l'agriculture	2 10^4
23 h 59 min 50 s	Premières dynasties (Sumer, Égypte, Chine, etc.)	5 10^3
	Développement de l'astronomie	
23 h 59 min 51 s	Invention de l'alphabet	4,5 10^3
23 h 59 min 54 s	Métallurgie du fer, empire assyrien, fondation de Carthage	3 10^3
23 h 59 min 56 s	Empire romain, géométrie d'Euclide, physique d'Archimède, astronomie de Ptolèmée	2 10^3
23 h 59 min 58 s	Civilisation Maya, empire byzantin, invasions mongoles, croisades	10^3
23 h 59 min 59 s	Renaissance en Europe	5 10^2
0,4 s avant minuit	Guerre 1914-1918	70
0,06 s avant minuit	Le premier homme sur la Lune	30
Minuit	Bonne lecture	!

Source : Thomas, 2001.

Il apparaît donc inévitable que la mesure de ce temps long va impliquer l'utilisation de nombreuses méthodologies, adaptées aux différentes périodes de temps que l'on souhaite observer ainsi qu'aux « objets étudiés ». Les limites de cet exercice résident dans le fait que plus on regarde « loin » dans le temps, plus on va voir « flou », c'est-à-dire que la résolution sera faible, les repères ayant disparu. Au contraire, plus le regard porte sur des objets ou évènements proches dans le temps, plus la vision est claire, la mesure du temps devenant de grande précision. Le paragraphe suivant présente les deux grands types de méthodes utilisées en chronologie : la chronologie absolue et la chronologie relative.

2 Les méthodes et outils de datation

2.1 La chronologie absolue

Cette méthode repose sur la radiochronologie, c'est-à-dire la mesure de la désintégration des isotopes radioactifs. Cette méthode de datation est fondée sur l'utilisation d'instruments sophistiqués tels que les spectromètres de masse (figure 5.3 – à gauche) qui donnent des mesures « exactes » du nombre d'isotopes « père » qui vont se désintégrer en isotopes « fils ». Cette mesure du temps de désintégration procurera une mesure du temps écoulé et permettra donc de donner la date exacte à laquelle le système étudié (la roche, l'échantillon, l'évènement) s'est formé. Pour cela, on peut utiliser des isotopes radioactifs naturels (terrestres ou cosmogéniques) ou des isotopes artificiels (césium, barylium) tels que ceux issus de l'usine de Tchernobyl en avril 1986.

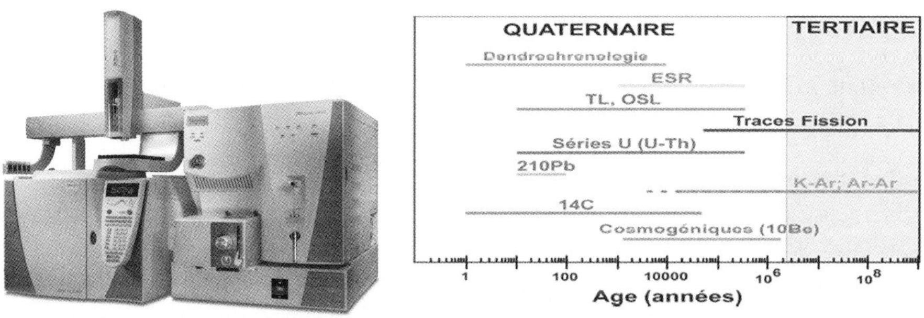

Figure 5.3 – Photo de gauche : le spectromètre de masse et les différentes méthodes de datation

Source : Wikipedia.

Le spectromètre de masse permet d'identifier des molécules via leur masse et de caractériser leur structure chimique. Il faut souligner que les méthodes de datations sont applicables sur des périodes de temps bien précises. Ainsi, suivant l'âge présumé de l'échantillon observé, il sera judicieux d'utiliser plutôt telle ou telle méthode. Il faut noter que l'on utilise souvent, en datation, un axe des âges donné en représentation logarithmique, qui permet de garder une plus haute résolution sur les âges les plus récents et de pouvoir tout de même observer sur la même échelle des temps très anciens : d'une année à un milliard d'années sur la figure 5.3 (à droite) par exemple. Les méthodes de dendrochronologie seront détaillées dans un paragraphe ultérieur. La méthode Électronique de spin résonance (ESR) est appliquée sur des échantillons ne contenant pas de carbone, essentiellement sur des minéraux (quartz). Elle permet de dater la dernière exposition des quartz à la lumière du soleil, donc avant enfouissement puis sédimentation. Cette méthode est très utilisée pour des âges allant de 100 000 ans à plusieurs millions d'années. Les méthodes OSL (Optical Simulated Luminescence dating) regroupent les méthodes qui consistent à mesurer le délai écoulé depuis le moment où certains minéraux (feldspath ou quartz) ont pour la première fois été exposés au soleil ou à une chaleur importante. Les datations au Plomb (Pb), à l'Uranium/Thorium (U/th), au Carbone 14 (14C), au Potassium/Argon (K-Ar) permettent dans chacun des cas de dater avec précision différents types d'échantillons. Le Plomb est utilisé pour des âges allant de 10 à 100 ans, le Carbone 14 (14C) permet de remonter environ jusqu'à 30 000 ans, l'Uranium/Thorium jusqu'au million d'années, puis le relais est pris par le Potassium/Argon. Enfin, la datation cosmogénique est une méthode géochimique qui permet de mesurer le temps d'exposition de l'échantillon aux rayons cosmiques, en observant la production d'isotopes rares comme le chlore 36 ou le Bérylium.

DÉFINITIONS

Isotope

Chaque élément chimique est défini par un numéro atomique ou nombre de protons (Z) et une masse atomique (A) qui inclue le nombre de neutrons : $^{A}_{Z}O$. Les isotopes correspondent à un élément chimique qui présente le même « Z » mais une masse atomique « A » différente.

Paléoenvironnement

Ensemble des caractères biologiques et physico-chimiques des milieux d'une région donnée à des environnements anciens, appartenant à des échelles de temps allant de l'histoire jusqu'aux étages géologiques.

2.2 La chronologie relative

a Les marqueurs inertes

L'objectif de cette méthode est de pouvoir positionner l'échantillon, la structure, l'objet observé dans l'échelle de temps, mais en datant les évènements ou les structures les uns par rapport aux autres. Ainsi, la stratigraphie, qui étudie l'empilement des couches sédimentaires les unes sur les autres, s'appuie sur l'observation selon laquelle la couche sédimentaire la plus ancienne est celle qui s'est déposée en premier, c'est donc celle qui se retrouvera en position la plus profonde dans l'empilement des strates. Inversement, la couche la plus jeune se retrouvera au sommet de l'empilement des strates. Il s'agit du principe de superposition.

Figure 5.4 – La superposition des couches

Photos 5.1 – Le principe de superposition des évènements : la coulée de lave est plus « ancienne » que la route sur la photo de gauche alors que la couche de lave est plus « jeune » que la route sur la photo de droite

Source : Walter-Simonnet A. V.

Il en est de même pour établir une chronologie relative des évènements. On observe ainsi, sur la photo de gauche (5.1) que la route se surimpose à la coulée, la construction de cette route est par conséquent postérieure à l'épanchement de lave. Suivant le même raisonnement, si l'épanchement de lave recouvre la route, c'est qu'il s'agit d'un évènement plus récent donc d'âge plus jeune que la route (photo de droite). Ainsi, si l'évènement ou la strate que l'on souhaite dater est intercalé entre deux autres strates, il est possible d'obtenir une datation relative précise.

Une des difficultés majeures des reconstitutions paléoclimatiques et paléoenvironnementales est l'établissement d'une chronologie fine et détaillée à l'échelle régionale, voire interrégionale. La téphrochronologie s'intéresse aux dépôts de cendres volcaniques correspondant aux différentes irruptions volcaniques répertoriées dans le monde, intercalés dans les couches sédimentaires. Un effort important est fait notamment au niveau de la téphrochronologie et de la téphrostratigraphie puisque les niveaux de cendres volcaniques ou téphras constituent des marqueurs temporels instantanés à l'échelle des temps géologiques et d'extension régionale à continentale dans certains cas. Le catalogue des irruptions répertoriées dans le monde permet ainsi de se servir de ces couches spécifiques de cendres volcaniques, qui renferment des échardes de verre possédant une signature géochimique caractéristique, comme d'un marqueur très précis de l'âge de l'irruption. Ainsi, de récents travaux ont permis de mieux caractériser par exemple l'activité volcanique de la chaîne des Puys depuis 13 500 ans (Jouannic *et al.*, 2022) ou de caractériser dans le massif des Vosges ces échardes de verre volcaniques (Walter *et al.*, 2008).

b Les marqueurs vivants

La biochronologie repose sur l'étude de l'évolution et la succession des espèces dans le temps, contribuant ainsi à dater les évènements les uns par rapport aux autres. Les fossiles que l'on retrouve dans différentes couches sédimentaires constituent de bons marqueurs. Ils peuvent correspondre à des organismes qui ont été partiellement minéralisés ou carbonisés, lorsque la matière organique est recouverte d'un film de carbone ou conservés dans l'ambre. Non seulement ils témoignent des formes disparues des êtres vivants au cours des temps géologiques (Masters *et al.*, 2020), mais ils peuvent être des marqueurs spécifiques de telle ou telle ère géologique, comme les différentes ammonites (photo 5.2).

Photo 5.2 – Les ammonites pour remonter le temps
Source : Wikipedia.

Les fossiles se regroupent en plusieurs catégories en fonction de la nature des restes préservés. Les fossiles corporels, les plus connus, englobent les parties dures du squelette, comme les os, les dents pour les animaux à squelette interne ou les carapaces et les coquilles pour les animaux à squelette externe. Les fossiles de traces regroupent toutes les empreintes de pas et de déplacements des animaux terrestres et renseignent sur les modes de locomotion et leurs comportements, comme on peut l'observer dans la Dinosaur Valley State Park au Texas. On peut également retrouver les traces d'activités d'excavation, les terriers laissés par différents types de vers marins (arénicoles). Par exemple, les Zoophycos sont des terriers horizontaux à oblique en forme de U, au contraire des Thalassinoides qui sont des terriers branchus en forme de T ou Y. Ainsi, dans la craie du Bassin parisien, on peut retrouver un assemblage de traces fossiles, induit par le remaniement et le fouissage des animaux limnicoles. C'est ce que l'on appelle un « ichnofaciès » provenant du grec « ichnos », traces. Ces ichnofaciès permettent d'identifier des paramètres tels que la profondeur d'eau, l'oxygénation ou le type d'environnement. Le principal problème est que plus l'on remonte dans le temps et plus les populations sont rares ou fragiles. Les restes ne sont pas toujours bien conservés. Le fossile idéal correspond à un individu ou des parties de cet individu, qui appartient à une espèce possédant une bonne répartition géographique, suivant une évolution rapide et se conserve bien dans son environnement. Plusieurs organismes vivants ont été ainsi testés pour servir de « marqueurs » ou de « proxis » afin de repérer les différents âges. Ainsi, dans le domaine marin, les analyses des foraminifères, petits organismes unicellulaires, de taille inférieure à 1 mm, présents partout, soit dans les masses d'eau soit directement enfouis dans les sédiments marins, constituent un bon exemple de marqueurs chronologiques dans le domaine marin. Comme ils ne vivent qu'un voire deux ans, ils peuvent être utilisés pour suivre des évolutions très rapides et récentes, tels que celle d'une pollution due à une fuite de pétrole (Barras *et al.*, 2014) ou des phénomènes de déglaciation actuelle (Fossile *et al.*, 2022). Mais ils peuvent aussi être utilisés pour étudier les paléoenvironnements car ils sont protégés par une sorte de coquille calcaire généralement, un « test » qui présente un fort potentiel de fossilisation et que l'on retrouve dans les dépôts sédimentaires marins des milliers ou des millions d'années après. Il est alors possible de suivre les variations climatiques et environnementales de façon très précises (David *et al.*, 2022).

Photos 5.3 – Les foraminifères et les grains de pollen

Sources : photos de gauche : Fossile *et al.*, 2022 ; photo droite : Wikipedia.

La palynologie est une science qui s'appuie sur la reconnaissance des pollens des plantes que ce soit des fleurs, des arbres, des graminées. Elle permet de réaliser des diagrammes polliniques qui contribuent à retracer l'environnement végétal, le climat et éventuellement l'empreinte de l'occupation humaine grâce à l'identification de la présence de pollen de céréales par exemple. Ainsi, pour chaque pays, des « chronozones » sont définies grâce auxquelles les chercheurs vont pouvoir caler les diagrammes polliniques qu'ils ont établis. Très utilisée par les archéologues ou les géologues, cette science peut être appliquée aussi bien dans le domaine continental que marin.

L'utilisation combinée de ces deux types d'analyse contribue à retracer l'évolution fine d'un paysage en s'intéressant aussi bien au compartiment continental qu'au compartiment marin. L'exemple qui suit correspond à l'analyse d'une carotte sédimentaire, longue de 12 mètres, prélevée en 2004 dans le loch écossais *Sunart*, dans le cadre d'une mission (MD141-ALIENOR/ORSANE, 2004) réalisée à bord du Marion Dufresne (figure 5.5).

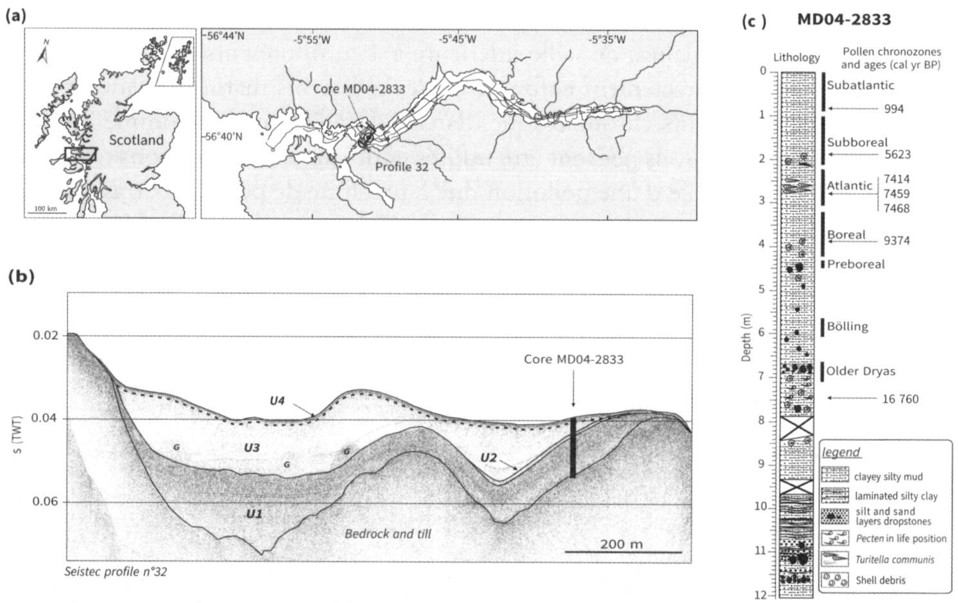

Figure 5.5 – Localisation de la carotte MD04-2833 dans le loch Sunart, au nord-ouest de l'Écosse

Source : Mokeddem *et al.*, 2010.

Cette carotte sédimentaire de 12 mètres (MD04-2833) a été étudiée sous toutes ses coutures dans le cadre de la thèse de Zohra Mokeddem (2003-2005), en utilisant les analyses de pollen et de foraminifères, la granulométrie, des datations au carbone 14. Grâce à ces différentes analyses (figure 5.6), il a été possible de reconstruire l'évolution paléoenvironementale de ce loch (figure 5.7) depuis la dernière glaciation (19 000 ans) (Mokeddem *et al.*, 2010).

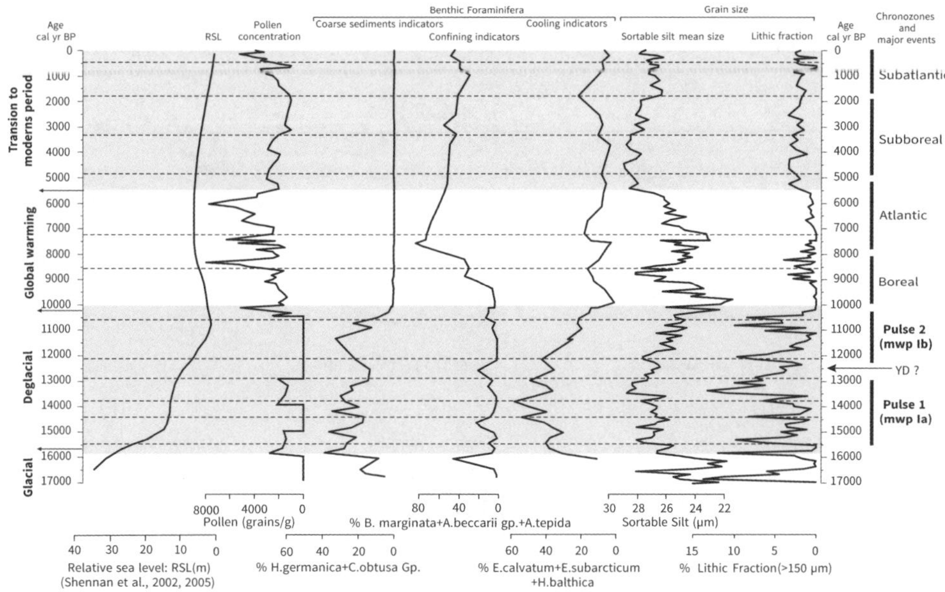

Figure 5.6 – Analyse combinée des courbes de pollens, de foraminifères, de granulométrie pour la carotte MD04-2833

Source : Mokeddem *et al.*, 2010.

On observe ainsi sur la figure 5.7 la succession de quatre types de paléoenvironnements, jalonnant les processus de déglaciation :

- l'environnement glaciaire « A » qui perdure jusqu'à 16 000 ans BP est caractérisé par l'absence totale de foraminifères ou grains de pollens dans la carotte ;
- la période de déglaciation « B » proprement dite suit, entre 16 000 et 10 000 ans BP. Il s'agit d'une période interrompue par une réavancée des glaciers « C » au Younger Dryas, il y a 12 000 ans ;
- une période de réchauffement global s'étend ensuite de 10 000 ans BP jusqu'à environ 5 000 ans, de « D à E », s'accompagnant d'une importante stratification des eaux du loch, amenant à un confinement des eaux de fond ;
- enfin, à partir de 5 500 ans BP, les échanges entre les eaux de l'Atlantique nord et les eaux du fjord sont ouverts et l'on peut considérer que le paysage du bloc « F » correspond au paysage actuel.

DÉFINITION

BP signifie ***Before Present*** (AP : Avant le présent, en français). Cette méthode de datation est utilisée pour désigner, en géologie, les âges avant 1950. Cette date est dite de « référence » car elle correspond aux premières expérimentations fondées sur le Carbone 14. 5500 ans BP signifie qu'il y a 5 574 ans (= 5 500 + (2024-1950)), le loch Sunart se caractérisait par des conditions environnementales actuelles (bloc F) sur la figure 5.7.

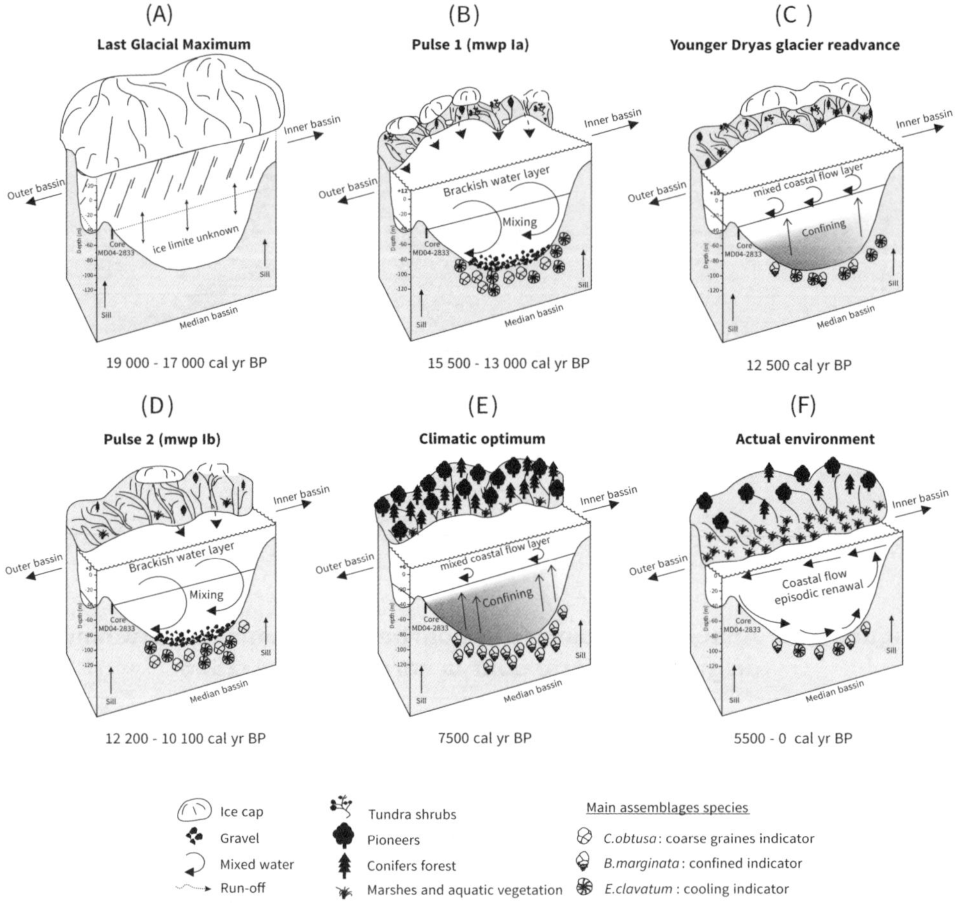

Figure 5.7 – Blocs diagrammes des différentes phases d'évolution du paysage entre 19 000 ans et l'actuel

Source : Mokeddem *et al.*, 2010.

Enfin, un dernier type d'analyse existe et peut être utilisé lorsqu'il y a des arbres, il s'agit de la dendrochronologie. Cette science s'appuie sur l'identification et la mesure de la largeur des cernes de croissance des arbres. Par l'analyse de la variation d'épaisseur des cernes des bois, la dendrochronologie documente ainsi la connaissance des variations climatiques. En effet, les arbres construisent un cerne par an. En période humide et fraîche, le cerne est étroit tandis qu'en période chaude et sèche, le cerne est plus large. Il est alors possible d'étudier ces alternances et d'établir ainsi une chronologie des températures et précipitations dans un espace donné. Des courbes « références » peuvent alors être établies. Dans ce cas, pour une région climatique donnée et pour un type d'arbre donné, la comparaison de plusieurs chronologies de largeurs de cernes est mise en évidence par un signal commun. Plus exactement ce graphe de référence (figure 5.8) permet de caler et donc de « dater » de nouvelles séries chronologiques (Kaennel et Schweingruber, 1995). Assemblés de proche en proche, certains référentiels contribuent à remonter très loin dans le temps et peuvent couvrir de larges zones géographiques. Par exemple, le référentiel « *historic oaks* » regroupe ainsi plusieurs centaines de séries de chênes du centre et du nord de la France (Lambert 2006, 2011). Enfin, dans les climats tropicaux, de telles analyses sont complexes à mener, « *peu d'espèces ligneuses forment des cernes annuels* » (Condé *et al.*, 2020).

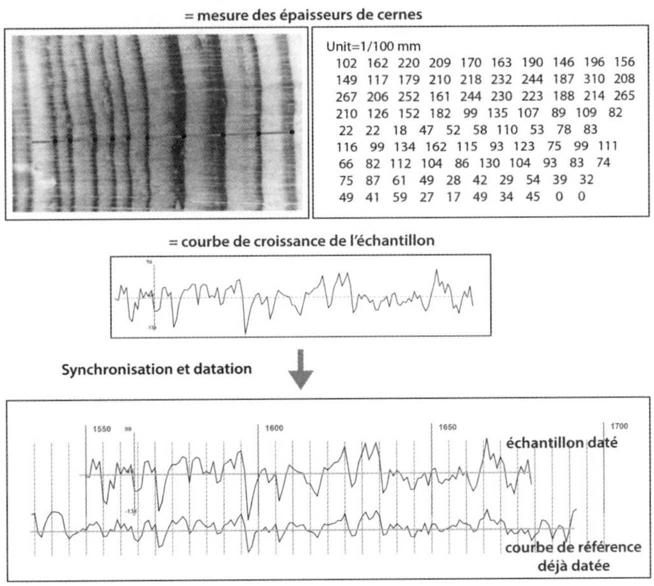

Figure 5.8 – Principe de la mesure et de la synchronisation en dendrochronologie

Source : sstinrap.hypothese.org.

3 Les grands marqueurs du temps dans le paysage

3.1 Les marqueurs naturels : les montagnes et le niveau marin

Les chaînes de montagnes sont l'une des expressions de la tectonique des plaques à la surface de la Terre, comme cela a été rappelé au début de ce chapitre. En effet, les plaques lithosphériques se déplacent de plusieurs centimètres en suivant les mouvements de convexion du magma à l'intérieur du manteau. Lorsque ces plaques lithosphériques s'affrontent dans le cas de phénomènes de collision ou de subduction, des chaînes de montagnes se forment. Il s'agit de chaînes de collision telles que les Pyrénées ou les Alpes ou des chaînes de subduction telles que les Andes. La figure 5.9 illustre les différentes phases de construction de ces chaînes de montagnes ou « orogenèses ».

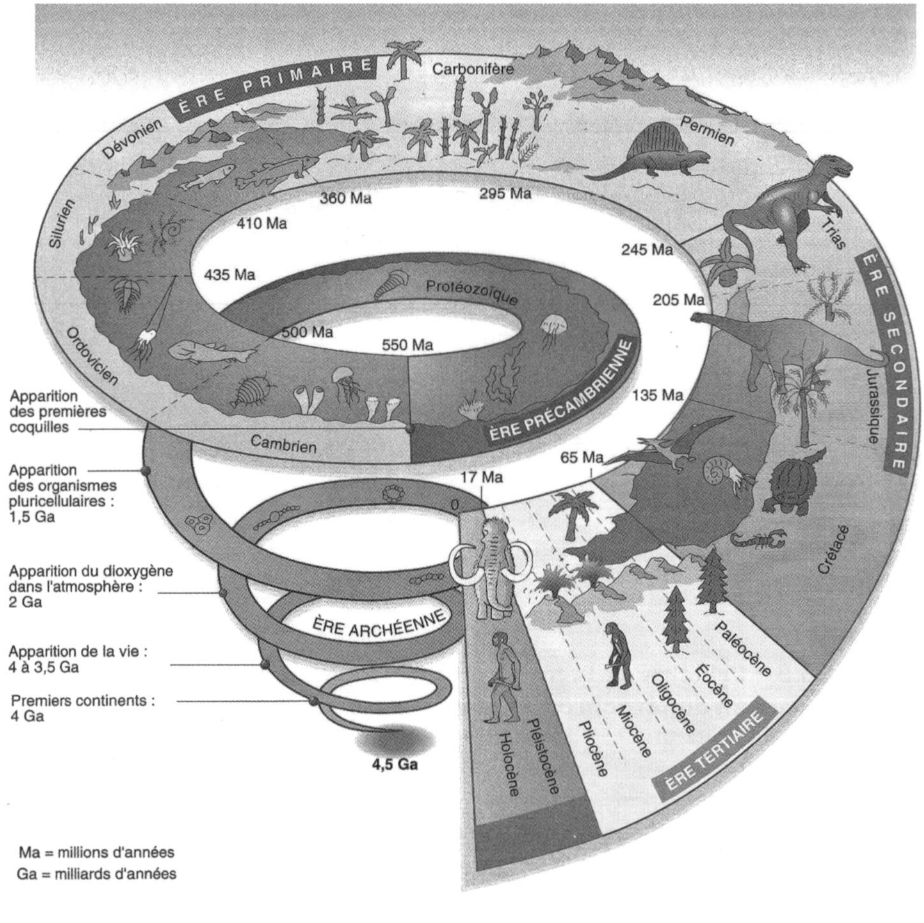

Figure 5.9 – Les principales orogènes

Source : Association Vendéenne de Géologie, 2013.

Sur la figure 5.9, on observe ainsi les quatre principales orogènes européennes :

- « Cadomienne » autour de 580 Ma ;
- « Calédonienne » autour de 530 Ma ;
- « Varisque » autour de 340 Ma ;
- « Alpine » autour de 80 Ma.

La formation de la chaîne de montagnes se poursuit sur plusieurs millions d'années, il y a donc surrection des reliefs avec simultanément les processus d'érosion qui se mettent en œuvre. Chacune de ces orogènes construit une chaîne de montagnes qui possèdent des caractéristiques identifiables, une géométrie structurale spécifique, une géochimie des roches et des minéraux particuliers. Ces montagnes, qui structurent la géomorphologie et les paysages en surface, peuvent servir de cadre chronologique.

Le deuxième grand marqueur naturel du paysage est le niveau marin. En effet, l'alternance des périodes glaciaires et interglaciaires, bien documentée lors de l'ère quaternaire, entraîne des variations de températures qui ont à leur tour des conséquences sur le niveau marin. Ainsi, il est possible d'observer sur la figure 5.10, les deux niveaux marins « bas » aux alentours de – 120 m, il y a 135 000 ans et 18 000 ans. Ces deux niveaux marins correspondent à des périodes où les glaciers se développent au pôle Nord.

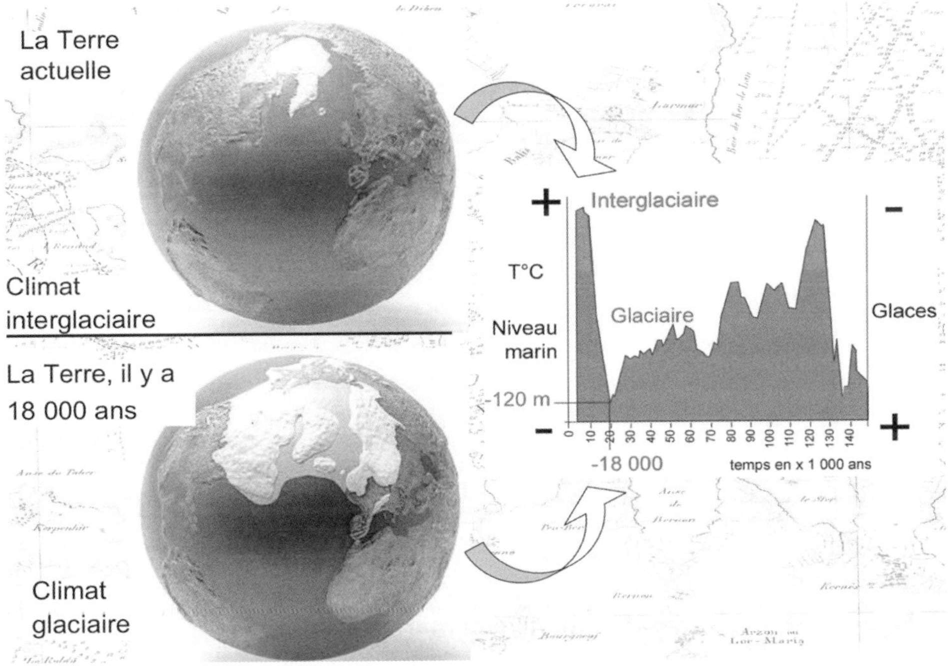

Figure 5.10 – Fluctuations du niveau marin depuis 140 000 ans

Source : Menier *et al.*, 2009.

Par la suite, la hausse des températures entraîne une fonte des glaciers continentaux qui s'accompagne d'une remontée du niveau marin. Celle-ci transforme alors le trait de côte et redessine une nouvelle limite terre/mer : c'est une période de transgression, où la mer « gagne » sur le domaine continental.

La figure 5.11 constitue un zoom sur la remontée du niveau marin, d'environ 60 m, depuis 9 000 ans, sur les côtes méridionales de Bretagne. Cette remontée est caractérisée par une vitesse rapide au début, suivie d'un ralentissement entre 7 000 et 6 000 ans BP jusqu'à une relative stabilisation depuis 3 000 ans. Cette figure présente plusieurs courbes réalisées à partir des mesures (sédimentologie, palynologie, foraminifères, géomorphologie) qui révèlent différentes oscillations du niveau marin. Il est communément admis que ces « oscillations » correspondent vraisemblablement à des évènements locaux et temporaires, comme des tempêtes ; la courbe la plus proche de la réalité « globale », étant celle représentée par les données de Goslin (2014). Néanmoins, ces différentes oscillations permettent de caler des périodes de tempêtes parfaitement enregistrées dans les sédiments de la baie de Quiberon (Baltzer *et al.*, 2014).

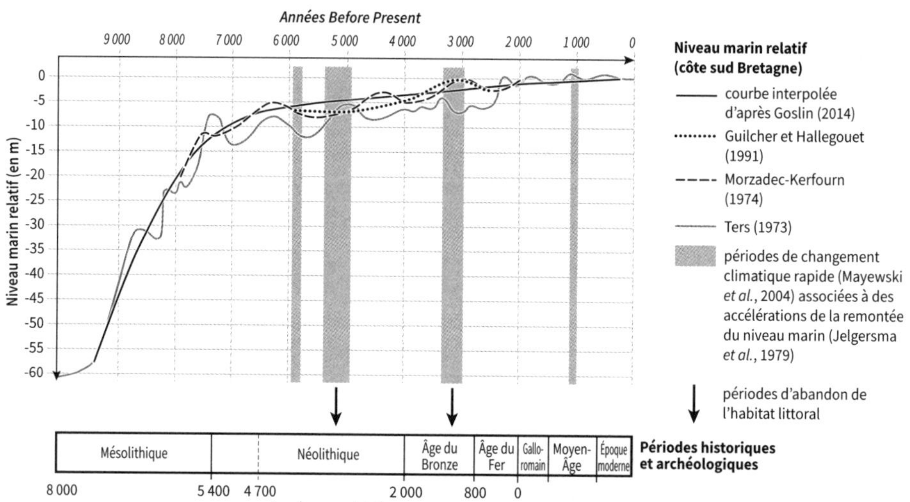

A. BALTZER, S. CHARRIER

Figure 5.11 – La remontée du niveau marin relatif

Source : Baltzer et al., 2014.

3.2 Les marqueurs anthropiques : l'exemple des stèles (menhirs) et des pêcheries marines

Une deuxième famille de marqueurs chronologiques mobilisée regroupe les constructions d'origine humaine. Ces repères du temps ont l'avantage d'être très précis car certains d'entre eux sont inscrits dans la mémoire humaine via l'histoire ou même la préhistoire. De plus, le temps même de construction de ce type de repère (une pyramide, un château, un phare) est un temps circonscrit qui détermine un seuil « avant/après » la mise en place de l'ouvrage. Les pyramides d'Égypte, dont l'une des plus anciennes a été construite sur le plateau de Gizeh, vers 2550 avant J.-C., est la pyramide de Khéops. La construction de la grande muraille de Chine, longue de 6 259 km, visible de la lune, a débuté au IIIe siècle avant J.-C. Le château de Windsor, en Angleterre, construit au XIe siècle par Guillaume le Conquérant, est le plus ancien château. Enfin, les phares tels que celui de Cordouan (estuaire de la Gironde – 1584-1611) ou celui du Créach dans le Finistère (1833), sont des repères visibles aussi bien de la Terre que de la Mer, sont plus proches de nous dans le temps. Le paragraphe suivant présente des exemples parmi les plus anciens, plus rarement utilisés comme marqueurs chronologiques.

Les stèles (communément appelées menhirs) ont été érigées par l'homme au Néolithique (6 700 ans BP) un peu partout sur la façade atlantique française. Ces sites, dont le plus connu est celui de Carnac (département du Morbihan), ont fait l'objet de nombreux travaux scientifiques (Boujot *et al.*, 2007 ; Sellier, 2023), plus particulièrement dans le Golfe du Morbihan (Cassen *et al.*, 2010, 2011). Ces derniers ont permis de découvrir d'importants sites mégalithiques sur la côte est de la Baie de Quiberon ainsi que dans le Golfe du Morbihan. Certains de ces alignements, érigés par l'homme au Néolithique, se retrouvent sous le niveau marin actuel en raison de la dernière transgression holocène (figure 5.11). Cette approche combinée des géosciences marines et de l'archéologie a permis de « regarder » sous l'eau, en utilisant des méthodologies employées en prospection marine. Grâce à l'utilisation d'un sonar latéral, l'extension de menhirs sous l'eau a pu être cartographiée (figure 5.12), afin de pouvoir en déduire la limite du rivage néolithique (Baltzer *et al.*, 2015). Ainsi, la limite bathymétrique d'extension de ces mégalithes correspond à une valeur de – 5,5 m NGF, soit environ – 7,5 m (en cote marine). Les « menhirs marins » ont pu être utilisés comme marqueurs « fiables » de ce niveau sur la courbe de remontée du niveau marin (figure 5.12).

Grâce à cette double approche scientifique, il est possible d'imaginer que la fin du phénomène carnacéen, autour de 5 300 ans BP sur le littoral de Quiberon pourrait coïncider à des épisodes de fortes tempêtes combinées à des pulses d'accélération de remontée « locale » du niveau marin. De récents travaux publiés par Nunn *et al.*, (2022) se fondent sur des récits dans le nord-ouest de l'Europe pour caler les différentes étapes de la remontée du niveau marin.

De la même façon, il est possible d'utiliser les pêcheries comme marqueurs des niveaux marins passés. En effet, elles sont constituées de murets, prolongés parfois par des branchages, qui permettent de piéger les poissons en utilisant les marées. Lorsque la marée descend, les poissons se retrouvent piégés dans ces nasses géantes et il suffit alors aux hommes de venir récupérer les poissons à la fin de la marée basse. Or, pour être efficaces, ces pièges doivent être exactement construits à la bonne profondeur d'eau,

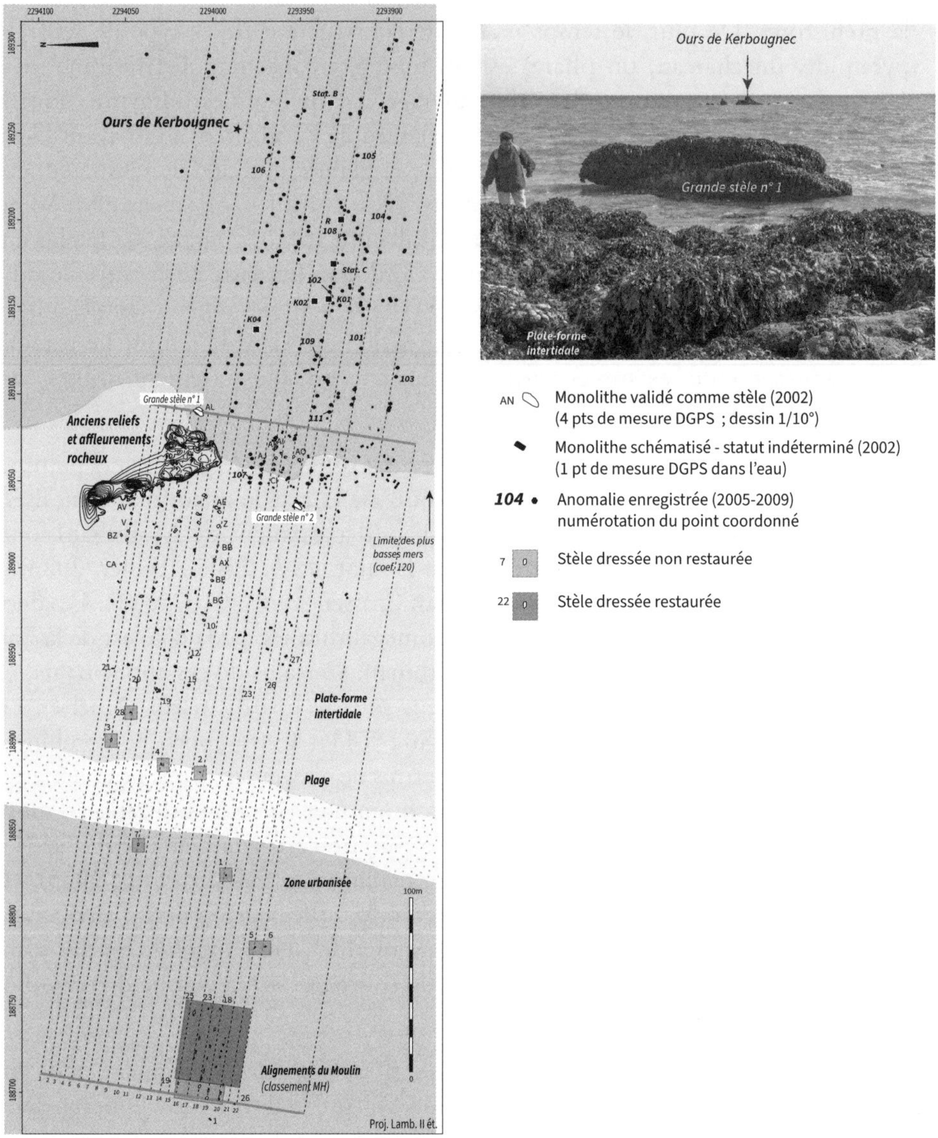

Figure 5.12 – Alignement des stèles à Saint-Pierre de Quiberon
Source : Cassen *et al.*, 2011.

par rapport au niveau marin « moyen », pour que le piège découvre une fois par jour afin qu'il soit possible de récupérer les poissons piégés. Ainsi, plus une « pêcherie » est ancienne, plus elle est située à une bathymétrie profonde et ne découvre plus à l'heure actuelle (Cariou *et al.*, 2019). La cartographie des pêcheries peut être utilisée comme un marqueur des anciens niveaux marins (figure 5.13).

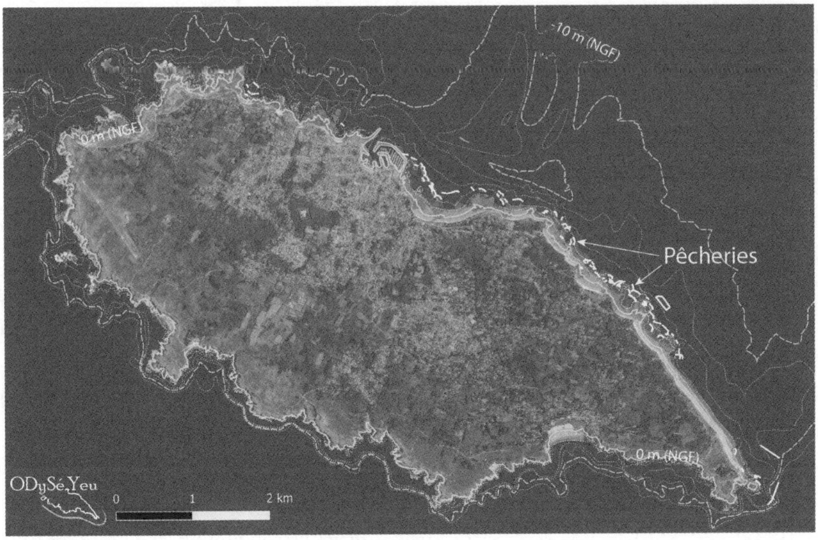

Figure 5.13 – Localisation des pêcheries sur l'Île d'Yeu
Source : odyseyeu.org.

Conclusion

Ce chapitre montre la diversité et la complexité de la mesure du temps, de son appréhension et de sa représentation. Il est important de souligner que plus on s'éloigne du temps présent, plus on remonte dans le temps, plus les indices et la notion de précisions temporelles et spatiales deviennent floues. Les marges d'erreurs de la chronologie et des datations s'étirent. Elles peuvent atteindre quelques milliers d'années sans que cela ne nuise à la compréhension globale ou à l'interprétation générale des processus. Cependant, c'est l'acuité des observations actuelles qui permet de comprendre et d'expliquer des évènements passés qui se répètent sous forme de cycles. L'actualité éclaire le passé.

Enfin, le changement climatique, qui remet le monde en mouvement, ou plus exactement où l'homme reprend conscience que le système terre est toujours en mouvement et qu'il change d'équilibre, en imposant une nouvelle dynamique des limites terre/mer, une nouvelle dynamique météorologique, une nouvelle dynamique des flux, entraîne une nouvelle perception du temps, qui semble s'accélérer. Il faut ainsi prêter attention au fait que certaines conclusions scientifiques peuvent être considérées comme « vraies » à certaines échelles de temps, mais tout à fait erronées à d'autres échelles de temps, voire d'espaces.

BIBLIOGRAPHIE

ASLANIAN, D., (2019). Histoire de la Terre en Mouvement. *Les Carnets du Paysage*, n° 34, École nationale supérieure du Paysage de Versailles-Marseille.

BALTZER, A., WALTER-SIMONNET, A.-V., MOKEDDEM, Z., TESSIER, B., GOUBERT, E., CASSEN, S., DIFFO, A., (2014). Climatically-driven impacts on sedimentation processes in the Bay of Quiberon (south-Brittany, France) over the last 10,000 years. *Holocene*, 24, p. 679-688, URL : https://doi.org/10.1177/0959683614526933.

BALTZER, A., CASSEN, S., WALTER-SIMONNET, AV., CLOUET, H., LORIN, A., TESSIER, B., (2015). Variations du niveau marin holocène en Baie de Quiberon (Bretagne Sud) : marqueurs archéologiques et sédimentologiques. *Quaternaire*, 26, (2), p. 105-115.

BARRAS, C., JORISSEN, F.J., LABRUNE, C., ANDRAL, B., BOISSERY, P., (2014). Live benthic foraminiferal faunas from the french Mediterranean Coast: towards a new biotic index of environmental quality. *Ecological Indicators*, 36, p. 719-749, URL : http://dx.doi.org/10.1016/j.ecolind.2013.09.028.

BOUJOT, C., AND PINET, L., (2007). *Mégalithes et pierres dressées, matériau du discours scientifique en préhistoire : évolution et perspectives d'après les exemples de Carnac (Bretagne) et du plateau de Coria (Corse)*, p. 185-197. Dans Ivin, J. (ed.), (2007). *Un siècle de constructions du discours scientifique en Préhistoire*, vol. 3, Société préhistorique française.

CARIOU, E., BALTZER, A., ARGANT, S., ROBERT, L., STEPHAN, P., LAUNEAU, P., (2019). *Fischeries, archeological evidences of the last sea-level rise around the Island of Yeu*, EGU General Assembly Meeting, Vienne, 8-11 avril.

CASSEN, S., BALTZER, A., LORIN, A., SELLIER, D., BOUJOT, C., MENIER, D., ROUSSET, J.-M., (2010). Prospections archéologiques et géophysiques de stèles néolithiques submergées en Baie de Quiberon (Morbihan). *Cahiers d'Archéologie Subaquatique (Fréjus)*, 18, p. 5-32.

CASSEN, S., BALTZER, A., LORIN, A., FOURNIER, J. SELLIER, D., (2011). *Submarine Neolithic stone rows near Carnac (Morbihan), France: preliminary results from an acoustic underwater survey*, p. 99-110. Dans BENJAMIN, C. BONSALL, C. PICKARD, A. FISHER (éds.), Submerged Prehistory. Oxbow Books, Oxford.

CONDÉ, S., OTTO, T., MOUSSA, I., LAMBS, L., ET CORENBLIT D., (2020). Analyses exploratoires dendrochronologique et dendro-isotopique des ripisylves de la rivière Milo (Guinée), *Physio-Géo* [En ligne], vol. 15, mis en ligne le 6 octobre 2020, DOI : https://doi.org/10.4000/physio-geo.11681.

DAVID, O., PENAUD, A., VIDAL, M., FERSI, W., LAMBERT, C., GOUBERT, E, HERLÉDAN, M., STÉPHAN, P., PAILLER, Y. BOURILLET, J. F., BALTZER, A., (2022). Sedimentological and Palynological records since 8.5 kyrs BP a proximal-distal gradient on the northern Bay of Biscay (NW Europe). *Quaternary science reviews*. Reviews 293 (2022) 107678, URL : https://doi.org/10.1016/j.quascirev.2022.107678.

FOSSILE, E., NARDELLI, P., HOWA, H., BALTZER, A., POPRAWSKI, Y., BENESHI, I., MOJTAHID, M., (2022). Influence of modern environmental gradients on foraminiferal faunas in the inner Kongsfjorden (Svalbard). *Marine micropaleontology*, 173. 102117, URL : https://doi.org/10.1016/j.marmicro.2022.102117.

GOSLIN, J., (2014). *L'évolution du niveau marin relatif le long des côtes du Finistère (Bretagne, France) de 8 000 BP à l'actuel : entre dynamiques régionales et réponses locales*. Thèse de Doctorat, université de Brest.

JOUANNIC, G., WALTER-SIMONNET, A. V., BOSSUET, G., BOIVIN, P., CUBIZOLLE, H., DELABROUSSE, E., DEVELLE, A. L., DEVIVAL, J. L., OBERLIN, C., PIGNY B., (2022). Developing and explanding the late glacial and Holocene tephrochronological framework of France: a new contribution from the Chaine des Puys volcanic field in the Massif Central, *Quaternary International.*

KAENNEL, M., AND SCHWEINGRUBER, F. H., (1995). *Multilingual Glossary of Dendrochronology*. Paul Haupt Publishers, Berne.

LAMBERT, G.-N., (2006). *Dendrochronologie, histoire et archéologie, modélisation du temps. Le logiciel Dendron II et le projet Historik Oaks.* Habilitation à diriger les recherches, université de Besançon.

LAMBERT, G.-N., (2011). *Datation précise des charpentes par la dendrochronologie, Nouveau cadre méthodologique*, p. 3-18. Dans HOFFSUMMER, P. (dir.), (2011). *Les charpentes du XI*e au XIXe siècle. Grand Ouest de la France. Typologie et évolution, analyse de la documentation de la Médiathèque de l'architecture et du patrimoine. Brepols.

MASTERS, J.-C., GÉNIN, F., ZHANG, Y., *et al.*, (2020). Biogeographic mechanisms involved in the colonization of Madagascar by African vertebrates: Rifting, rafting and unways. J *Biogeogr.* 2020, 00:1-19, URL : https://doi.org/10.1111/jbi.14032.

MD141 – ALIÉNOR. *Rapport scientifique à bord du Marion Dufresne*, II. IPEV, URL : https://doi.org/10.13155/36809.

MENIER, D., SCALLIET, F., PROUST, J.-N. AND CASSEN, S., (2009). *Contexte géomorphologique et pa-leoenvironnemental en Bretagne Sud à l'Holocène.* Dans CASSEN, S. (éds.) *Autour de la Table. Explorations archéologiques et discours savants sur des architectures néolithiques à Locmariaquer, Mor-bihan (Table des Marchands et Grand Menhir)*, p. 800-813. ACR 2003-2006, Actes du colloque international, Vannes (Morbihan), 5-7 octobre 2007 (université de Bretagne-Sud, campus Le Tohannic). Nantes, LARA, université de Nantes.

MOKEDDEM, Z., BALTZER, A., GOUBERT, E., CLET-PELLERIN, M., (2010). Multiproxy reconstruction of palaeoenvironmental evolution since the Last Glacial Maximum in a fjord environment: Loch Sunart (NW Scotland), p. 343-355. Dans HOWE, J. A., AUSTIN, W. E. N., FORWICK, M., PAETZEL, M. (éds), (2010). *Fjord Systems and Archives. Geological Society,* n° 344.

MORGAN, J., (1967). *Discovery of Plate tectonics.* AGU meeting, avril.

BERNIGAUD, N. (conseiller scientifique), (2023). De la préhistoire à aujourd'hui, l'histoire du climat et des hommes, *Dossiers d'Archéologie*, n° 416.

NUNN, P., CREACH, A., GEHRELS, W. R., BRADLEY, S. L., ARMIT, I., STEPHAN, P., STURT F., BALTZER, A., (2022). Observation of postglacial sea level rise in northwest European traditions. *Geoarcheology*, vol. 37, issue 4, July/august, p. 577-593, URL : https://doi.org/10.1002/gea.21898.

SELLIER, D., (2023). *Les champs de menhirs du pays de Carnac. Patrimoine archéologique et géomorphologique*, Presses universitaires de Rennes.

THOMAS, P., (2001). Histoire de l'Univers, de la Terre et de la Vie rapportée à une année. *Planet Terre*, ISSN 2552-9250.

WALTER-SIMONNET, A. V., BOSSUET, G., DEVELLE, A.L., BEGEOT, C., RUFFALDI, P., MAGNY, M., ADATTE, T., ROSSY, M., SIMMONET, J. P., DE BEAULIEU, J. L., VANNIÈRE, B., THIVET, M., MILLET, L., REGENT, B., WACKENHEIM, C., (2008). Chronologie et spatialisation de retombées de cendres volaniques tardiglaciaires dans les massifs des Vosges et du Jura, et le plateau Suisse. *Quaternaire*, 19, (2), p. 117-132.

CHAPITRE 6

Apports de la géohistoire

Nathalie CARCAUD et Léa PALY

SOMMAIRE

Les sociétés humaines n'entretiennent pas toutes le même rapport à ce qui les entoure, le monde physique et les autres vivants. C'est ce que des anthropologues comme P. Descola ont démontré en distinguant quatre ontologies (Descola, 2005). Selon lui, les sociétés occidentales sont de type naturaliste. En Europe, ce mode d'identification serait progressivement devenu dominant à partir du XVe siècle comme le montrent les œuvres de peintres flamands qui cherchent à représenter l'homme et son âme, et donc son intériorité spécifique, tout en le faisant voisin d'un décor naturel. C'est ainsi que s'est développé un rapport utilitariste à l'environnement qui est perçu de façon fonctionnaliste comme une ressource ou un risque. Il imprègne la philosophie des Lumières dont l'esprit de modernité induit une croyance en la capacité des progrès techniques à s'émanciper de la nature. La représentation des marais aux XVIIIe et XIXe siècles est très évocatrice de cela. Ce sont alors des lieux que les politiques hygiénistes diabolisent sous prétexte du « mauvais air » qui s'en dégage, responsable de fièvres contagieuses et mortelles comme le paludisme qui doit son étymologie au palude, le marais. Ces lieux sont habités par une faune calomniée comme le brochet, l'écrevisse ou l'anguille, sorte de serpent de vase. Les marais sont une source de stimulation de l'imaginaire. Les conteurs y décrivent des créatures maléfiques comme les lutins, les dragons ou les feux follets (Derex, 2017). C'est de cette vision d'un monde où l'humain vit en juxtaposition et en défiance avec la nature que découle le rapport de nos sociétés à l'environnement qui a conditionné la situation de dégradation de la planète dans laquelle nous nous trouvons.

Si nous devons assumer cet héritage culturel, cela ne nous interdit pas d'évoluer en raisonnant davantage le monde comme un « mélange » comme le suggère P. Descola peuplé d'êtres « hybrides » selon B. Latour (1991). C'est d'ailleurs ce que cherchent à construire des sciences humaines comme la géographie en réfléchissant à des concepts intégrateurs tels que celui de géosystème, de paysage ou de nature-artefact. Par leur intermédiaire les chercheurs souhaitent parvenir à une meilleure compréhension du fonctionnement des espaces géographiques. Dans tous les cas ils envisagent le monde comme un système complexe dont les composantes sont en interaction dynamique selon des trajectoires de coévolution à différentes échelles de temps et d'espace. C'est ce que résume la citation de G. Bertrand (2019) : « *La nature change, nous changeons la nature, la nature nous change.* » Dans cette logique d'objet dynamique et en constante évolution, il est pertinent de porter un regard sur les dimensions héritées de notre environnement géographique, mieux les cerner permet aussi de mieux les mettre en perspective. La géohistoire, branche de la géographie, préconise ces idées.

Dans ce chapitre, nous cherchons à montrer l'intérêt et les apports de la connaissance du passé. Ce regard rétrospectif sera tout d'abord porté sur les changements climatiques et sociétaux que le monde a connus durant la période historique. Nous nous attarderons ensuite sur une analyse de changements historiques observés sur les paysages fluviaux et littoraux dans différents contextes français (la ville, le jardin, la vallée du Rhône, les zones humides littorales atlantiques). Le choix de se pencher sur une étude de cas portant sur les hydrosystèmes se justifie par leur caractère intégrateur, révélateur de la diversité et de la complexité des changements que les sociétés ont entretenus avec leur environnement au cours du temps. En cela, ce sont de bonnes illustrations des concepts d'anthroposystème et de système nature-artéfact.

DÉFINITIONS

Anthroposystème

Le concept place les sociétés au centre de la réflexion. « *Les anthroposystèmes sont des systèmes naturels ou artificialisés, dans lesquels les sociétés humaines interviennent ou sont intervenues, soit en les exploitant, soit en les aménageant* » (Lévêque *et al.*, 2003). Il rappelle l'importance d'une prise en compte des temporalités dynamiques « *Les composantes sociales, culturelles, économiques et techniques, ainsi que les écosystèmes dans lesquels vivent les sociétés sont le plus souvent en interaction, et évoluent à des échelles de temps et d'espace très variées, avec des intensités et des vitesses très diverses* » (Lévêque *et al.*, 2003).

Géohistoire

Selon Philippe Valette (2019) et Nicolas Jacob Rousseau (2009), il s'agit d'une démarche géographique qui se nourrit d'informations historiques pour comprendre l'organisation de l'espace, sa construction et son évolution dans le temps. Elle est aujourd'hui particulièrement active dans le champ de l'environnement et des paysages.

Géosystème

Concept apparu en URSS et développé en France par Georges Bertrand et Nicolas Beroutchachvili, il permet de caractériser la complexité systémique des milieux géographiques. Il prend en compte trois composantes qui interagissent entre elles : abiotique (le géome), biotique (le biome) et anthropique. « *Le géosystème apparaîtrait alors à la fois comme une structure naturelle fonctionnelle et comme un produit du travail social* » (Beroutchachvili et Bertrand, 1978).

Paysage

On retiendra la définition proposée par la Convention européenne du paysage (Florence, 2000) : « *Paysage désigne une partie de territoire telle que perçue par les populations, dont le caractère résulte de l'action de facteurs naturels et/ou humains et de leurs interrelations.* » Elle accorde une importance particulière à la perception par la société et donc à la dimension culturelle. Dans l'article 2, la convention stipule que cette définition concerne tous les espaces : « *La présente Convention s'applique à tout le territoire des Parties et porte sur les espaces naturels, ruraux, urbains et périurbains. Elle inclut les espaces terrestres, les eaux intérieures et maritimes. Elle concerne, tant les paysages pouvant être considérés comme remarquables, que les paysages du quotidien et les paysages dégradés.* »

Système nature-artéfact

Fondé sur la base du géosystème, le concept a été imaginé par G. Bertrand (2019) dans un souci d'opérationnalité. Le terme d'artefact est choisi pour signifier l'artificialisation du monde et associé à celui de nature pour bâtir un oxymore caractérisant notre environnement. L'artificialisation comprend des aspects matériels (anthropisation) et immatériels ou culturels (artialisation). « *Par définition elle est dynamique et interactive, donc instable. Par contact et mélange elle donne naissance à des objets-sujets mixtes, à la fois de nature et de culture, matériels et immatériels* » (Bertrand, 2019).

1 Changements observés, outils et méthodes

1.1 Les variations climatiques historiques

Les périodes historiques ont été marquées par des fluctuations climatiques qui sont encore en cours de caractérisation (Cattedu *et al.*, 2023). Si on les aborde chronologiquement, on observe dans l'hémisphère nord un contexte de plus forte humidité et de diminution des températures moyennes entre 250 et 800. Elle pourrait s'expliquer par une diminution des effets du rayonnement solaire en lien avec des éruptions volcaniques voilant l'atmosphère terrestre. Entre 800 et 1350, les régions de l'Atlantique Nord connaissent une amélioration climatique également nommée « petit optimum médiéval » (OCM-POM) avec une augmentation des températures moyennes (notamment estivales) et une diminution des précipitations. Le contexte est propice au développement de l'agriculture et à la colonisation de territoires comme l'Islande (IXe siècle) et le Groenland (Xe siècle). Une nouvelle phase de péjoration climatique, le « petit âge glaciaire » (PAG), intervient entre le début du XIVe et le milieu du XIXe siècles. La plus faible activité solaire peut être mise en relation avec de violentes éruptions volcaniques enregistrées dans les calottes glaciaires. Les hivers plus froids et les étés pluvieux ont des conséquences globales et des répercussions environnementales (accélération de l'érosion), sanitaires (épidémies, famines), économiques (baisse des rendements) et sociales (crises politiques) (figures 6.1 et 6.2).

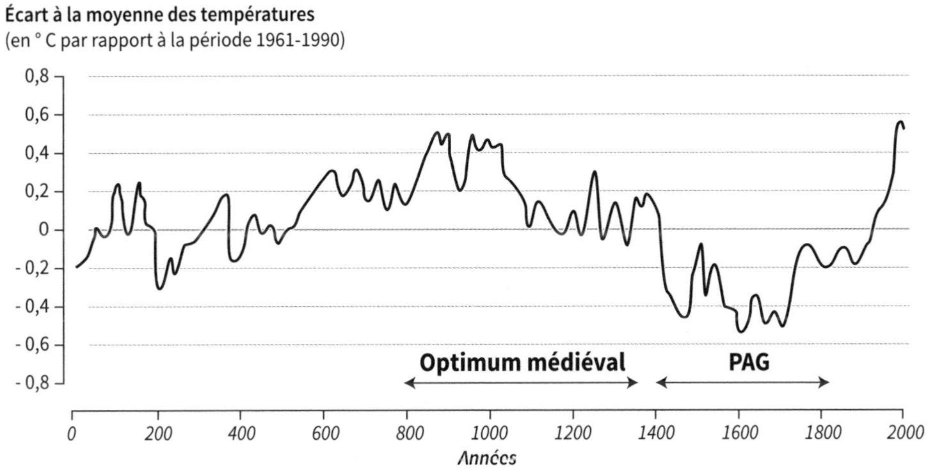

Figure 6.1 – Évolution des températures moyennes annuelles aux Pays-Bas depuis 2000 ans

Source : D'après A. Metzger, Le froid en Hollande au siècle d'or. Essai de géoclimatologie culturelle, Thèse de géographie, université de Paris 1, 2014.

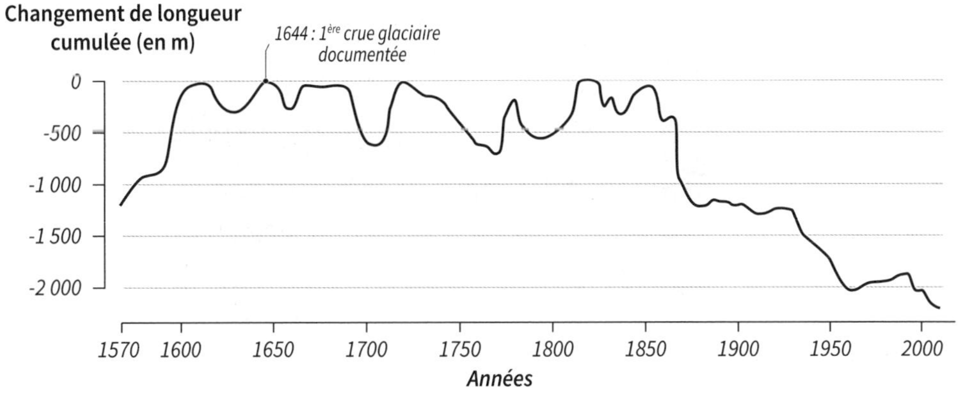

Figure 6.2 – Évolution du front glacier de la Mer de Glace (1570-2000)

Source : D'après S. Nussbaumer *et al.*, 2012.

a Trois crues majeures dans le bassin de la Loire au XXe siècle

Durant le XIXe siècle le bassin versant de la Loire a connu trois crues majeures en 20 ans : octobre 1846, juin 1856, septembre 1866 (photo 6.1). Dans les trois cas, il s'agit de crues mixtes, les plus redoutées pour leur intensité. Elles surviennent à la suite de fortes précipitations en provenance de la partie méditerranéenne du bassin versant (le massif des Cévennes) et de l'Atlantique. En Loire moyenne, à l'échelle de crue du pont royal d'Orléans, on a enregistré des hauteurs d'eau qui atteignent 6,78 m en 1846, 7,1 m en 1856 et 6,92 m en 1866 soit un débit avoisinant les 6 000 m³/s alors que le débit moyen annuel ou autrement nommé « module » est de 327 m³/s. Les dégâts occasionnés sont très importants. En 1846, tous les vals de Loire moyenne sont envahis par la crue et la gare d'Amboise est détruite. En 1856, on constate 160 brèches dans les levées de la Loire entre Nevers et Nantes ; l'inondation touche environ 100 000 ha et 98 km de voies ferrées sont détruites. La crue de 1866 est un tournant dans le mode de gestion des risques. Jusqu'à cette date, les services des Ponts et Chaussées avaient cherché à lutter en surélevant les digues. Prenant conscience de l'inefficacité de la méthode ils s'orientent vers le principe de « faire la part » de l'eau et donc de donner à la crue la possibilité de s'épandre dans son lit majeur au sein de zones réservées nommées déversoirs. Huit déversoirs seront construits entre 1867 et 1892 entre Nevers et Saumur.

Photo 6.1 – Repères de crue, Orléans
Source : Carcaud, 2023.

b La métamorphose fluviale en Loire océanique (XVIIe-XXe siècles)

Les cartes anciennes permettent de caractériser les paysages du passé et notamment de constater les effets du petit âge glaciaire sur l'écoulement fluvial. L'étude du cas de la Loire armoricaine, à l'aval d'Angers en est une bonne illustration (figure 6.3). La lecture de quatre cartes (Grion-1665, Bonvoux-1765, Coumes-1863 et IGN-1994) donne une vision de l'évolution des formes du fleuve entre la fin du petit âge glaciaire et la période actuelle. La tendance est à la simplification du style fluvial vers une réduction du lit apparent et du nombre de chenaux. On compte 67 îles entre Ingrandes et Nantes en 1665, 46 en 1765, 33 en 1863 pour seulement 19 en 1994. Si l'instabilité du chenal en tresses est encore très marquée aux XVIIe et XVIIIe siècles, une métamorphose fluviale s'installe au XIXe siècle. Elle reflète un ralentissement progressif des transferts d'eau et d'alluvions dans le fleuve. La métamorphose se répercute également sur le profil en long de la Loire comme en témoignent diverses sources d'archives (textuelles, profils topographiques, cotes d'étiages). Entre 1700 et 1850, le lit apparent est en situation d'exhaussement par dépôt d'alluvions sableuses. Entre 1850 et la fin du XXe siècle, la Loire armoricaine connaît une incision croissante. On enregistre 27 étiages sous la cote 0 m à l'échelle de Montjean. Après un abaissement lent et régulier, le fond du lit connaît un creusement accéléré atteignant 50 cm entre 1950 et 1975, 50 cm entre 1975 et 1982 et 25 cm entre 1982 et 1984. Depuis la fin du XXe siècle, le profil en long se stabilise, phénomène à mettre en partie en relation avec l'arrêt des extractions de sable en lit mineur. Ces deux marqueurs de la dynamique fluviale présentent des réponses assez conformes aux changements globaux de l'époque. Il y a incision au sortir du petit âge glaciaire, alors même que le climat s'améliore, que les équipements réduisant les relations au lit majeur se multiplient (levées, épis) et que le haut bassin (Massif central) entre dans une phase de reboisement.

1.2 Les changements sociétaux et leurs conséquences

Les époques médiévale et moderne sont le siège de profondes transformations des paysages qu'on examinera tant à l'échelle globale que par l'exemple français. L'année 1492 marque le début de l'époque moderne, il marque aussi un tournant pour l'histoire de la planète et une première forme de mondialisation. Si les échanges commerciaux sur de longues distances sont très anciens, ils vont s'accélérer à la découverte du Nouveau Monde à la fin du XVe siècle avec des conséquences majeures pour l'environnement et les sociétés. Différents indicateurs viennent préciser ce constat. La période est marquée par une augmentation exponentielle de la population. Pour la planète les estimations sont les suivantes : 300 millions d'habitants vers l'an 1000, 500 millions en 1550, 1 milliard en 1850, 7 milliards en 2011 et 8 milliards en 2018 (Gemenne et Rankovic, 2021).

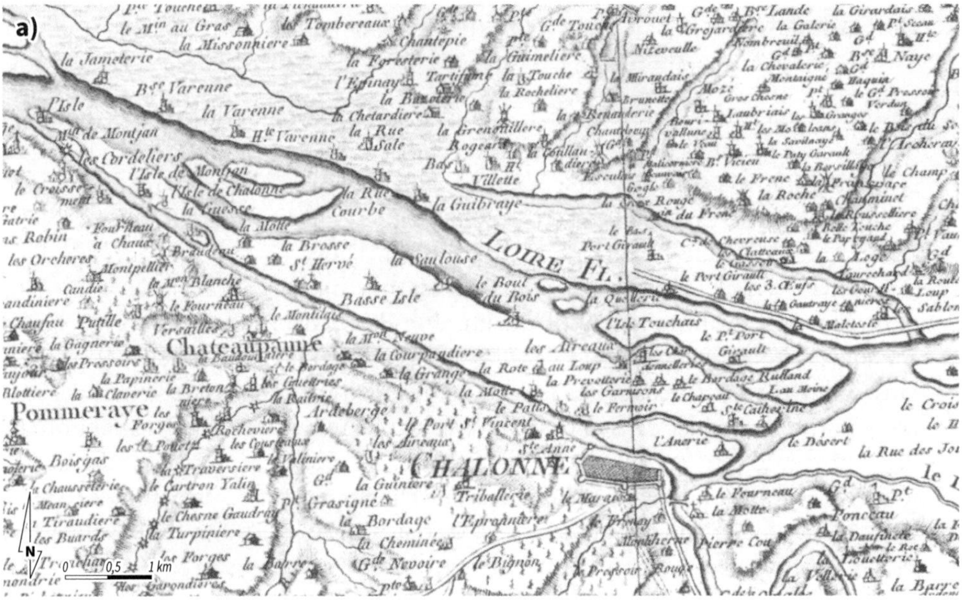

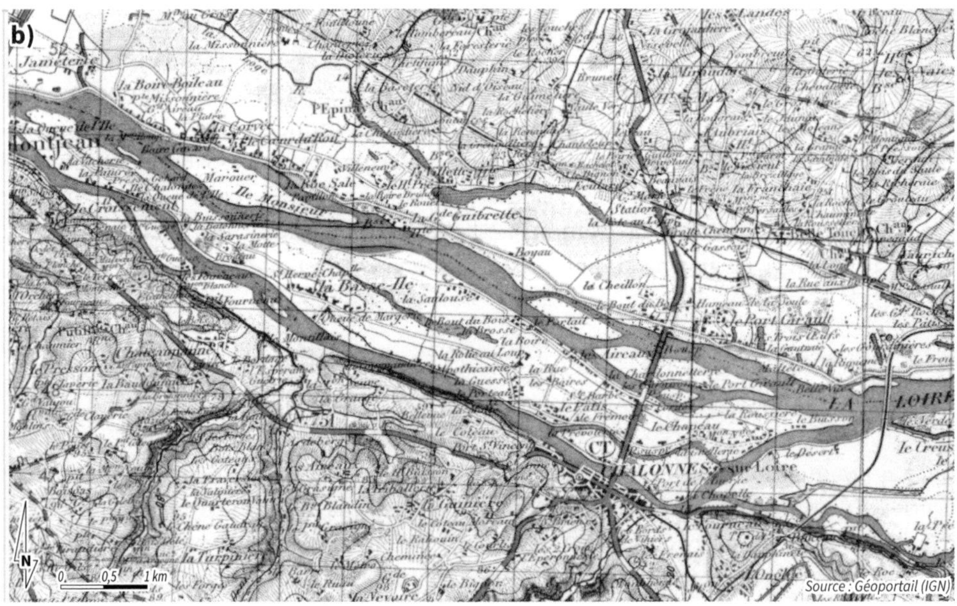

Figure 6.3 – Évolution du tracé de la Loire armoricaine

Source : IGN, Carte de Cassini et carte topographique, 1963.

Les progrès techniques ont des retentissements sur tous les secteurs d'activité (transports, agriculture, urbanisation, artisanat puis industrie). À la suite des grandes découvertes, entre le XVIe et le XIXe siècles, les principales puissances européennes (Pays-Bas,

Espagne, Portugal, Angleterre et France) s'engagent dans une première vague de mondialisation des échanges et déploient une économie dite de commerce Triangulaire entre l'Europe, l'Afrique et le Nouveau Monde d'Amérique. La déportation de captifs africains comme esclaves vers l'Amérique est estimée à 12,5 millions d'êtres humains (Grataloup, 2022). L'Amérique devient un immense territoire d'extraction de ressources minières (or, argent, par exemple) et de productions agricoles non disponibles en Europe et produites dans des plantations (café, thé, cacao, tabac, canne à sucre, banane…). Pour la France, le commerce triangulaire s'établit tout d'abord à partir des ports de Nantes, La Rochelle et Bordeaux en Europe et de Saint-Louis en Afrique. En Amérique, les sites de productions sont situés au Canada (fourrure) et dans les Antilles (Martinique, Guadeloupe et Haïti). À partir du XVIIe siècle il concerne également l'île Maurice et la Réunion dans l'océan Indien. Dans ces territoires les esclaves représentent plus de 80 % de la population. On estime à 1,25 million la population déportée pour l'esclavage par les Français (Grataloup, 2020).

Une autre rupture peut être envisagée à la fin du XVIIIe siècle (1780) avec l'invention de la machine à vapeur par l'écossais James Watt qui marque l'entrée dans la révolution industrielle en transformant le rapport aux ressources naturelles et à la production. Le processus se diffuse rapidement à l'ensemble de l'Europe, l'Amérique et une partie de l'Asie durant le XIXe siècle. Partout, l'industrialisation des productions est tributaire des ressources énergétiques. Au XIXe siècle elle s'appuie surtout sur l'exploitation d'une ressource fossile : le charbon de terre qui va remplacer l'utilisation du bois ou de l'eau. Pour réduire les coûts de production, on va développer des complexes industriels sur les sites d'extraction et donner naissance à de grands bassins industriels (bassins houillers du nord ou de l'est en France). La combustion des stocks de charbon a perturbé le cycle du carbone par le rejet de CO_2 dans l'atmosphère. À partir de la seconde moitié du XXe siècle, les hydrocarbures, autre forme de carbone fossile, vont être utilisés comme source d'énergie et venir accélérer les perturbations atmosphériques. Entre 1700 et 2020, on estime que la concentration de CO_2 dans l'atmosphère est passée de 275 ppm à 400 ppm (Grataloup, 2022). Dans la continuité de ces bouleversements socio-économiques, la répartition de la population va se métamorphoser au cours des deux derniers siècles en accélérant le changement global. Alors qu'au début du XIXe siècle, on estime à 2 % la part mondiale de la population urbaine, au début du XXe siècle, 1 habitant de la planète sur 8 est urbain, en 1950, on atteint 3 habitants sur 10 (751 millions) et en 2008, le seuil de 50 % est franchi, soit 3,4 milliards d'urbains dans le monde. À l'origine, le phénomène touche l'Europe et l'Amérique du Nord mais à partir de 1950, il se diffuse à l'ensemble de la planète. Il entraîne une forte artificialisation et imperméabilisation des sols et son étalement, la concentration de flux et de réseaux de toutes sortes. Aujourd'hui, plus de 4 milliards d'êtres humains vivent sur 2 % de la surface de la Terre.

La succession de ces processus de mondialisation a produit une métamorphose des paysages terrestres. Au début du XVIIIe siècle, on considère que 95 % des sols n'étaient pas ou très peu artificialisés. En 2000, leur proportion n'est plus que de 45 % (Gemmenne *et al.*, 2021). Outre, la croissance des villes c'est le développement de l'agriculture, en lien avec l'augmentation de la population mondiale, qui est à l'origine de cette artificialisation. À titre d'exemple, à l'échelle planétaire, les surfaces de pâture ont été multipliées par 6 entre 1800 et 2000 (figure 6.4). Depuis le XVIIe siècle, la multiplication des échanges mondiaux, la révolution industrielle et l'urbanisation ont entraîné le développement des échanges et donc des modes de transports. En France, par exemple, c'est tout d'abord le réseau de voies fluviales qui va se développer avant que soient privilégiées les voies routières puis ferroviaires. L'aménagement des routes s'est structuré durant la seconde moitié du XVIIIe siècle et à la veille de la Révolution le territoire compte environ 30 000 km de routes empierrées ou pavées. Au XIXe siècle, il est complété par un réseau ferroviaire qui va irriguer l'espace français à partir d'un réseau de près de 16 500 km de voies ferrées. L'ensemble accélère les échanges entre les centres urbains et facilite le désenclavement mais il participe aussi à l'artificialisation des paysages (Grataloup, 2020).

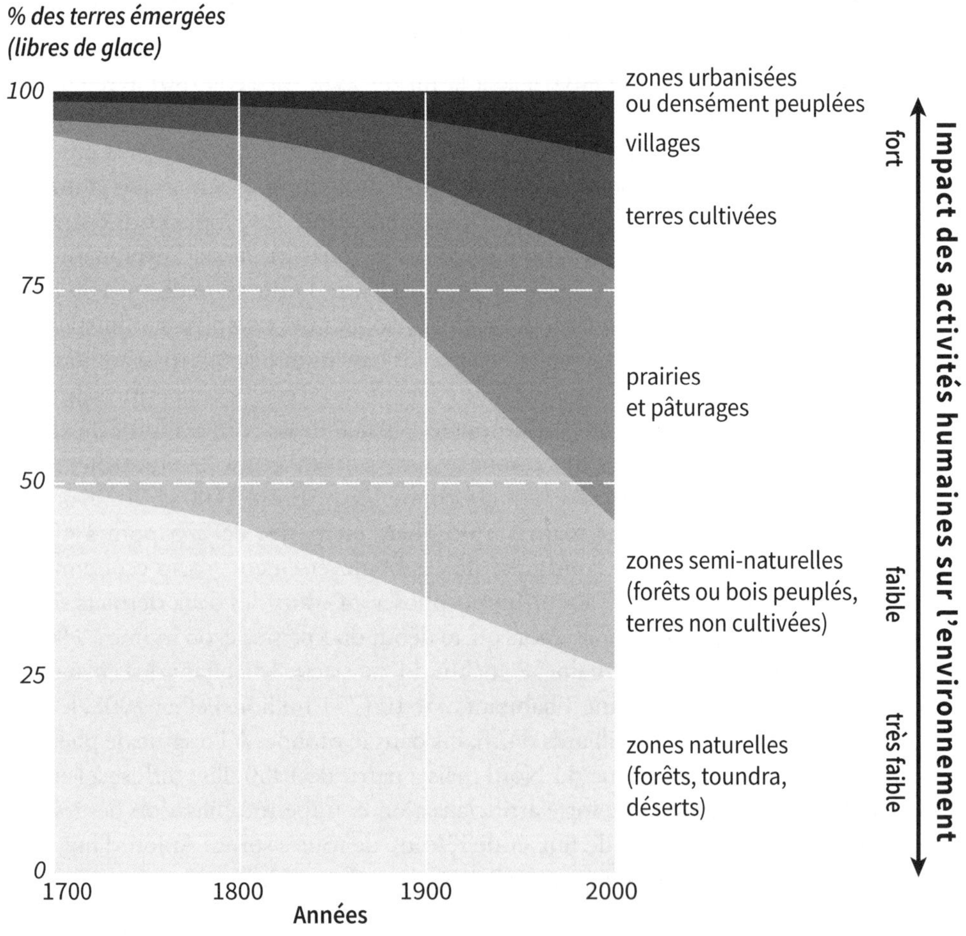

Figure 6.4 – Évolution de l'occupation du sol sur la Terre

Source : Gémenne et Rankovic, 2021, modifié et adapté par N. Carcaud et S. Charrier.

Les effets conjoints des changements climatiques, de l'augmentation de la population et des progrès techniques entraînent une complexification des dynamiques et la coévolution des paysages. Le principe du système nature-artéfact prend progressivement tout son sens. La compréhension des processus en action passe par une analyse multicritère et la pratique de l'interdisciplinarité entre chercheurs en sciences de l'environnement et en sciences humaines et sociales. Il est aussi nécessaire de réfléchir par croisement des échelles spatio-temporelles et notamment d'aborder la complexité par des études menées à l'échelle locale.

1.3 Les sources et méthodes

La géohistoire de l'environnement se situe en interface entre les sciences humaines et sociales et les sciences de l'environnement. Elle va puiser ses connaissances dans les deux domaines. Côté sciences humaines, le chercheur explore des sources écrites comme les archives, les récits de voyages, les romans, la presse, les cartes et plans anciens. L'iconographie est aussi une source précieuse. Les œuvres picturales, les témoignages oraux ou les photographies sont des représentations des paysages à un moment donné et donc dans un contexte culturel et social particulier qui apportent des informations indirectes tant sur l'espace perçu que sur sa matérialité. Complémentairement, les données peuvent être puisées dans l'espace géographique. On parle d'archives morphologiques et sédimentaires. Elles sont recueillies à l'aide d'observations de surface obtenues par la visite sur le terrain ou par l'analyse de sources numériques (images satellitaires, données LIDAR) et de carottages qui sont réalisés dans des environnements propices à l'archivage sédimentaire comme les fonds océaniques, les lacs, les glaciers ou les formations superficielles de fond de vallées (figure 6.5). Les dépôts sédimentaires contiennent des portions minérales et organiques. Les premières renseignent sur l'origine spatiale des dépôts (minéralogie) ou les modalités de transport et leur intensité. On peut de cette façon, par exemple, étudier les dynamiques glaciaires ou l'intensité et la fréquence des crues fluviales. Les sédiments organiques apportent des indices susceptibles de qualifier les environnements du passé et leur âge (carbone 14). À titre d'exemple, l'étude des pollens fossiles permet de caractériser les couvertures végétales et donc indirectement de renseigner sur les climats du passé et les usages agricoles. Par l'analyse de la variation d'épaisseur des cernes des bois, la dendrochronologie documente la connaissance des variations climatiques. Pour rappel, les arbres construisent un cerne par an. En période humide et fraîche, le cerne est étroit tandis qu'en période chaude et sèche, le cerne est plus large.

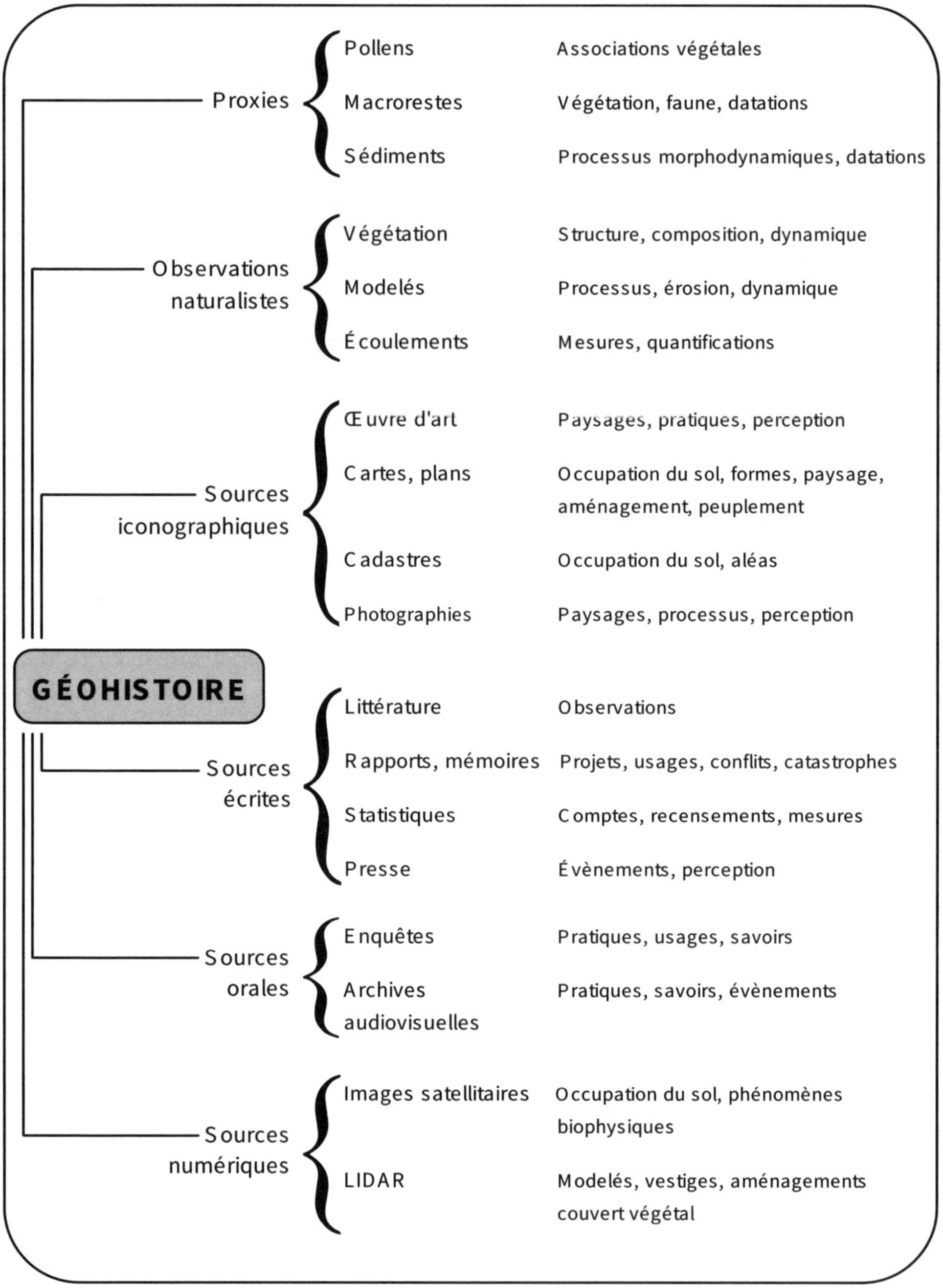

Figure 6.5 – Types de sources utilisées par la géohistoire

Source : d'après Jacob Rousseau, 2023.

2 L'analyse des changements historiques en géographie : études de cas

Durant la période historique, les paysages vont connaître d'importants changements tant dans leur morphologie que dans leur dynamique. Nous allons ici nous attarder sur plusieurs études de cas d'évolution des paysages fluviaux et littoraux en France. Ces exemples sont loin d'être exhaustifs de toutes les dynamiques passées.

Au total, à l'échelle de l'Europe, on observe une diffusion progressive de grands modèles d'aménagement sur les différents bassins fluviaux. C'est ainsi que durant la période médiévale, on observe une importante utilisation de l'énergie hydraulique pour l'artisanat qui a modifié les formes et les dynamiques fluviales par la mise en place d'aménagements très diversifiés en fonction de l'énergie du cours d'eau et du contexte local (seuils, creusement de biefs, d'étangs réservoirs…). Dès le Moyen Âge et durant la période moderne, les paysages fluviaux vont être artificialisés par le développement de la fonction de transport et de commerce fluvial. Elle nécessite des travaux de chenalisation et l'aménagement de cales et de quais. Au XIXe siècle et au début du XXe siècle, alors que la concurrence des voies routières et ferroviaires apparaît, les ingénieurs des ponts et chaussées engagent de grands travaux pour stabiliser les grandes voies fluviales que sont la Garonne, la Loire, le Rhône et la Seine. Ce modèle d'aménagement se diffuse partout en Europe comme sur le Danube ou le Pô et se traduit par une uniformisation des paysages fluviaux et une perte d'hydrodiversité (Valette et Carcaud, 2023).

Les zones humides littorales, comme présenté en introduction de ce chapitre, ont longtemps été craintes si elles n'étaient pas aménagées. À partir du XVIIe siècle, de nombreux projets d'assainissement ont vu le jour sur les côtes atlantiques françaises et ont profondément bouleversé les paysages de ces milieux (Morera, 2011). Longtemps exploitées pour leurs ressources, c'est durant les années 1960 avec l'institutionnalisation de la protection de la nature que les zones humides littorales se voient dotées de nouvelles représentations valorisant leur composante « naturelle » (Goeldner *et al.*, 2011). Elles deviennent alors patrimoine.

Afin d'illustrer ces propos, quatre études de cas sont détaillées qui ont comme point commun l'eau pour objet d'attention : Angers et son rapport à l'eau, la place de l'eau dans les jardins, l'eau comme ressource avec l'aménagement du Rhône et enfin l'eau comme patrimoine avec l'étude des zones humides littorales.

2.1 La ville et son rapport à la rivière : le cas d'Angers

La ville concentre les activités, le pouvoir, la population, les réseaux de communication. Elle est un haut lieu de l'artificialisation de l'environnement. Toutefois, la ville et ses habitants entretiennent aussi des relations avec leur cadre de vie par le biais du site et de la situation urbaine, des ressources et des aléas naturels. Nous allons examiner l'histoire de ces rapports particuliers à l'environnement à partir du cas d'Angers (Maine-et-Loire).

Ia Des formes de relief qui structurent la ville

Angers présente une situation de double contact naturel. D'un point de vue géologique, elle se trouve à la limite entre le bassin de Paris à l'est et le massif armoricain à l'ouest. D'un point de vue hydrographique, elle est proche de la dernière grande confluence du bassin de la Loire, le bec de Maine, une petite rivière de 12 km née de la confluence entre la Mayenne, la Sarthe et le Loir.

L'ensemble conditionne les caractéristiques géomorphologiques du lieu. La Maine traverse en cluse (perpendiculaire aux plis) la structure armoricaine et ses contrastes lithologiques pour dessiner une plaine d'inondation (étiage à 14 m NGF) où alternent des goulets d'étranglements (300 m) et des bassins d'inondation (1,7 km). Durant l'époque romaine, le site de la première enceinte fortifiée (Juliomagus) correspond à un promontoire (30 m NGF) de rive gauche dessinant un seuil dans les schistes ardoisiers pour la vallée de la Maine. On retrouve ici une double qualité morphologique de défense et de franchissement de la rivière. Cet atout explique le développement dès le Moyen âge en rive droite d'un quartier d'outre Maine aujourd'hui nommé la Doutre (figure 6.6).

Ib Du ve siècle au xvie siècle, une ville frontière rayonnante

À partir du haut Moyen âge, la forteresse s'étend à l'ensemble du promontoire et réunit les autorités religieuses, administratives et militaires. Aux environs apparaissent des abbayes, des manoirs et leurs activités agricoles (vignes et prairies). Aux VIIIe et IXe siècles, la Maine dessine une frontière entre l'Anjou et la Bretagne, ce qui renforce la fonction militaire de la ville. En 873, l'armée creuse un canal de détournement de la Maine vers l'ouest afin d'interrompre le siège viking. C'est l'origine du canal de la Tannerie dans la Doutre et de l'île artificielle des Carmes. En 1214, le Comté d'Anjou est annexé au royaume de France. À partir de 1232, une nouvelle enceinte englobant les deux rives est construite pour renforcer la protection de la ville qui représentera une délimitation urbaine jusqu'à la Révolution. Au bas Moyen âge, les activités commerciales, financières et culturelles se développent et s'internationalisent sous le règne de René d'Anjou (1409-1480). Il y a création de l'université en 1373 et d'une imprimerie en 1476.

Durant cette période, la Maine et sa vallée forment une zone humide déjà très aménagée avec une série d'îles artificielles et de canaux, les cales et les quais qui jalonnent les deux rives sont encore non maçonnées. Les ouvrages transversaux associant des fonctions de franchissement, défense, pêche ou meunerie parsèment la rivière. Au XVIe siècle, pour accompagner l'essor du transport fluvial, on assiste à la modernisation des ports et à la création du nouveau port Ayrault à proximité de la place des Halles (1566). Il est doté d'un canal artificiel et d'un vaste débarcadère. Mais des erreurs structurelles (taille, difficulté d'accès, ensablement) conduisent à son abandon dès 1623.

c Du XVIIe siècle au XVIIIe siècle, la ville perd de son influence

Jusqu'à la Révolution, la ville reste enserrée dans sa muraille. La Maine n'a pas généré une évolution des équipements économiques ni de programme d'urbanisation sur ses rives. À la fin du XVIIIe siècle, Angers ressemble beaucoup à ce qu'elle était au XVIe siècle.

d À partir du XIXe siècle un développement qui génère l'étalement urbain

Après la Révolution, la ville connaît de profonds changements. En 1807, on démolit les remparts pour les remplacer par une ceinture de boulevards. Les formes urbaines s'enrichissent de nouvelles places, de bâtiments publics, de manufactures et de la voie de chemin de fer. À la même période, des travaux de chenalisation de la Maine sont engagés et associés au remblaiement et à l'urbanisation de la vallée. Dans le centre historique, en rive gauche, on construit des calles et de quais maçonnés qui sont associés à un ensemble d'immeubles à façades fluviales. En amont, des prairies sont remblayées pour la construction d'un nouveau quartier portuaire et industriel voisin de la gare Saint-Serge. En rive droite, côté Doutre, les travaux sont plus modestes et tardifs. Après la grande crue de 1856, le canal de la Tannerie est comblé, on remblaie l'île Saint Jean pour y créer la Place de la Rochefoucauld et un quai maçonné. Un nouvel abattoir est construit au niveau du pont de la Basse Chaîne. La chenalisation de la Maine s'accompagne d'une rénovation du Grand Pont (1848) et de l'ouverture des ponts de Haute et de Basse Chaîne (1838). À la fin du XIXe siècle, la ville couvre une surface 3 fois plus importante qu'à l'époque médiévale.

Jusqu'au milieu du XXe siècle, le développement économique d'Angers, reste lié à ses activités historiques : l'extraction de l'ardoise et l'agriculture, dont le chanvre et ses filatures. C'est seulement durant les 30 Glorieuses, par le biais de la politique de décentralisation industrielle que de nouvelles activités apparaissent. Elles vont se développer en limite de la ville, sur les plateaux bien desservis par les voies routières. Les relations entre la ville et la rivière se distendent.

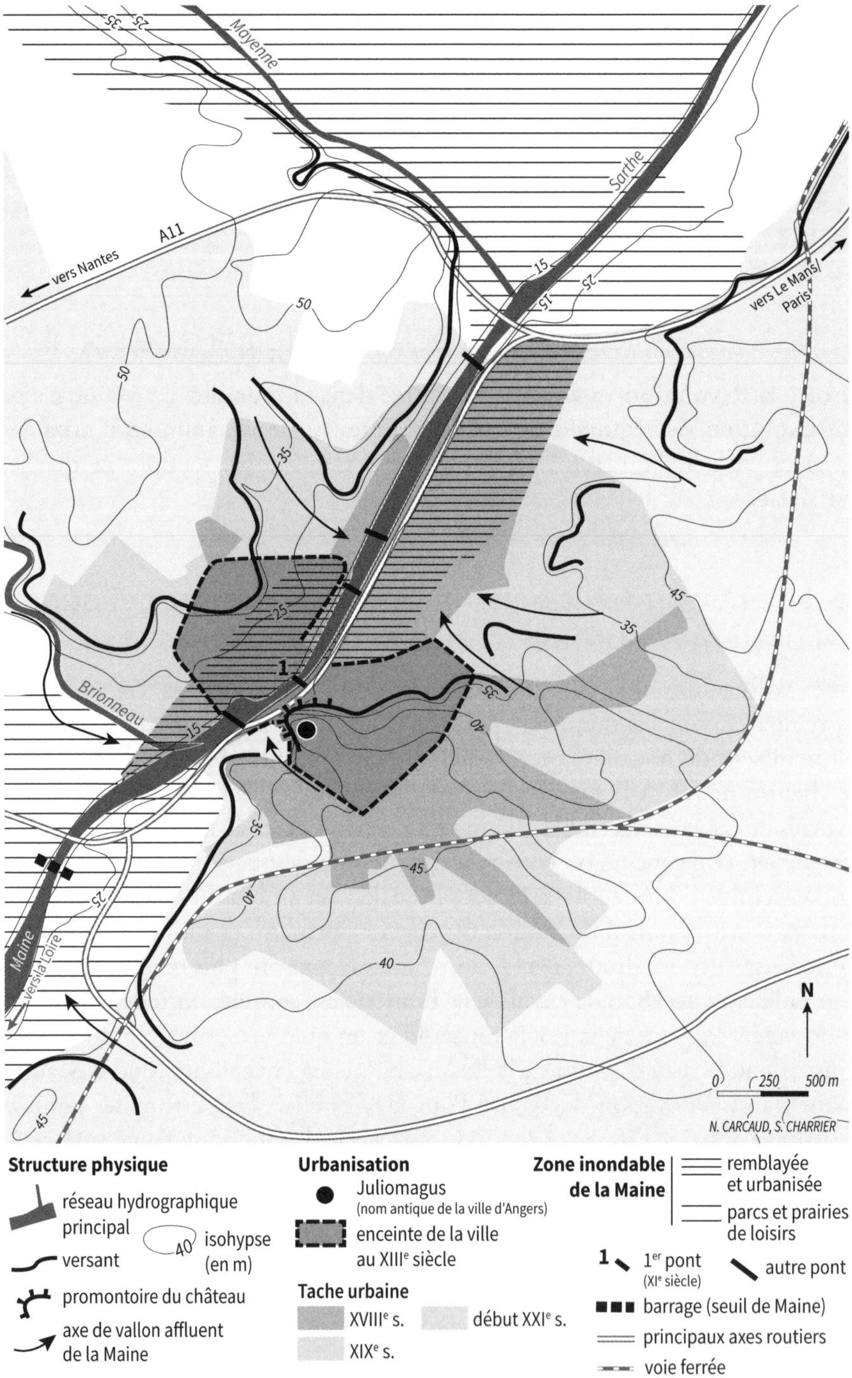

Figure 6.6 – Angers et son site fluvial

Source : d'après Carcaud, 2019.

2.2 L'eau et le jardin : une conception au service de la beauté

Les usages de l'eau sont multiples, nous aborderons ici le cas de sa place dans les parcs et jardins. Sa fonction de ressource permettant à la végétation de se développer semble évidente mais dans l'art des jardins, l'eau est une composante esthétique essentielle du cadre de vie dessiné. On constate par ailleurs que l'histoire de l'art des jardins aide à mieux cerner le rapport des sociétés à la nature. Enfin, force est de constater que l'ingéniosité déployée pour mettre en paysage l'espace a généré des découvertes hydrauliques et de la diversité paysagère (Claval, 1989).

Le jardin est une composition que son concepteur raisonne tant en plan qu'en volume. Le progrès des connaissances scientifiques et techniques s'est diffusé dans cet art (figure 6.7). Jusqu'à la Renaissance, le jardin est dessiné avec un cordeau qui permet de réaliser toutes les formes simples (allées, plates-bandes, cercles, ellipses, arabesques). À la Renaissance, la maîtrise de la perspective offre une diversification des tracés. Au cours de la période baroque, le jardinier bénéficie des progrès de la géométrie et de l'optique. Les créations se projettent vers l'univers et se passionnent pour l'infini et les longues perspectives. À partir de la fin du XVIIIe siècle, le romantisme invite à reproduire les formes « sauvages » de la nature. En hydraulique, les sociétés maîtrisent les techniques associées aux pompes, aux bassins et à l'acheminement de l'eau depuis l'Antiquité. Au XVIIe siècle, avec les travaux du physicien E. Mariotte, on sait faire « jouer » les eaux, le métier de fontainier apparaît. À chacune de ces périodes, l'eau est un élément central de l'art des jardins.

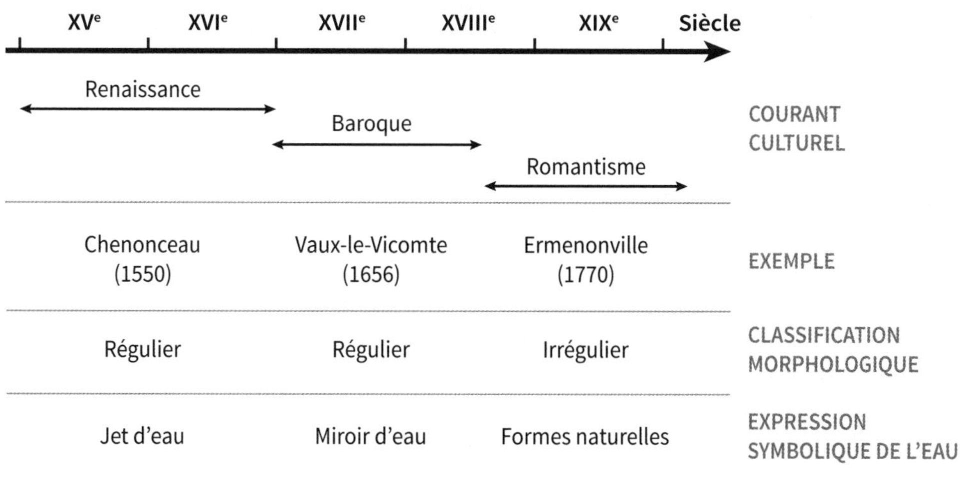

Figure 6.7 – Les formes de l'eau dans les grandes périodes de l'art des jardins

Source : Carcaud, 2019.

À la Renaissance, l'usage des jets d'eau exprime à la fois le progrès scientifique et une forme de nostalgie de l'Antiquité. Pendant la période baroque, les dessins de parcs géométriques avec de longues perspectives, des îles artificielles, des grands canaux, des miroirs d'eau, sont autant de marqueurs de la puissance humaine et de sa capacité à maîtriser la nature. Dans les jardins romantiques, on cherche au contraire à copier cette nature en dessinant des ruisseaux ondulants, des cascades, des étangs ombragés propices à la promenade et à la rêverie (figure 6.8).

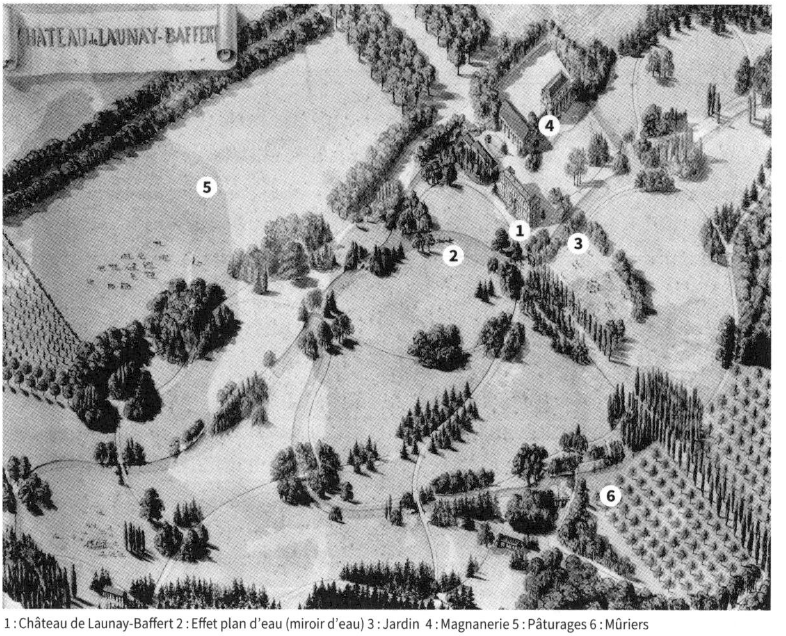

1 : Château de Launay-Baffert 2 : Effet plan d'eau (miroir d'eau) 3 : Jardin 4 : Magnanerie 5 : Pâturages 6 : Mûriers

Figure 6.8 – Vue cavalière d'un jardin romantique (Launey-Baffert, 49)
Source : Carcaud *et al.*, 2019, vue du parc avant 1832, archives privées, prise en photo le 24 juin 2016.

Le château de Vaux-le-Vicomte (Maincy, Seine et Marne) et son parc sont une bonne illustration du jardin à la française. L'ensemble a été construit pour Nicolas Fouquet, surintendant des finances royales qui va totalement modifier le site pour y installer un ensemble aujourd'hui emblématique de l'architecture classique. La conception du parc a été confiée à André Le Nôtre vers 1650. La composition couvre 500 ha et s'inscrit dans le paysage fluvial pour donner au lieu la sensation de grande perspective tout en alimentant un vaste système hydraulique. Le château est situé sur le versant de rive droite du ruisseau de l'Almont à proximité de sa confluence avec le ruisseau des Jumeaux. Il s'ouvre sur le parc et sa grande perspective vers le Sud. Les eaux du ruisseau des Jumeaux sont en partie déviées dans un étang réservoir et un château d'eau qui alimentent une partie des eaux du jardin (rond d'eau, grille d'eau, bassin). Le cours de l'Almont a été redessiné pour l'aménagement du Grand Canal et des cascades. Enfin, l'effet de grande perspective vers la statue d'Hercule au sud est permis par la topographie du site et le doux encaissement des ruisseaux dans les plateaux environnants (figure 6.9).

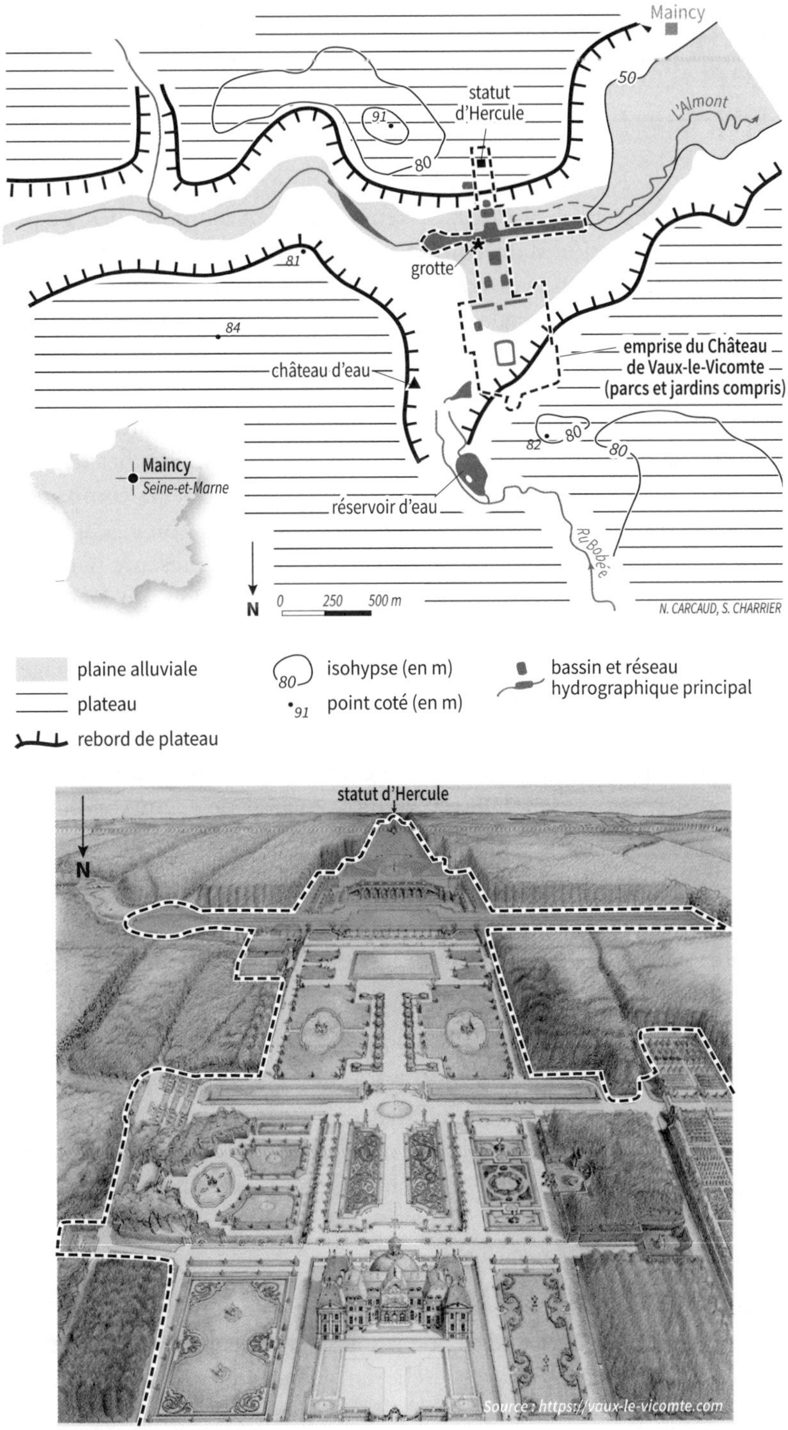

Figure 6.9 – Le château de Vaux-le-Vicomte et son site

Source : Carcaud, 2019.

2.3 L'eau une ressource pour l'aménagement du territoire : la Compagnie Nationale du Rhône (XXe siècle)

Au XXe siècle, le Rhône a fait l'objet d'un programme d'aménagement de grande envergure destiné à servir plusieurs secteurs d'activité économiques. Le projet a débuté en 1918 avec la création d'un comité d'études pour l'aménagement du Rhône qui a débouché sur une demande de concession d'exploitation unique par la société d'intérêt général « Compagnie Nationale du Rhône » (CNR). Son existence est rendue effective par la promulgation de la « Loi du Rhône » en 1921 qui précise que l'aménagement du fleuve entre la frontière suisse et la Méditerranée a pour projet de servir la production d'énergie hydraulique, la navigation et l'irrigation des plaines alluviales. Le projet d'ampleur nationale regroupe beaucoup d'acteurs comme les villes, les départements et les chambres consulaires des départements riverains du Rhône, la compagnie de chemins de fer Paris-Lyon-Méditerranée (elle souhaite électrifier son réseau), les concessionnaires de services industriels, la ville de Paris et l'État représenté par un Commissaire du gouvernement. Le décret de concession est signé en 1933. En 1935, la CNR expose un programme de construction de 20 centrales hydroélectriques, la création d'une voie navigable en aval de Lyon et l'aménagement de stations de pompage et de canaux d'irrigation agricole. Le premier chantier hydroélectrique est engagé en 1937 à Génissiat (gorge du Rhône) et sera terminé en 1948 après une interruption des travaux pendant la guerre. Au total, le fleuve est aménagé sur 19 sites de production d'électricité, le programme s'est achevé en 1980 à Vaugris en aval de Lyon (figure 6.10). Ce plan d'aménagement du territoire à petite échelle géographique a profondément artificialisé l'hydrosystème Rhône. Le profil en long a été complètement redessiné pour devenir un « escalier de barrages ».

Sur chaque site, en marge du fleuve (le vieux Rhône), la plupart des ouvrages sont composés de :

- un barrage pour produire une retenue endiguée. Selon le contexte topographique elle atteint 5 à 20 km de long pour 300 à 500 m de large ;
- un canal d'amenée à la centrale hydroélectrique ;
- des contre-canaux derrière les digues pour irriguer les terres agricoles ;
- une centrale de production d'électricité qui est associée à une écluse pour la navigation à l'aval de Lyon ;
- un canal de fuite vers l'aval (figure 6.11).

L'ensemble n'est pas sans conséquences sur la dynamique fluviale et les transferts de débits liquides et solides. Les effets de ces aménagements sont loin d'être tous évalués et font l'objet de travaux de recherche en géographie. À titre d'exemple, outre les aménagements décrits ci-dessus, la CNR a en partie vidé le fleuve et ses affluents de leurs alluvions grossières (la charge de fond) pour éviter un comblement trop rapide

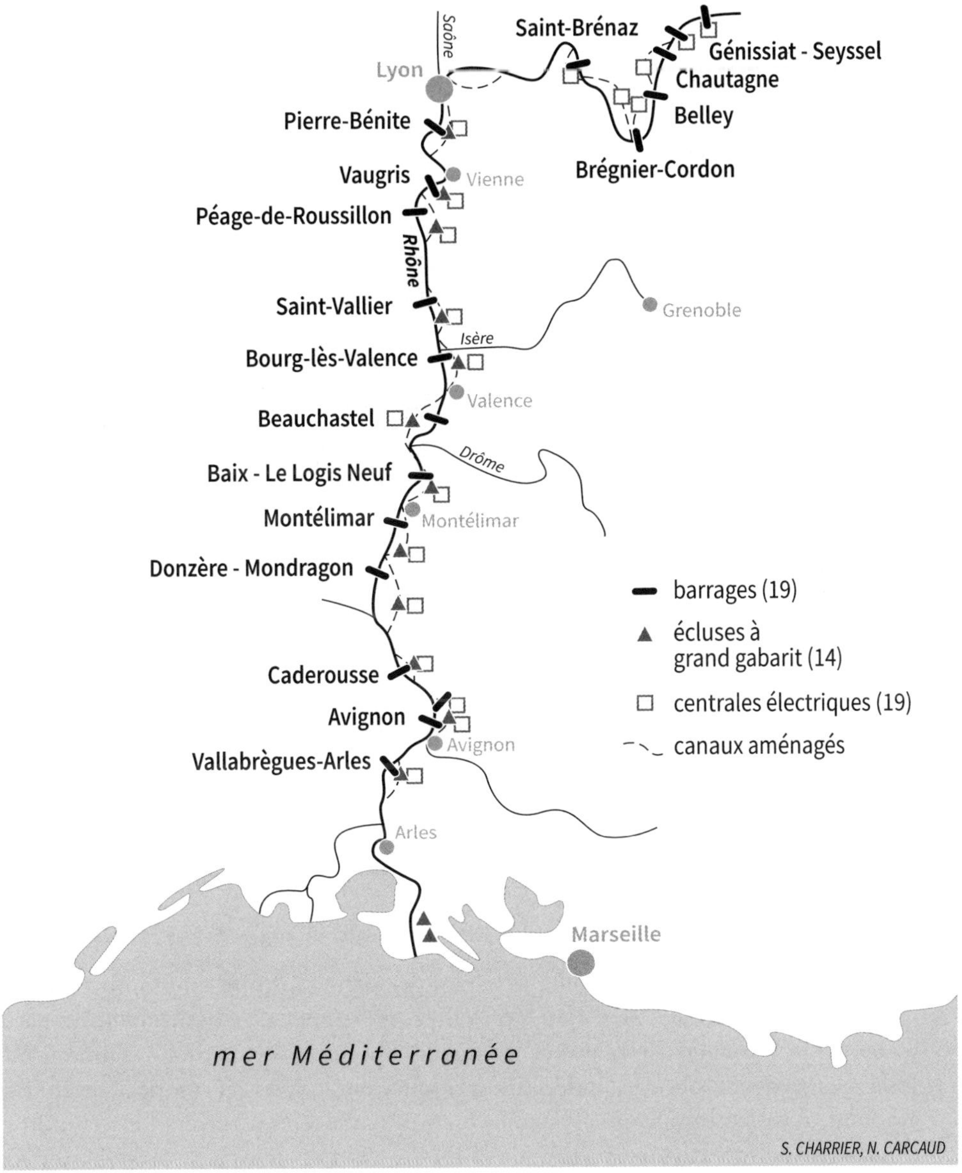

Figure 6.10 – L'aménagement intégré du Rhône par la CNR
Source : d'après J. Bethemont et J.-P. Bravard, 2016.

des réservoirs et les risques de dégâts sur les équipements. Les techniques employées relèvent de la protection des versants, la création de retenues de charge alluviale, l'extraction de granulats dans le lit des rivières. En un siècle, le volume de charge de fond transporté serait passé de 640/940 000 m^3/an à 160/170 000 m^3/an (Bethemont et Bravard, 2016).

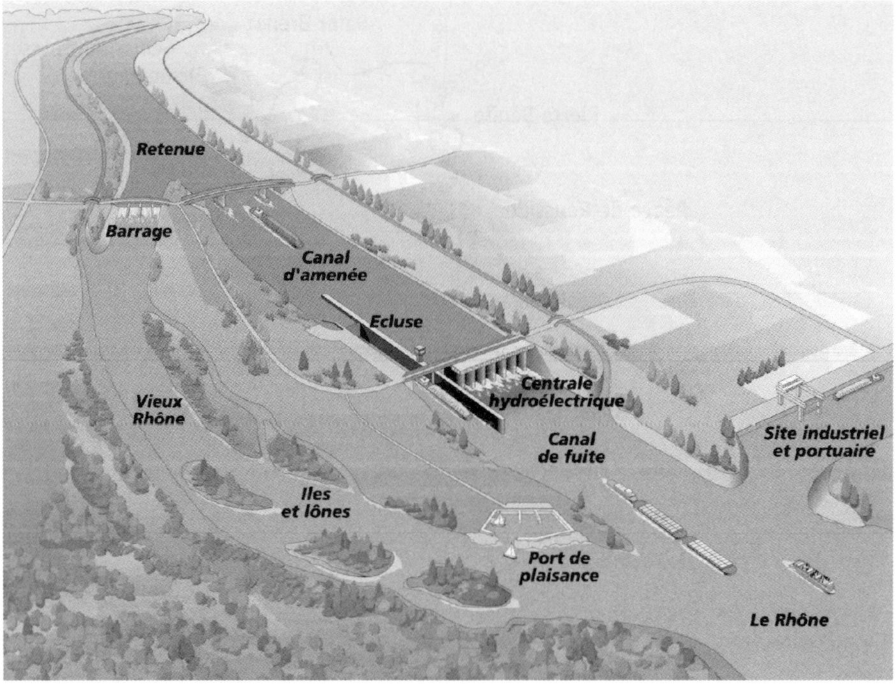

Figure 6.11 – L'aménagement type d'un barrage du Rhône
Source : https://www.barrages-cfbr.eu/Hydroelectricite.html.

2.4 Géohistoire d'un patrimoine naturel : le cas des zones humides littorales atlantiques

L'étude de cas proposée ici invite à se plonger dans l'histoire environnementale des zones humides littorales atlantiques afin de contextualiser les héritages socio-naturels reconnus et protégés. L'estuaire et les marais du Payré sont situés à Talmont Saint-Hilaire et Jard-sur-Mer en Vendée. Site à la jonction du Massif armoricain et du Bassin aquitain, il est reconnu pour ses composantes paysagères à travers l'inscription et le classement de son paysage au titre de la loi de 1930, et pour ses composantes écologiques avec la présence de Natura 2000 et du Conservatoire du littoral (figure 6.12).

Les marais salants et à poisson de ce site ont été créés au Moyen Âge par les moines de l'Abbaye du Lieu-Dieu. La carte de C. Masse de 1704 et ses mémoires témoignent d'un site entièrement approprié pour ses ressources agricoles et piscicoles. Au XIXe siècle, cette logique se perpétue avec de multiples demandes de concessions de vasières afin de les endiguer dans un but agricole (figure 6.13). À cette époque, les bossis (buttes) des marais à poisson sont cultivés ou pâturés.

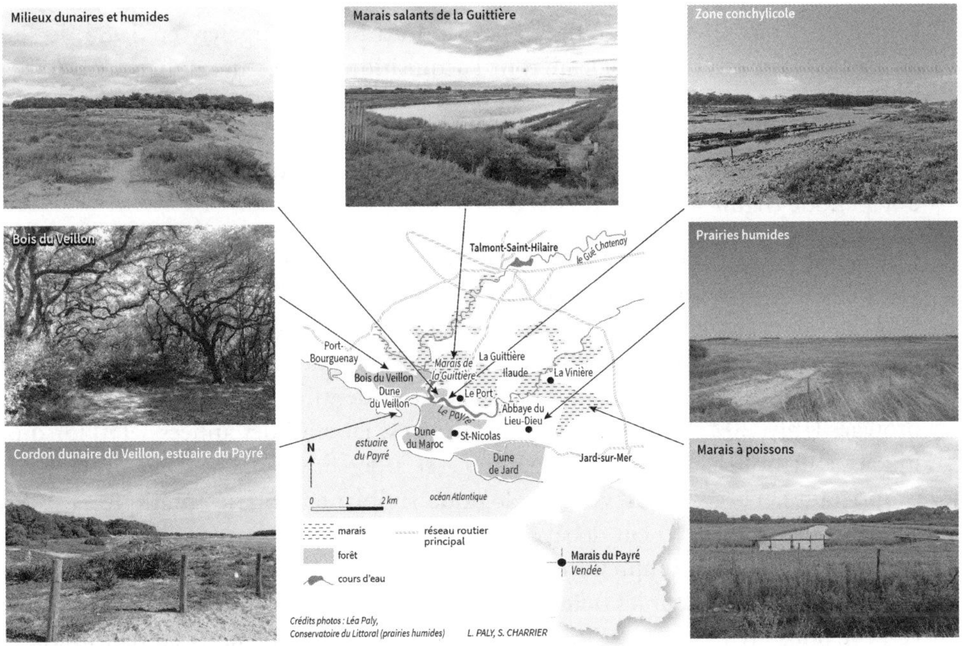

Figure 6.12 – Mosaïque paysagère de l'estuaire et marais du Payré

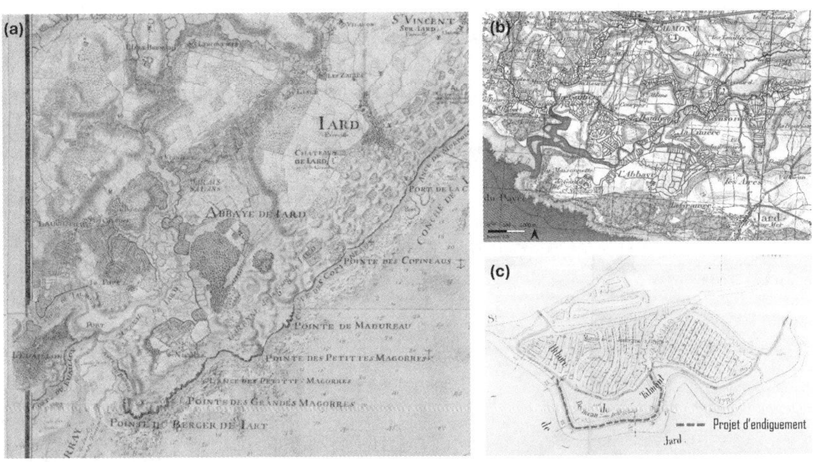

Figure 6.13 – Cartes de l'estuaire et marais du Payré (a) en 1705, (b) en 1950, et (c) plan d'endiguement d'un marais à poisson

Source : Carte de C. Masse – Service historique de la Défense, IGN ®, AD85.

Dans la seconde moitié du XXe siècle, en raison d'un abandon des activités salicoles et d'un déclin des activités piscicoles, des tentatives aquacoles ont modifié la morphologie de certains marais. En réaction à cette dynamique et à l'urbanisation à des fins touristiques qui se concrétise par la création du port Bourgenay en 1985, le site est en partie classé en 1975. S'ensuivront l'acquisition de secteurs dunaires et de marais par le conservatoire du littoral et la mise en place de Natura 2000 qui entravera toute urbanisation. La trajectoire paysagère complexe de ce site est liée à différents facteurs de changements associés à des usages et représentations sociales de la nature propres à une période (figure 6.14).

Aujourd'hui, la gestion des marais à poisson sur le secteur des prairies et marais appartenant au conservatoire du littoral cherche à maintenir ces espaces ouverts par la fauche ou le pâturage, et le curage des cours d'eau. Mobiliser une approche par la géohistoire du paysage du XVIIIe au XXIe siècles sur des patrimoines littoraux protégés permet d'appréhender leur profondeur historique et d'identifier les héritages socio-naturels protégés (Paly, 2022). L'état paysager protégé est ici celui des années 1950 lorsque ces marais sont utilisés à des fins de pâturage et à des fins piscicoles par un collectif de propriétaires. La gestion à visée écologique supplante alors les pratiques ancestrales sur ces milieux. Celle-ci fait débat au sein de ces collectifs d'usagers. Finalement, cette approche permet de comprendre les faits de nature et de société ainsi que les rapports de force ayant fait fléchir les trajectoires paysagères. Sur des patrimoines naturels protégés, elle nous invite à prendre du recul sur l'état paysager que nous souhaitons protéger au regard des évolutions passées et des changements futurs (montée du niveau des mers, changements d'usage, etc.)

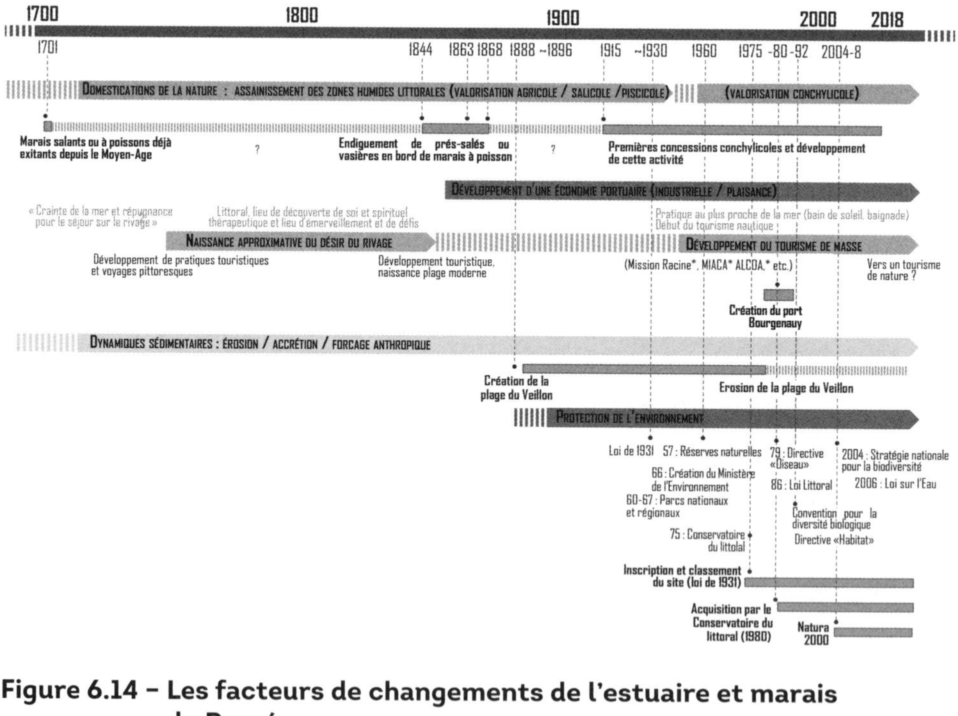

Figure 6.14 – Les facteurs de changements de l'estuaire et marais du Payré

Source : Paly, 2022 (modifié).

Conclusion

Ce chapitre vise à révéler la diversité et la complexité des paysages qui nous entourent. Elles résultent d'une longue histoire d'interrelations entre les sociétés et leur environnement qu'il convient d'étudier. Telle est l'ambition des recherches en géohistoire de l'environnement. Par l'analyse des trajectoires socio-environnementales, elles montrent l'hybridité des paysages (Lespez et Dufour, 2021) qui se sont construits à partir d'une succession de « *systèmes culturels et historiques de dialogue homme nature* » (Beck *et al.*, 2024).

Les études de cas mobilisées ici concernent des espaces fluviaux et littoraux mais les démarches géohistoriques ne se limitent pas à eux et sont aujourd'hui entreprises sur une grande diversité d'objets et de milieux géographiques. Tel est le cas par exemple des espaces forestiers (Galochet et Beck, 2019), des milieux de montagne (Astrade *et al.*, 2006) ou de l'étude des risques naturels (Dumas *et al.*, 2019). Au-delà de ces recherches fondamentales, ces travaux sont également convoqués dans les démarches de prospective territoriale ou dans l'analyse des politiques environnementales (Germaine et Lespez, 2014).

BIBLIOGRAPHIE

ASTRADE, L., JACOB ROUSSEAU, N., BRAVARD, J.-P., ALLIGNOL, F., PERRETTE, Y., HANUS, P., (2006). *Évolution des paysages de moyenne montagne depuis le* XIX*e siècle : étude de la part climatique et anthropique par une approche multiarchives,* p. 265-275. Dans GALOP, D. (dir.), *Paysages et environnement, de la reconstitution du passé aux modèles prospectifs*, Presses universitaires de Franche-Comté.

BARIDON, M., (2006). *Naissance et renaissance du paysage*, Actes Sud.

BECK, C., BRIDAULT, A., DOURNEL, S., GRÉGOIRE, F., MARINVAL, M.-C., SAJALOLI, B., VALETTE, P., (2024). *L'état de référence. Un mythe écologique à déconstruire ?* p. 167-185. Dans VALETTE, P., *et al.* (dir.), (2024). *Géohistoire des zones humides, trajectoires d'artificialisation et de conservation*, PUM.

BERNIGAUD, N., (2023). De la préhistoire à aujourd'hui, l'histoire du climat et des hommes, *Dossiers d'Archéologie*, n° 416.

BEROUTCHACHVILI, N., et BERTRAND, G., (1978). Le Géosystème ou « système territorial naturel », *Revue géographique du Sud-Ouest*, 49, 2, p. 167-180.

BERTRAND, G., (2019). *Pour ne pas entrer à reculons dans l'anthropocène. De la géohistoire à la nature artefact.* Dans VALETTE, P., CAROZZA, J.-M, (2019). *Géohistoire de l'environnement et des paysages,* CNRS Éditions.

BETHEMONT, J., BRAVARD, J.-P., (2016). *Pour saluer le Rhône*, Libel.

CARCAUD, N., CAILLAULT, S., PAYSANT, G., (2019). *La rivière et sa mise en paysage dans les parcs et jardins : étude de cas dans l'Ouest français*, p. 279-289. Dans VALETTE, P., CAROZZA, J.-M., (2019). *Géohistoire de l'environnement et des paysages*, CNRS Éditions.

CARCAUD, N., ARNAUD-FASSETA, A., EVAIN, C. (dir.), (2019). *Villes et rivières de France*, CNRS Éditions.

CATTEDDU, I., HURARD, S., CARCAUD, N., (2023). Optimum et petits âges glaciaires aux époques médiévale et moderne. Dans De la Préhistoire à aujourd'hui l'histoire du climat et des hommes, *Dossiers de l'archéologie*, 416, p. 56-61.

CLAVAL, P., (1989). L'étude géographique des parcs et des jardins, *Bulletin de l'Association des géographes français*, 66, 3, p. 167-175.

DEREX, J.-M., (2017). *La mémoire des étangs et des marais. À la découverte des traces de l'activité humaine dans les pays d'étangs et de marais à travers les siècles*, Éditions Ulmer.

DESCOLA, P., (2015). *Par-delà nature et culture*, Gallimard, coll. « Folio essais ».

DUMAS, P., LE DUFF, M., GODET, K., ALLENBACH, M., (2019). *Analyse géohistorique du risque cyclonique en Nouvelle-Calédonie*, p. 321-331. Dans VALETTE, P., CAROZZA, J.-M., (2019). *Géohistoire de l'environnement et des paysages*, CNRS Éditions.

GALOCHET, M., ET BECK, C., (2019). *Géohistoire forestière : au croisement entre territoires et temporalités*, p. 133-145. Dans VALETTE, P., CAROZZA, J.-M., (2019). Géohistoire de l'environnement et des paysages, CNRS Éditions.

GEMENNE, F., RANKOVIC, A., (2021). *Atlas de l'Anthropocène*, Presses de Sciences Po.

GERMAINE, M.-A., et LESPEZ, L., (2014). Le démantèlement des barrages de la Sélune (Manche). Des réseaux d'acteurs au projet de territoire ? *Développement durable et territoires*, 5/3.

GOELDNER, L., FESS-JEHEL, C., DECROIX, G., (2011). Les oubliées du « désir du rivage » ? L'image des zones humides littorales dans la peinture et la société françaises depuis le XVIIIe siècle, *Cybergeo*, 550.

GRATALOUP, C., (2022). *Atlas historique de la terre*, Éditons Les Arènes.

GRATALOUP, C., (2020). *Atlas historique de la France*, Éditions Les Arènes.

JACOB-ROUSSEAU, N., (2009). Géohistoire/géo-histoire : quelles méthodes pour quel récit ? *Géocarrefour*, 84,4, p. 211-216.

LATOUR, B., (1991). *Nous n'avons jamais été modernes : essai d'anthropologie symétrique*, La Découverte.

LÉVÊQUE, C., VAN DER LEEUW SANDER, E., ET REYNIER, I., (2003). *Quelles natures voulons-nous ? Pour une approche socio-écologique du champ de l'environnement*, Elsevier

MORERA, R., (2011). *L'assèchement des marais en France au XVIIe siècle*, Presses universitaire de Rennes, coll. « Histoire ».

NUSSBAUMER, S. U., ZUMBÜHL HEINZ, J., (2012). The Little Ice Age history of the Glacier des Bossons (Mont Blanc massif, France): a new high-resolution glacier length curve based on historical documents, *Climatic Change*, 111, p. 301-334.

PALY, L., (2022). *Trajectoires paysagères de zones humides littorales atlantiques depuis le XVIIIe siècle : apport d'une approche géohistorique à la connaissance de leur patrimoine naturel et de leur évolution.* Thèse de doctorat, Université d'Angers.

VALETTE, P., ET CARCAUD, N., (2022). L'hydrodiversité : une nouvelle notion pour mieux prendre en compte la diversité des paysages de cours d'eau, *Géocarrefour*, 96, 2 [En ligne].

VALETTE, P., (2021). *Les climats une géohistoire, documentation photographique*, CNRS Éditions.

VALETTE, P., (2019). *Géohistoire des paysages fluviaux. Une démarche nécessaire pour reconstituer les trajectoires temporelles des cours d'eau*, Habilitation à Diriger des Recherches, université de Toulouse Jean Jaurès.

CHAPITRE 7

Géopolitique des principes et de la sémantique de la lutte contre les changements climatiques contemporains

Moïse TSAYEM DEMAZE

SOMMAIRE

Les changements climatiques actuels sont sans doute le problème environnemental le plus crucial marquant la fin du XXe siècle et le cours du XXIe siècle. Leur gravité envisagée a amené l'Organisation Météorologique Mondiale (OMM) et le Programme des Nations unies pour l'Environnement à créer, en 1988, le GIEC (Groupe intergouvernemental d'experts sur l'évolution du climat). Sa mission est d'évaluer les connaissances scientifiques, techniques et socio-économiques permettant de comprendre les causes et les manifestations du réchauffement climatique contemporain[1]. Le recul historique et la prospective qui caractérisent ses travaux mettent en évidence l'augmentation continue et rapide des émissions de gaz à effet (EGES) depuis la révolution industrielle en Europe (vers 1850), et les impacts à long terme, à l'horizon 2100, des changements climatiques, avec une multitude de conséquences réparties sur l'ensemble de la Terre : fonte des glaciers, hausse du niveau de la Mer, recrudescence de la sécheresse et de la désertification, augmentation de la fréquence et de l'intensité des inondations, des tempêtes et des cyclones, perturbations du fonctionnement des écosystèmes, etc.

Bien que les rapports du GIEC[2] aient souvent fait l'objet de contestation et de polémique ou de controverse, en particulier s'agissant du 4e rapport publié en 2007, ils sont à présent largement considérés comme des références crédibles, faisant l'unanimité, en particulier sur les causes ou les origines anthropiques des changements climatiques actuels (De Pryck, 2022 ; Simonet, 2015). Au-delà de leur portée scientifique, ces rapports ont acquis un statut politique prééminent, avec les « résumés à l'attention des décideurs », pour inciter les États à se mobiliser en élaborant et en mettant en œuvre des politiques climatiques, d'autant que l'urgence de l'action est de plus en plus soulignée, notamment par des organisations de la société civile (Tsayem, 2023).

La convention cadre des Nations unies sur les changements climatiques, adoptée en 1992, fut inspirée par le premier rapport du GIEC publié en 1990. Cette convention sert de cadre d'organisation de la participation des États à la lutte contre ces changements climatiques. Elle a institué les Conférences des parties (COP), qui sont des réunions annuelles rassemblant les États qui ont ratifié cette convention. La conception et la mise en œuvre des actions internationales reposent généralement sur des principes adoptés par les États : principe des responsabilités communes mais différenciées, principe des contributions déterminées au niveau national, principe du partage du fardeau ou du budget carbone, en tenant compte de la justice ou de l'équité, des pertes et des dommages (préjudices subis par certains États), etc.

En plus des principes, la lutte contre les changements climatiques contemporains, déployée depuis les années 1990, est construite avec une sémantique qui s'enrichit progressivement pour concrétiser ou pour matérialiser les actions. Les politiques climatiques qui ont émergé, aussi bien au niveau international qu'au niveau des États et au niveau local, ont été construites en agrégeant des actions d'atténuation et des actions d'adaptation, même si, dans un premier temps (entre les années 1990 et les années 2000), les actions d'atténuation ont été majoritaires et que l'adaptation a été négligée (Bertrand et Richard, 2014).

Un regard géopolitique sur les principes et sur la sémantique de la lutte contre les changements climatiques actuels permet d'identifier et de décrire les confrontations et les tensions entre les États, appelés à se mobiliser et à coopérer pour élaborer et mettre

1. Voir https://www.ipcc.ch.
2. Six rapports majeurs de synthèse d'évaluation des connaissances publiés entre 1990 et 2023.

en œuvre des actions en cohérence avec les rapports du GIEC et avec les objectifs inscrits dans les accords obtenus lors des COP, en particulier l'objectif d'éviter une augmentation de plus de 1,5 °C de la température moyenne de la Terre par rapport à la période préindustrielle (Tsayem, 2023). L'approche géopolitique utilisée dans ce chapitre souligne les divergences et les mésententes entre les États (géopolitique externe ou internationale), avec un clivage Nord Sud (pays développés *versus* pays en développement) qui s'est quelque peu estompé dans le cadre de l'Accord de Paris en 2015, alors qu'il était prégnant dans le cadre du protocole de Kyoto, notamment entre 1997 et 2014. Les difficultés pour mettre en œuvre une justice climatique entre les États, en conciliant le développement économique et la réduction des EGES, sont en filigrane des principes de la lutte contre les changements climatiques. Quant à la sémantique de l'action, les confrontations et les tensions auxquelles elle donne lieu portent essentiellement sur l'orientation initiale de la lutte contre les changements climatiques, ciblant d'abord l'atténuation, au détriment de l'adaptation. L'explicitation des concepts permet de souligner leurs dimensions géographiques lorsqu'on envisage la mise en œuvre des actions dans les espaces et dans les territoires, avec des conflits potentiels dont l'analyse relève de la géopolitique locale ou soft (conflits à propos des projets d'aménagement ou d'environnement).

1 Des principes révélateurs d'une difficile quête de justice climatique

1.1 Le principe des responsabilités communes mais différenciées, ou principe de la responsabilité historique des pays développés

Ce principe découle du souhait d'impliquer de manière différentielle les États dans le traitement et la résorption des problèmes environnementaux, en tenant compte de leurs niveaux respectifs de développement économique et social. Ce souhait a été formalisé notamment en 1972, lors de la Conférence de Stockholm (Suède) sur l'environnement humain (premier sommet de la Terre), avec l'idée que l'équité devait être au centre de la coopération internationale en matière de protection de l'environnement à l'échelle planétaire (Lavallée, 2010). Le principe a été entériné en 1992, dans la Déclaration de Rio de Janeiro (Brésil), à l'issue du Sommet des Nations unies sur l'environnement et le développement (troisième sommet de la Terre). Il préconise une géométrie variable appliquée aux engagements des États dans la résolution des problèmes environnementaux internationaux, avec des engagements plus élevés pour les pays développés que pour les pays en développement. La convention-cadre des Nations unies sur les changements climatiques, adoptée lors du Sommet de Rio de Janeiro en 1992, est structurée sur la base de ce principe, avec la définition d'un groupe de pays dits de l'annexe I de cette convention. Ce sont des pays développés associés aux pays de l'Europe de l'Est, dont les économies, dans les années 1990, étaient dites en transition vers le système du marché (système capitaliste). Ce groupe de pays constitue ce qu'on appelle « les pays du Nord », ou le « Nord global ». Le reste des pays est de fait le reste du monde, c'est-à-dire les pays en développement, y compris les pays émergents. C'est ce qu'on désigne par l'expression pays du Sud, ou Sud global (Capdepuy, 2023). Le protocole de Kyoto, adopté en 1997 pour compléter et mettre en application la convention sur les changements climatiques, est également structuré sur la base de ce principe qui, de fait, a donné lieu à une bipolarisation ou un clivage Nord Sud du monde (figure 7.1).

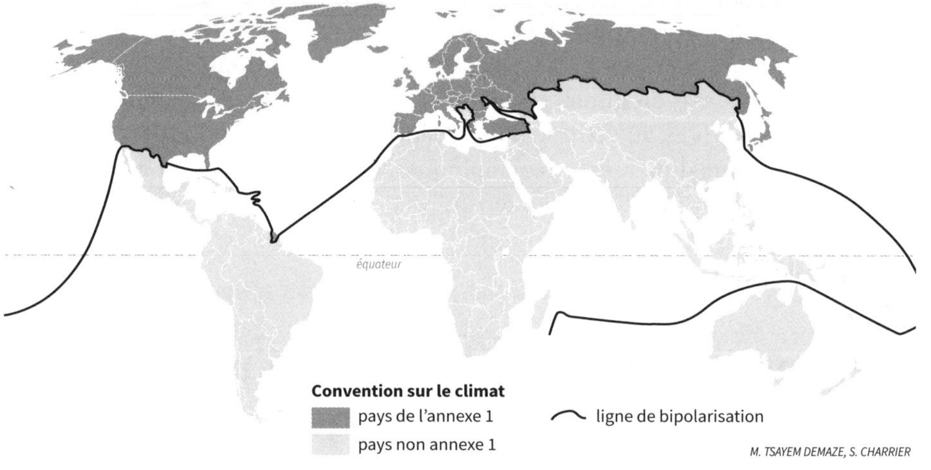

Figure 7.1 – La bipolarisation ou le clivage Nord Sud du monde suite au principe des responsabilités communes mais différenciées entériné par la Convention-cadre des Nations unies sur les changements climatiques

Le découpage qui en a résulté est semblable, à quelques exceptions près, aux autres découpages géopolitiques distinguant le Nord et le Sud, par exemple celui du rapport Brandt (Capdepuy, 2007). La communauté internationale a adopté le principe des responsabilités communes mais différenciées en le considérant comme principe de base pour la répartition des efforts à fournir dans le cadre de la lutte contre les changements climatiques. Ainsi, la convention sur les changements climatiques indique dans son article 3 que sur la base de « l'équité » et des « responsabilités communes mais différenciées », les pays développés doivent être à l'avant-garde de la lutte contre les changements climatiques. Cet article ajoute que les « besoins spécifiques » et la « situation spéciale » des pays en développement doivent être pris en compte dans la répartition des efforts à fournir en vue de résorber la crise climatique et ses conséquences. L'article 4 précise que les pays développés ainsi que l'ensemble des pays figurant dans l'annexe I doivent prendre des engagements spécifiques contenant des mesures et politiques visant à réduire leurs EGES pour les ramener à leur niveau de 1990. Il ajoute que les pays développés doivent, en outre, fournir des ressources financières nouvelles et additionnelles pour couvrir la totalité des coûts encourus par les pays en développement du fait de l'exécution de leurs obligations conformément à la convention. En d'autres termes, l'application de la convention par les pays en développement est dépendante de financements alloués à cet effet par les pays riches, qui sont tenus de supporter les coûts financiers de la lutte contre le réchauffement climatique en raison du fait que leur développement est accusé d'avoir généré la crise climatique actuelle. C'est la reconnaissance de la « responsabilité historique » des pays développés, en quelque sorte le principe pollueur payeur, exigeant que les pays développés payent ou réparent les dégradations environnementales que leur développement a engendrées. Ces pays sont explicitement mis en cause, leur développement étant considéré comme étant à l'origine de la dégradation du climat et de l'environnement mondial. Les pays en développement et les pays émergents (Chine, Mexique, Brésil, etc.) sont exemptés de réduction de leurs EGES, leur développement économique et social étant censé entraîner inéluctablement une augmentation conséquente de ces EGES ainsi qu'il en a été dans les pays du Nord. Les pays en développement sont ainsi jugés non ou peu responsables du réchauffement actuel de la Terre et de ses conséquences.

La convention et le protocole reconnaissent que les pays en développement doivent s'occuper prioritairement de leur croissance économique et de la lutte contre la pauvreté. Or, en exonérant les pays en développement et surtout les pays émergents, le principe de la responsabilité historique des pays développés admet que les pays aujourd'hui non développés doivent se développer à leur tour même si cela doit aussi dégrader le climat et l'environnement. C'est l'interprétation et la position adoptées par ces pays en développement lors des COP (Tsayem, 2023).

L'inscription de ce principe dans la Convention cadre des Nations unies sur les changements climatiques et dans le protocole de Kyoto a constitué un acte géopolitique majeur dont les implications semblent avoir été sousestimées par les États. C'est sur la base de ce principe que les pays non développés, y compris des pays émergents comme la Chine, l'Inde ou l'Afrique du Sud, ont longtemps refusé de prendre des engagements chiffrés de réduction de leurs EGES. Les États-Unis ont refusé de ratifier le protocole, notamment parce qu'il exonère la Chine. Les difficultés de l'application de ce principe expliquent, au moins en partie, les péripéties de la gouvernance internationale du climat ainsi que l'insuccès de la lutte contre les changements climatiques telle qu'elle est orchestrée par la communauté internationale (Aykut et Dahan, 2015).

Le principe des responsabilités communes mais différenciées est le socle sur la base duquel est orchestrée la coopération internationale en matière de protection de l'environnement et plus précisément en matière de lutte contre les changements climatiques contemporains. L'engagement des États, et les actions auxquelles ils participent, repose essentiellement sur ce principe. Il a été déterminant dans le cadre de la mise en œuvre de la convention climat et du protocole de Kyoto. Il est considérablement assoupli depuis 2015, avec l'adoption de l'Accord de Paris.

1.2 Le principe des contributions déterminées au niveau national

Entre la fin des années 2000 et le début des années 2010, les États ont rencontré de nombreuses difficultés pour prolonger le protocole de Kyoto (dont la première phase d'application s'achevait en 2012), et/ou pour élaborer et adopter un nouveau traité international afin d'organiser les actions à déployer pour lutter contre les changements climatiques au-delà de l'année 2012. L'absence de consensus entre les États a entraîné des lenteurs dans l'élaboration et l'adoption d'un nouvel accord. Les difficultés se sont traduites notamment par l'échec de la conférence de Copenhague en 2009 (COP 15). Cet échec s'explique par les divergences de vues entre les États, ainsi que par des maladresses dans les méthodes de négociations (Aykut et Dahan, 2015). Depuis cet échec, le principe des responsabilités communes mais différenciées a commencé à être assoupli. Un autre principe a alors émergé progressivement et a servi de base à l'organisation des politiques et des actions climatiques des États dans le cadre de la coopération internationale. C'est le principe des contributions déterminées au niveau national. Il a entériné un changement de paradigme par rapport à la période régie par le protocole de Kyoto : la fin de l'approche top down et la fin de la logique bipolaire selon laquelle seuls les pays développés (pays de l'annexe 1 de la convention) devaient respecter des engagements de réduction de leurs EGES alors que les pays en développement, y compris les pays émergents, étaient exonérés de tout engagement chiffré de réduction de leurs émissions. C'est ce principe de contributions déterminées au niveau national qui structure l'Accord de Paris, adopté en 2015, à l'issue de la COP 21. Il organise la participation et l'implication des États, dans une perspective globale, à la lutte contre les changements climatiques à partir de 2020.

En 2014, à l'issue de la COP 20 à Lima, il avait été demandé à chaque État d'élaborer ses prévisions de contributions déterminées au niveau national (Intended Nationally Determined Contribution). Chaque État, développé ou en développement, ou émergent, devait élaborer et soumettre un document décrivant les engagements qu'il prend, ainsi que les actions qu'il envisage de mettre en œuvre pour lutter contre les changements climatiques. Après l'adoption de l'Accord de Paris, ces intentions sont devenues des contributions nationales annexées à cet Accord. L'objectif global des contributions agrégées est de contenir le réchauffement de la Terre entre 1,5 °C et 2 °C par rapport aux niveaux préindustriels en Europe. Les contributions nationales déterminées décrivent les actions d'atténuation et d'adaptation envisagées par chaque État. Elles doivent être soumises/renouvelées/actualisées tous les cinq ans, auprès du secrétariat de la Convention cadre des Nations unies pour les changements climatiques, avec des engagements plus élevés et des actions plus ambitieuses que précédemment.

La quasi-totalité des États qui ont ratifié la convention climat ont élaboré et soumis leurs contributions nationales. Elles sont disponibles dans un répertoire en ligne[3],

3. Voir https://unfccc.int/fr/NDCREG (consulté le 10 avril 2024).

géré par le secrétariat de la convention climat. Conformément à l'Accord de Paris, de nombreux États ont révisé leurs contributions nationales (figure 7.2). Bien que 21 États soient encore à la première version de leurs contributions nationales, 113 en sont à la deuxième version et 51 à la troisième. L'Australie, le Brésil et le Japon sont à la quatrième version. Un récent rapport d'évaluation des contributions nationales (UNEP, 2022) montre qu'une majorité d'États a actualisé, entre 2020 et 2021, leurs contributions nationales sans rehausser les engagements initiaux, qui sont alors plus faibles que les intentions affichées par ces États lors de l'Accord de Paris en 2015.

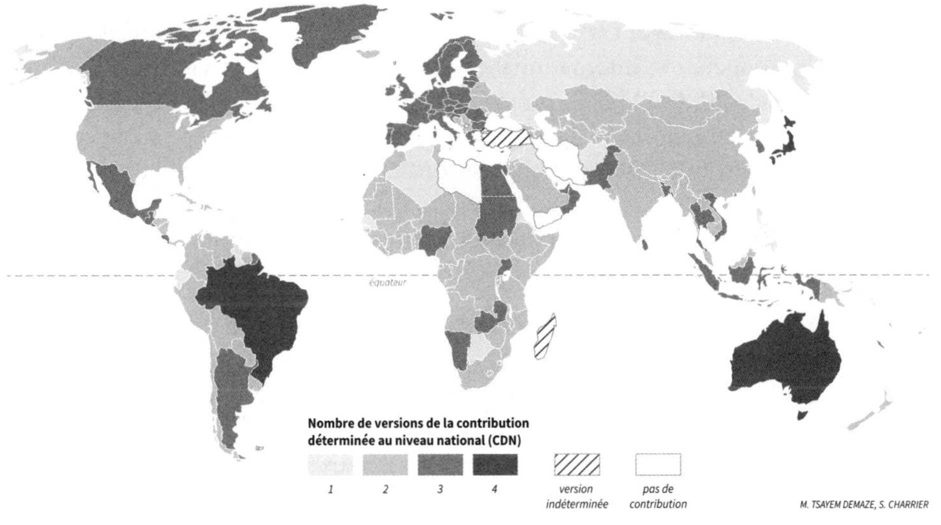

Figure 7.2 – Panorama des contributions nationales déterminées
Source : United Nations framework convention on climate change (https://unfccc.int/NDCREG)

L'adoption et la mise en œuvre du principe des contributions nationales ne sont pas exemptes de critiques. Il s'agit d'une démarche volontaire de la part des États. Les années de référence et les périodes de mise en œuvre des actions énoncées sont disparates, ce qui ne facilite pas les comparaisons, la lisibilité et la synthèse des actions, celles-ci étant par ailleurs très diverses, entre l'atténuation, l'adaptation, la résilience, etc. La mise en œuvre de certains engagements et de certaines actions, notamment par des pays en développement, est conditionnée par la réception de financements internationaux. Les engagements pris et les actions envisagées demeurent en deçà de l'objectif de contenir le réchauffement de la Terre en dessous de 1,5 °C. D'après les évaluations effectuées notamment par le Programme des Nations unies pour l'Environnement, même si tous les États respectent leurs engagements et réalisent les actions qu'ils ont envisagées dans leurs contributions nationales pour la période allant jusqu'en 2030, le réchauffement de la Terre sera de l'ordre de 2,8 °C d'ici la fin du siècle (UNEP, 2022). Compte tenu de l'insuffisance des contributions nationales, le PNUE demande aux États d'engager des actions urgentes et transformatrices des systèmes économiques et sociaux à l'échelle du monde entier.

1.3 Le principe du partage du fardeau ou du budget carbone : comment tenir compte de la justice ou de l'équité, des pertes et des dommages subis par certains États ?

Comment s'assurer de l'équité ou de la justice entre les États s'agissant des efforts à fournir, ou des actions à mettre en œuvre pour atténuer les changements climatiques et ou pour s'adapter à leurs conséquences ? Cette question renvoie au principe du partage du fardeau ou du budget carbone, qui sous-tend notamment l'Accord de Paris, lequel organise la coopération internationale pour lutter contre les changements climatiques pour la période 2020-2030. Le partage du fardeau climatique ou du budget carbone a fait l'objet de nombreuses analyses et propositions (Godard, 2015 ; Chancel et Piketty, 2015 ; Bourban, 2017). Plusieurs pistes ont été suggérées et font l'objet de débats et de négociations pour s'assurer de l'équité ou de la justice, en prenant en compte les pertes et les dommages ou les préjudices subis par certains États, par exemple les États insulaires en développement :

- prendre en compte les émissions totales ou les émissions par habitant pour répartir les efforts entre les pays ?
- prendre en compte les émissions ramenées par produit intérieur brut (intensité carbone de la croissance économique) ?
- prendre en compte les émissions passées ? À partir de quelle date ? Jusqu'à quelle date ?
- responsabilité et capacité : comment les évaluer et les graduer pour en tenir compte ?
- distinguer les émissions de « subsistance » (pour des pays pauvres dont le développement socio-économique nécessite des émissions) des émissions de « productivité » (pour des pays déjà développés) ?
- tenir compte des flux liés aux exportations/importations ? Ainsi, distinguer les émissions de production (production-based accounting) qui expliquent la quantité très élevée des émissions de la Chine, des émissions dites de consommation (consumtion-based accounting), notamment pour les USA, qui consomment une quantité importante de produits fabriqués en Chine ?
- vers une justice cosmopolite ? Fixation d'une quantité d'émission individuelle sans tenir compte des nationalités mais du revenu ?
- atténuation, adaptation ? Comment arrimer les 2, les équilibrer ?
- comment traiter les vulnérabilités des populations et des territoires ?
- le financement des coûts ? D'où doit-il venir ? Comment les mobiliser ?

Godard (2015) a fait une proposition de budget carbone pour une justice climatique prenant en compte deux principaux critères : les émissions de consommation par habitant et l'indice de développement humain (tableau 7.1). La moyenne de ces deux variables, calculée pour la période allant de 1990 à 2012, est ramenée à la moyenne mondiale, ce qui permet d'établir un budget répartissant les quantités de gaz à effet de serre à émettre par pays jusqu'en 2040. Cet exemple montre que l'équité suggère que certains pays (Inde, Indonésie, Brésil, etc.), par rapport au contexte international global, peuvent prétendre à une hausse de leurs EGES tandis que d'autres pays (USA, Canada, Australie, etc.), déjà déficitaires par rapport à la moyenne mondiale, devraient réduire leurs EGES, car ils sont en situation de déficit à l'égard du reste du monde.

Tableau 7.1 – Un exemple de budget carbone pour un partage juste du fardeau climatique

	(1) Moyenne des émissions de consommation par habitant de 1990 à 2012 rapportée à la moyenne mondiale, en %	(2) Moyenne de l'indice de développement humain de 1990 à 2012 rapportée à la moyenne mondiale, en %	(3) Moyenne des différences par rapport à 100 de (1) et (2), en %	(4) Répartition égale de 75 % des 1 200 tonnes restant à émettre d'ici à 2040, en milliards de tonnes	Volume restant à émettre par pays d'ici à 2040 après application du critère d'équité = (4) + (3) * (4), en milliards de tonnes
Inde	27	75	49	45	67
Indonésie	30	95	38	45	62
Brésil	43	106	26	45	56
Thaïlande	70	102	14	45	51
Chine	85	97	9	45	49
Mexique	83	108	5	45	47
Turquie	96	104	0	45	45
Iran	123	103	– 13	45	39
Afrique du Sud	137	94	– 15	45	38
France	187	122	– 55	45	20
Italie	210	121	– 65	45	16
Royaume-Uni	232	123	– 78	45	10
Corée du Sud	233	121	– 77	45	10
Russie	253	112	– 82	45	8
Japon	249	123	– 86	45	6

	(1) Moyenne des émissions de consommation par habitant de 1990 à 2012 rapportée à la moyenne mondiale, en %	(2) Moyenne de l'indice de développement humain de 1990 à 2012 rapportée à la moyenne mondiale, en %	(3) Moyenne des différences par rapport à 100 de (1) et (2), en %	(4) Répartition égale de 75 % des 1 200 tonnes restant à émettre d'ici à 2040, en milliards de tonnes	Volume restant à émettre par pays d'ici à 2040 après application du critère d'équité = (4) + (3) * (4), en milliards de tonnes
Allemagne	280	124	– 102	45	– 1
Arable saoudite	296	114	– 105	45	– 2
Australie	319	127	– 123	45	– 10
Canada	361	125	– 143	45	– 19
États-Unis	391	I25	– 158	45	– 26
Total				**900**	**466**

Lecture : les émissions de l'Inde de 1990 à 2012 représentent 27 % de la moyenne mondiale des émissions et le pays atteint 75 % du niveau de développement humain moyen mondial au cours de la même période. Il lui est donc alloué 67 milliards de tonnes de CO_2 a émettre d'ici à 2040, soit 49 % de plus (moyenne de l'écart d'émissions et de développement) que sa dotation initiale de 45 milliards de tonnes de CO_2. À l'inverse, les États-Unis doivent 26 milliards de tonnes de CO_2 au reste du monde.
Note : sont considérés dans ce tableau les 20 premiers émetteurs mondiaux, qui concentrent plus des trois quarts des émissions mondiales. Il n'est donc question ici que de la répartition de 75 % du budget carbone restant à émettre d'ici à 2040.
Source : Godard, 2015.

D'après Bourban (2017), la justice climatique suppose que chaque pays contribue à l'atténuation du changement climatique selon son degré de responsabilité ou de contribution au problème, et selon ses capacités ou ses aptitudes, notamment financières. Pour lui, l'Accord de Paris, ainsi que les contributions déterminées au niveau national, ne tiennent pas compte de ces deux critères, ce qui témoigne de l'absence d'équité. Un calculateur de l'équité a été conçu dans le cadre du climate equity reference project[4]. Il s'appuie sur deux critères : les émissions nationales pour mesurer la responsabilité, et les revenus par habitant pour mesurer la capacité, en fixant un seuil en dessous duquel des personnes sont exclues du calcul. Une distinction est faite entre « équité élevée » (prise en compte des émissions nationales cumulées depuis 1850 pour calculer la responsabilité, et seuil de développement fixé à 7 500 dollars américains par habitant et par an pour calculer la capacité), « équité moyenne » (prise en compte des émissions à partir de 1950 et seuil de 7 500 dollars pour les revenus), et « équité faible » (prise en compte des émissions à partir de 1990 et seuil de revenus fixé à 2 500 dollars américains). Les calculs effectués montrent que les contributions nationales des pays développés sont largement inférieures à la part équitable de l'effort qui leur incomberait suivant ce mode de calcul. Il montre que certains pays émergents (Chine, Inde, Brésil) et

4. Voir https://climateequityreference.org.

en développement (Kenya, îles Marshall, Indonésie) ont des engagements qui entrent dans le spectre de l'équité.

Pour Lavallée et Maljean-Dubois (2016), comprendre le principe de justice climatique internationale suppose d'identifier et d'analyser, au-delà des engagements différenciés entre les pays développés et les pays en développement :

- les financements à mobiliser par les pays développés (pour l'atténuation dans les pays en développement et pour leur adaptation) ;
- le mécanisme « des pertes et préjudices » (mécanisme international de Varsovie) pour les pays en développement (comment il envisage de compenser les pertes et les dommages subis par ces pays, comment il envisage d'indemniser les États qui subissent les conséquences des changements climatiques alors qu'ils n'en sont pas responsables).

En relevant que la notion de justice climatique figure dans le préambule de l'Accord de Paris, Michelot (2016) considère que cela ne confère qu'une importance marginale à cette notion, bien que son importance soit reconnue pour « certaines cultures » dans l'action menée face aux changements climatiques. Il s'agit d'une concession faite aux défenseurs des droits de la Terre mère (ou Terre nourricière), suite à la conférence mondiale des peuples contre le changement climatique (Cochabamba, Bolivie, 2010), cette conférence ayant eu lieu à la suite de la création en 2004 de l'Alliance bolivarienne pour l'intégration des pays de l'Amérique latine et des Caraïbes dans un nouvel ordre international multipolaire. La justice climatique, au regard de l'Accord de Paris, n'est donc reconnue que par certaines cultures, et non par les États.

Trois champs de lecture de la justice climatique peuvent être identifiés dans l'Accord de Paris (Michelot, 2016) :

- la responsabilité (actions à mettre en œuvre et coûts à assumer par les pays développés) ;
- l'équité, d'une part entre pays développés et pays en développement (avec parfois la nécessité de tenir particulièrement compte des Pays les Moins Avancés et des Pays Insulaires en Développement), et d'autre part entre générations présentes et générations futures ;
- l'équilibre, d'une part entre objectifs à atteindre et moyens et capacités, d'autre part entre atténuation et adaptation, entre émissions anthropiques par les sources et absorptions anthropiques par les puits, entre approche accusatoire pour les pays développés et approche par l'action.

La différenciation ou la graduation apparaissent comme des fils conducteurs de la justice climatique dans l'Accord de Paris. Il s'agit de faire en sorte que la communauté internationale conçoive et mette en œuvre des actions en tenant compte de la vulnérabilité des pays aux changements climatiques, de leurs capacités de financement et d'adaptation. Mais l'utilisation fréquente du conditionnel, s'agissant notamment des engagements des pays développés à l'égard des pays en développement, atténue la portée de cette différenciation/graduation dans l'Accord. La multitude de critères et de propositions faites par des chercheurs cités ci-dessus montre la complexité (d'un point de vue conceptuel) et la difficulté (d'un point de vue opérationnel) de la problématique du budget carbone en matière de répartition juste des efforts à fournir par les États pour régler le problème environnemental global contemporain qu'est le changement climatique.

2 Une sémantique foisonnante qui masque la signification et la portée des actions

2.1 L'atténuation : comment réduire les émissions de gaz à effet de serre ?

Les actions d'atténuation (aussi appelée mitigation) sont censées s'attaquer aux causes des changements climatiques (Bertrand et Richard, 2014 ; Arnauld de Sartre *et al.*, 2021). L'objectif recherché est la réduction des EGES dans les territoires. D'après la Convention-cadre des Nations unies sur les changements climatiques, l'atténuation vise à « *stabiliser [...] les concentrations de gaz à effet de serre dans l'atmosphère à un niveau qui empêche toute perturbation anthropique du système climatique* » (article 2). Il s'agit de mettre en œuvre des actions qui vont freiner le réchauffement de la Terre en réduisant le plus rapidement possible les EGES. Cela revient à amorcer la transition énergétique en vue de changements profonds dans plusieurs domaines :

- les énergies : réduire considérablement la part des énergies fossiles (pétrole, charbon, gaz), accroître significativement la part des énergies renouvelables (le solaire, l'éolien, la géothermie), améliorer l'efficacité énergétique des bâtiments, accroître la sobriété énergétique, etc. ;
- l'aménagement du territoire et l'urbanisme : optimiser l'utilisation des terres (pour l'agriculture, la foresterie, l'urbanisation), réduire l'étalement des villes et les mobilités motorisées, transports publics et vélos, mobilités sobres, bâtiments performants ;
- les industries : améliorer l'efficacité des systèmes de production, innover pour réduire l'empreinte carbone, efficacité énergétique, recyclage ;
- les modes de vie et de consommation : réduire les gaspillages et les pertes, aller vers plus de sobriété ;
- les sols, la végétation, les eaux : séquestration du carbone, boisement et reboisement, restauration, gestion durable.

La finalité des actions d'atténuation est la prévention du problème ; il s'agit d'éviter qu'il s'aggrave. Pour cela, l'Accord de Paris a fixé le seuil de 2 C, voire 1,5 °C, à ne pas franchir d'ici 2100. Or le réchauffement est déjà de l'ordre de 1 °C (Gemenne, 2021). Le protocole de Kyoto, qui a été le premier cadre d'orchestration de la lutte contre les changements climatiques, avait ciblé l'atténuation, en créant des dispositifs de flexibilité pour permettre aux États de coopérer pour réduire les EGES. Trois principaux dispositifs ont été créés : le mécanisme pour un développement propre (MDP), associant les pays développés et les pays en développement pour des projets de réduction des émissions dans les pays en développement, la mise en œuvre conjointe (MOC), associant les pays de l'ex-bloc de l'Ouest (pays à économie capitaliste) aux pays de l'ex-bloc de l'Est (pays à économie en transition vers le système capitaliste), et les permis transférables entre les pays développés. Ils ont été déployés pour une première phase allant de 2008 à 2012, avec un objectif global de réduction de 5,2 % des EGES dans le monde (Tsayem, 2015). Les mésententes et les désaccords sont progressivement apparus entre les pays développés et les pays en développement, au fur et à mesure des péripéties du protocole de Kyoto, en particulier entre 2009 et 2015, au moment où le réchauffement de la Terre et ses conséquences devenaient de moins en moins contestés. Compte tenu des rapports du GIEC et des mobilisations des organisations de la société civile exerçant une pression sur les États, en particulier sur les plus émetteurs de gaz à effet de serre (les pays développés et les pays émergents), la mitigation n'a plus été perçue comme étant le pilier principal des actions de lutte contre les changements climatiques. Subissant déjà les conséquences de ces changements climatiques, des pays en développement, et surtout les petits États insulaires en développement, ont plaidé pour que la communauté internationale engage des actions d'adaptation aux changements climatiques (Simonet, 2015).

2.2 L'ascension de l'adaptation : s'attaquer aux conséquences des changements climatiques en réduisant la vulnérabilité pour accroître la résilience

Les actions d'adaptation sont censées s'attaquer aux conséquences des changements climatiques. Elles visent à en réduire les effets préjudiciables. Il s'agit par exemple de mesures d'aménagement ou d'urbanisme ayant pour objectif de réduire la vulnérabilité des territoires pour les ajuster par rapport aux changements climatiques déjà en cours ou envisagés suivant les scénarios et la prospective scientifique faite notamment par le GIEC. La réduction de la vulnérabilité a pour effet d'accroître la résilience, c'est-à-dire la capacité des territoires à subir les conséquences des changements climatiques de manière réversible, en recouvrant ensuite leurs capacités et les potentialités de leur fonctionnement. La réduction de la vulnérabilité et l'accroissement de la résilience ciblent non seulement les territoires, mais aussi les populations exposées aux conséquences des changements climatiques.

Dans les premières politiques climatiques élaborées par les États entre la fin des années 1990 et le début des années 2000, l'adaptation avait été délaissée car jugée plus complexe à mettre en œuvre du fait des difficultés à prévoir les conséquences des changements climatiques et à concevoir et dimensionner de manière anticipative les mesures d'ajustement ou de réaménagement du territoire. Elle est apparue récemment comme une seconde étape, « un supplément d'âme », en complément de l'atténuation considérée comme prioritaire (Bertrand et Richard, 2014). Élaborer et mettre en œuvre des actions d'adaptation suppose d'admettre que le réchauffement de la Terre est en cours et qu'il est inéluctable, au moins en partie. Il faut donc vivre avec.

Depuis 2010, à l'issue de la 16e Conférence des Parties (COP 16) qui a eu lieu à Cancun (Mexique), l'adaptation est inscrite dans l'agenda de la gouvernance de la lutte contre les changements climatiques, les États ayant adopté The Cancun Adaptation Framework (Cadre d'Action de Cancun sur l'Adaptation). Elle est progressivement devenue une préoccupation majeure, portée non seulement par les pays du Sud, mais aussi par les organisations de la société civile, et de plus en plus par les pays du Nord, où les changements climatiques se manifestent fréquemment, avec des dommages considérables (pertes en vies humaines liées aux canicules et aux inondations, déstabilisation des écosystèmes, etc.).

La signification des actions d'adaptation n'est pas pour autant simple, tant le concept recouvre une diversité d'actions possibles. Envisagée comme une réponse aux changements du climat, l'adaptation est, d'après le GIEC, un « ajustement des systèmes naturels ou humains suite à des stimuli climatiques réels ou attendus ou à leurs effets, qui réduit les effets nocifs ou exploite les possibles bénéfices » (GIEC, 2011, cité par Simonet, 2015). Il s'agit de s'attaquer aux conséquences des changements climatiques pour réduire leur ampleur et la vulnérabilité des territoires et des populations, ce qui sous-entend la complexité de l'opérationnalisation du concept.

Dans son acception générale, la déclinaison de l'adaptation recouvre 3 composantes : l'évaluation de la vulnérabilité, le renforcement des capacités, et l'aménagement ou le réaménagement des territoires pour accroître la résilience. D'après Gemenne et Magnan (2015), il s'agit de penser des trajectoires innovantes pour répondre aux changements climatiques, ce qui nécessite des ajustements et des réajustements, un équilibre relatif entre ambitions de développement et prises en compte des préoccupations relatives à l'environnement, dans une logique de développement durable, avec la flexibilité nécessaire pour prévoir les perturbations futures (capacité d'anticipation) et pour limiter les effets imprévisibles (accroître la résilience).

L'aménagement du territoire et l'urbanisme sont particulièrement concernés par l'adaptation. Il s'agit par exemple de concevoir des digues et autres infrastructures permettant de faire efficacement face à la hausse du niveau de la mer, de mieux réguler les flux de chaleur en végétalisant ou en revégétalisant les espaces (création d'îlots de fraîcheur ou d'humidité), d'identifier les zones à risques d'inondations pour les réaménager ou les réurbaniser en tenant compte des changements climatiques déjà avérés ou projetés. Le recalibrage ou le redimensionnement des infrastructures, ainsi que leur solidification, sont nécessaires. La gestion des ressources naturelles est aussi concernée. Dans le domaine de la foresterie par exemple, il s'agit, entre autres, d'enrichir les forêts avec des espèces adaptées (tolérantes à la sécheresse ou aux précipitations abondantes suivant les endroits et la distribution géographique des conséquences des changements climatiques) ; il s'agit aussi de développer l'agroforesterie (associer les cultures vivrières et les arbres). Dans le domaine de l'agriculture, il s'agit de modifier les systèmes de production en privilégiant les espèces adaptées afin d'ajuster les cycles culturaux et les calendriers agricoles pour tenir compte de la disponibilité ou de la raréfaction des ressources en eau. Le boisement ou le reboisement sont des leviers importants car ils accroissent le stockage ou la séquestration du dioxyde de carbone. De manière générale, une meilleure gestion des sols et des couverts végétaux renforce leur effet « puits de carbone » (capacité à absorber et à stocker le carbone). Sur le plan socio-économique, l'adaptation suppose des actions visant la réduction de la vulnérabilité des populations : résorption de la pauvreté et des inégalités, accroissement des capacités écologiques, etc.

L'adaptation, *in fine*, est intrinsèquement articulée d'une part avec la vulnérabilité (la réduire), et d'autre part avec la résilience (l'accroître, la renforcer), dans une perspective spatio-temporelle et multi-échelle. L'anticipation est au cœur de l'adaptation, car cette dernière doit tenir compte des conséquences non seulement actuelles, mais aussi futures, à long terme (2040, 2050, 2100, etc.). Or il est extrêmement difficile non seulement d'évaluer avec précision les conséquences actuelles, mais aussi de prévoir avec exactitude les conséquences futures et leurs retombées sur les sociétés et sur les territoires.

Trois types d'adaptation peuvent être distingués en fonction de l'intensité et de l'ampleur des actions (Reghezza-Zitt, 2023) :

- les actions d'ajustements ponctuels, consistant généralement en des mesures de réaction face aux impacts des changements climatiques (restrictions de l'utilisation des ressources, relogements, installation de ventilateurs, etc.) ;
- les actions de transformations incrémentales ou progressives (changements de pratiques agricoles, nouvelles normes de construction, rénovation des bâtiments, évolution du droit de l'environnement et de l'urbanisme, etc.) ;
- les actions d'adaptation transformationnelle, qui visent des modifications en profondeur et dans la globalité, de manière à s'attaquer aux causes structurelles de la vulnérabilité des espaces et des populations (réduction de la demande, transformation des systèmes de production, sobriété, réduction des inégalités, transformation de la gouvernance, etc.).

Lorsque des actions d'adaptation ne conduisent pas à la réduction envisagée des vulnérabilités, on parle de maladaptation. D'après le GIEC (2001), la maladaptation est une adaptation qui échoue à réduire la vulnérabilité et qui contribue même à l'accroître. C'est « *un processus d'adaptation qui résulte directement en un accroissement de la vulnérabilité [...] et/ou en une altération des capacités et des opportunités actuelles et futures d'adaptation* » (Magnan, 2013). Le dessalement de l'eau des mers, à l'aide d'une énergie non décarbonée (pétrole) et donc émettrice de gaz à effet de serre, ou l'utilisation des canons à neige consommant beaucoup d'eau, sont des exemples d'actions de maladaptation (Reghezza-Zitt, 2023). Ces actions aboutissent à des ajustements ponctuels qui maintiennent le statu quo ou aggravent le problème, alors qu'il serait indispensable d'engager des actions visant le changement des pratiques et la réduction de l'utilisation de l'eau.

L'atténuation et l'adaptation sont les deux principaux types d'actions élaborées et mises en œuvre pour lutter contre les changements climatiques. L'ascension récente des actions relevant de l'adaptation a conduit à privilégier les synergies possibles entre ces deux catégories d'actions. Elles sont de plus en plus envisagées dans une perspective de complémentarité afin d'agir aussi bien sur les causes que sur les impacts des changements climatiques. Au-delà de l'atténuation et de l'adaptation, la sémantique de la lutte contre les changements climatiques s'est progressivement enrichie ces dernières décennies avec des actions relevant de la sobriété (réduction de l'empreinte carbone) ou encore de la neutralité carbone. La neutralité carbone signifie un équilibre entre les EGES d'origine humaine et leur retrait de l'atmosphère par l'Homme ou de son fait. Les EGES doivent être égales aux quantités absorbées/séquestrées/stockées par la végétation et le sol, ainsi que par des procédés industriels. La différence entre les quantités émises et les quantités absorbées doit être égale à zéro. La neutralité carbone est également désignée par l'expression « zéro émissions nettes » (ZEN) ou encore « zéro net ». Il est de plus en plus préconisé de construire des politiques climatiques allant au-delà de l'atténuation pour prendre en compte les enjeux d'adaptation et de résilience, ainsi que les enjeux de neutralité carbone. Cependant, les actions de lutte contre les changements climatiques, qu'il s'agisse de l'atténuation, de l'adaptation ou même de la neutralité carbone, s'avèrent complexes et difficiles à mettre en œuvre, tant au niveau international qu'au niveau national. Depuis les années 2010 et surtout 2020, des actions de neutralité carbone et de résilience sont prônées, aussi bien au niveau international (dans les COP par exemple) qu'au niveau national, en France par exemple, avec un cadre réglementaire et institutionnel en perpétuelle évolution (encadré 7.1). Les initiatives émergent essentiellement au niveau local (Richard, 2016 ; Arnauld de Sartre *et al.*, 2021), notamment dans les plans climat-air-énergie déployés dans des territoires en France. La mise en œuvre des actions ne se fait pas sans conflits relatifs au foncier (disponibilité des terres pour implanter les infrastructures, appropriation des espaces, statuts des terres), à la gouvernance (concertation, participation et implication des parties prenantes, notamment les riverains et les populations locales, arbitrages entre plusieurs utilisations du sol), etc.

ENCADRÉ 7.1

L'enrôlement des collectivités territoriales dans la lutte contre les changements climatiques contemporains en France

En ratifiant la Convention-cadre des Nations unies sur les changements climatiques adoptée en 1992, ainsi que le protocole de Kyoto adopté en 1997, puis l'Accord de Paris adopté en 2015, la France s'est engagée à lutter contre les changements climatiques, avec des objectifs chiffrés notamment en matière de réduction de ses émissions de gaz à effet de serre (EGES). Sur le plan national, des actions doivent être élaborées et déployées, non seulement pour réduire les émissions, mais aussi pour adapter les territoires aux changements climatiques. Plusieurs lois fixant les cadres de l'action et les objectifs à atteindre ont été élaborées : lois Grenelle 1 et Grenelle 2 adoptées en 2009 et en 2010, loi sur la transition énergétique pour la croissance verte, complétée par la stratégie nationale bas carbone, adoptées en 2015, loi climat-énergie en 2019, loi climat et résilience en 2021, loi relative à l'accélération des énergies renouvelables en 2023. Elles confèrent un rôle primordial aux collectivités territoriales, soutenues par L'Agence de l'environnement et de la maîtrise de l'énergie (ADEME), devenue Agence de la transition écologique.

1. Rôle des collectivités territoriales dans la lutte contre les changements climatiques

Les premières initiatives de lutte contre les changements climatiques à l'échelle locale ont émergé en France au début des années 2000 (Godinot, 2011). L'approche initialement enclenchée par l'État, avec une démarche considérant le « problème climat-énergie » à l'échelle nationale, a progressivement fait place à une approche accordant un rôle de « chefs d'orchestre » et de « relais majeurs » aux collectivités territoriales (Bertrand et Richard, 2014). Dès le départ, l'option de s'attaquer conjointement aux changements climatiques et aux questions énergétiques, en les articulant, a été retenue, la problématique des énergies étant étroitement liée à la problématique des EGES. En instituant en 2004 les plans climats territoriaux (PCT), le Plan climat national a offert l'opportunité aux territoires (grandes villes, agglomérations et régions) d'élaborer et de mettre en œuvre des actions locales de lutte contre les changements climatiques. Des territoires pionniers (Grenoble, Chalon-sur-Saône, Rennes, Nantes, Lyon, les régions Nord-Pas-de-Calais, Hauts-de-Seine et Poitou-Charentes, etc.) se sont alors engagés dans des actions visant à relever le défi climat énergieau niveau local. Ces territoires ont élaboré les premières politiques climatiques locales françaises entre 2005 et 2008 (Bertrand et Richard, 2014). Dans une seconde période, suite aux lois Grenelle 1 et Grenelle 2, les Plans climat énergie territoriaux (PCET), à mettre en œuvre à l'horizon 2012, par les collectivités territoriales de plus de 50 000 habitants, ont été institués. La loi sur la « transition énergétique pour une croissance verte » a changé le périmètre des PCET. Devenus PCAET (Plans climat air énergie territoriaux), ils sont obligatoires, depuis 2018, pour des collectivités territoriales de plus de 20 000 habitants. Depuis lors, on assiste à un foisonnement et à une généralisation des plans locaux climat-air-énergie (Arnauld de Sartre *et al.*, 2021). Celui du pays du Mans a été décrit par Bailly et Tsayem (2023).

2. Apport de l'ADEME

C'est une structure publique[5] qui joue un rôle majeur dans l'opérationnalisation de la lutte contre les changements climatiques dans les collectivités territoriales. En 2005, elle a publié un guide intitulé « Le plan climat à l'échelle de mon territoire ». Il permet d'identifier les actions climatiques des collectivités territoriales et de fixer des objectifs de réduction des EGES à l'échelle des territoires. Dès 2007, l'ADEME a diffusé un outil méthodologique opérationnel appelé « bilan carbone collectivités ». Il sert à quantifier les EGES des territoires (Godinot, 2011). C'est un outil de diagnostic permettant aux collectivités territoriales de piloter les démarches associant les acteurs du territoire, et de planifier les actions à mettre en œuvre pour que les différents secteurs d'activité (agriculture, transport, habitat, etc.) s'inscrivent dans une optique bas carbone, conformément aux engagements de la France (facteur 4, c'est-à-dire la division des EGES par 4 à l'horizon 2050 par rapport à 1990 ; 3x20, c'est-à-dire faire passer la part des énergies renouvelables à 20 % du mix énergétique, réduire les EGES de 20 %, et accroître l'efficacité énergétique de 20 %). Pour faire l'inventaire ou le bilan de leurs émissions de gaz à effet de serre (BEGES), les collectivités territoriales peuvent mobiliser les outils méthodologiques élaborés par l'ADEME. Des Conseillers Territoires Engagés pour la Transition, formés par l'ADEME, sont employés par des collectivités territoriales. Réaliser le BEGES permet de montrer l'engagement de la collectivité territoriale, qui peut obtenir le label Territoire Engagé dans la Transition Écologique, en reconnaissance de la pertinence des actions envisagées dans le PCAET et dans le cadre du traitement et de la gestion des déchets produits au sein du territoire.

Conclusion

Les collectivités territoriales sont instigatrices de politiques climatiques locales ou territoriales. Elles pilotent des dynamiques incitatives cherchant à impliquer les secteurs économiques et industriels, ainsi que les citoyens, dans des modes de production et de consommation peu émettrices de gaz à effet de serre. Par des exercices de planification et de prospective, les collectivités territoriales jouent un rôle d'animateur territorial et de catalyseur des actions de lutte contre les changements climatiques. Leur rôle est considérablement accru avec l'institutionnalisation des plans climat air énergie par les lois Grenelle, et par la loi de 2015 sur la transition énergétique pour la croissance verte. L'observatoire des PCAET, créé par l'ADEME, répertorie les initiatives et les actions élaborées par les territoires pour lutter contre les changements climatiques. C'est une ressource importante pour le partage d'expériences et pour l'étude et le suivi de l'engagement des collectivités territoriales dans la lutte contre les changements climatiques. Près de 500 PCAET sont répertoriés dans cette base de données[6]. Elle donne un aperçu du déploiement des politiques climat-air-énergie dans les territoires.

5. Voir https://www.ademe.fr (consulté le 14 avril 2024).
6. Voir https://www.territoires-climat.ademe.fr/observatoire (consulté le 14 avril 2024).

Conclusion

Les principes qui servent de base à l'élaboration et à la mise en œuvre des actions de lutte contre les changements climatiques au niveau international promeuvent l'équité et la justice entre les États, en distinguant grosso modo les pays développés et les pays en développement, avec l'idée que les pays développés, plus responsables des changements climatiques que les pays en développement, doivent être à l'avant-garde en ayant des engagements ambitieux. Les principaux principes (responsabilités communes mais différenciées, contributions déterminées au niveau national, partage du fardeau dans une optique d'équité et de justice climatique) sont cependant difficiles à être opérationnalisés dans les accords internationaux et dans les engagements pris par les États. Leur application suppose des calculs prenant en compte des critères et des variables dont le choix ne fait pas consensus (par exemple les EGES, le produit intérieur brut, la population, etc.). Les actions conçues et déployées par les États, que ce soit sur la base de ces principes ou non, s'avèrent insuffisantes et en deçà de ce qu'il faudrait qu'ils fassent pour résorber les changements et les dérèglements climatiques contemporains (UNEP, 2022).

Les principes de la lutte contre les changements climatiques ont suscité de nombreuses confrontations et tensions (figure 7.3). Relevant de la géopolitique externe ou internationale (rivalités entre les États), elles vont de plus en plus au-delà de la classique bipolarisation Nord Sud (États en développement *versus* États développés), avec des arbitrages à opérer pour concilier la réduction des EGES et la croissance pour le développement économique et social. Les pays émergents (Chine, Brésil, Inde, etc.), du fait de l'augmentation conséquente de leurs EGES au cours des dernières décennies, sont de plus en plus au centre des confrontations et des tensions. Ils sont stigmatisés par les pays développés, qui pointent du doigt le fait que ces pays émergents s'abritent encore derrière leur statut de pays en développement pour ne pas prendre une part active et importante dans la lutte internationale contre les changements climatiques. Ils sont parfois aussi stigmatisés par les pays en développement, qui considèrent que ces pays émergents continuent de bénéficier de dispositifs incitatifs élaborés et déployés vers les pays en développement, par exemple le mécanisme pour un développement propre, et plus globalement les financements internationaux pour la lutte contre les changements climatiques. Les pressions exercées par les pays en développement ont fait émerger le dispositif REDD+, qui article la lutte contre les changements climatiques et la lutte contre la déforestation et la dégradation des forêts dans les pays en développement, avec des financements provenant des pays développés (encadré 7.2)

Quant à la sémantique de l'action, son caractère foisonnant ne traduit pas une multitude de mesures effectivement mises en œuvre pour lutter contre les changements climatiques. Bien que des lois et des politiques climatiques soient élaborées et adoptées par des parlements dans de nombreux pays, leur opérationnalisation demeure une véritable gageure, soulignant la complexité et les difficultés opérationnelles de la lutte contre les changements climatiques. Il y a un « schisme de réalité », comme l'ont relevé

Principes — **Confrontations et tensions suscitées**

Responsabilités communes mais différenciées →

- Tensions entre les pays développés et les pays en développement (clivage Nord Sud).
- Les pays développés (pays riches) sont pointés du doigt, considérés comme étant responsables des changements climatiques.
- Ils doivent réduire leurs émissions de gaz à effet de serre et financer la participation des pays en développement à la lutte contre les changements climatiques.
- Refus des États-Unis de ratifier le protocole de Kyoto et donc de prendre des engagements de réduction de leurs émissions.
- Les pays en développement (pays pauvres) n'ont pas d'engagements de réduction de leurs émissions.
- Crispations à propos des pays émergents (Chine, Inde, Brésil, etc.), encore considérés comme étant des pays en développement exonérés d'engagements de réduction de leurs émissions. Or, elles ont significativement augmenté au cours des dernières décennies.

Contributions déterminées au niveau national →

- Attentisme et procrastination (*pledge and see what happens ou pledge and review if...*) : les États ne s'engagent pas individuellement à la hauteur du problème. Ils s'observent et révisent à la hausse leurs engagements s'ils ont l'impression que les autres États ont fait des efforts.
- Crispations internationales du fait de la faible portée des contributions nationales. Agrégées les unes au autres, elles s'avèrent insuffisantes.
- Comportement de type *free rider* (passage clandestin, dilemme du prisonnier). Les États réticents (États-Unis, Australie, Chine, etc.) passent entre les mailles du filet et laissent les États proactifs, avec des engagements élevés (Union européenne par exemple) faire les efforts.

Justice climatique dans le partage du fardeau →

- Tensions et crispations à propos des clés de répartition du fardeau : critères et périodes à prendre en compte pour répartir équitablement les efforts de réduction des émissions de gaz à effet de serre entre les pays.
- Tensions et crispations quant aux arbitrages à opérer entre développement économique et lutte contre les changements climatiques via la réduction des émissions.
- Tensions et crispations entre une approche par pays et une approche globale ou cosmopolite.
- Tensions et crispations entre l'atténuation et l'adaptation : que privilégier, quelles synergies déployer ?
- Pressions exercées notamment par des organisations de la société civile contestant le monopole ou l'hégémonie des États.

Figure 7.3 – Aspects géopolitiques des principes internationaux de la lutte contre les changements climatiques contemporains

Sémantique — **Confrontations et tensions suscitées**

Atténuation →

- Tensions entre les pays développés et les pays en développement, qui ont reproché aux premiers d'avoir la priorité à l'atténuation, occultant l'adaptation, alors que les pays en développement subissent déjà les conséquences des changements climatiques dont ils ne sont pas responsables selon le principe de la responsabilité historique des pays développés.
- Arbitrages difficiles entre la nécessité de réduire les émissions (sobriété énergétique, réduction de l'empreinte écologique) et la volonté de poursuivre la croissance et le développement économique et industriel énergivore.
- Conflits d'environnement et d'aménagement du territoire (géopolitique locale) : concurrence pour l'utilisation du sol, tensions relatives à l'implantation des infrastructures de production des énergies renouvelables, à la gestion optimisée des villes, du foncier, des mobilités, etc.

Adaptation →

- Tensions entre les pays développés et les pays en développement, qui considèrent que l'adaptation est le parent pauvre de la lutte contre les changements climatiques, avec peu de financements mobilisés en comparaison de ceux qui sont mobilisés pour l'atténuation.
- Les pays en développement considèrent que l'adaptation est le parent pauvre parce qu'ils sont les premiers concernés du fait de leur vulnérabilité.
- Complexité de l'adaptation en termes de dimensionnement des infrastructures et de réaménagement des territoires, avec une dimension prospective et anticipative.
- Passer de l'ajustement aux changements transformationnels : dépendance aux sentiers, avec des difficultés pour sortir des modèles anciens et pour adopter de nouveaux modèles.
- Difficultés pour articuler la réduction de la vulnérabilité et l'accroissement de la résilience.
- Pressions exercées notamment par des organisations de la société civile.
- Conflits d'environnement et d'aménagement du territoire (géopolitique locale).

Figure 7.4 – Aspects géopolitiques de la lutte contre les changements climatiques contemporains

Aykut et Dahan (2015), tant les discours et les concepts paraissent ésotériques, peinant à s'attaquer véritablement aux réalités inhérentes aux changements climatiques (hausse du niveau de la Mer, fonte des glaciers, augmentation des températures, recrudescence de l'érosion et des glissements de terrain, etc.).

Les confrontations et les tensions suscitées par la sémantique de la lutte contre les changements climatiques comportent une dimension internationale et une dimension locale (figure 7.4). La dimension internationale porte notamment sur les rivalités entre les pays en développement et les pays développés, les pays en développement reprochant aux pays développés de privilégier l'atténuation au détriment de l'adaptation, occultant les conséquences des changements climatiques dont sont victimes les pays en développement. Qu'il s'agisse de l'atténuation ou de l'adaptation, la sémantique de l'action suscite de nombreux conflits d'aménagement et d'environnement, d'où l'importance d'une approche de géopolitique locale (Subra, 2016) pour étudier et comprendre les difficultés inhérentes à la lutte contre les changements climatiques aux échelles locales.

ENCADRÉ 7.2

La REDD+ : une approche de lutte contre la déforestation tropicale pour atténuer les changements climatiques

Les politiques de lutte contre la déforestation dans les pays en développement ont été renouvelées au cours des années 2000 avec l'avènement de la REDD+, acronyme désignant la Réduction des Émissions de gaz à effet de serre résultant de la Déforestation et de la Dégradation des forêts, plus l'accroissement des stocks de carbone forestier et la gestion dite durable des forêts tropicales. Il s'agit d'un ensemble de dispositifs incitatifs qui ont émergé dans le cadre des négociations internationales sur les changements climatiques, connues sous le sigle COP, c'est-à-dire Conférences des Parties. Ce sont des réunions qui rassemblent chaque année les États qui ont ratifié la Convention-cadre des Nations unies sur les changements climatiques (Aykut et Dahan, 2015 ; Tsayem, 2023). Dans ce cadre, les forêts tropicales sont devenues un enjeu majeur du fait que la déforestation dont elles sont l'objet engendre une quantité importante de gaz à effet de serre qui contribuent au réchauffement de la Terre. Le rapport Stern (2006) et le 4e rapport du Groupe Intergouvernemental d'Experts sur l'Évolution du Climat (GIEC, 2007) ont indiqué que la déforestation, qui se déroule essentiellement dans la zone intertropicale, est responsable de 20 à 25 % des émissions mondiales de CO_2. Cette estimation a été révisée à la baisse par van der Werf *et al.* (2009), qui indiquent que la déforestation est à l'origine de 12 à 15 % des émissions de gaz à effet de serre (EGES) dans le monde. Cette synthèse décrit la genèse et l'effervescence internationale de la REDD+ en montrant que sa diffusion internationale et l'adhésion des pays en développement ont été rapides et ont suscité un grand enthousiasme. L'objectif est de décrypter la façon dont le concept a été élaboré et reconfiguré pour une mise en œuvre articulant lutte contre la déforestation et lutte contre les changements climatiques.

1. Genèse et évolution de la REDD+

1.1 Origine du concept

Pour renouveler d'un point de vue conceptuel et pratique la lutte contre la déforestation en milieu tropical, des chercheurs travaillant pour l'Institut de Recherche Environnementale Amazonienne[7] (IPAM) ont élaboré et proposé en 2003, lors de la 9e Conférence des Parties (COP 9) à Milan, une nouvelle approche basée sur le concept de « réduction compensée » (Santilini *et al.*, 2005). Par ce concept, ces chercheurs suggéraient d'encourager la conservation des forêts tropicales et la lutte contre la déforestation en récompensant financièrement les pays en développement qui parviendraient, de manière prouvée, à réduire volontairement les EGES issues de la déforestation. Le concept fut ensuite repris par le Costa Rica et la Papouasie Nouvelle Guinée, qui ont présenté lors de la COP 11 à Montréal en 2005, un projet suggérant des incitations pour encourager la Réduction des Émissions issues de la Déforestation (RED) dans les pays en développement. Elle était soutenue par une coalition de pays appartenant à la zone forestière humide (*coalition for rainforest nations*[8]). Il fut demandé aux États d'engager la réflexion notamment sur les aspects scientifiques, techniques et méthodologiques, pour faire des recommandations lors de la COP 13, en 2007 à Bali (Bernard *et al.*, 2012). Le Brésil a ensuite présenté des propositions de RED, notamment lors de la COP 12 en 2006 à Nairobi. Ces propositions suggéraient des récompenses financières, sur fonds publics, pour encourager l'application de décisions ou de politiques aboutissant à la réduction de la déforestation dans les pays en développement, les fonds publics devant être alimentés par les pays développés.

1.2 De la RED à la REDD

Alors que les premières formulations ne portaient que sur la déforestation, un deuxième D, signifiant Dégradation des forêts, fut adopté lors de la COP 13 à Bali en 2007, à la demande des pays du bassin du Congo (Kasulu *et al.*, 2008 ; Tadoum *et al.*, 2010). Ils craignaient que des récompenses ou des compensations financières soient surtout bénéfiques aux pays ayant d'importants taux de déforestation, comme le Brésil, où la déforestation est consécutive à la transformation des espaces forestiers en espaces agropastoraux, alors qu'en Afrique centrale, la déforestation est relativement faible, engendrée notamment par l'exploitation sélective du bois qui provoque la dégradation des forêts. On est alors passé de la RED à la REDD. Ce passage a été entériné dans la feuille de route (ou plan d'action) de Bali, qui a ciblé trois principaux types d'actions pour lesquelles

7. C'est une structure de recherche qui fonctionne comme un *think thank* spécialisé sur l'Amazonie brésilienne. Il conseille le gouvernement brésilien et participe régulièrement et activement aux conférences des parties. Voir http://www.ipam.org.br (consulté le 11 avril 2024).

8. Elle compte une quarantaine de pays membres. Voir http://rainforestcoalition.org (consulté le 20 févirer 2019).

des pays en développement pourraient bénéficier de récompenses ou de compensations financières au titre de la REDD :

- la réduction des émissions résultant de la déforestation et de la dégradation des forêts ;
- la conservation et la gestion durable des forêts ;
- le renforcement des stocks de carbone forestier.

1.3 De la REDD à la REDD+

Au-delà de la déforestation et de la dégradation des forêts, d'autres éléments (conservation, gestion durable, stockage du carbone forestier) ont été incorporés dans la REDD. C'est essentiellement à la demande de la Chine et de l'Inde, qui souhaitaient que la création d'aires protégées et la sylviculture soient aussi prises en considération pour faire l'objet de récompenses ou de compensations financières au titre de la lutte contre la déforestation ou contre la dégradation des forêts. La feuille de route de Bali appelait aussi au démarrage de projets pilotes ou expérimentaux, et suggérait que les pays développés soutiennent financièrement ces initiatives REDD, afin que les résultats soient pris en compte et intégrés dans l'élaboration du traité international qui était espéré pour l'après 2012, que lesÉtats devaient adopter à Copenhague en 2009, lors de la COP 15). Cette COP a consacré l'évolution du périmètre de la REDD, avec un + relatif aux éléments ajoutés à Bali en 2007 (conservation et gestion durable des forêts, rehaussement des stocks de carbone dans les sols forestiers). Depuis lors, c'est le sigle REDD+ qui prévaut.

Depuis sa première esquisse formulée en 2005 par la Papouasie Nouvelle Guinée et le Costa Rica (pays pionniers), la nouvelle approche de lutte contre la déforestation véhiculée par le concept REDD+ s'est rapidement diffusée, avec un périmètre augmenté, d'abord en 2006 à la demande du Brésil, puis en 2007 à la demande des pays du Bassin du Congo et enfin en 2009 à la demande de la Chine et de l'Inde (tableau 7.2). Les élargissements successifs du périmètre ont été accompagnés par des positions politiques spécifiques : réticence du Brésil pour les marchés carbone afin que la lutte contre la déforestation repose sur des financements internationaux alloués par les pays développés, demandes des pays du bassin du Congo pour des récompenses et des compensations financières et pour des financements internationaux dédiés au renforcement des capacités, etc.

Tableau 7.2 – Principales étapes de la conceptualisation de la REDD+

2003 (COP 9)	Émergence du concept de « réduction compensée », proposé par des chercheurs associés aux ONG environnementales (IPAM au Brésil) suggérant une compensation financière au titre de la déforestation tropicale évitée.
2005 (COP 11)	Première esquisse avec le sigle RED (Réduction des Émissions issues de la Déforestation) formulée par le Costa Rica et la Papouasie-Nouvelle-Guinée, soutenue par la coalition des pays de la zone forestière humide, suggérant la compensation financière au titre de la lutte contre la déforestation dans les pays en développement. Approche « carbone forestier-climat ».

2006 (COP 12)	Proposition RED du Brésil suggérant la création de fonds publics pour récompenser les pays en développement qui réduiraient volontairement la déforestation. Renforcement de l'approche « carbone forestier-climat ».
2007 (COP 13)	Première esquisse REDD (Réduction des Émissions issues de la Déforestation et de la Dégradation des forêts) formulée par les pays du bassin du Congo, suggérant des récompenses financières non seulement pour la lutte contre la déforestation, mais aussi contre la dégradation des forêts tropicales. Renforcement de l'approche « carbone forestier-climat ».
Depuis 2009 (COP 15)	Utilisation du sigle REDD+ (Réduction des Émissions issues de la Déforestation et de la Dégradation des forêts, plus d'autres actions contribuant à la gestion durable des forêts tropicales), pour envisager des récompenses non seulement au titre de la lutte contre la déforestation et la dégradation des forêts tropicales, mais aussi au titre de leur gestion durable et du rehaussement des stocks de carbone dans les sols forestiers tropicaux (à la demande notamment de la Chine et de l'Inde). Approche « carbone forestier-climat » complétée par une approche « co-bénéfices socio-économiques » notamment pour les populations locales REDD+ est devenue un élément important des négociations internationales sur le climat (COP) ; de nombreux États adhèrent aux dispositifs REDD+. REDD+ est entérinée par l'Accord de Paris (COP 21 en 2015) comme levier de lutte contre le changement climatique pour la période 2020-2030. Approche « carbone forestier-climat », complétée par les approches « co-bénéfices socio-économiques » et « paysages-territoires ».

II. Au-delà des forêts : les reconfigurations de la REDD+ et l'adhésion massive des États

Initialement focalisée sur la nécessité de réduire les EGES issues de la déforestation pour que les forêts tropicales soient intégrées dans la lutte contre les changements climatiques contemporains, la conceptualisation de la REDD+ a ensuite intégré la nécessité de générer des co-bénéfices, notamment pour les populations locales (retombées socio-économiques découlant des récompenses, des rémunérations ou des compensations au titre de la déforestation évitée ou réduite), mais aussi pour l'environnement (prise en compte de la biodiversité et des efforts de gestion dite durable des forêts tropicales). Dans sa conceptualisation actuelle, la REDD+ envisage une dimension paysagère ou territoriale, dans l'optique de son inscription dans les espaces et les paysages. Cette dernière conceptualisation, visant un ancrage géographique, est cependant marginale par rapport aux précédentes conceptualisations, car la REDD+ est encore présentée essentiellement comme étant un dispositif de rémunération ou de récompenses/compensations équivalentes à une quantité de dioxyde de carbone évitée dans le cadre de la lutte contre la déforestation (Turnhout *et al.*, 2017). Les élargissements progressifs du périmètre de la REDD+, approuvés lors des COP successives depuis 2005, expliquent son effervescence internationale rapide. Cette effervescence est aussi caractérisée par le très grand nombre de pays qui ont adhéré aux différents dispositifs REDD+ créés depuis 2007 (figure 7.6).

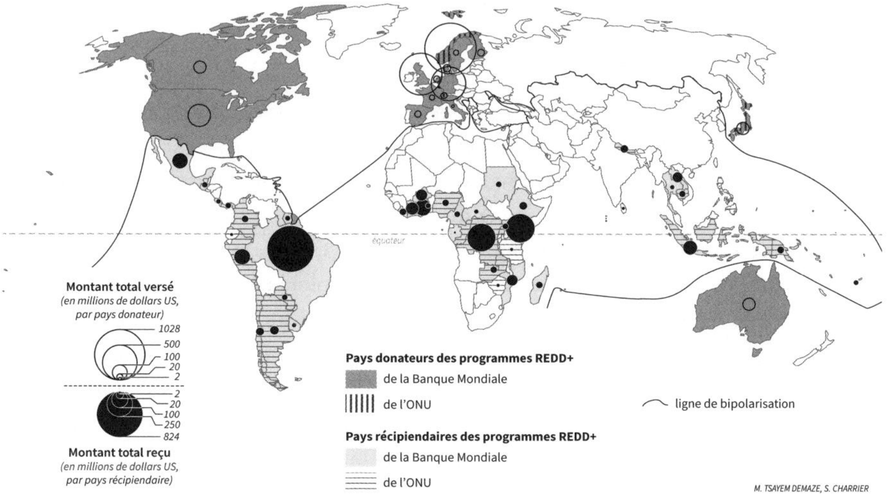

Figure 7.6 – Pays développés et pays en développement engagés dans la REDD+

Sources : forest carbon partnership facility (https://www.forestcarbonpartnership.org/) et UN REDD Programme (https://www.un-redd.org/)

La REDD+ a suscité un grand engouement et a connu une effervescence internationale caractérisée par le déploiement de nombreux programmes multilatéraux, en particulier ceux qui sont pilotés par la Banque Mondiale (Fonds de Partenariat pour le Carbone Forestier, Fonds Carbone, Programme d'Investissement sur les Forêts) et par l'Organisation des Nations unies (ONU REDD). Ces programmes bénéficient d'importants apports financiers des pays développés. La Norvège (756 millions de dollars), la Grande Bretagne (708 millions de dollars) et l'Allemagne (474 millions de dollars) sont les trois premiers contributeurs des programmes REDD+ pilotés par la Banque Mondiale. Le Brésil (824 millions de dollars), le Kenya (317 millions de dollars) et la République démocratique du Congo (292 millions de dollars) sont les trois premiers récipiendaires de ces fonds déployés dans ces dispositifs REDD+ pilotés par la Banque Mondiale. De moins grande ampleur que les programmes REDD+ pilotés par la Banque Mondiale, le programme REDD+ piloté par l'ONU est financé principalement par la Norvège (271 millions de dollars), le Danemark (9 millions de dollars), le Japon (3 millions de dollars) et le Luxembourg (3 millions de dollars). La République démocratique du Congo (7 millions de dollars), la Papouasie Nouvelle Guinée (6 millions de dollars), et l'Indonésie (5 millions de dollars) en sont les principaux récipiendaires. Des pays en développement, essentiellement ceux qui font partie des trois grandes zones forestières tropicales

(Amérique du Sud, Afrique centrale, Asie du Sud-Est), ont adhéré à ces programmes en suivant, avec plus ou moins de difficultés, les préconisations et les procédures qui les conduisent à recevoir des financements pour mettre en œuvre la REDD+ dans leurs territoires (Angelsen *et al.*, 2010 ; Tsayem Demaze, 2015).

Conclusion et perspectives

Avec la REDD+, la lutte contre la déforestation qui affecte les forêts tropicales est devenue un objectif de l'atténuation des changements climatiques et de l'adaptation aux conséquences des changements climatiques. La REDD+ est censée engendrer la réduction ou l'évitement de la déforestation et des EGES qui en sont issues. Vingt ans après son émergence internationale, l'enthousiasme et l'effervescence qui ont caractérisé les différentes phases de conception et de planification du déploiement de la REDD+ semblent considérablement estompés dans les pays en développement qui ont adhéré à ces dispositifs (Majambu, 2023 ; Sufo Kankeu, 2019 ; Tsayem *et al.*, 2015 ; Minang *et al.*, 2014). La phase initiale de foisonnement des projets REDD+ au début des années 2010 dans les trois grands bassins de forêts tropicales au monde (l'Amazonie, le Bassin du Congo, l'Asie du Sud-Est), avec une majorité de projets au Brésil (Shin *et al.*, 2022 ; Tsayem, 2013), augurait d'une mise en œuvre tous azimuts de la REDD+ dans les espaces forestiers des pays en développement. Mais la mise en œuvre concrète de la REDD+, en tant que politique de lutte contre la déforestation dans les pays en développement, s'est avérée de plus en plus limitée (IUFRO, 2022 ; Minang *et al.*, 2014, Angelsen *et al.*, 2012), particulièrement en Afrique centrale, avec peu de retombées et peu d'efficacité en matière de réduction de la déforestation et de la dégradation des forêts (Majambu, 2023 ; Sufo Kankeu, 2019 ; Tsayem *et al.*, 2015).

La REDD+ s'ajoute à une autre approche de lutte contre la déforestation qui a émergé dans les années 1990, consistant à certifier la gestion des forêts pour attester que cette gestion est conforme aux exigences du développement durable, c'est-à-dire satisfaisant autant aux attentes économiques et sociales qu'à la nécessité de conserver les forêts (Tsayem, 2008).

De nouveaux concepts émergent pour redynamiser et reconfigurer la lutte contre la déforestation. Il s'agit notamment des concepts « zéro déforestation », « déforestation importée », « déforestation exportée ». L'Union européenne, engagée dans ces concepts, a adopté en 2022 un règlement visant à lutter contre la déforestation et la dégradation des forêts situées hors de l'Europe, dans la mesure où les produits écoulés au sein de l'espace européen auraient engendré la déforestation ou la dégradation des forêts dans les pays d'origine de ces produits. Entrée en vigueur en 2023, cette réglementation ambitionne de lutter contre la déforestation importée en Europe, en encourageant les chaînes d'approvisionnement « zéro déforestation[9] ».

9. Voir https://ec.europa.eu/commission/presscorner/detail/fr/qanda_21_5919.

BIBLIOGRAPHIE

ANGELSEN A., BROCKHAUS M., SUNDERLIN W. D., VERCHOT L. V. (dir.), 2012. *Analysing REDD+ Challenges and choices*, CIFOR.

ANGELSEN, A., BROCKHAUS, M., KANNINEN, M., SILLS, E., SUNDERLIN, W. D., WERTZ-KANOUNNIKOFF, S. (éds), (2010). *Réaliser la REDD+ : Options stratégiques et politiques nationales*, CIFOR.

ARNAULD DE SARTRE, X., BAGGIONI, V., BOUISSET, C., (2021). Potentialité et réalisations des politiques climatiques locales : vers l'institutionnalisation des plans climats territoriaux dans les villes moyennes françaises. *Natures Sciences Sociétés*, 29, 1, p. 23-35.

AYKUT, S., DAHAN, A., (2015). *Gouverner le climat ? 20 ans de négociations internationales*, Presses de Sciences Po.

BAILLY, G., TSAYEM DEMAZE, M., (2023). *Lutte contre les changements climatiques et intercommunalité : des délimitations en question*. Dans BAILLY, G., GASNIER, A., ANGONNET, S., (2023). Atlas Social du Mans [En ligne].

BERTRAND, F., RICHARD, E., (2014). L'action des collectivités territoriales face au « problème climat » en France : une caractérisation par les politiques environnementales, *Natures Sciences Sociétés*, 2014/3, vol. 22, p. 195-203.

BOURBAN, M., (2017). Justice climatique et négociations internationales. *Négociations*, n° 27, p. 7-22.

CAPDEPUY, V., (2007). La limite Nord-Sud. *Mappemonde*, n° 88.

CAPDEPUY, V., (2023). *Le Sud global, un nouvel acteur de la géopolitique mondiale ?* Géoconfluences, URL : https://geoconfluences.ens-lyon.fr.

CHANCEL, L., PIKETTY, T., (2015). *Carbone et inégalité : de Kyoto à Paris. Évolution de l'inégalité mondiale des émissions de CO_2 (1998-2013) et perspectives pour un financement équitable de l'adaptation*. Rapport, Paris School of Economics.

DE PRYCK, K., (2022). *GIEC : la voix du climat*, Presses de Sciences Po.

GEMENNE, F., (2021). *Géopolitique du climat. Les relations internationales dans un monde en surchauffe*, Armand Colin.

GIEC, (2007). *Bilan 2007 des changements climatiques.*

GODARD, O. (2015). *La justice climatique mondiale*, La Découverte.

GODINOT, S., (2011). Les plans climat énergie territoriaux : voies d'appropriation du facteur 4 par les collectivités et les acteurs locaux ? *Développement Durable et Territoires*, vol. 2, n° 1.

IPCC (GIEC), (2001). *Climate change 2001: impacts, adaptation, and vulnerability*. Dans McCARTHY, D., CANZIANI, O. F., LEARY, N. A., DOKKEN, D. J., WHITE, K. S. (éds.), (2001). *Contribution of Working Group II to the Third Assessment Report of the Intergovernmental Panel on Climate Change*, Cambridge University Press.

IUFRO, 2022. À decade of REDD+: Stakeholder perceptions of its implementation.

KASULU SEYA MAKONGA, V., AMOUGOU, J. A., HAMEL, O., (2008). *Les pays du bassin du Congo dans le processus de réduction des émissions liées à la déforestation et à la dégradation des forêts (REDD). Construction de la position de la COMIFAC dans le cadre des négociations internationales*, p. 179-198. Dans DE WASSEIGE, C., DEVERS, D., DE MARCKEN, P., EBA'A ATYI, R., NASI, R., MAYAUX, P. (éds), (2008). *Les forêts du bassin du Congo. État des forêts 2008.*

LAVALLÉE, S., (2010). Le principe des responsabilités communes mais différenciées à Rio, Kyoto et Copenhague : essai sur la responsabilité de protéger le climat. *Études internationales*, 41(1), p. 51-78.

LAVALLÉE, S., MALJEAN-DUBOIS, S., (2016). L'Accord de Paris : fin de la crise du multilatéralisme climatique ou évolution en clair-obscur ? *Revue juridique de l'environnement*, n° 41, p. 19-36.

MAGNAN, A., (2013). Éviter la maladaptation au changement climatique. Policy Brief, *IDDRI*, n° 8, 13 juillet 2013.

MAJAMBU, E., 2023. *Political ecology de la lutte contre la déforestation en République Démocratique du Congo : acteurs, rapports de pouvoir et injustices environnementales*. Thèse de doctorat en géographie, Université du Mans.

MICHELOT, A., (2016). La justice climatique et l'Accord de Paris sur le climat. *Revue juridique de l'environnement*, n° 41, p. 71-79.

MINANG, P. A., NOORDWIJK, M. V., DUGUMA, L. A., *et al.*, 2014. REDD+Readiness progress across countries: time for reconsideration. *Climate Policy*, vol. 14, n° 6, p. 685-708.

REGHEZZA-ZITT, M., (2023). *L'Anthropocène*. Documentation photographique, CNRS Éditions.

SANTILLI, M., MOUTINHO, P., SCHWARTZMAN, S., NEPSTAD, D., CURRAN, L., NOBRE, C., (2005). Tropical deforestation and the Kyoto Protocol: an editorial essay. Dans MOUTINHO P., SCHWARTZMAN, S. (éds.), (2005). *Tropical deforestation and climate change*. IPAM, p. 47-52.

SIMONET, G., (2015.) Une brève histoire de l'adaptation : l'évolution conceptuelle au fil des rapports du GIEC (1990-2014), *Natures Sciences Sociétés* 2015/Supp3 (Supplément), p. 52-64.

SHIN, S., PARK, M.S., LEE, H., BARAL, H., (2022). The structure and pattern of global partnerships in the REDD+ mechanism. Forest Policy and Economics.

STERN REVIEW (Rapport Stern), 2006. *Stern review on the economics of climate change.*

SUBRA, P., (2016). *Géopolitique locale. Territoires, acteurs, conflits*, Armand Colin.

SUFO KANKEU, R., (2019). *Le monitoring de la déforestation dans le Bassin du Congo : quelles synergies entre les savoirs exogènes et les savoirs endogènes ?* Thèse de doctorat en géographie, Université du Mans.

TADOUM, M., KASULU SEYA MAKONGA, V., BOUNDZANGA, G. C., BOUYER, O., HAMEL, O., CREIGHTON, G. K., (2010). *Négociations internationales sur le futur régime climat post 2012. Avancées de Copenhague à Cancun et retombées pour les forêts du bassin du Congo*, p. 157-170. Dans WASSEIGE, C., DE MARCKEN, P., BAYOL, N., HIOL HIOL, F., MAYAUX, PH., DESCLÉE, B., NASI, R., BILLAND, A., DEFOURNY, P ET EBA'A, R. (éds), (2010). *Les forêts du bassin du Congo – État des Forêts 2010.* Office des publications de l'Union européenne.

TSAYEM DEMAZE, M., (2008). Les forêts tropicales en marge de la certification forestière, *Bois et Forêts des Tropiques*, n° 296, p. 83-98.

TSAYEM DEMAZE, M., (2013). La REDD+ au Brésil : entre construction du cadre institutionnel et foisonnement des projets pilotes, *Bois et Forêts des Tropiques*, n° 316, p. 17-33.

TSAYEM DEMAZE, M., (2015). *Les relations Nord Sud pour atténuer le changement climatique. Du développement propre à la déforestation évitée*, L'Harmattan.

TSAYEM DEMAZE, M., NGOUFO, R., TCHAWA, P., (2015). Du savoir vers le savoir-faire. Évolution de la conception de la REDD+ et contraintes à sa mise en œuvre en Afrique centrale, *Natures Sciences Sociétés*, vol. 23, p. 91-101.

TSAYEM DEMAZE, M., (2023). Quête de justice climatique et reconfiguration de la lutte contre les changements climatiques en marge des conférences des parties (COP), *L'Information Géographique*, n° 1.

TURNHOUT, E., GUPTA, A., WEATHERLEY-SINGH, J., VIJGE, M. J., DE KONING, J., VISSEREN-HAMAKERS, I. J., *et al.*, (2017). Envisioning REDD+ in a post-Paris era: between evolving expectations and current practice. *Wiley Interdiscip. Rev. Climate Change.*

UNITED NATIONS ENVIRONMENT PROGRAMME, (2022). *Émissions Gap Report 2022: The Closing Window – Climate crisis calls for rapid transformation of societies. Nairobi*, URL : https://www.unep.org/emissions-gap-report-2022.

VAN DER WERF, G. R., MORTON, D. C., DEFRIES, OLIVIER, J. G. J., KASIBHATLA, P. S., JACKSON, R. B., COLLATZ, G. J. and RANDERSON, J. T., (2009). CO_2 emissions from forest loss, *Nature Geoscience*, 2, p. 737-738.

PARTIE 3
REPENSER LES RAPPORTS SOCIÉTÉ ET ENVIRONNEMENT

SOMMAIRE

Introduction

Champ scientifique en soi, la géographie environnementale embrasse la connaissance des dynamiques du monde biophysique et les interactions complexes avec les sociétés et les individus qui vivent et dépendent de l'environnement tout comme ils le modifient. Au-delà de la remise en question des modes de production économique (capitalisme mondialisé, urbanisation, extraction des ressources naturelles…) et des systèmes politiques (colonialisation…) qui en sont à l'origine, la géographie participe, dans un tel contexte, à documenter, à comprendre et à alimenter les manières dont se réinventent les rapports des sociétés à l'environnement et dont les individus et les sociétés repensent leurs liens au monde non-humain, tissant de nouvelles pratiques à même de participer d'une transition écologique. Cette dernière partie propose ainsi d'explorer le renouvellement de la discipline et ses contributions à travers trois dimensions notionnelles et thématiques.

La première notion mobilisée est celle des risques, dont l'importance dans la discipline s'est largement amplifiée depuis une trentaine d'années jusqu'à parfois considérer une géographie des risques comme un champ thématique à part entière (Veyret, 2004). L'approche géographique consiste alors à combiner une connaissance des aléas naturels issus de processus environnementaux à une analyse des vulnérabilités différenciées des territoires et des sociétés. L'analyse critique des réglementations et des outils de planification territoriale, tout comme des pratiques d'aménagement, permet de révéler les degrés de résilience, parfois inégaux, des sociétés comme des aménagements face aux risques.

La deuxième notion est celle des inégalités environnementales qui témoignent d'un renouvellement des approches sociales sur ces questions depuis une vingtaine d'années. D'autres notions connexes ont permis d'enrichir ce champ d'analyse (les inégalités écologiques reflétant les inégalités d'empreinte écologique des individus, la justice climatique) et appellent à une meilleure prise en compte des effets sociaux inégaux des changements environnementaux à l'œuvre tout comme à la refondation de politiques en la matière réellement équitables et inclusives dans l'effort demandé aux individus.

Enfin, l'évolution de l'urbanisme et de la fabrique urbaine constitue un témoignage clé et concret des manières dont les liens entre villes et environnements ont été renouvelés et reproblématisés depuis les années 1980 au fur et à mesure des crises environnementales. À l'inverse de solutions technophiles, cette transition écologique urbaine témoigne d'une recherche de sobriété et du rôle des mobilisations citoyennes. Cet exemple donne donc aussi à voir comment les représentations et les sens que nos sociétés donnent à l'environnement peuvent façonner normes, pratiques et politiques environnementales (Hubert, 2021).

CHAPITRE 8

Environnement et risques

Yvette VEYRET et Richard LAGANIER

SOMMAIRE

La thématique du risque s'inscrit dans l'approche géographique qui accorde à l'environnement une place centrale. « Objet hybride », l'environnement croise données sociales, culturelles, spatiales, aspects physiques et biologiques. Ces relations complexes entre nature et société se déclinent en matière de ressources, de paysages, de patrimoine mais aussi de risques. Le risque est pour les géographes un « objet social » résultant d'un aléa (processus physique, technologique…) et d'une vulnérabilité. Le risque implique d'être perçu par la population soumise à un danger. Il concerne des territoires (la commune, une ville, une région…) et peut par effet domino se diffuser au-delà des espaces touchés par le ou les aléas. La gestion du risque mobilise divers acteurs. Traiter du risque revient souvent à envisager des conflits, à tenter d'établir un consensus entre des acteurs multiples. Dans bien des cas, la thématique du risque renvoie aux réglementations, à la législation et à l'aménagement des territoires ainsi qu'aux ressources financières, cognitives et techniques mobilisables pour en assurer sa gestion. La variété des risques est considérable, risques naturels, technologiques, économiques, sociétaux (violence urbaine…), géopolitiques ainsi que, engobant les précédents, les risques pour la santé.

1 L'émergence du risque en géographie environnementale

Le thème du risque apparaît vraisemblablement en Italie à la Renaissance quand se développent les échanges maritimes et les assurances associées. Chargé d'un double sens, l'un négatif évoquant un danger et l'autre positif appelant la réussite après une prise de risque, le risque est devenu omniprésent dans notre société et désigne un danger potentiel. Il s'applique aux processus naturels, technologiques, sanitaires, économiques, sociaux, géopolitiques. Il vaut autant pour l'individu que pour un groupe social.

Dans le passé, les populations avaient à affronter des dangers quasi quotidiens, des fléaux naturels (froid, inondation, sécheresse) ; le terme de sécurité n'avait alors guère de sens, le salut résidait essentiellement dans les croyances religieuses (*cf.* les Rogations pour que survienne ou au contraire s'arrête la pluie…). La réflexion sur les catastrophes est ancienne, elles étaient attribuées à Dieu ou à la sagesse divine, punissant les hommes de leurs « mauvaises » conduites, elles relevaient parfois du Diable. L'homme et le groupe social ont toujours éprouvé la nécessité de trouver des explications à l'inexplicable, à l'incompréhensible, à l'inacceptable : calamités agricoles, grandes épidémies de peste, famines, séismes… Le XVIIIe siècle s'inscrit cependant comme une rupture. Jean-Jacques Rousseau « laïcise » en quelque sorte la catastrophe en attribuant le mal (lié à la nature) à la responsabilité des hommes : si à Lisbonne en 1755, n'avait pas existé une dense population, l'effet du séisme et du tsunami associé n'aurait pas existé. Dans le prolongement de cette analyse, maints discours ont contribué à dénoncer un usage excessif des ressources (eau, forêt…), les dégradations associées et leurs possibles conséquences. La peur du futur a largement fondé dès le XVIIIe siècle des discours sur le caractère limité des ressources de la planète par rapport à la croissance de la population (*cf.* Malthus), discours qui contribuent à établir les premières approches écologiques (sans que le terme soit encore inventé et popularisé) sur la dégradation de la nature et qui justifie aussi l'inquiétude et la peur. La notion de sécurité apparaît dans des textes officiels à la Révolution, et notamment dans l'article 2 de la Déclaration des droits de l'homme et du citoyen où elle est alors définie comme un droit. Le besoin de sécurité associé à une perception croissante des dangers et des risques s'affirme au cours des XIXe et XXe siècles.

1.1 Les apports des écoles géographiques et sociologiques américaines

Les relations qui lient nature et sociétés s'analysent très tôt en matière d'usage des ressources forestières, minières, agricoles et les discours sont nombreux qui insistent sur l'excès de leur utilisation et sur les effets négatifs associés, soulignant ainsi les liens étroits unissant ressources et dangers ou risques. Ainsi, à partir d'une telle dénonciation, la dégradation des milieux puis la mise en danger de la planète et des sociétés sont envisagées, ce qui conduit à penser le risque et qui amènera à l'émergence du développement durable.

En 1864 le géographe américain, George Perkins Marsh dresse un bilan de la désertification que l'exploitation inconsidérée des forêts aurait provoquée dans le monde méditerranéen ; il souligne que le gaspillage des ressources naturelles par les sociétés est contraire à la volonté de Dieu et aux intérêts économiques de la nation. Il dénonce vigoureusement les méfaits de la civilisation industrielle. Ses analyses rejoignent partiellement au moins, celles du géographe français Élisée Reclus (1830-1905), tandis qu'en Allemagne, Friedrich Ratzel (1844-1904) évoque dans ses travaux géographiques les effets négatifs de l'économie de pillage (« Raubwirtschaft ») (1882-1891).

a L'école de géographie de Chicago et les risques

Aux États-Unis, les rapports nature/société sont envisagés très tôt au travers notamment de la question des dangers. Les premiers chercheurs qui s'intéressent au rapport nature/société souvent issu des départements de sciences, désirent appliquer aux sociétés humaines les compétences qu'ils ont acquises sur la nature. Ils veulent étudier l'influence de l'environnement (physique) sur les hommes. L'analyse des rapports nature/société s'inscrit d'abord dans des approches déterministes comme en témoignent les travaux de la géographe Eilen C. Semple (1863-1932) élève de Ratzel et auteur de « *Influences of Geographic Environment. On the basis of Ratzel's system of Antropo-geography* » (1911), pour laquelle « *l'homme est le produit de la surface de la terre* ». Des biologistes complètent ces analyses. Ainsi Fairfield Osborne, président de la société zoologique de New York, publie en 1848 « la planète au pillage ». L'inventeur de la biocénose, le zoologiste allemand Karl Mobius (1825-1908), présente, dès 1877, l'homme comme acteur biocénotique dont l'influence sur le « milieu » est destructrice. Le biologiste et urbaniste écossais Patrick Geddes (1854-1932), dénonce « la paléotechnique », à l'origine des méfaits de la révolution industrielle : l'exploitation effrénée des ressources naturelles et humaines, les paysages dévastés, des vies humaines affectées… et préconise ce qu'il nomme la « néotechnique » : énergies non polluantes, besoin de réconcilier utile et beau, agglomération urbaine et paysage naturel.

Au début du XXe siècle, le géographe américain Harlan H. Barrows (1877-1960) très marqué par l'interdisciplinarité pratiquée à l'université de Chicago, est influencé par les travaux de E. C. Semple, par ceux de l'historien Frederick J. Turner (1861-1932) et par le philosophe John Dewey (1859-1952) qui s'inscrit dans le courant « pragmatique ». Il s'agit d'une « philosophie de l'action » qui insiste sur le lien entre société et nature, rejette les représentations déterministes et dualistes conduisant à séparer nature et société, Dewey souligne que tous les aspects de la vie sociale sont liés aux interactions entre l'homme et la nature. Pour H. H. Barrows, la géographie, considérée comme une science des relations entre la terre et le vivant, doit aider à établir les liens entre les environnements naturels, la distribution et les activités des hommes. Cet auteur dépasse définitivement la causalité linéaire grâce notamment à l'assimilation du modèle écologique établi par le botaniste américain Henry C. Cowles (1869-1939), qui définit l'écologie à la suite de Haeckel comme l'étude « *des relations mutuelles entre les plantes et leur environnement* ». H. H. Barrows, dans son discours présenté à l'Association des géographes américains en 1922, fait de la géographie « une écologie humaine ». Ainsi, selon lui « *ce n'est pas le fait humain qui constitue la géographie, pas plus que l'environnement physique, c'est la relation qui peut exister entre les deux* » ; la nature n'est pas considérée comme une entité indépendante, elle est en constante et réciproque interaction avec les sociétés humaines. H. H. Barrow considérant que l'environnement physique est intrinsèquement dangereux, est un précurseur de l'étude des risques.

Malgré l'importance de ses travaux, H. H. Barrows ne fonde pas « l'école de géographie de Chicago » qu'il faut bien distinguer de l'école sociologique de Chicago des années 1920, c'est son élève Gilbert F. White (1911-2006) qui reprenant les principaux thèmes de recherches, les méthodes et les théories de H. H. Barrow, les développe au sein de ce que l'on va appeler « *the natural hazards research school* » née au lendemain de la Seconde guerre mondiale.

b Gilbert F. White et les risques : *Natural hazards research school*

Gilbert F. White est le fondateur de la recherche sur les catastrophes naturelles dans la géographie américaine. Élève de Harlan H. Barrows, fortement influencé par John Dewey, Gilbert F. White est aussi marqué par les travaux de l'économiste Frank Knight, enseignant à l'université de Chicago, qui a publié en 1921 « *Risk, uncertainty and profit* ». Les investigations sur les inondations de Gilbert F. White, dès les années 1940, insistent sur la dimension sociale du risque naturel et de la crise associée et critiquent l'approche centrée sur l'aléa. Pour lui, les causes des catastrophes dites naturelles sont certes liées aux processus physiques, mais résultent aussi et surtout dans l'« incapacité » des sociétés à faire face à l'aléa. La recherche met l'accent sur la fragilité des sociétés face à l'aléa.

Dans les années 1950-1960, les travaux sur les inondations conduisent les géographes de Chicago à préciser le concept de « hazard » qui désigne non l'aléa mais le processus complexe à l'origine d'une catastrophe, processus né de l'interaction entre systèmes sociaux et environnement naturel. Les travaux de Gilbert F. White (1974) envisagent les réponses sociales à l'existence d'un risque, ce qui amène cet auteur à développer la notion d'adaptation : toutes les sociétés ne sont pas égales face aux risques. Leur capacité à faire face (concepts d'adaptation et de résilience) dépend des lieux, des cultures, des époques, des ressources mobilisables. La collaboration entre Gilbert F. White et le sociologue Ernst Haas (White et Haas, 1975) introduit dans l'étude des risques les facteurs économiques, sociaux et politiques. Ces auteurs emploient le terme de vulnérabilité qui n'est pourtant pas encore considéré par les géographes de l'école de Chicago comme recouvrant un concept majeur. En 1978, Gilbert F. White, Ian Burton et Robert W. Kates exposent leur corpus théorique dans l'ouvrage fondamental *The Environment as Hazard.*

1.2 Des conceptions différentes du risque aux États-Unis et en France

La définition et la construction du risque naturel dans les écoles géographiques américaine et française sont tout à fait opposées. Les géographes américains de l'école de Chicago ont dès le début de leurs recherches privilégié le volet social du risque, insistant sur les interrelations nature/société, tandis que les chercheurs français se sont focalisés sur l'aléa. Cela tient à l'histoire même de la géographie, qui en France est restée jusqu'au milieu du XXe siècle très largement naturaliste tandis qu'aux États-Unis et à Chicago notamment, sa dimension sociale est apparue anciennement, très vite étayée par des échanges fournis avec les sciences sociales (la sociologie notamment). Les géographes français, par le diagnostic physique qu'ils font de l'aléa, restent proches des ingénieurs dont l'importance en France remonte à la période de la Royauté (rôle majeur des ingénieurs du Roi pour la gestion de secteurs inondables d'intérêt stratégique et défensif majeurs). Les solutions proposées sont alors techniques et le demeurent encore partiellement aujourd'hui comme en témoignent les Plans de prévention des risques (PPR) établis sur le zonage et la cartographie. Au contraire, les géographes américains travaillant depuis les années 1920 avec les ingénieurs chargés de la gestion des risques, dénoncent très tôt les limites d'une gestion purement technocentrée, inscrivent leurs travaux dans la perspective d'une complémentarité. L'étude du volet social doit permettre d'éviter d'engager des travaux longs et coûteux si elle montre que la solution technique est inadaptée à la société concernée. Cette approche est donc un préalable pour envisager la vulnérabilité des populations et des aménagements soumis aux risques.

Les travaux des géographes français de la fin du XIXe siècle et du début du XXe siècle se consacrent principalement à l'étude des dynamiques de la planète. Ainsi, Emmanuel de Martonne traite des processus « catastrophiques » : les éboulements par exemple, mais il ne définit pas ces processus comme des aléas susceptibles d'affecter populations et aménagements (de Martonne, 1947). Pourtant, l'analyse de certains processus physiques avait déjà conduit, dès le XIXe siècle, à considérer la nature comme source de dangers pour les populations. Ainsi, en montagne, la torrentialité et ses origines, y compris anthropiques (déforestation des pentes des montagnes), sont envisagées comme facteurs de dangers pour les habitants des vallées alpines. C'est là une réflexion pionnière qui n'émane pas des géographes mais de travaux réalisés par des forestiers et notamment par Alexandre Surell (1813-1887), ingénieur polytechnicien et forestier.

Si l'on résume la manière dont le risque est introduit dans l'analyse environnementale en géographie, trois étapes se dessinent. La première reste très déterministe et insiste sur la dimension physique du risque et de la crise, le risque est réduit au processus physique que la population menacée subit. Dès lors, le risque se confond avec l'aléa que l'on cherche à contenir par des solutions techniques. La deuxième relève de la dimension sociale, pratiquée par les géographes anglo-saxons qui se focalisent sur des enjeux exposés à un danger et s'interrogent ainsi sur la capacité de réponse d'une société par rapport à une menace. Enfin, la troisième traduit le glissement vers la dimension sociétale du risque. Le risque résulte de l'exposition d'enjeux multiples à des phénomènes naturels (ou autres) et seuls les aléas peuvent être qualifiés de naturels (bien que le terme « naturel » par commodité soit utilisé plus largement, on envisage ainsi « les risques naturels ou les catastrophes naturelles »). L'importance du risque est tout autant liée, si ce n'est plus, à la vulnérabilité des enjeux et aux modalités de sa gestion, qu'à l'ampleur du phénomène naturel lui-même. L'approche croise donc les enjeux sociaux du risque, les effets potentiels des aléas et la gestion de crise.

2 Risque et environnement dans la seconde moitié du XXe siècle en géographie

En France, la réflexion sur l'environnement et les risques s'amorce avec le géographe spécialiste de géographie biologique, Maximilien Sorre (1880-1962), qui définit le « *milieu vivant à la fois comme le facteur du développement de l'homme et comme un facteur de limitation pour l'homme et ses activités* ». Travaillant sur les maladies et leur lien avec le « milieu physique », l'auteur définit le « complexe pathogène » associé à une aire d'extension d'une endémie, ce complexe manifeste une dépendance plus ou moins marquée à l'égard des conditions du milieu. Mais l'homme peut créer les conditions propices à la propagation des maladies et au développement des vecteurs. Les possibilités de constitution d'un complexe pathogène dépendent pour une part du genre de vie des groupes humains et des habitudes qu'ils développent « *quant aux vêtements, à la nourriture et aux occupations* » (Sorre, 1943).

2.1 L'émergence du risque

Au début des années 1970, la société occidentale s'inquiète des conséquences de l'urbanisation, de l'industrialisation, de la croissance démographique qui ont fortement marqué les « Trente glorieuses » et analyse ces éléments en matière de danger. Ce constat mobilise un nombre grandissant d'acteurs de la société civile. Ainsi, après le Club de Rome (1968) le rapport Meadows (1972) insiste sur la « Croissance zéro » que l'épuisement futur des ressources rendrait nécessaire. Dans le même temps se développe un discours néomalthusien qui accompagne l'idée de crise généralisée.

Le concept de risque s'affirme, associé à l'idée de crise, qu'elle soit naturelle (processus liés aux dynamiques de la planète), écologique (pollution et dégradation liées à l'industrialisation, à l'urbanisation…) économique (hausse du prix du pétrole…) ou géopolitique. Ces inquiétudes sont encore accrues par des conceptions qui déplorent une trop forte croissance démographique, la « bombe P. » (P. pour population) (Paul R. Ehrlich, 1968). À partir des années 1980, ces analyses sont largement popularisées par les médias. Désormais prévalent des discours catastrophistes, où les risques innombrables, naturels, technologiques, sociétaux, économiques, sont présents à toutes les échelles spatiales, du global (effets du réchauffement climatique) au local.

En France, le risque émerge en géographie quand sont diffusées les approches environnementales, autrement dit dès lors que sont envisagées les interrelations nature/sociétés. Le mérite de cette évolution revient à quelques géographes dont Jean Tricart (1920-2003) qui dans son ouvrage sur « l'éco-géographie » (avec Jean Kilian) (1978) envisage l'homme et la société comme des agents décisifs de l'écodynamique, et George Bertrand à l'origine du concept de géosystème (1982). Étudiant la sismicité de la Grèce antique, Bernard Bousquet, Jean-Jacques Dufaure et Pierre-Yves Péchoux considèrent que l'aléa sismique est inséré dans l'histoire des sociétés antiques. « *Le séisme est pensé au cœur du jeu socio-politique.* » À la suite de Thucydide, ces auteurs soulignent que le séisme intégré au social ne peut être seulement relié au milieu physique (Bousquet *et al.*, 1977). Dans les années 1980, les géographes étudient l'érosion anthropique des sols (colloque de Strasbourg 1979, René Neboit, Yvette Veyret, Stanislas Wicherek…), la variabilité climatique et ses impacts sur les sociétés (Pierre Pagney, Jean-Pierre Besançenot, Gisèle Escourrou, Jean-Pierre Vigneau…), les cours d'eau et les vallées anthropisés (Jean-Paul Bravard…), les forêts (Paul Arnould, Jean-Paul Amat), les littoraux plus ou moins aménagés (Roland Paskoff, Alain Miossec…), certains travaillent sur les interfaces nature/société dans les pays en développement (George Rossi, Éric Roose…).

2.2 La société du risque, Ulrich Beck

Par opposition à l'optimisme de l'époque des Lumières, établi sur la confiance dans les progrès scientifiques et techniques, la vision de l'homme et du scientifique apprenti sorcier est aujourd'hui largement répandue et l'on parle de « société du risque ». Pour le sociologue d'origine allemande Ulrich Beck (1944-2015) « *la mise en danger de chacun et la destruction de la nature deviennent le moteur de l'histoire* ». Cet auteur insiste sur le « *potentiel d'autodestruction créé de toute pièce* ». Aucune classe sociale selon lui, n'est protégée car les dangers ne sont limités ni dans l'espace, ni dans le temps ni sur le plan social. Le risque est désormais global, il est la manifestation d'une crise écologique planétaire qui est aussi, selon ce même auteur, une « *crise profonde des institutions de la société industrielle* ». La production de la richesse est inséparable de celle du risque. Pour Ulrich Beck la société mondiale du risque est caractéristique de la postmodernité (Beck, 1986). Le risque d'origine anthropique recouvre aussi bien les rejets excessifs de gaz à effet de serre que les conséquences possibles du dysfonctionnement des installations nucléaires et des complexes industriels… Il est partout, collectif comme individuel. Ainsi, un sentiment d'insécurité prévaut qui semble alimenté par le progrès même de la sécurité, par le développement des sciences et des techniques toujours plus sophistiquées. Certains risques sont d'autant plus menaçants que, mondialisés, ils peuvent dépasser les capacités de réponse des États-nations. D'autres résultant d'effets diffus de processus dangereux ne se manifestent que sur le long terme tandis que leur existence même peut être longtemps ignorée. Le progrès technique permet aujourd'hui d'en mesurer la réalité (concentration des polluants le long des chaînes alimentaires, amiante…).

L'analyse centrée dans le passé sur l'élimination des risques « naturels » grâce à la science fait place à une conception fondée sur les caractères irréductibles du risque (pas de risque zéro) et sur la nécessaire intégration de celui-ci aux différents choix politiques des États, tant il est vrai comme le souligne François Ewald que « *la gestion du risque est désormais indissociable du politique* » (Ewald 1986). Prendre des décisions concernant des aménagements à effectuer, la répartition des biens, l'usage des ressources revient pour partie au moins à faire des paris sur l'avenir, des scénarios qui conservent toujours une part d'incertitude et de risque. C'est la perspective d'un changement climatique associé à une augmentation significative des risques, qui a contribué à mobiliser les médias, les politiques et le grand public. De concert avec la peur croissante des risques industriels et technologiques (suite de la catastrophe de Tchernobyl notamment) la possibilité du changement climatique a constitué un levier décisif de prise en compte des risques dans les années 1980.

Dès le début du XXe siècle, le scientifique suédois Svante Arrhenius avait calculé les conséquences d'un doublement du taux de dioxyde de carbone dans l'atmosphère. Au cours du XXe siècle, le constat de l'accroissement du taux de CO_2 rejeté dans l'atmosphère a été effectué sans toutefois faire naître d'inquiétude, ainsi durant les années 1970, certains envisageaient l'Arctique sans glaces, quand d'autres attendaient le retour inéluctable de la glaciation. Dans les années 1980 et au-delà, l'effet de serre (plus précisément son forçage anthropique) a trouvé un écho important notamment dans les médias à partir de 1988 grâce à la mise en place du Groupe d'experts intergouvernemental sur l'évolution du climat (GIEC).

3 L'environnement source de risques, risques anthropiques, changement climatique et risques

Le risque, objet social, construction sociale se définit comme la perception du danger, de la catastrophe possible. Il n'existe que relativement à un individu, à un groupe social ou professionnel, une communauté, une société qui l'appréhendent (par des représentations mentales) et le traitent (par des pratiques spécifiques). Il n'y a pas de risque sans une population ou un individu qui le perçoit et pourrait subir ses effets. Le risque se prend, se court, se refuse, il est estimé, évalué, calculé. La géographie des risques, qui traite de l'aléatoire est en rupture avec la géographie des permanences longtemps pratiquée. La perception que les acteurs ont d'un danger pour eux-mêmes, les autres et leurs biens contribue à construire le risque qui ne relève pas uniquement de faits ou de processus objectifs (naturels par exemple). Le risque nécessite de s'interroger sur le statut de la représentation qu'il implique, cette interrogation renvoie à la sociologie, à l'histoire, à la géographie, tout autant qu'aux sciences « dures » ; l'étude du risque remet en cause la pensée « *parcellaire et met en valeur les proximités et les interdépendances* » (Blancher, 1995). Le risque privilégie l'analyse des acteurs dont chacun a sa propre représentation, ses propres seuils d'acceptation, ses propres objectifs, son idéologie. Le travail sur les acteurs interroge le géographe qui analyse leurs rapports avec les territoires. Le risque est un levier pour l'action. Il doit être intégré aux pratiques de gestion et d'aménagement à diverses échelles.

Les risques sont nombreux, en relation étroite, directe ou indirecte avec l'environnement. Ils en sont en fait une des composantes majeures, soit parce qu'ils sont liés à la dynamique terrestre (aléas géologiques, climatiques, hydrologiques...), soit parce que les dangers créés par l'homme affectent les composantes du milieu physique (pollution de l'eau, des sols, de l'air, dégradation voire destruction des paysages...) et au-delà peuvent agir sur la santé et la vie des populations.

3.1 Risques induits par les spécificités du géosystème

a Les risques dus à des aléas naturels

Ils correspondant à la dynamique terrestre « normale » : séismes, volcans, mouvements de terrain mais aussi canicules, périodes exceptionnellement froides, pluies intenses et inondations, cyclones, coup de vent, tempêtes, épisodes météorologiques de forte intensité qui tous composent à des degrés divers le climat d'un lieu... Leurs effets peuvent être dramatiques : mauvaises récoltes, destruction des aménagements, malnutrition, épidémies... Les sociétés sont confrontées à de multiples défis liés à l'eau.

Les excès hydrologiques des cours d'eau (étiages et crues) génèrent des risques pour les populations concernées. Les analyses statistiques des événements passés permettent de définir des probabilités de retour (temps de retour) de ces phénomènes (une crue centennale a une chance sur cent de survenir chaque année). Outre les inondations souvent lentes des fleuves et rivières (alimentées par des pluies océaniques par exemple), existent des crues rapides torrentielles liées à de très fortes précipitations dans l'espace méditerranéen, en montagne ou en relation avec les cyclones tropicaux. Le ruissellement pluvial en milieu urbain est principalement lié à l'imperméabilisation des sols (constructions, routes…), les inondations surviennent aussi par remontée de nappes. Les sécheresses qui affectent depuis des millénaires de manière récurrente et irrégulière les marges désertiques (Sahel, Nordeste brésilien) peuvent aussi survenir en domaine tempéré.

L'énergie libérée dans l'écorce terrestre provoque des séismes qui se produisent le long des plaques tectoniques, des dorsales océaniques et des chaînes de montagnes intracontinentales. L'intensité d'un séisme pour une magnitude donnée dépend des caractéristiques du lieu d'observation (type de bâti notamment, aménagements…). Les séismes de forte magnitude en fond de mer peuvent provoquer des tsunamis, tel celui qui a atteint les littoraux de l'océan Indien le 26 décembre 2004 entraînant 290 000 morts et des millions de sinistrés, ou celui du 11 mars 2011 au Japon qui a fortement affecté la centrale nucléaire de Fukushima Daiichi. Les volcans actifs se situent principalement dans les arcs insulaires (Japon, Philippines, ceinture de feu du Pacifique…), le long des grandes cassures et des dorsales océaniques. En fonction du type de magma, les éruptions sont explosives ou effusives ; des nuées ardentes (Saint-Pierre en Martinique en 1902) et des lahars : coulées de boue d'origine volcanique qui surviennent lors d'une éruption, l'eau pouvant être issue de la fusion d'un glacier sommital ou de la vidange d'un lac de cratère mais qui peuvent se produire assez longtemps après une éruption si les pentes du volcan sont recouvertes de cendres facilement entraînées par des pluies abondantes notamment en région intertropicale. Ils sont particulièrement dangereux pour les populations installées sur les flancs des volcans ou aux abords de ceux-ci, ainsi en 1985, un lahar issu du volcan Nevado del Ruiz a provoqué 25 000 victimes habitant la ville d'Armero en Colombie. Certains volcans potentiellement dangereux font l'objet d'une étroite surveillance (*cf.* le Vésuve).

Les mouvements de terrain fréquents en montagne et plus largement sur les pentes, recouvrent différentes dynamiques (lente ou rapide) : affaissement, effondrement, écroulement, glissement, coulées. Ces dynamiques dépendent du type de roche concernée, de l'ampleur de la pente, de l'importance des précipitations, mais aussi souvent de l'usage des pentes (déforestation, aménagements) qui peut contribuer à déclencher et/ou à aggraver le processus. Les roches argileuses affectées par le retrait en période sèche et le gonflement en situation de pluie sont responsables de désordres aux habitations (fissures…). Les littoraux marqués par la montée du niveau marin sont soumis à divers aléas dont l'effet des tempêtes en région tempérée et des cyclones sur les façades orientales des continents aux latitudes tropicales. Côtes basses et côtes à falaises reculent sous l'effet d'une érosion accélérée dans certaines régions du monde.

b Les risques naturels aggravés ou déclenchés par les activités humaines

Certains risques peuvent résulter d'aléas dont l'efficacité est accrue par les activités humaines et les aménagements. C'est le cas de l'érosion accélérée des sols liée à des pratiques culturales mal adaptées aux conditions de sol et de climat, bien décrite notamment en Afrique (Roose, 1977), en Amérique (*cf.* le phénomène du Dust Bowl) ou en Europe, c'est aussi le cas, complexe, de la désertification, situation spécifique des espaces semi-arides marqués par la variabilité climatique, l'alternance de longues périodes sèches et d'épisodes plus humides. Monique Mainguet rappelle que sur le fond de la variabilité évoquée, la désertification « *procède de mécanismes naturels exacerbés ou induits par l'homme ; elle se manifeste par une détérioration de la végétation et des sols et aboutit, à l'échelle humaine de temps, à une diminution ou à une destruction irréversible du potentiel biologique* » (Mainguet, 1995). La désertification sanctionne la rupture entre la disponibilité des ressources du milieu et la demande des sociétés. De telles ruptures se produisent en période de sécheresse, quand les ressources sont réduites et que la demande des sociétés conduit au surpâturage, à l'apparition d'auréoles de dégradation de la végétation de plus en plus larges autour des villes et des bourgs, et à la mobilisation des éléments fins des sols par le vent parfois à l'origine de dunes. Ces ruptures peuvent résulter aussi principalement de prélèvements excessifs (végétaux…) liés à l'augmentation de la population, à sa sédentarisation…

3.2 Risques induits par les sociétés humaines : dangers industriels, technologiques, nuisances, risques et ressources

a Dangers technologiques et nucléaires

Les dangers technologiques sont nombreux, d'origine industrielle et nucléaire, liés aux activités industrielles elles-mêmes dans les usines, aux stockages, aux transports de matières dangereuses, à la rupture de barrages ou à l'exploitation minière. Ils se décomposent en trois types : les explosions (BLEVE Boiling Liquid Expanding Vapor Explosion ou vaporisation à caractère explosif), dont l'onde de choc crée une onde de surpression, ses effets peuvent affecter les personnes, les formations végétales, le bâti ; la fuite d'un produit toxique qui provoque diverses pollutions et l'incendie source de brûlures et de dégâts considérables. Les risques technologiques majeurs résultent de la probabilité que survienne un événement inattendu lié au dysfonctionnement d'un système technique complexe et dont les conséquences peuvent être multiples et de grande ampleur. La probabilité de ce risque est généralement très faible au moins quand les usines sont surveillées et gérées de manière à privilégier la sécurité, elle reste très difficile à établir et l'effet d'un tel accident quand il se produit est généralement catastrophique (*cf.* AZF à Toulouse en 2001). En effet, les activités potentiellement sources de danger anciennement installées en bordure des villes, sont aujourd'hui dans bien des cas insérées dans le tissu urbain en raison de la croissance de ce dernier. Cela fait craindre des effets en chaîne, une série d'évènements difficilement prévisibles et maîtrisables. L'évolution des techniques, l'accélération et la densification des échanges de matière et d'énergie, l'interdépendance et l'interconnexion des réseaux (infrastructures critiques) expliquent la variété des risques technologiques.

Plus de 400 réacteurs nucléaires sont répartis dans le monde dans une trentaine de pays (Corée, Japon, France, Chine, Inde, Canada, Russie…) dont certains sont densément peuplés. Le risque résulte du possible déroulement d'un accident nucléaire conduisant à des rejets radioactifs hors des enceintes prévues pour les contenir (accident d'origine interne comme à Tchernobyl) mais l'accident peut résulter d'un événement naturel (séisme…), d'une attaque terroriste, d'un fait de guerre. Les risques d'origine nucléaire sont aussi liés au transport de produits radioactifs, à leur usage militaire, médical, industriel. La pollution concerne l'air, les sols, les eaux. Les polluants transportés dans l'atmosphère peuvent affecter de très vastes espaces voire un hémisphère, ils retombent au sol avec les précipitations. Les risques sont aussi associés à l'existence de déchets nucléaires dont la dangerosité est fonction du niveau d'activité des radionucléides et de la durée de vie de ces derniers (ou période radioactive).

Le 26 avril 1986, le réacteur numéro 4 de la centrale de Tchernobyl en service depuis 1983 explose accidentellement lors de la réalisation d'un essai technique. L'incendie est rapidement maîtrisé mais le cœur de la centrale désormais ouvert libère des produits radioactifs dans l'atmosphère (iode 131, césium 137). Un nuage radioactif a rapidement atteint l'Europe occidentale, des éléments radioactifs ont aussi été détectés en Amérique du Nord et au Japon. Malgré l'arrêt en 2000 du dernier réacteur de la centrale, subsistent d'importantes quantités de matières radioactives sur place.

b Déchets

Les déchets autres que d'origine nucléaire, constituent des sources potentielles de risques pour l'environnement et la santé des populations. On distingue les déchets ménagers, produits par les ménages et les Déchets d'activités économiques (DAE), dont le producteur initial n'est pas un ménage. La classification européenne distingue les déchets dangereux (DD), inflammables, toxiques, dangereux pour l'environnement ; les déchets non dangereux (DND, biodéchets, de bois…) et les déchets non dangereux inertes, qui ne se décomposent pas, ne brûlent pas, ne sont pas biodégradables, il s'agit notamment de déchets provenant du secteur du bâtiment et des travaux publics (déchets de béton, de briques, de tuiles, etc.). Le commerce illégal de déchets souvent dangereux, entre les pays du Nord et ceux du Sud est une source majeure de pollution. Des déchets d'équipements électriques et électroniques, des métaux, du plastique transitent d'Europe vers l'Afrique et l'Asie (Olley, 2021) ; une partie de ces exportations est illicite mais celles-ci sont préférées à la mise en décharge et au recyclage en raison de lois environnementales contraignantes et du coût élevé des traitements en Europe. En outre, le trafic illégal des déchets a contribué et contribue encore de manière significative à l'économie criminelle.

c Nuisances

Le bruit (notamment en bordure des grands axes de transport, des aéroports), les nuisances olfactives (liés aux décharges par exemple…) s'ajoutent aux nuisances associées aux pollutions de l'air, de l'eau, des sols. Les polluants atmosphériques sont le fait de biocontaminants, de particules, de fibres qui peuvent être d'origine naturelles (pollens) ou liées à l'activité humaine (industrie, chauffage, circulation). D'après l'OMS, les polluants les plus nocifs pour la santé sont les particules de très petite dimension PM2,5 mais aussi l'ozone, le dioxyde d'azote, le dioxyde de soufre, le monoxyde de carbone, les hydrocarbures aromatiques polycycliques et certains métaux lourds. La qualité de l'air est un enjeu majeur pour la santé et l'environnement. En France, le coût de la pollution atmosphérique est évalué de 70 à 100 milliards d'euros par an par la Commission d'enquête du Sénat (rapport de 2015). Les autorités sanitaires lui attribuent 48 000 décès prématurés chaque année.

Les particules fines sont principalement rejetées par l'industrie, les ménages (chauffage) et les transports. La pollution peut être le fait de pics liés à une situation météorologique particulière, mais elle est aussi chronique, comme en témoigne l'arrêt de la Cour de justice de l'Union européenne (CJUE) en 2019 en manquement à l'encontre de la France pour dépassement des limites relatives au dioxyde d'azote dans douze zones de surveillance : Clermont Ferrand, Toulon, Nice, Montpellier, Grenoble, Strasbourg, Toulouse, Marseille-Aix, Lyon, Paris, Reims, la Vallée de l'Arve.

d NaTech

Le terme NaTech, contraction de « Naturel » et de « TECHnologique », désigne les effets d'une catastrophe naturelle sur tout ou partie d'une installation industrielle, effets susceptibles de provoquer un accident aux personnes, aux biens ou à l'environnement. L'accroissement de la fréquence et de l'intensité de certains de ces aléas naturels en relation avec le changement climatique peut faire craindre une forte incidence sur différents aménagements (installations industrielles, nucléaires, de transport…) (figure 8.1).

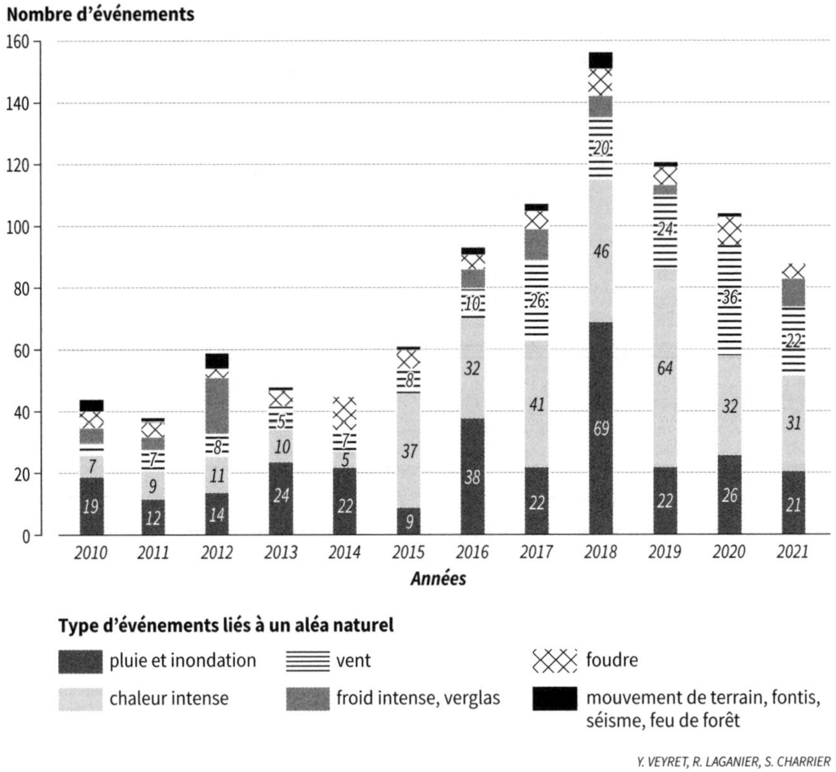

Figure 8.1 – Nombre d'événements d'origine naturelle affectant des installations industrielles

Source : base de données ARIA (Analyse, Recherche et Information sur les Accidents) gérée par le BARPI (Bureau d'Analyse des Risques et Pollutions Industriels) du Ministère de la Transition écologique et de la Cohésion des territoires.

ENCADRÉ 8.1

Fukushima, un NaTech

Le 11 mars 2011, un séisme de magnitude 9 se produit à 300 km de la côte est de Honshu, principale île du Japon. Il a été suivi d'un tsunami de temps de retour considéré comme millénaire. Ces deux aléas naturels qui affectent la centrale nucléaire de Fukushima Daiichi, ont aussi endommagé, ou détruit, des installations industrielles, (incendie et explosions à la raffinerie du port de Chiba, près de Tokyo où 17 sphères de gaz de pétrole liquéfié (GPL) ont été détruites). L'accident à la centrale nucléaire de Fukushima Daiichi, est classé au niveau 7 (accident majeur) sur l'échelle internationale des événements nucléaires et radiologiques. La centrale qui comprend six réacteurs à eau bouillante (REB), de conception américaine, date des années 1970, sa puissance électrique est comprise entre 460 et 1 100 mégawatts. Le 11 mars, les réacteurs n° 1, n° 2 et n° 3 sont en fonctionnement. Le réacteur n° 4 est à l'arrêt, son cœur est déchargé dans la piscine de désactivation. Les réacteurs n° 5 et n° 6 sont à l'arrêt pour maintenance.

Le séisme entraîne l'arrêt de l'alimentation électrique externe du site. Les trois réacteurs en fonctionnement s'arrêtent. Les groupes électrogènes de secours à moteur diesel prennent le relais afin de faire fonctionner les pompes de refroidissement et d'assurer l'évacuation de la puissance résiduelle des réacteurs. Mais, moins d'une heure après le séisme survient le tsunami : les installations du site sont submergées par d'énormes vagues pouvant atteindre 14 à 15 mètres, dépassant ainsi de plus de 10 mètres la digue de protection du site. Les stations de pompage des 6 réacteurs, dont la plateforme est située à 4 mètres au-dessus du niveau de la mer, ont été très endommagées et les pompes de refroidissement des installations de la centrale noyées. L'eau pénètre dans les bâtiments des îlots nucléaires provoquant l'arrêt des groupes électrogènes de secours. Seul fonctionne le groupe électrogène du réacteur n° 6 refroidi à l'air. En l'absence de moyen de refroidissement, les crayons de combustible nucléaire contenus dans le cœur des réacteurs commencent à fondre. Cette fusion produit différents gaz ; la pression dans les cuves des réacteurs et dans l'enceinte de confinement augmente. Pour faire baisser cette pression, des éventages sont effectués, qui entraînent des rejets radioactifs dans l'atmosphère.

Quelles conséquences environnementales et quels risques pour les populations ? Cet accident a provoqué d'importants rejets de matières radioactives dans l'atmosphère dont une partie est retombée sur une zone de 9 000 km^2 et une autre dans l'océan. Concernant les sols et leurs usages, un vaste secteur a dû être évacué après la catastrophe, trois zones ayant été distinguées : la zone 1 où la dose de radioactivité (évaluée à partir des mesures effectuées et d'hypothèses conservatives) était estimée inférieure à 20 mSv (le sievert [Sv]) permet d'évaluer les effets biologiques des rayonnements sur un organisme vivant exposé à la radioactivité. L'unité employée est le millisievert (mSv), qui correspond à un 1/1 000e de Sv). La zone 2 où la dose estimative la première année était comprise entre 20 et 50 mSv. ; enfin la zone 3 « *où les résidents auront des difficultés à se réinstaller durant une longue période* » car la dose estimée pour la première année était supérieure à 50 mSv. En 2020, le gouvernement japonais a reconsidéré la situation des sols, dans la zone 1 « *les ordres d'évacuation sont prêts à être levés* ». Des opérations de décontamination expliquent le retour possible d'une partie de la population. Le radionucléide représentant le plus de risque pour la population est le césium 137 émis en quantité lors de l'accident est piégé par l'argile présente dans les premiers centimètres de terre (Evrard, 2021). En décapant cette pellicule du sol, l'essentiel du césium est éliminé. Le travail effectué seulement sur une partie du territoire pollué a coûté 24 milliards d'euros, impliqué 16 000 personnes, généré 20 millions de mètres cubes de déchets qui seront stockés pendant plusieurs décennies à proximité de la centrale avant d'être envoyés dans les années 2050 dans des sites de stockage définitif hors de la préfecture de Fukushima (Evrard, *op. cit.*). Aujourd'hui, y compris dans la zone 3, des actions de décontamination et de reconstruction des infrastructures sont envisagées (gares, magasins, bâtiments municipaux…) (IRSN, 2021).

S'agissant des conséquences sur la population, dès la fin du mois de juin 2011, les autorités sanitaires japonaises ont conçu et mis en place un programme d'études épidémiologiques et de suivi sanitaire afin d'évaluer l'état de santé des personnes exposées aux rejets radioactifs. Ces études établies sur un questionnaire, suivies si nécessaire d'examens médicaux, sont conduites par l'université de Médecine de Fukushima, en collaboration avec d'autres centres médicaux japonais. Quatre campagnes de suivi ont été réalisées notamment sur les enfants, montrant le développement de cancers de la thyroïde chez un certain nombre (100 cancers thyroïdiens opérés lors de la première campagne 2011-2014, 51 pour la période 2014-2016, 24 pour la période 2016-2018). En 2020, parmi les 294 183 enfants concernés par la quatrième campagne de dépistage, 136 942 enfants ont bénéficié d'un bilan thyroïdien qui a révélé la présence de nodules ou de kystes chez 82 427 enfants (soit 60 % de la population examinée), 829 enfants ont eu des examens complémentaires, seize ont montré des nodules ou des kystes potentiellement malins, huit enfants ont subi une ablation de la thyroïde en raison de la présence d'un cancer (IRSN, 2021).

e Risque et gestion des ressources : risques géopolitiques et environnement

Un usage excessif des ressources qui affecte forcément l'environnement peut faire naître des risques et des crises. Ainsi, des conflits pour des ressources renouvelables ont jalonné les décennies passées, qu'il s'agisse de l'exploitation du bois en Asie du Sud-Est ou de conflits pour la pêche entre pays riverains de la mer de Chine.

Boutros Boutros Ghali, secrétaire général de l'ONU, soulignait en 1995 que « *les guerres du prochain siècle auront l'eau pour objet* ». Si cette analyse renvoyant à des guerres ouvertes est récusée par nombre de spécialistes, il n'en reste pas moins que le lien entre l'eau et la stabilité politique de certains pays demeure très fort. Un pays ou une région marquée par une rareté croissante de la ressource peut voir sa production agricole diminuer, ses conditions sanitaires se dégrader, la production alimentaire décroître et la population s'appauvrir. Des migrations vers la ville ou vers d'autres pays risquent alors de se produire qui contribuent, dans bien des cas, à renforcer le cercle infernal de la pauvreté. La diminution de certaines ressources et ses effets induits peuvent donc conduire à une dégradation du tissu social, à une augmentation de l'insécurité.

3.3 Risques et santé

Beaucoup des risques évoqués sont perçus comme ayant des effets négatifs sur l'individu, sur le groupe social et sur l'environnement. Ces effets se traduisent soit par la perte des biens, soit par la maladie, soit par la mort. Ainsi, les rapports entre risques et santé doivent-ils constituer une réflexion centrale, aboutissement des analyses précédentes qui envisagent les rapports risques/environnement.

a Santé et risques de pollution

Les pollutions de nature variée sont depuis longtemps reconnues comme source de maladies, une insuffisante qualité des eaux entraînait dans le passé des épidémies de dysenteries, de « fièvres des marais », d'autres maladies étaient répandues par l'intermédiaire des rats, eux-mêmes associés à la présence des déchets (*cf.* la peste). La pollution par le soufre liée au chauffage urbain au charbon a été à l'origine de maladies graves et d'une forte mortalité, les épisodes de « fog » ou « smog » sont restés célèbres à Londres pour leurs effets meurtriers jusqu'au milieu du XXe siècle. La mise en évidence des relations existant entre la qualité de l'environnement, notamment la qualité des eaux, et les épidémies a été tardive, il a fallu attendre le développement des mouvements hygiénistes au XIXe siècle. La grande épidémie de choléra qui a affecté la Ruhr en 1910 a permis d'établir les conséquences de rejets d'eaux urbaines non traitées dans des cours d'eau à faible débit et a entraîné la constitution de syndicat d'assainissement des rivières dans cette région. Dans bien des cas encore, dans les villes des pays en développement, l'extension urbaine non contrôlée dans des espaces insalubres, une insuffisante gestion des eaux usées et des eaux de pluie sont des facteurs de risques, dont Brazzaville fournit de nombreux exemples (Dorier-Apprill, 2006).

Diverses nuisances peuvent provoquer ou renforcer des crises sanitaires. La relation déchets/santé n'est certes pas récente, puisque ces préoccupations d'hygiène et de salubrité publiques ont justifié en France des législations contraignantes concernant le rejet public des déchets et l'organisation progressive d'un service public de gestion (Bertolini, 1990). Outre le ramassage se pose la question du traitement des déchets parfois à l'origine de pollution (rejet de dioxine liée aux incinérateurs). En 2007-2008, a eu lieu à Naples et en Campanie en relation avec la question des déchets « *une crise environnementale et économique mais aussi morale et sociale* » ; la ville de Naples a été en « urgence déchets », une situation catastrophique, induisant mauvaises odeurs, proliférations d'animaux (rats, mouches, etc.) et développement possible de maladies (choléra, salmonellose, leptospirose).

Dans les pays riches, la pollution chronique de l'air due à la circulation automobile pose la question de l'organisation urbaine de demain, de la circulation au sein de la ville et des mouvements pendulaires ville-campagne. De nombreuses métropoles européennes comme Athènes, Milan ou Paris limitent la vitesse ou la circulation des voitures lors des pics de pollution à l'ozone responsable d'irritation des yeux, de problèmes respiratoires. L'Organisation Mondiale de la Santé (OMS) associe qualité de l'environnement et santé, bien que la quantification des liens entre l'environnement physique, biologique et social et la santé soit parfois difficile à effectuer. Fixer des normes de qualité de l'environnement pour réduire le risque ou le supprimer implique d'établir des indicateurs. Pour ce faire, s'agissant de la pollution atmosphérique, il est nécessaire de modéliser les relations dose-effet, les marqueurs précoces d'effets et les aspects chroniques, autant d'éléments qui varient avec les individus.

b Risques et alimentation

Associés aux pratiques culturales, à la qualité des sols, aux pollutions, ces risques résultent de l'existence d'additifs alimentaires, de résidus de pesticides et d'engrais qui peuvent affecter l'ensemble d'une chaîne alimentaire. Ces risques renvoient à la notion d'exposition des consommateurs, celle-ci est cumulative mais doit tenir compte aussi de la variabilité de composition des aliments. Il faut donc envisager les régimes alimentaires globaux. Il est dans ce cas aussi nécessaire de fixer des doses journalières tolérables, des limites toxicologiques. La dioxine souvent présente dans la viande, les produits laitiers, les poissons est très toxique mais l'établissement de seuils correspondant à la dose journalière est difficile à fixer, initialement elle était de 10 picogrammes par kilogrammes de poids corporel, elle est aujourd'hui fixée à 1 à 4 picogrammes par kilogramme de poids corporel. La réaction de chaque individu (en fonction de sa constitution, de ses habitudes alimentaires...) explique la difficulté d'établir de seuils valuables pour tous.

Le risque sanitaire est aussi lié à l'insuffisance alimentaire laquelle peut être associée aux effets de la sécheresse et à la désertification mais ces liens sont loin d'être simples, il faut en effet plutôt considérer les effets induits des sécheresses : mouvements de population, insurrections voire guerres civiles, rupture du lien social, qui tous sont responsables de risques pour la santé des populations. Si certaines maladies peuvent se développer lors des périodes de sécheresse (méningite, diarrhées...) d'autres comme le paludisme ou la maladie du sommeil régressent.

Le risque ne concerne pas de la même manière toutes les populations, certaines savent s'adapter aux conditions difficiles quand d'autres sont durement touchées. La situation de crise tient souvent à la rigidité du système socio-économique qui ne permet pas les ajustements nécessaires et découle souvent aussi de problèmes sociopolitiques.

3.4 Le poids du changement climatique et les risques

Dans cette longue série d'aléas et de risques précédemment envisagés, les effets du changement climatique qui peuvent se traduire par l'intensification ou/et la multiplication des aléas d'origine climatiques et de leurs conséquences interrogent. L'IRC (Indice mondial des risques climatiques) élaboré par une organisation non gouvernementale (ONG) allemande envisage l'impact de conditions météorologiques extrêmes associées aux données socio-économiques. Il indique le niveau d'exposition et de vulnérabilité aux phénomènes extrêmes et permet de souligner quels pays sont les plus vulnérables au changement climatique. Il est conçu pour permettre aux États de se préparer à des évènements plus fréquents et/ou plus sévères dans le futur. Les données ne reflètent que l'impact direct (pertes matérielles et humaines directes) d'évènements météorologiques extrêmes, et non les effets indirects pourtant parfois très graves de certains événements (sécheresses par exemple). L'IRC montre qu'entre 2000 et 2019, les pays les plus concernés par les évènements météorologiques extrêmes furent Porto Rico, le Myanmar et Haïti. Huit des dix pays les plus touchés par les impacts quantifiés des événements climatiques extrêmes en 2019 sont à faible revenu. Or, ces pays en développement ne disposent souvent que d'une assez faible capacité de résilience (figure 8.2).

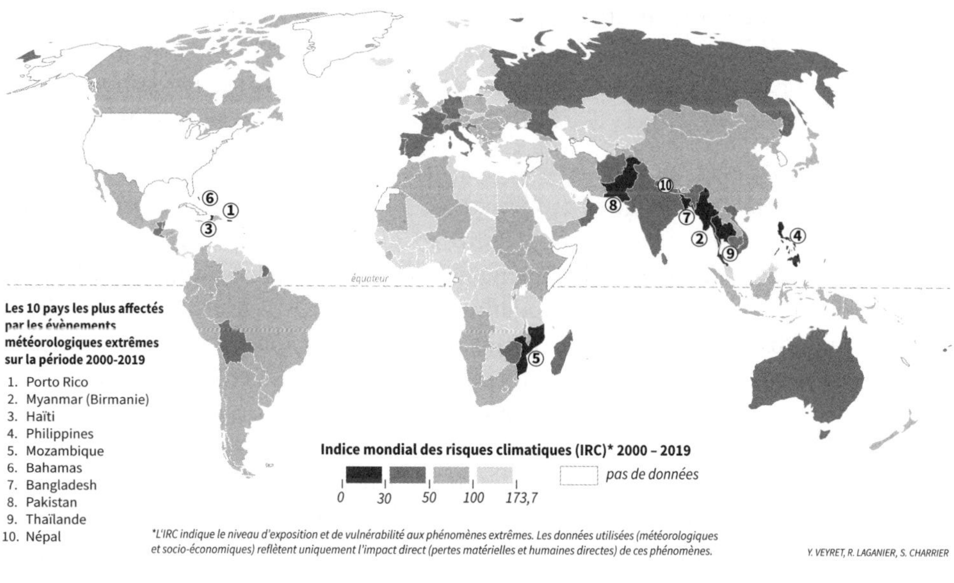

Figure 8.2 – Classement des pays inégalement vulnérables et soumis à différents niveaux d'expositions aux risques (Indice mondial des risques climatiques 2000-2019)

Source : https://www.germanwatch.org.

À une autre échelle, celle des mégapoles du nord comme du sud, la question des risques aggravés par le changement climatique se pose comme en témoigne le cas de New York affectée plusieurs fois récemment par de graves inondations, ou celui des mégapoles installées dans des deltas inondables (Mékong, Mississippi, Gange et Bramapoutre, Nil). Les villes du delta du Mékong et notamment Ho Chi Minh ville subissent déjà d'importantes inondations. Cette mégapole vietnamienne, pour partie située au-dessous du niveau moyen de la mer, compte plus de dix millions d'habitants et sa population croit fortement par attractivité aux dépens des campagnes. La ville subit des inondations récurrentes liées aux pluies de mousson parfois aggravées par le passage de typhons, ces événements pourraient se renforcer avec le changement climatique. Des systèmes de drainage et d'évacuation des eaux usées anciens sont désormais sous-dimensionnés et mal entretenus. Le delta enregistre aussi une nette subsidence qui accroît encore les risques. Ces différents facteurs expliquent que la majorité des quartiers récents construits sur d'anciennes zones de marais ou de rizières risquent à court ou moyen termes, d'être submergés (Vachaud, Gratiot et Tien Dung, 2020). Quand l'inondation survient la population doit souvent faire face seule à la situation car les services municipaux débordés, ne sont pas préparés à la gestion de crise. Les réponses de la ville relèvent de la protection, des digues sur la rivière Saïgon, des canaux d'irrigation ont été refaits, une écluse à marée doit protéger le centre-ville mais elle ne fait que déplacer le problème en augmentant le niveau d'eau en périphérie urbaine. La gestion du risque et de la crise apparaît particulièrement difficile dans un pays où les capacités financières et techniques sont réduites et cela en dépit de l'aide internationale. Par ailleurs, cette gestion n'est pas toujours bien comprise par la population qui s'oppose parfois aux projets de réduction du risque faute d'en saisir l'intérêt (Vachaud *et al.*, *op. cit.*).

Ainsi, les effets du changement climatique sur l'environnement se traduisent déjà et se traduiront plus encore dans le futur en matière de risques aggravés et de crises multiples : cyclones particulièrement violents (*cf.* le cyclone Otis au Mexique en octobre 2023), inondations (inondation dans le département du Pas-de-Calais en novembre 2023), glissements de terrain récurrents, érosion littorale aggravée. Sont et seront particulièrement concernés les populations et les aménagements situés le long des cours d'eau, sur les deltas, plus largement en position littorale et en montagne. Les canicules, les îlots de chaleur urbains affecteront tout particulièrement les populations des métropoles, tandis que les épisodes de sécheresses concerneront à la fois la population des espaces semi-arides (Sahel) et celle des domaines tempérés, réduisant la ressource en eau et favorisant les incendies notamment en forêt (*cf.* les incendies de 2022 en Europe et notamment en France et au Canada en 2023) (Laganier, Veyret, 2023). D'autres effets concernent et concerneront l'accès aux ressources, les modes d'usage des sols (types d'agriculture…), de l'eau et leurs conséquences déjà évoquées précédemment quant à l'alimentation et la santé… Ils entraîneront aussi des déplacements de populations et favoriseront les migrations. Ces différentes situations impliquent des modifications de l'urbanisme (au niveau de l'habitat, des espaces verts, de l'eau en ville), des déplacements de population loin des espaces les plus dangereux…, *in fine* des changements profonds dans les modes de vie. Les conséquences du changement climatique, concernent de très nombreux territoires aussi bien dans les pays riches que dans les pays en développement, elles doivent être prises en compte dans toutes les politiques d'aménagement.

4 Risques, environnements, aménagements, inégalités environnementales

Aménager un territoire nécessite de connaître les caractéristiques environnementales de ce dernier et par conséquent de faire apparaître les aléas et les risques qui peuvent menacer populations et biens. L'aménagement consistant aussi à évaluer la vulnérabilité des populations et des biens afin de réduire celle-ci : formes d'habitat, modes de protection, préventions spécifiques mais aussi connaissance du danger et des manières d'y faire face de la part des différents acteurs du risque et de la crise y compris le citoyen.

Dans les grandes métropoles (Paris, New York…) la vulnérabilité a fortement augmenté au cours du XXe siècle avec notamment l'interdépendance des réseaux techniques et le poids des infrastructures essentielles. Une métropole comme Paris enregistre de nombreux aléas naturels (fontis, inondations, canicules…) et industriels. Elle est sous la menace des inondations. Or, la raréfaction et le renchérissement du foncier ont favorisé la concentration des biens et des personnes dans des espaces potentiellement inondables. Une crue centennale de la Seine pourrait toucher près de 5 millions d'habitants de l'Île-de-France, provoquant jusqu'à 30 milliards de directs. L'événement affecterait l'accès à l'eau potable de millions de Franciliens. En outre, la densité et la dépendance des réseaux (électriques, d'information, d'eau…) augmentent fortement la vulnérabilité ; par effet domino, les conséquences de la crise dépasseraient la seule zone directement inondée. Plusieurs millions de personnes seraient concernées par des coupures d'électricité, par des difficultés de déplacement et la désorganisation des services publics (hôpitaux, écoles, administrations…). La crise, qui aurait alors des conséquences importantes en matière politiques et économiques, pourrait entraîner une récession économique. Elle ne s'arrêterait pas aux portes de l'Île-de-France, elle concernerait le territoire national : interruption des systèmes informatiques, difficultés ou impossibilité d'échanger avec les acteurs économiques et autres dans le reste du pays ou à l'étranger… La métropole intégrée dans la mondialisation pourrait ainsi voir sa position économique et politique remise en question parmi les grandes villes de l'Europe.

Les inondations sont connues depuis longtemps en région parisienne et là comme ailleurs les solutions initialement préconisées, toujours pratiquées et même attendues par la population concernée relèvent de la protection, l'établissement de digues, la pose de batardeaux, les barrages sont considérés comme des solutions permettant de réduire l'aléa. Il s'agit donc de réponses techniques, centrées sur l'aléa. Mais cette protection est bien imparfaite, les digues peuvent être en mauvais état ou de dimensions insuffisantes et les populations installées derrière qui se pensaient en sécurité, sont en cas de rupture, particulièrement menacées. D'autres approches sont nécessaires, réduction de l'urbanisation en zone inondable (Plan de prévention des risques d'inondation PPRI), constructions adaptées à la montée des eaux. Dans tous les cas les populations averties du risque doivent pouvoir réagir de façon à faire face au danger de manière acceptable. La résilience doit être le fait des organismes publics et/ou privés au même titre que les individus concernés.

4.1 La gestion des risques, aménagements, environnement

En France, des mesures à partir des années 1990 (loi du 2 février 1995) visant à contrôler l'exposition ont été prises, ainsi ont été instaurés les PPR. Ces plans sont réalisés par l'État qui réglemente l'utilisation des sols en fonction des risques naturels auxquels ils sont soumis, la réglementation va de l'interdiction de construire jusqu'à la possibilité de construire sous certaines conditions. Les PPR sont approuvés par le préfet après consultation des communes et enquête publique. Monorisques ou multirisques, les PPR ont pour objectif de réduire le danger. Après approbation, les PPR valent servitude d'utilité publique et sont annexés au plan local d'urbanisme. Ils s'imposent à tous, particuliers, entreprises, collectivités, État. Le document final du PPR est composé d'un rapport analysant les phénomènes pris en compte ainsi que leurs impacts sur les personnes et les biens existant et futurs, et d'une carte réglementaire où sont précisées les prescriptions s'appliquant à chaque zone.

Les PPR sont cependant difficiles à faire accepter à la population, car ils entraînent la perte de valeur d'un certain nombre de biens : constructions et terrains situés en zone à risque. De nombreux conflits surviennent entre les populations concernées et les autorités qui mettent en œuvre le PPR. En outre, si la limitation de la construction est possible bien que difficile, là où n'existent pas de constructions, que faire des espaces à risque déjà construits ? Les limites que le PPR induit quant au développement des communes à risque suffisent à expliquer les tensions lors de sa réalisation et dans bien des cas l'existence d'un zonage difficile à lire, partiellement vidé de ses objectifs.

En matière d'aménagement, des réglementations récentes en France imposent aux habitations situées en zone inondable de disposer d'une plateforme refuge, d'une issue de secours notamment par les toits et toujours située au-dessus de la Ligne des plus hautes eaux connues (LPHEC). En outre, l'habitat sur l'eau peut aussi être une réponse aux risques littoraux et aux risques d'inondation fluviale, mais les maisons flottantes sont encore rares en France tandis qu'elles sont en grande progression aux Pays-Bas. La construction sur dalle a été parfois une solution permettant de mettre hors d'eau des logements, des infrastructures critiques, des axes de circulation mais les rez-de-chaussée vides constituent un frein souvent dénoncé, à la vie urbaine. Aujourd'hui, on commence à envisager des villes vivant avec le risque et non pas contre lui. C'est le cas à Romorantin-Lanthenay du quartier Matra développé par l'architecte Éric Daniel-Lacombe qui a pensé et construit ce quartier en intégrant le risque d'inondation dès la conception du projet. Les édifices doivent rester accessibles en période de crue, les niveaux d'habitations étant situés au-dessus de la plus haute ligne d'eau connue (Daniel-Lacombe *et al.*, 2016-2017).

Enfin dans les cas où aucune autre solution ne permet de faire face à la crise, reste le recul stratégique. Il s'agit de déplacer populations et aménagements hors des lieux dangereux (littoraux en recul par exemple). Mais qui paiera ces transferts souvent très mal vécus par les populations menacées ? Ils nécessitent aussi d'envisager les spécificités d'un nouvel urbanisme dans les espaces où seront réinstallées les populations déplacées.

La prise en compte de l'îlot de chaleur urbain qui dépend du site, des données météorologiques, de la taille de la ville, des caractères de l'urbanisme… génère un nouveau rapport ville/nature, le verdissement de la ville : forêts urbaines, parcs, jardins, verdissement des toits et des façades, présence d'eau en surface (fontaine, cours d'eau, étangs…).

Des plans de prévention des risques technologiques (PPRT) ont aussi été instaurés par la loi de 2003 après l'accident d'AZF à Toulouse. Pour les entreprises les plus dangereuses (dites Seveso seuil haut), le PPRT comprend un plan de zonage qui définit notamment des secteurs dans lesquels le délaissement (droit pour le propriétaire d'un bien grevé d'une servitude de mettre en demeure la collectivité d'acquérir ce bien), le droit de préemption et d'expropriation peuvent être utilisés pour cause de danger grave. Les travaux de consolidation, d'adaptation du bâti, rendus obligatoires par le PPRT sur les habitations principales existant à la date de son approbation donnent lieu à des aides. Le diagnostic préalable et les travaux sont financés à hauteur de 90 % par les collectivités (25 %), les industries (25 %) et un crédit d'impôt de 40 % pour un plafond de 20 000 euros mais les 10 % restants sont à la charge des habitants et demeurent un point de blocage.

4.2 L'importance de la résilience

Pour l'Union européenne qui reprend la définition proposée dans le Cadre d'action de Hyogo (Hyogo Framework for Action) : « *La résilience est la capacité d'un système à réagir et à se relever des dégâts causés par un événement, complétée par sa capacité à s'adapter, par résistance ou par changement, dans le but d'atteindre ou de maintenir un niveau acceptable de fonctionnement.* » La résilience permet donc d'envisager les diverses étapes du risque, de la crise et de la post-crise. Elle implique que la communauté se prépare à subir une catastrophe. La résilience renvoie « *à des aptitudes multiples comme la capacité à apprendre des traumatismes, à se préparer à des chocs éventuels, à faire face aux crises, à se reconstruire ces dernières passées, voire à se réformer profondément* » (Rudolf, 2015). Le terme de résilience recouvre deux aspects : l'un concerne le risque et se situe au sein des politiques d'aménagement du territoire nécessitant la réduction de la vulnérabilité. Cette résilience *ex-ante*, qui a pour objectif de parvenir à des politiques plus durables intégrant les risques, va bien au-delà de la seule lutte contre l'aléa, elle implique parfois de vivre avec celui-ci en dépassant les vulnérabilités, afin d'en réduire les effets. L'autre, ex-post concerne la gestion de crise et l'après crise, l'organisation de la vie des populations en mode dégradé, et le rétablissement des principales fonctions du système en se basant sur le Retour d'expériences (REX) et ses indispensables enseignements. La collaboration de tous les acteurs concernés est nécessaire à l'amélioration de la résilience. En effet, la résilience doit contribuer à consolider le système pour éviter la crise ou du moins en réduire les conséquences à une échelle donnée, sa mise en œuvre dépend des caractéristiques du territoire et des périmètres d'actions pertinents. La dimension politique est également fondamentale, au travers du rôle majeur des décideurs, des aménageurs, de la puissance publique, des partenaires privés, des individus qui tous ont bien souvent des stratégies spécifiques et parfois conflictuelles.

4.3 Risques, crises, inégalités environnementales et pauvreté

Les populations pauvres sont souvent les plus exposées aux risques et très sensibles aux crises. Les injustices liées à des contextes environnementaux spécifiques peuvent être multiples : exposition aux risques naturels, technologiques et industriels, aux nuisances environnementales (pollution sonore, qualité de l'air ou de l'eau). Les populations pauvres sont généralement reléguées dans des zones de vulnérabilité environnementale sous équipées, mal reliées au centre-ville par exemple, dépourvues d'accès aux services essentiels (eau, assainissement). Ainsi au Cameroun, faute de documents de planification, des installations non réglementaires se développent dans les bas-fonds et sur des pentes escarpées profitant du laxisme et des limites de la gestion domaniale, en témoigne le quartier Fanta Citron à Yaoundé où plus de 50 % de la population accède à son domicile par des passages difficiles, souvent par des rues non carrossables fréquemment inondées en saison de pluie (Tchio Nkemta, 2014, cité par Saha *et al.*, 2018). L'analyse de la vulnérabilité urbaine passe par une analyse des politiques foncières, du logement, de la gouvernance urbaine... des stratégies et pratiques des citadins pauvres. D'autres aspects liés aux aménités qu'offre par exemple l'espace urbain doivent également être considérés, tels que l'importance des espaces publics, l'accessibilité aux infrastructures, aux équipements publics, l'ampleur et la qualité des espaces verts, la dimension paysagère (Saha *et al.*, 2018). L'amélioration du cadre de vie et l'accessibilité aux équipements et infrastructures publics sont au cœur de la justice environnementale. L'association d'inégalités environnementales et sociales s'accompagne d'une faible capacité des populations concernées à mobiliser à leur profit les politiques publiques, qu'il s'agisse de l'habitat ou de l'environnement. Une offre de logements accessibles financièrement insuffisante contraint les ménages à des choix de localisation en zone à risque où la construction est parfois illégale, or construire sans permis en secteurs dangereux implique souvent l'absence de branchement aux services d'eau, d'assainissement, l'absence de collecte des déchets... La Charte d'Aalborg (Conférence européenne sur les villes durables à Aalborg au Danemark en 1994) insiste sur le lien entre population pauvre, risques et problèmes environnementaux. « *Nous, villes, sommes conscientes que les populations démunies sont les plus touchées par les problèmes de l'environnement (bruit, pollution diverse, insuffisance des équipements, insalubrité des logements, manque d'espaces verts, qualité de l'eau) et les moins aptes à les résoudre… Nous voulons intégrer à la protection de l'environnement les exigences sociales essentielles de la population ainsi que les programmes d'action sanitaire, de l'emploi et du logement.* » Parce que la population est pauvre elle est généralement plus vulnérable, or cette vulnérabilité peut générer plus de pauvreté encore (Banque mondiale).

En fait, dans beaucoup de pays en développement, la conscience du risque et de la catastrophe vient après bien d'autres préoccupations plus immédiates et urgentes. Les habitants accordent plus d'importance aux risques sociaux (perte d'emploi, maladie, accès à l'alimentation, à l'eau, à l'électricité, violence, etc.) qu'aux risques naturels et/ou technologiques à assez faible probabilité de déroulement. Le risque comme la catastrophe d'origine naturelle ou technologique ne font généralement pas l'objet d'une demande de protection et de prévention spécifique. La vulnérabilité et l'exposition au risque font partie du quotidien des habitants pauvres des villes du Sud, si bien que la hiérarchisation dans l'appréhension des risques est différente de celle qui prévaut dans les pays riches. Dans de nombreuses situations, la plupart des politiques environnementales proposées ne se font pas avec les pauvres, mais plutôt contre eux. Ainsi à Quito (Sierra 2004), un quartier considéré comme à risques généralement construit sans autorisation, est destiné selon les autorités municipales à être détruit. Une telle situation explique que les habitants ne signalent pas le danger, même lorsque leur maison, située en bordure de fortes pentes se fissure et menace de s'effondrer. Les habitants continuent à l'occuper jusqu'à ce qu'elle devienne trop dangereuse. Leur déplacement entraînerait la perte des maigres biens qu'ils possèdent faute d'assurance et en l'absence de remboursement des sommes investies dans l'habitation. Les politiques de prévention ou d'atténuation des risques, imposent de proposer des alternatives environnementales, sociales, économiques et culturelles soutenables et viables pour les populations et ne seront véritablement efficaces que si les personnes exposées sont parties prenantes de l'analyse des politiques qui les concernent directement (Maskrey, 1993 ; Milbert et Nathan, 2009).

Conclusion

Les risques sont une des composantes majeures des analyses de géographie environnementale ; croisant nature et sociétés, ils imposent d'envisager histoire, culture, modes de gestion des territoires concernés, degré de développement économique, perception des dangers… et au-delà type d'aménagement durable possible intégrant les risques, qui doivent être parties prenantes des politiques d'aménagement et de gestion des territoires à toutes les échelles spatiales. La population doit connaître les dangers, connaissance transmise diversement mais pour laquelle l'éducation aux risques, l'enseignement de ceux-ci sont bien souvent fondamentaux.

Le changement climatique en cours rend la question des risques plus prégnante encore. Elle doit être envisagée à l'amont des politiques d'aménagement pour prévenir les effets de processus potentiellement plus fréquents et/ou plus intenses, elle doit s'accompagner d'une réflexion sur la résilience des aménagements, des populations jusqu'aux individus. Néanmoins, les inégalités face aux risques et aux crises rendent leur gestion difficile notamment dans les pays en développement, les populations les plus pauvres étant généralement les plus vulnérables.

BIBLIOGRAPHIE

BARROWS, H. H., (1923). Geography as Human Ecology. *Annals of the Association of American geographers*, 13.

BLAIKIE, P., CANNON, T., DAVIS, I., WISNER, B., (1994). *At risk: natural Hazards, People's Vulnerability, and disasters*, Routledge, Londres (nouvelle édition en 2004).

BECK, U., (1986). *La société du risque*, Alto Aubier.

BERDOULAY, V., (1981). *La formation de l'*école *française de géographie*. 1870-1914 Paris. Comité des travaux historiques et scientifiques, Bibliothèque nationale.

BERTELINI, G., (1990). *Le marché des ordures, économie et gestion des déchets ménagers*, L'Harmattan.

BERTRAND, G., et CL., (2002). *Une géographie traversière. L'environnement* à *travers territoires et temporalités*, Éditions Arguments.

BLANCHET, PH., (1995). Risques et densité. *Annales de la recherche urbaine*, n° 67.

BOURDET, J., (2021). *Les leçons d'une décontamination*. Note du CNRS, URL : https://lejournal.cnrs.fr/articles/fukushima-les-lecons-dune-decontamination.

BOUSQUET, B., DUFAURE, J.-J., PÉCHOUX, P.-Y., (1984). Connaître les risques en Méditerranée, de la vision antique à la vision moderne. *Rencontre Inter. Arc. Hist. Antibes, Tremblements de terre et archéologie*.

BRUNDTLAND, G. H., (dir.), (1987). *Notre avenir à tous*, document rédigé par la Commission mondiale sur l'environnement et le développement de l'ONU.

BURTON, I., WHITE, G. F., KATES, R. W., (1993). *The Environment as Hazard*, Guildford Press.

CHORLEY, R. J., (ed.) (1973). *Directions in Geography*, Methuen and Co Ltd, Londres.

COWLES, H. C. (1899). *Ecological Relationships of Vegetation of the Sand Dunes of Lake Michigan*, University Press of Chicago.

CUTTER, S. L., (1994). *Environmental Risks and Hazards*, Prentice hall., inc.

DANIEL-LACOMBE, E., PAQUOT, T., (2016-2017). Romorantin : vivre avec l'indiscipline des eaux. *Revue Ekologik*, n° 52.

DE MARTONNE, E., (1947). *Traité de géographie physique*, tome 2 Le relief du sol, Armand Colin.

DORIER-APPRILL, E., (2006). *Villes et environnement*, Armand Colin.

DRYER, C. R., (1919). Genetic Geography, *Annals of the Association of American Geographers*, vol. 10.

ERLICH, P., (1968). The *population bomb*, New York Ballantine.

EWALD, F., (1986). *L'État-providence*, Grasset.

GEDDES, P., (1915). *L'évolution des villes. Une introduction au mouvement de l'urbanisme et à l'étude de l'instruction civique ?* Éditions Temenos, Paris, 1994.

GEORGE, P., (1971). *L'environnement*, PUF, coll. « Que sais-je ? ».

JULLIEN, C., PULLIAT, G., (2020). La gestion des risques dans les villes vietnamiennes : une lecture critique des politiques environnementales, *Urbanités, Dossier/Urbanités sud-est asiatiques*, septembre 2020.

IRSN, (2021). Note d'information.

KNIGT F., (1921). *Risk, Uncertainty and Profit*, Houghton Mifflin Company. New York.

LAGANIER, R. (éd.), (2006). *Territoires, inondation et figures du risque : la prévention au prisme de l'évaluation*, L'Harmattan, coll. « Itinéraires géographiques ».

LAGANIER, R., VEYRET, Y., (2023). *Gestion des crises territoriales. De l'urgence à la reconstruction*, ISTE Éditions.

LAGANIER, R., VEYRET, Y., (2023). *Atlas des risques et des crises*, Éditions Autrement.

MASKREY, A. (dir), (1993). Los desastres no son naturales. *La RED Red de Estudios Sociales en Prevención de Desastres en América Latina.*

MILBERT, I., NATHAN, F., (2009). Gestion du risque et politiques urbaines au Nord et au Sud, *Trace*, 56.

MEADOWS, D. H., (1972). *Halte* à *la croissance*, Fayard.

MARSH, G. P., (1884). *Man and Nature: Or Physical Geography as Modified by Human Action*, New York.

MOBIUS, K., (1877). *Die Auster und die Austernwirtschaft*, Berlin.

NEBOIT, R., (1983). *L'homme et l'érosion.* Publication de la faculté des lettres de Clermont Ferrand, Fasc. 17.

OLLEY, K., (2021). Les transferts des déchets illégaux, un aperçu. – Industrie et déchets : sur la voie de l'économie circulaire. *La revue de l'Institut Veolia – Facts Reports*, n° 23.

OSBORN, F., (1949). *La planète au pillage*, Payot.

RATZEL, F., (1881-1882). Anthropogeographie. Die geographische Verbreitung des Menschen. Traduction française.

RECLUS, E., (1868) *La Terre, description des phénomènes de la vie globale*, vol. I, les Continents, 2 tomes.

RECLUS, E., (1905). *L'homme et la terre*, Librairie universelle.

REGHEZZA-ZITT, M., RUFAT, S., (2015) *Résiliences : sociétés et territoires face à l'incertitude, aux risques et aux catastrophes*, ISTE Éditions.

RUDOLF, F., (2015). L'essor de la résilience ou la promotion de nouvelles cultures du risque autour de l'adaptation aux changements climatiques ? *Développement durable et territoires*, vol. 6, n° 1.

SAHA, F., TCHIO NKEMTA, D., TCHINDJANG, M., VOUNDI, É., MBEVO FENDOUNG, P., (2018). Production des risques dits « naturels » dans les grands centres urbains du Cameroun. *Nat. Sci. Soc.*, 26, 4.

SAUER, O. C., (1927). Recent Developments in Cultural Geography. Dans HAVES E. C. (éd.), *Recent Developments in The Social Sciences*, Philadelphia, Lippincott.
SEMPLE, E. C., (1911). *Influences of Geographic Environment on the Basis of Ratzel's System of Antropogeography*, Henri Holt, New York.
SIERRA, A., (2004). La division sociale du risque d'origine naturelle : Les boues de Quito en Équateur. *Les Annales de la Recherche Urbaine*, n° 95.
SIERRA, A., (2007). Les enjeux géopolitiques de l'institutionnalisation de la gestion du risque « naturel » en Amérique latine. Le cas du Costa Rica, de la Colombie et de l'Équateur, *Outre-Terre*, 1, n° 18.
SORRE, M., (1943). *Les fondements biologiques de la géographie humaine*, Armand Colin.
SURELL, A., (1984). *Étude sur les torrents des hautes Alpes*, Dunod Éditeur, deuxième édition en 1870.
TCHIO NKEMBA, D., (2014). Aménagement des quartiers à habitat précaire de Yaoundé Ve : cas de Mvog-Ada au lieu-dit Fanta Citron, université de Yaoundé 1.
TRICART, J., KILIAN, J., (1978). *L'éco-géographie*, Masson.
TURNER, F.J., (1905). Geographical Interpretation of American History. *Journal of* Geography, vol. 4.
VACHAUD, G., GRATIOT, N., TIEN DUNG, T. N., (2020). Ho Chi Minh Ville, des inondations à la submersion, *EchoGéo*, 52 | 2020.
VEYRET, Y. (coord.), (1999). *L'érosion entre nature et société*, Sedes, coll. « DIEM ».
VEYRET, Y., VIGNEAU, J.-P., (2004). Risques et développement durable, *Bulletin de l'association des professeurs d'histoire-géographie*, n° 387.
VEYRET, Y., (dir.), (2003). *Les risques*, Armand Colin.
VEYRET, Y., (2004). *Géographie des risques naturels en France*, Hatier, coll. « Initial ».
VEYRET, Y., REGHEZZA, M., (2005). Aléas et risques dans l'analyse géographique, *Annales des mines, Responsabilité et Environnement*, n° 40.
VEYRET, Y., REGHEZZA, M., (2006). Vulnérabilité et risques, L'approche récente de la vulnérabilité. *Annales des mines Responsabilité et environnement*, n° 43.
WHITE, G. F., (1945). Human Adjustment to Floods, *Research paper*, n° 29, University of Chicago. Department of Geography.
WHITE, G. F., (1961). The Choice of Use in Resource Managment. *Natural Resources Journal*, n° 1.
WHITE, G. F., (1973). *Natural Hazards Research.* Dans CHORLEY, RICHARD J. (éd.), Directions in Geography, Methuen & Co Ltd, Londres.
WHITE, G. F., (1978). *The Environment as Hazard*, Guildford Press, New York.
WHITE, G. F., HASS J. E. (1975). *Assessment of Research on Natural Hazards*, Cambridge MA, LIT Press.
WHITE, G. F., KATES, R. W., BURTON, I., (2001). Knowing better and loosing even more: the use of knowledge in hazard management, *Environnemental Hazards*, (3).
WISNER, B., (1975). Taking the Naturalness out of Natural Disasters. Nature, n° 260,
WISNER B., (1993). Disaster vulnerability: scale, power and daily life. *Geojournal*, 30 (2).

CHAPITRE 9

Regard sur les approches sociales de l'environnement : justice et inégalités environnementales

Christèle ALLES

SOMMAIRE

Dans le film *Parasites*, sorti en 2019, Bong Joon-Ho met en scène les inégalités à travers deux familles de Séoul situées aux extrémités de l'échelle sociale. D'un côté les membres de la famille Kim vivent de petits boulots, dans un entresol des bas quartiers de la capitale coréenne, petit, sombre, infesté par les cafards, exposé aux pollutions venant de la rue et vite inondé lorsque des pluies diluviennes s'abattent sur la ville. De l'autre, la famille Park contemple ces mêmes pluies, confortablement installée dans son salon, à travers les baies vitrées de leur vaste maison d'architecte. Située dans un quartier résidentiel des hauteurs de Séoul, bien au-dessus de la plaine inondable du fleuve Han, la bâtisse est nichée au cœur d'un jardin et protégée de l'extérieur par la végétation et une entrée sécurisée. Si cette représentation peut sembler quelque peu caricaturale, elle illustre bien les inégalités environnementales, ici comprises comme « *les différenciations sociales dans l'exposition aux nuisances et aux risques, tout comme dans l'accès aux ressources environnementales* » (Emelianoff, 2008).

Cette appréhension sociale des problèmes environnementaux n'a rien d'évident et Catherine Larrère (2017) nous rappelle que la tradition écologiste tend souvent à mettre l'accent sur les effets égalitaires des dégradations de l'environnement. « *Il n'y a pas de planète B* » (Berners-Lee, 2020) et c'est bien l'humanité tout entière qui est concernée par le changement climatique, la crise de la biodiversité, les pollutions. Mais l'est-elle au même niveau ? Depuis la fin des années 1970, période qui a marqué l'émergence de cette thématique aux États-Unis sous le vocable de la « justice environnementale », de nombreuses recherches ont questionné cette égalisation prétendument instaurée par les risques liés à l'environnement pour tenter de comprendre l'imbrication des questions sociales et environnementales. Les populations sont-elles affectées au même niveau par les dégradations environnementales et si non, quels groupes sociaux sont les plus affectés ? Cette différenciation sociale peut-elle également s'appliquer à la production des dégradations environnementales ? Comment ces inégalités s'ancrent-elles dans les territoires et quelles sont les échelles pertinentes pour les observer ? Comment sont-elles appréhendées par les pouvoirs publics mais aussi par la société civile ?

1 Une pluralité d'approches et de concepts

1.1 Entre activisme et recherche scientifique : émergence et affirmation de l'*Environmental Justice* aux États-Unis

C'est dans un contexte militant, celui des mobilisations pour les droits civiques, que le mot d'ordre de l'*Environmental Justice* apparaît aux États-Unis. Il structure tout d'abord un mouvement social organisant des luttes au niveau local contre l'implantation d'infrastructures polluantes dans les quartiers noirs et pauvres des villes américaines (Charles *et al.*, 2020). Le combat mené en 1982 contre la création d'un dépôt de déchets toxiques dans le comté de Warren (Caroline du Nord) est souvent considéré comme fondateur. À 80 % afro-américaine, ouvrière, rurale et massivement frappée par la pauvreté, la population du comté s'oppose à l'arrivée de camions de déchets dangereux venant de tout l'État pour alimenter une décharge située sur des nappes phréatiques peu profondes. Malgré son échec, ce combat a contribué à publiciser l'influence de la « race » sur l'exposition aux pollutions et a donné lieu à des études importantes pour la suite du mouvement (Naoufal, 2016). En 1987, un participant à la contestation du comté de Warren, le pasteur Ben Charvis, montre la corrélation systématique entre installations polluantes et présence de minorités dans une étude menée à l'échelle nationale[1] : 60 % des communautés afro-américaines et latino-américaines et plus de 50 % des Autochtones, Asiatiques et personnes originaires des îles du Pacifique vivent alors dans des régions comportant une ou plusieurs décharges de déchets dangereux

1. Le premier rapport issu de ces travaux est publié en 1987 sous le titre *Toxic Waste and Race in the United States*.

(United Church of Christ, 1987, cité par Naoufal, 2016). Cette étude ouvre le champ de réflexion sur la justice environnementale, principalement perçue ici sous l'angle des discriminations raciales. Ben Charvis propose ainsi la notion de « racisme environnemental » qu'il définit comme « *la discrimination raciale dans l'élaboration des politiques environnementales et l'application des lois et des règlements, l'identification délibérée des personnes et communautés de couleur pour l'établissement des installations de déchets toxiques, l'autorisation officielle de la présence potentiellement mortelle de poisons et de polluants dans nos communautés et l'histoire de l'exclusion des personnes de couleur des postes décisionnels dans le mouvement environnemental* » (cité par Naoufal, 2016). Il ne s'agit donc plus seulement d'observer une corrélation entre présence de populations noires et infrastructures polluantes, mais bien une politique de discrimination systématique vis-à-vis des minorités aux États-Unis.

Au début des années 1990, Robert Bullard, sociologue à l'université de Californie, fait entrer ces deux notions dans le champ de la recherche scientifique et élargit la question de l'impact des industries et équipements polluants à d'autres minorités ethniques et aux populations pauvres de manière plus générale. La recherche sur la justice environnementale adapte alors les apports des théories de la justice contemporaine et notamment les travaux du philosophe John Rawls (1971). Aux questionnements déjà présents sur la « justice distributive » (quelle répartition des biens et des maux environnementaux ?), sont ajoutées des approches par la « justice procédurale » (qui participe à la prise de décision ?) qui permettent d'interroger la manière dont sont produites et mises en œuvre les politiques environnementales.

Activisme et recherche conduisent à une inscription précoce des liens entre question sociale et environnementale dans les politiques publiques états-uniennes. Dès février 1994, Bill Clinton signe un décret contraignant les différentes agences américaines à prendre en compte la justice environnementale dans l'élaboration de leur action. À l'échelle régionale, les bureaux de l'*Environmental Protection Agency* élaborent des indicateurs destinés à identifier des espaces prioritaires sur lesquels agir en vue d'améliorer la justice environnementale. Ces initiatives font l'objet de critiques (disparités régionales dans la mise en œuvre, approches ne prenant pas en compte le vécu des populations, etc.) (Lejeune, 2015), mais elles ont le mérite d'avoir introduit précocement les préoccupations de justice sociale dans les politiques environnementales américaines.

1.2 Justice environnementale dans les « Suds » : « l'écologisme des pauvres » (Martinez-Alier, 2002)

Au début des années 2000, les travaux de Joan Martinez-Alier sur « l'écologisme des pauvres » permettent de sortir la justice environnementale du cadre états-unien en montrant que les mobilisations environnementales ne sont ni récentes, ni l'exclusivité des pays les plus développés. L'économiste espagnol remonte aux premiers mouvements sociaux liés à l'extractivisme, au XIXe siècle, et montre qu'ils sont aujourd'hui nombreux dans les pays des « Suds », en raison de l'exploitation intensive de leurs ressources naturelles depuis la période coloniale et de ses conséquences sur les populations les plus marginalisées de ces pays. Ces mobilisations sont bien souvent des luttes existentielles pour des communautés locales, souvent autochtones, qui entretiennent des rapports étroits avec leur environnement, en tirent leurs moyens de subsistance et lui sont parfois liées de manière spirituelle et symbolique.

DÉFINITION

Extractivisme

L'extractivisme désigne un mode d'accumulation des richesses, organisé dans le cadre des empires coloniaux, qui repose sur l'extraction et l'exportation de grandes quantités de ressources naturelles non transformées. Le terme est utilisé pour l'exploitation des minerais et hydrocarbures mais aussi pour certaines formes d'agriculture, de sylviculture ou encore de pêche.

Si ces communautés ne mobilisent pas toujours le registre de la protection de l'environnement dans leurs revendications, ces luttes participent d'une dénonciation des injustices environnementales, ici comprises comme la spoliation des ressources environnementales aux bénéfices de quelques-uns dans le cadre de l'échange inégal hérité de la colonisation. L'extractivisme, et les dégradations environnementales qui l'accompagnent, se font en effet prioritairement au bénéfice d'entreprises capitalistes issues des « Nords ». Joan Martinez-Alier montre par exemple que l'Europe importe quatre fois plus de tonnes de matière qu'elle n'en exporte (énergie comprise), tandis que l'Amérique latine exporte six fois plus de tonnes de matière qu'elle n'en importe. L'injustice est d'autant plus forte que ces entreprises ne redistribuent que très peu leurs bénéfices localement et laissent souvent les sites dévastés une fois les ressources épuisées, compromettant les conditions de vie des générations futures. La justice (ou plutôt l'injustice) environnementale est donc pensée ici à l'échelle mondiale, les pays les plus développés faisant peser sur les populations des « Suds » les externalités négatives de l'exploitation de l'environnement et de la captation des ressources naturelles à leur profit.

Comme dans le cas de l'*Environmental justice* états-unienne, les travaux de Joan Martinez-Alier entretiennent des liens étroits avec l'activisme. En témoigne la création du *Global Atlas of Environmental Justice* (https://ejatlas.org), un atlas numérique développé par l'université de Barcelone et destiné à documenter les mobilisations environnementales à travers le monde. Comme le souligne le site Internet de l'atlas, sa mission est de « *rendre [ces] mobilisations plus visibles, en mettant en valeur leurs revendications et témoignages, afin de plaider pour l'obligation faite aux entreprises et aux États de rendre des comptes pour les injustices qu'ils infligent à travers leurs activités. L'EJ Atlas veut également servir d'espace de rencontre virtuel à tous ceux qui travaillent sur des problèmes de justice environnementale pour obtenir des informations, trouver d'autres groupes travaillant sur les mêmes problématiques, et augmenter la visibilité des conflits environnementaux* ». L'atlas est donc pensé comme un outil à la frontière des mondes scientifiques et militants, outil de connaissance mais aussi de mise en réseaux des groupes activistes et d'appui à la mobilisation autour de ces combats.

ENCADRÉ 9.1

Des mobilisations socio-environnementales : les mouvements anti-extractivistes

La mobilisation de Rio Tinto en 1888 ou « l'année des tirs » (Espagne)

En 1873, les mines royales de cuivre de Rio Tinto, situées à Huelva en Andalousie, sont rachetées par une compagnie détenue par des capitaux allemands et britanniques. Une nouvelle mine de cuivre à ciel ouvert est inaugurée et la Rio Tinto Company est alors composée de plus de 10 000 mineurs. Les conditions de travail sont difficiles, les mineurs mettent leur santé en danger pour des salaires très bas. L'intensification de l'exploitation minière s'appuie sur une technique de récupération du cuivre qui dégage d'importantes quantités de dioxyde de soufre. Ces fumées, particulièrement toxiques, endommagent les cultures environnantes et causent de graves problèmes de santé aux mineurs, mais aussi aux agriculteurs locaux et à leur bétail. L'implication de capitaux étrangers ne fait qu'exacerber les tensions, les dégradations environnementales étant perçues comme le résultat d'une spoliation des ressources locales au profit d'intérêts extérieurs au territoire. Les tensions culminent le 4 février 1888, lorsque des milliers de mineurs et d'agriculteurs, rejoints par leurs familles et d'autres habitants locaux, organisent une grande manifestation dans la ville de Rio Tinto pour protester contre les conditions de travail, la pollution et la gestion de la mine par les Britanniques. La manifestation est réprimée violemment par la Guardia Civil (la police espagnole) qui ouvre le feu sur les manifestants, entraînant de nombreux morts et blessés. Cette mobilisation est devenue un symbole de la lutte pour les droits en Espagne et elle a permis de mettre en lumière les injustices liées à l'extraction des ressources minières aux échelles locale et globale.

Déforestation de la forêt sacrée de Massaha (Gabon)

Située au nord-est du Gabon, au cœur du bassin du Congo, le village de Massaha (200 habitants) cherche à protéger ce qu'il considère comme une forêt sacrée. Espace de pratique de nombreux rituels, souvent en lien avec un arbre local, le Kezavingo, la forêt comprend de nombreux sites sacrés et d'anciens villages. Les habitants y pratiquent aussi la cueillette, la chasse et la récolte de plantes médicinales. En 2020, l'administration gabonaise accorde une vaste concession d'exploitation forestière qui inclue la forêt de Massaha à une compagnie chinoise. Le contexte est par ailleurs particulièrement tendu car depuis les années 2010, plusieurs scandales sur l'exploitation illégale de bois par des compagnies étrangères ont éclaté. Le Kezavingo est particulièrement visé car son bois est utilisé pour fabriquer des objets de luxe en Chine. Pour protéger sa forêt, le village de Massaha demande rapidement aux autorités le classement d'un espace de 11 300 hectares en aire protégée. Malgré le début des opérations d'exploitation et le percement de nouvelles routes forestières, la communauté villageoise réussit à mobiliser des ONG internationales dont l'ICCA (International Congress and Convention Association), une association dédiée au soutien des populations autochtones, mais aussi Greenpeace Afrique ou encore la *Rainforest foundation* britannique. Le ministre de l'Environnement gabonais accepte finalement en 2022 la création d'une aire protégée et des négociations sont en cours sur le statut à lui donner. Les habitants revendiquent la mise en place d'une gestion participative et communautaire, une possibilité qui n'existe pas au Gabon pour l'instant.

Sans renier la dénonciation des injustices[2], les recherches françaises mobilisent plutôt le vocabulaire des inégalités environnementales. Elles ont souvent fait primer la volonté d'objectiver la dimension sociale des questions environnementales et ne s'inscrivent que rarement dans une démarche ouvertement militante.

1.3 Les approches françaises : les inégalités environnementales et écologiques

En France, les approches sociales des questions environnementales émergent plus tardivement. Les premiers numéros de revue abordant la question paraissent à la fin des années 2000[3], soit plus de vingt ans après les premières mobilisations pour la justice environnementale aux États-Unis. Cet intérêt tardif peut sembler surprenant dans un contexte où le concept de développement durable a été fortement mobilisé dans les politiques publiques comme dans la recherche. Si celui-ci introduit la question sociale en plaçant l'équité sociale parmi ses « trois piliers » (en plus du développement économique et de la protection de l'environnement), la relation entre les dimensions sociales et environnementales a au final été largement négligée. Comme le soulignent Charles *et al.*, « *dans les textes et dans la pratique, les politiques s'inspirant du développement durable n'accordent qu'une place relativement secondaire à la justice sociale* »

2. Dans *Pour une sociologie des inégalités environnementales* (2015), Valérie Deldrève intitule son premier chapitre « Étudier, dénoncer les inégalités environnementales ». Elle y défend un lien intrinsèque entre analyse des inégalités et dénonciation des injustices : « *Parce qu'elles sont indissociables de nos considérations en matière de justice et de notre vision du monde, les inégalités ne constituent pas des objets "froids" : dénonciation et "objectivation" tendent à se rejoindre pour se renforcer mutuellement* » (p. 25).

3. On recense chronologiquement le dossier n° 9 de la revue *Développement Durable et Territoire* sur « Inégalités environnementales, inégalités sociales » en 2007, le n° 35 de la revue *Écologie et politique* intitulé « Des inégalités écologiques parmi les hommes » (2008), le n° 2 de *Justice spatiale* paru en 2010 sur « Justice spatiale et environnement » et un numéro de la revue *Flux* (2012/3), « Inégalités environnementales et écologiques : quelles applications dans les territoires et les services ? ».

(2009, p. 41). Lorsque la thématique émerge, les auteurs se distinguent pour la plupart de l'héritage états-unien en utilisant le vocabulaire des inégalités plutôt que celui de la justice[4]. Plusieurs explications à cette évolution sémantique peuvent être avancées :

1. On peut y lire le résultat d'une réflexion qui a pris pied en France à travers l'analyse des inégalités de santé et des facteurs environnementaux influant sur celles-ci (Charles *et al.*, 2020 ; Deldrève, 2015). Le terme d'inégalité est alors compris au sens d'une disparité, « *qui ne serait pas forcément corrélée à une inégalité sociale et ne témoignerait pas* a priori *d'une injustice ou d'une discrimination entre groupes humains* » (Emelianoff, 2006, p. 37) ;
2. D'autres auteurs l'interprètent plutôt comme l'effet d'une réappropriation différente selon les contextes nationaux (Lejeune, 2015) et les modalités différentes de structurations des politiques publiques. Pour Mathieu Durand et Sylvy Jaglin, « *en France, le débat est moins centré sur la justice (et l'injustice) que sur les inégalités, l'action publique renvoyant davantage à la volonté de construire une société égalitaire à travers l'intervention étatique qu'à une volonté de réparation face aux situations d'injustice* » (2012, p. 5) ;
3. On peut enfin y voir le refus de certains auteurs d'utiliser un terme considéré comme peu scientifique. Le débat est ici plus global et structure une partie de la géographie sociale. Pour Fabrice Ripoll et Anne Clerval, utiliser le terme d'inégalités permet de travailler sur des questions objectivables alors que l'injustice fait référence à un sentiment. Il est ainsi possible d'éprouver un sentiment d'injustice tout en étant dominant et en profitant des inégalités (Moreau et Philifert, 2018).

Les approches sont multiples et les définitions fluctuantes au sein de la recherche française et les deux termes d'inégalités environnementales et écologiques ont pu être utilisés indifféremment. Des auteurs ont cependant cherché à clarifier et distinguer leur usage (Durand et Jaglin, 2012). Selon ces approches, l'analyse des inégalités environnementales considère l'individu comme un récepteur d'impacts environnementaux, alors que l'analyse des inégalités écologiques le considère comme un producteur d'impacts environnementaux (figure 9.1).

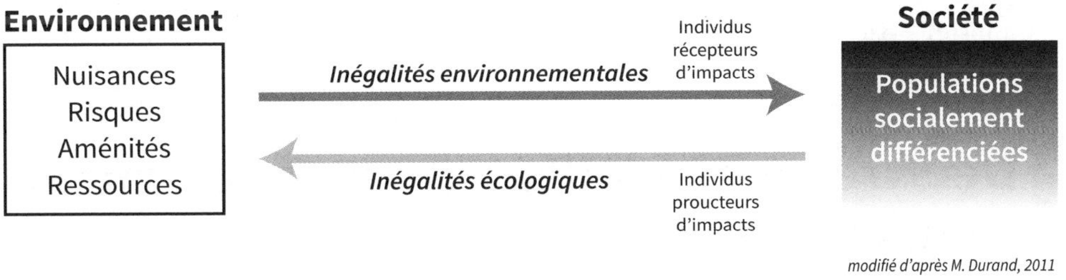

Figure 9.1 – Les inégalités environnementales et écologiques
Source : Durand M. et Jaglin S., 2012.

4. On notera l'exception du numéro de la revue *Justice Spatiale* parue en 2010. L'ensemble de la revue s'inscrit cependant de manière explicite dans la filiation des approches anglophones.

Pour le dire autrement, les inégalités environnementales s'intéressent à l'exposition différenciée des groupes sociaux aux nuisances et aux risques (impacts environnementaux négatifs), mais aussi à l'inégal accès aux aménités environnementales (impacts environnementaux négatifs). Les analyses en matière d'inégalités écologiques viennent compléter ces approches en partant de l'idée que l'empreinte écologique des individus ou des groupes sociaux varie en fonction de leur niveau de richesse. Les pratiques de consommation, de loisirs, le logement, les modes de vie de manière plus générale, ont des impacts importants sur le prélèvement des ressources naturelles et les pollutions, les inégalités sociales se traduisant alors en une inégale distribution des droits à polluer (Emelianoff, 2011). L'approche géographique de ces inégalités s'intéresse à la manière dont elles s'inscrivent dans l'espace à différentes échelles, mais aussi, en retour, aux mécanismes d'appropriation et de ségrégation spatiale qui peuvent venir les renforcer.

DÉFINITION

Empreinte écologique

L'empreinte écologique mesure la quantité de surface terrestre nécessaire pour produire les biens et services que nous consommons et absorber les déchets que nous produisons.

Les travaux se référant à la justice environnementale ne sont toutefois pas absents de la recherche française. La sociologue Valérie Deldrève propose par exemple une double approche : une destinée à objectiver les inégalités environnementales par la statistique et la cartographie et une fondée sur des enquêtes qualitatives prenant pour objet les sentiments d'injustice qui s'expriment lors des conflits environnementaux. Ce deuxième axe s'intéresse donc aux différentes formes de mobilisations s'inscrivant dans le champ de l'environnement, aux acteurs qui s'y investissent et aux principes de justice autour desquels ils se mobilisent. En observant la concertation menée dans le cadre de la rédaction de la charte du parc national des Calanques, Valérie Deldrève a ainsi pu montrer que des inégalités environnementales pouvaient être considérées comme « justes » par certains acteurs, au nom de la protection de la nature ou de la tradition (*cf. infra*).

2 Décrire les inégalités environnementales et écologiques

Cette deuxième partie vise à décrire les inégalités environnementales et écologiques en les abordant à différentes échelles. L'échelle locale est largement privilégiée dans la littérature, les analyses venant alors interroger la manière dont les externalités environnementales viennent se surimposer, voire renforcer, les ségrégations socio-spatiales existantes. L'échelle mondiale est également abordée dans le cadre des réflexions sur les grandes inégalités de développement qui structurent le globe, à travers deux axes principaux. D'un côté, la justice climatique interroge les responsabilités présentes et passées des États concernant le changement global. De l'autre, les réflexions sur l'échange inégal (*cf. supra*) s'intéressent au commerce international, entre captation des ressources naturelles et exportation des nuisances environnementales.

2.1 Appréhender les inégalités environnementales et écologiques à l'échelle locale

a Des populations défavorisées particulièrement exposées aux risques et aux nuisances

De nombreuses études localisées sur les inégalités environnementales ont montré l'exposition plus forte des populations défavorisées à la fois aux risques et aux nuisances environnementales. Ce constat n'est pas récent et Valérie Deldrève (2015) nous rappelle que des travaux d'historiens ont montré que dès l'Antiquité, on pouvait observer une concentration des décharges et des eaux usées à proximité des travailleurs pauvres et des minorités. Les études sur les risques ont également établi depuis longtemps un lien fort entre exposition et défaveur sociale en mettant en avant la notion de vulnérabilité, soit le niveau d'effet prévisible d'un aléa sur les sociétés humaines et leurs activités. Les facteurs socio-économiques sont en effet majeurs dans la compréhension de la vulnérabilité, la pauvreté poussant souvent les populations à s'installer dans des espaces dévalorisés car particulièrement exposées aux aléas (zones à risque d'inondation, de glissement de terrain, à proximité d'installations industrielles, etc.). Le niveau de richesse joue également sur la capacité des logements à résister aux aléas, mais aussi sur la capacité à fuir et à reconstruire une fois la catastrophe passée. Ainsi, selon la Banque Mondiale, sur l'ensemble des décès dus aux aléas météorologiques, climatiques et hydrologiques entre 1970 et 2019, 82 % sont survenus dans les pays à revenu faible ou intermédiaire de la tranche inférieure. Dans les pays riches, ce sont là aussi les populations les plus pauvres qui sont les plus exposées. L'ouragan Katrina qui a frappé la Nouvelle-Orléans en 2005 a ainsi agi comme un puissant révélateur des inégalités sociales et « raciales » qui traversent la ville.

ENCADRÉ 9.2

Inégalités socio-raciales face aux risques : l'ouragan Katrina

Du 23 au 31 août 2005, l'ouragan Katrina balaye le sud de la Louisiane, du Mississipi et de l'Alabama. La ville de la Nouvelle-Orléans est particulièrement touchée. Suite à la rupture des digues qui protègent la ville, plus de 80 % de l'espace urbain est inondé pendant plusieurs semaines, avec des hauteurs d'eau atteignant parfois plus de 7,5 mètres. Alors que le site originel, construit sur une levée naturelle du fleuve, a été largement protégé, les développements immobiliers plus récents ont entraîné l'urbanisation de terrains très bas, jusqu'à 10 mètres en dessous du fleuve. Le bilan humain est lourd, plus de 1 800 morts pour l'ensemble du Golfe du Mexique. Les populations les plus durement touchées sont les personnes âgées, en raison de leur isolement et de leurs difficultés à se déplacer, et les populations noires défavorisées (35 % des populations noires vivent sous le seuil de pauvreté avant l'ouragan contre 11 % des populations blanches – Zaninetti, 2007). Les populations noires représentent 68 % de la population de la Nouvelle-Orléans en 2000, mais 84 % des personnes disparues durant les inondations (Keucheyan, 2014). Plusieurs facteurs ont joué : les quartiers noirs sont souvent situés dans l'immédiate proximité des zones inondables alors que les quartiers blancs sont en partie sur les hauteurs ; leurs habitants ont eu plus de difficultés à partir car beaucoup d'entre eux ne disposaient pas de voiture et ils n'ont pas pu répondre à l'ordre d'évacuation donné seulement 48 heures avant l'arrivée de l'ouragan ; en raison de rumeurs infondées et empreintes de clichés racistes diffusées dans les médias sur des pillages et des violences se déroulant dans les quartiers noirs, les secours ont mis plus de temps à les atteindre. On ajoutera que les opérations de reconstruction ont encouragé la gentrification. En laissant libre cours à la spéculation, elles ont entraîné une très forte hausse des prix de l'immobilier, ne permettant plus aux populations les plus défavorisées de revenir se loger dans leurs anciens quartiers.

b Un cumul d'inégalités environnementales et écologiques

La littérature sur les inégalités environnementales et écologiques est venue renforcer et élargir ces analyses. De nombreuses études quantitatives ont permis de montrer le cumul d'inégalités subies par les catégories populaires, celles-ci étant bien souvent particulièrement exposées aux pollutions et aux risques sanitaires afférents, alors qu'elles participent à leur production de manière limitée. Il est cependant important d'être nuancé car les facteurs socio-économiques ne sont pas les seuls à considérer l'exposition aux nuisances et aux pollutions. Celle-ci peut par ailleurs fortement varier selon les types de nuisances considérées et les échelles d'observation. C'est ce que montrent des travaux sur l'exposition au bruit dans la ville de Nantes (Allès *et al.*, 2023). Si une corrélation légèrement positive entre revenus faibles et niveaux sonores élevés est notée à l'échelle de la municipalité, des profils socio-sonores variés ont été identifiés. Comme dans de nombreuses villes européennes, les quartiers centraux et péricentraux sont à la fois aisés et bruyants. La centralité y est un facteur de nuisances sonores (grands axes routiers et circulations automobiles denses, présence du tramway, concentration des travaux publics, forte fréquentation piétonne), mais aussi d'attractivité pour les catégories aisées. En périphérie, les quartiers d'habitats sociaux présentent des profils bruyants, notamment en raison de la proximité du boulevard périphérique. Au cœur des quartiers de grands ensembles, les barres d'immeubles créent cependant un effet barrière qui isole les cours intérieurs du bruit du tramway et des axes routiers limitrophes et en font des îlots de verdure relativement calmes.

ENCADRÉ 9.3

Les déchets urbains : un cumul d'inégalités environnementales et écologiques

Le cas des déchets à Göteborg et Nantes (Bahers *et al.*, 2019, Bahers et Rosado, 2023)[5]

Les travaux de Jean-Baptiste Bahers permettent de comparer les villes de Göteborg et de Nantes concernant le cas des déchets. Les inégalités environnementales sont analysées à travers la proximité des populations les plus pauvres aux infrastructures de gestion des déchets et aux risques environnementaux sous-jacents. Sans grande surprise, les grandes infrastructures de traitement de déchets à Nantes Saint-Nazaire et Göteborg ne se situent pas dans les quartiers aisés. Pour ce qui est de Göteborg, la grande usine d'incinération de Renova Sävenäs se trouve dans une zone industrielle isolée en bordure de ligne de chemin de fer, située dans le quartier de « Ostra Gothenburg » qui a le taux de chômage le plus important de la ville. D'après Renova, un flux de 300 camions par jour dessert le site d'incinération. De même, le grand centre de recyclage et réemploi « Återbruket », évoqué dans la section précédente, est également localisé dans une zone industrielle éloignée du centre-ville, ce qui implique pour les clients d'y aller généralement en voiture. Il se trouve dans le quartier de « Angered » qui a aussi un taux important de chômage (+ 10 %) et figure parmi les plus pauvres de Göteborg. L'incinérateur de Nantes se trouve dans le quartier de la prairie de Mauves, là aussi largement dominé par les catégories populaires. De plus, il est en bordure d'un des bidonvilles les plus importants de l'agglomération. L'autre incinérateur de la communauté urbaine est situé à Couëron, également un secteur avec un fort taux de classes populaires.

L'approche par les inégalités écologiques s'intéresse à l'impact écologique des consommateurs sur un territoire notamment selon leurs revenus. Les données récoltées concernent la production d'ordures ménagères et assimilées, soit les déchets ménagers mais aussi les emballages, les déchets (textiles, verre, papiers) en apport volontaire, et les déchets volumineux apportés en déchetteries. La comparaison des intercommunalités de Nantes Saint-Nazaire montre que plus le taux de pauvreté est élevé et moins la production de déchets est importante. Cela révèle que les populations les plus précaires sont moins enclines à se débarrasser d'objets et matériaux désuets, probablement parce qu'elles ont moins à abandonner et à gaspiller. Ce résultat va à l'encontre d'un mépris commun sur le fait que les populations pauvres jetteraient plus de déchets. En effet, lorsque l'on prend en compte tous les déchets et pas seulement les emballages ou ordures ménagères, ce cliché ne tient plus.

5. Le présent paragraphe a été rédigé par Jean-Baptiste Bahers.

Le cas des déchets solides et liquides à Lima (Durand, 2012)

La croissance urbaine de Lima (Pérou) est marquée par une forte ségrégation socio-spatiale organisée selon un gradient centre-périphérie. Les quartiers centraux, les plus aisés, produisent les plus grandes quantités de déchets solides mais aussi d'eaux usées. C'est le résultat d'une consommation plus importante des populations aisées, mais aussi d'une concentration de l'activité commerçante dans ces quartiers. Il faut y ajouter les districts balnéaires du nord de la ville, également gros producteurs de déchets en raison de l'afflux saisonnier de touristes. C'est aussi dans ces quartiers centraux que le taux de collecte des déchets est le plus élevé, avec cependant une différence entre service d'assainissement (déchets liquides) et collecte des déchets solides. La collecte des eaux usées est plus élevée à l'ouest, la partie la plus anciennement urbanisée et équipée en réseaux d'assainissement. La collecte des déchets solides est en revanche plus importante dans la partie est de l'agglomération. D'urbanisation plus récente et plus riche, les municipalités y bénéficient de moyens importants qui leur ont permis de développer un service efficace.

Les quartiers populaires produisent quant à eux moins de déchets. Ce sont en revanche des espaces de réception des nuisances. Décharges sauvages ou contrôlées, stations d'épuration et points de rejet des égouts à ciel ouvert sont en effet très majoritairement situés dans les périphéries populaires de la ville. Seule une partie du recyclage informel est pratiquée à l'immédiate proximité du centre-ville, mais dans des quartiers marginalisés socialement.

Les trois études de cas démontrent donc une situation de cumul des inégalités environnementales et écologiques. Les populations qui produisent le plus de déchets sont également celles qui parviennent à en externaliser les nuisances. Les populations les plus défavorisées sont à l'inverse de faibles producteurs de déchets, qui subissent cependant les nuisances liées à leur propre production et à celle des populations plus aisées. L'exposition est renforcée par le fait que ce sont souvent ces mêmes populations qui participent par leur travail à la collecte et au traitement des déchets.

c Des inégalités d'accès aux aménités environnementales

Si les catégories populaires et marginalisées sont bien souvent les plus exposées aux nuisances et aux risques, les populations aisées disposent quant à elle d'un accès privilégié aux environnements les plus qualifiés. Là aussi, le phénomène est loin d'être nouveau. Les préoccupations hygiénistes du XIXe siècle ont par exemple conduit à la création de grands parcs urbains et de quartiers bourgeois sur leurs abords[6]. Les préoccupations écologiques contemporaines ont participé à renforcer la demande en aménités

6. On pense aux bois de Boulogne et de Vincennes à Paris, aménagés en parcs publics sous Napoléon III ou encore à Central Park, inauguré à New York en 1873.

environnementales (Emelianoff, 2017), sans qu'une réflexion sur les moyens de réellement en démocratiser l'accès soit toujours menée. La construction d'écoquartiers dans les espaces urbains centraux est bien souvent l'occasion d'un embourgeoisement (Bonard et Thomann, 2009). On assiste également parfois à une appropriation franche des espaces naturels, comme l'a montré Nacima Baron-Yelles dans son étude de Quinta do Lago, un quartier résidentiel privé construit en bordure d'une réserve naturelle de l'Algarve au sud du Portugal, à destination d'une clientèle étrangère très élitiste (2003).

Au-delà de la résidence, la fréquentation et les usages des espaces naturels révèlent une différenciation sociale. Ainsi, malgré leur gratuité, les parcs nationaux français restent très majoritairement fréquentés par les catégories moyennes et supérieures. Comme le souligne Valérie Deldrève (2019), « *il ne s'agit pas d'en déduire un faible goût des catégories populaires pour la nature [...], mais plutôt une faible légitimité de leurs représentations et pratiques de la nature dans les Parcs nationaux français* ». La concertation menée en 2009-2010 en amont de la création du parc national des Calanques est à ce titre particulièrement révélatrice (Deldrève et Hérat, 2012). Les participants aux différents ateliers et réunions sont pour la plupart les usagers récréatifs locaux, organisés en collectifs associatifs et mobilisés pour la défense du massif depuis longtemps : pêcheurs, chasseurs, grimpeurs et randonneurs, locataires de cabanons dans la calanque de Sormiou. Appartenant aux classes moyennes et supérieures, plutôt âgés pour ce qui est des cabanonniers, ce sont eux qui ont participé à la définition du « bon usage » des Calanques, défendant leurs propres pratiques comme plus légitimes car respectueuses de l'environnement[7] et fondées sur la « tradition ». Les pratiques des jeunes du quartier de la Cayolle, un quartier d'habitat social situé à proximité immédiate du massif, ont quant à elles été dénoncées comme des sources d'insécurité pour les autres usagers et le milieu naturel. Alors que les habitants de la Cayolle entretiennent un rapport étroit et ancien avec ce cadre naturel privilégié, qui constitue un espace public, de loisirs et de sociabilité pour les familles et les jeunes, ils n'ont pas été invités à participer à la concertation et n'ont pu défendre leurs usages et leur vision de cet espace. Cela s'est par exemple traduit concrètement par un accès différencié à la calanque de Sormiou, les cabanonniers étant autorisés à s'y rendre en voiture, alors que les habitants de la Cayolle doivent s'arrêter à la barrière et descendre à pied (Deldrève, 2015).

2.2 Appréhender les inégalités environnementales et écologiques à l'échelle mondiale : une répartition inégale des droits à polluer

Les approches à l'échelle mondiale ont permis de renforcer le constat du cumul des inégalités écologiques et environnementales. Pour le dire autrement, les pays les plus

7. On peut relever la citation d'un cabanonnier participant à la concertation : « *Nous on n'a pas d'électricité, pas d'eau, on a pratiqué le développement durable avant l'heure !* » (Deldrève et Hérat, 2012, p. 6)

développés sont à la fois ceux qui polluent le plus et ceux qui en subissent le moins les conséquences.

a Le commerce international des déchets : déplacer les coûts écologiques et sociaux des Nords vers les Suds

L'observation des circulations internationales de déchets est l'occasion de confirmer la capacité des plus riches à externaliser les dégradations environnementales et à les faire peser sur les plus pauvres, à travers ce que l'on peut caractériser de dumping environnemental (figure 9.2). La géographie détritique est en effet particulièrement révélatrice des inégalités Nords/Suds et de leurs évolutions.

Le commerce international de déchets prend son essor dans les années 1970, dans le double contexte d'un durcissement des régulations environnementales dans les pays développés, qui vient renchérir le coût de traitement des déchets toxiques, et de la mondialisation des transports. Plusieurs accidents ayant des conséquences écologiques dramatiques[8], associés à la mobilisation de plusieurs pays en développement et d'ONG environnementales, permettent la signature de la convention de Bâle en 1989. Elle définit la liste des déchets dangereux et en régule les importations et exportations. Le commerce international des déchets se recentre à partir de là sur les déchets pouvant être recyclés ou réutilisés, bien que les dérives soient nombreuses. Leur part dans le commerce international croît rapidement à partir des années 2000, en volume, et surtout en valeur, en raison de l'augmentation rapide du prix des déchets transformables. Les matières premières secondaires (ferrailles, papiers, cartons usagés, etc.) deviennent en effet de bons substituts aux matières premières vierges grâce à l'évolution des technologies de recyclage (Bernard *et al.*, 2012). En phase d'industrialisation et ayant de ce fait d'importants besoins en matières premières, la Chine devient à partir de 1990 un très gros acteur du secteur. Elle importait à la fin des années 2010 85 % du volume des déchets plastiques commercialisés sur les marchés internationaux (Martin *et al.*, 2021). En 2017, la prise de conscience des dégâts environnementaux causés par des opérations de recyclage mal contrôlées, ainsi que la nécessité de valoriser sa propre production, conduisent la Chine à interdire totalement l'importation de déchets dans le cadre du programme « épée nationale ».

Comme le montre la figure 9.2, cette fermeture a entraîné une profonde réorganisation des marchés. Au sein de l'Union européenne, et dans une moindre mesure au sein de l'ACEUM[9], les flux internes priment largement aujourd'hui (tableau 9.1).

....

8. Entre 1986 et 1988, le *Khian Sea*, un cargo chargé de cendres toxiques en provenance de l'incinérateur de Philadelphie, erre sur les mers du globe en quête d'un pays où déposer sa cargaison. 4 000 tonnes de déchets sont déversées à Haïti en tant qu'engrais, le gouvernement n'ayant pas été informé de leur toxicité. Le reste, 10 000 tonnes, est largué entre l'océan Atlantique et l'océan Indien, après que le navire ait été refusé de tous les ports où il tentait d'accoster.

9. Accord Canada–États-Unis–Mexique, remplace l'Accord de Libre-Échange Nord-Américain (ALENA) depuis 2020.

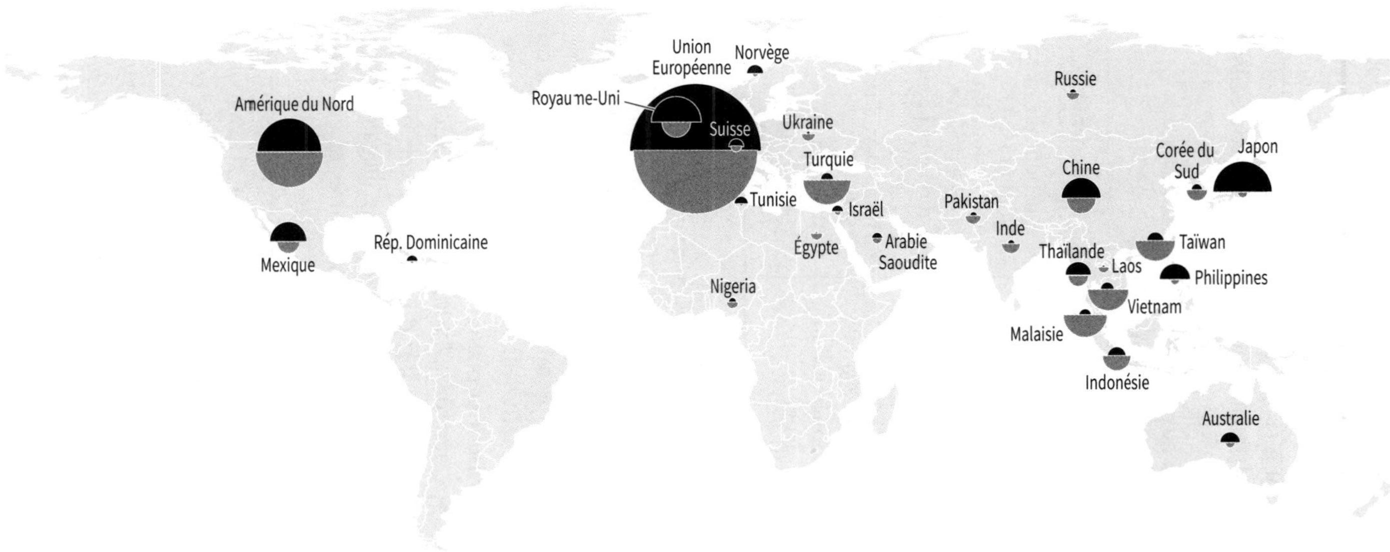

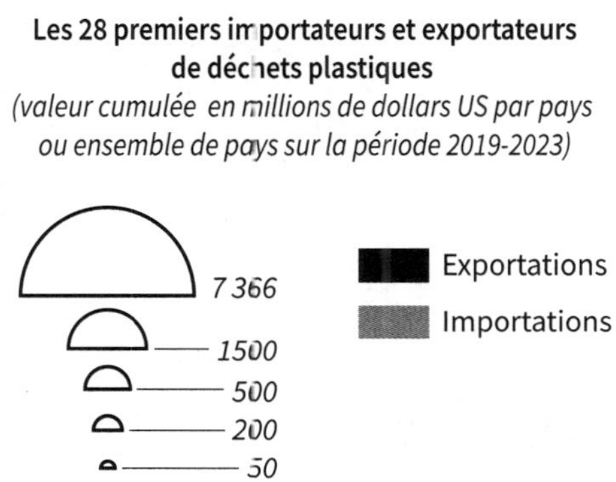

Note de lecture :
Pour l'Amérique du Nord et l'Union Européenne, les cercles proportionnels représentent les valeurs cumulées des pays composant ces ensembles. Ainsi, les importations et exportations de l'UE compilent des flux à la fois internes (de la France vers l'Espagne par exemple) et externes (de la Belgique vers le Vietnam par exemple) à cet ensemble.

C. ALLÈS, S. CHARRIER

Figure 9.2 – Importations et exportations de déchets plastiques dans le monde de 2019 à 2023

Source UN Comtrade 2024, https://comtradeplus.un.org.

Un pays comme la France a exporté la quasi-totalité des déchets plastiques non traités localement, dans d'autres pays de l'Union. Une grande partie des flux s'est également réorientée vers l'Asie du Sud-Est qui constitue aujourd'hui la principale région importatrice nette dans le monde. L'Afrique commence également à émerger sur ce marché international, principalement comme destination pour les déchets plastiques en provenance de Chine.

Tableau 9.1 – Principales destinations des exportations de déchets plastiques pour quelques pays en valeur, 2023

Allemagne	France	Japon	Chine	États-Unis
• Union européenne (63 %) • Asie du Sud-Est (21 %) • Turquie (9,3 %)	Union européenne (98,7 %)	• Asie du Sud-Est (62 %) • Asie de l'Est (28,5 %)	• Asie du Sud-Est (33 %) • Afrique (24 %) • Autres pays d'Asie (15 %) • Union européenne (15,5 %) • Amérique du Nord (6 %)	• Amérique du Nord (45,2 %) • Asie du Sud-Est (22,3 %) • Union européenne (11,4 %) • Autres pays d'Asie (5,8 %) • Amérique du Sud et Caraïbes (4,7 %)

Source : UN Comtrade 2024, https://comtradeplus.un.org.
Note : les destinations indiquées représentent environ 90 % des exportations pour chacun des pays.

L'externalisation d'une grande partie de leurs déchets par les grands pays producteurs interroge les inégalités environnementales et écologiques à l'échelle mondiale, reproduisant en miroir le constat d'un échange inégal analysé par Joan Martinez-Alier concernant l'extraction et le commerce de matière première (*cf. supra*). Si les flux de déchets ne sont pas tous d'orientation Nord-Sud, loin de là, ils dessinent tout de même de manière claire les grandes inégalités qui divisent la planète, mais aussi leurs évolutions. Ainsi, l'élévation du niveau de développement de la Chine et l'amélioration de sa législation environnementale n'ont conduit qu'à un report du problème vers des pays moins avancés, moins à même de contrôler des importations en partie illégales, mais aussi les filières de recyclage, avec d'importantes conséquences sanitaires et environnementales. Mickaëla Le Meur, autrice d'une ethnographie du recyclage du plastique dans des villages de la banlieue de Hô Chi Minh-Ville au Vietnam, décrit ces conséquences de manière frappante : « *La matière sale parcourt le monde à bord de cargos puis de camions, rejetant ainsi les résidus d'hydrocarbures consommés dans l'atmosphère et les océans ; à Nhu Quynh*[10]*, elle est stockée à même le sol et elle contamine rizières et champs ; les chaînes de recyclage, actionnées par la consommation d'énergie électrique, déversent le contenu des bains de décrassage directement dans la rivière qui charrie la matière plastique en suspension jusqu'à l'océan ; les sacs plastiques recyclés finissent immanquablement leur course dans les décharges ou aux branches des arbres ; les corps souffrent des travaux ingrats et de l'inhalation des vapeurs toxiques* » (2016, p. 19).

....

10. Il s'agit d'un des villages de la banlieue d'Hô Chi Minh-Ville enquêté par l'autrice.

Sous la pression des pays importateurs de déchets, mais aussi grâce à la médiatisation des dégâts environnementaux engendrés par ces flux, de nouvelles mesures ont été adoptées dans le cadre de la convention de Bâle. En attente de ratification depuis 1994, un amendement interdisant l'exportation de déchets dangereux des pays membres de l'OCDE vers des pays non-OCDE a finalement été ratifié en 2019, malgré l'abstention de gros contributeurs comme les États-Unis, le Canada ou le Japon. La même année, l'obligation pour un pays producteur d'obtenir l'autorisation de l'État destinataire avant d'exporter des déchets en mélange, dont des déchets en plastique difficilement recyclables, a été adoptée, élargissant ainsi le spectre des déchets considérés comme dangereux. On observe ici une volonté d'atténuer les effets environnementaux des inégalités mondiales de développement, ambition qui se trouve également au cœur de la justice climatique.

b La justice climatique : répartir équitablement l'effort environnemental ?

La notion de justice climatique est apparue dans le cadre des négociations internationales sur le climat, les pays en développement cherchant « *à faire valoir les fortes inégalités qui caractérisent aussi bien les contributions des différents pays au changement climatique que la façon dont les effets s'en répercutent* » (Larrère, 2015, p. 73). Les pays occidentaux ont une responsabilité historique dans les émissions des gaz à effet de serre à l'origine du changement climatique, en raison de leur industrialisation précoce, et ils restent parmi les premiers émetteurs mondiaux (figure 9.3). On observe plus globalement une très forte corrélation entre niveau de richesse et contribution aux émissions de CO_2. En 2019, la Banque Mondiale évalue ainsi les émissions des pays à revenu faible à 0,3 t/hab., celles des pays à revenu intermédiaire à 3,6 t/hab. et celles des pays à revenu élevé à 8,7 t/hab. En valeur absolue, la Chine est devenue le premier contributeur de la planète. Elle représente 30 % des émissions mondiales, devant les États-Unis (13,5 %), l'Union européenne et l'Inde (7,6 et 6,8 %).

Parallèlement, si le changement climatique est souvent appréhendé à travers une élévation moyenne de la température globale, son impact est en fait localement très différencié. Notre Dame Global Adaptation Initiative (https://gain.nd.edu/about) a construit un indice permettant de mesurer la vulnérabilité des différents pays du globe face au changement climatique (figure 9.3). Il croise des données concernant l'augmentation de l'exposition aux aléas naturels (cyclones, inondations, sécheresse, etc.), la part de la population ou de l'économie risquant d'être affectée par un aléa climatique et la capacité d'adaptation des États, un indicateur qui dépend fortement du contexte économique, social et politique. De manière flagrante, les pays les plus vulnérables sont les pays les moins avancés. L'Afrique subsaharienne, particulièrement sahélienne, mais aussi certains pays d'Asie du Sud et du Sud-Est ressortent nettement, en raison à la fois de leur localisation dans des espaces particulièrement exposés, d'économies souvent peu diversifiées et très dépendantes du secteur agricole, mais aussi de faibles capacités financières, rendant difficiles la mise en place de mesures d'adaptation.

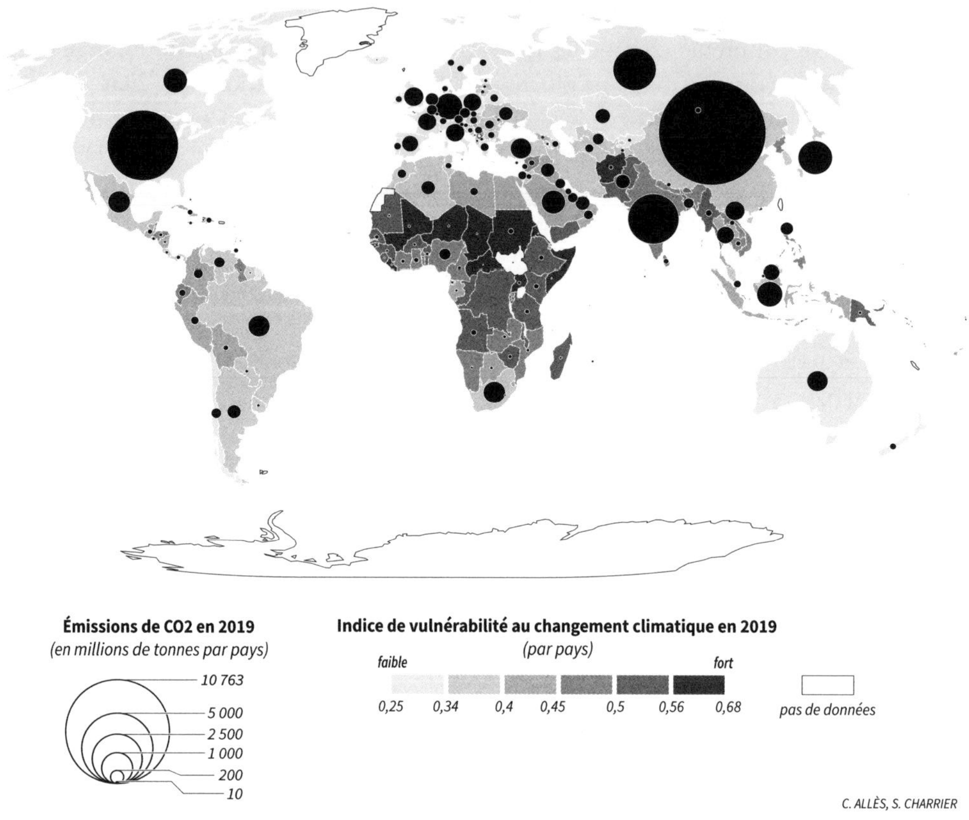

Figure 9.3 – Injustice climatique globale : émissions de CO_2 et vulnérabilité au changement climatique en 2019

Sources : Notre Dame Global Adaptation Initiative (https://gain.nd.edu), Banque Mondiale (https://donnees.banquemondiale.org).

Face à ce constat, la question de ce que pourrait être une répartition équitable de l'effort à consentir pour lutter contre le changement climatique a été posée dès la conférence de Rio (1992). Les principes établis pour tenir compte des « *responsabilités communes, mais différenciées* » ont été âprement discutés au fil des conférences internationales sur le climat et continuent d'évoluer au gré des rapports de force géopolitiques. Ils reposent cependant toujours sur quelques grands principes, rappelés par Lydie Laigle (2020) : une dimension interétatique, plus particulièrement organisée autour des rapports Nord-Sud ; une distribution des efforts d'atténuation (réduction de la croissance des émissions) et d'adaptation (aides financières aux pays en développement) ; une prise en compte de la contribution historique des différents pays aux émissions de gaz à effet de serre.

Cependant, nombre d'acteurs issus de mouvements citoyens et d'ONG mettent aujourd'hui en cause cette approche de la justice climatique, à la fois en raison de son inefficacité pour agir sur la question climatique et de son incapacité à prendre en compte les injustices telles qu'elles sont réellement vécues par les populations locales. Ces acteurs agissent en marge des grandes conférences internationales, dont ils cherchent à « *recadr[er] l'interprétation des questions de justice climatique* » (Laigle, 2020, p. 12). Le réseau international *Climate justice now !* défend par exemple une conception de la justice climatique « *fondée sur le rétablissement de la souveraineté environnementale, pas seulement des États, mais aussi des citoyens, leur accordant la possibilité d'interagir sur le devenir de leurs milieux* » (idem). On retrouve ici une approche de l'injustice comme dépossession des communautés locales de leur cadre de vie proche de « *l'écologisme des pauvres* ». Ces acteurs agissent également en dehors de ces conférences à travers une pluralité de modes d'actions aux échelles nationales et locales. Lydie Laigle (2020) identifie trois grands axes d'action à travers lesquels ces mouvements issus de la société civile ont participé à la médiatisation des injustices climatiques et plus globalement environnementales :

- des résistances aux projets participant à la production et la consommation de ressources fossiles (mobilisation contre l'oléoduc keystone XL reliant le Canada aux États-Unis par exemple) ;
- des soutiens aux nombreuses dynamiques locales de transition écologique misant sur des pratiques citoyennes et associatives ;
- des mobilisations citoyennes comme les marches pour le climat ou encore des actions en justice contre les États destinés à les pousser à respecter leurs engagements climatiques.

Les États, et plus globalement les politiques publiques, n'apparaissent donc pas nécessairement comme participant à la résorption des inégalités environnementales et écologiques. Bien au contraire, en raison de la très faible prise en compte de la dimension sociale des questions environnementales, l'action publique a bien souvent été analysée comme un facteur aggravant des inégalités.

3 Le rôle des politiques publiques

Malgré la montée des préoccupations environnementales et leur prise en charge croissante par l'action publique, leur appréhension sociale reste en effet bien peu répandue. Si on a vu que la question de la justice environnementale avait été précocement inscrite dans les politiques publiques américaines, la concrétisation de ses principes reste difficile et les actions menées font l'objet de nombreuses critiques (approche trop quantitative, acceptation trop large qui ne cible pas suffisamment les discriminations envers les minorités, etc.) (Lejeune, 2015). En France, le portage politique sur cette question est faible (Emelianoff, 2006) et les inégalités environnementales font timidement leur apparition dans les politiques publiques à la fin des années 2000, d'abord en lien avec les inégalités de santé, puis dans la stratégie nationale de transition écologique de 2015, dont l'axe 3 vise à « *prévenir et réduire les inégalités environnementales, sociales et territoriales* ». La formulation révèle cependant une faible articulation entre question sociale et environnementale et laisse supposer une compréhension des inégalités environnementales uniquement sous l'angle des disparités spatiales d'exposition.

Les politiques publiques apparaissent en fait beaucoup plus comme des facteurs d'aggravation voire de création des inégalités environnementales. Des politiques de ségrégation socio-spatiale peuvent d'une part avoir des effets importants sur le plan environnemental. D'un côté, les travaux de Monique Pinçon-Charlot et Michel Pinçon (2007) ont largement démontré la capacité de la bourgeoisie à utiliser les politiques publiques, particulièrement à l'échelle locale, pour défendre ses espaces et préserver son cadre de vie. Comme l'indique une brochure immobilière des Portes-en-Ré, commune devenue lieu de villégiature privilégié des bourgeoisies parisienne et lyonnaise à partir des années 1970, « *un paradis protégé se mérite* ». La commune est ainsi la première de l'île à se doter d'un Plan d'Occupation des Sols (POS, ancêtre des Plans Locaux d'Urbanisme – PLU) en 1973, plan qui a permis, selon la même brochure, d'« *évit[er] le morcellement des parcelles non constructibles en terrains privés pour une utilisation en camping-caravaning* ». La préservation de l'entre-soi est donc aussi la préservation d'un cadre de vie, la mise en réserve à destination de quelques-uns des espaces environnementaux les plus qualifiés.

À l'inverse, les discriminations systématiques visant certaines populations ne font que renforcer leur exposition aux risques et aux nuisances. Grâce à un remarquable inventaire des aires d'accueil des gens du voyage[11] de France, William Acker a mis à jour « *un cas d'école de racisme environnemental* » (2023, p. 343). La localisation des aires est le résultat de choix opérés par l'État et les communes. Depuis 1990, les municipalités de plus de 5 000 habitants doivent en effet prévoir et aménager une aire d'accueil pour les gens du voyage. Seules 3,6 % des communes remplissent aujourd'hui cette obligation. Celles qui le font mobilisent des stéréotypes inscrits dans la longue histoire de l'antitsiganisme (peur des cambriolages, des nuisances sonores, des violences, de l'impact sur la fréquentation commerciale et touristique, etc.) pour les rejeter en périphérie des agglomérations. Le constat est sans appel. Sur les 1 358 aires recensées, 71 % sont isolées loin des habitations, bien souvent en zone industrielle, 51 % sont voisines d'installations polluantes (déchetterie, station d'épuration, autoroutes, usine chimique, etc.), près d'une cinquantaine d'une installation Seveso[12]. Les voyageurs sont quant à eux dans l'obligation d'utiliser ces aires sous peine de sanctions[13] et subissent donc des nuisances aux conséquences sanitaires désastreuses[14] sans grande possibilité de recours.

....

11. Catégorie administrative qui désigne selon la loi Besson du 5 juillet 2000 « *les personnes dont l'habitat traditionnel est constitué de résidences mobiles* ». Une partie des gens du voyage préfère le terme de « *voyageurs* ».

12. Sites produisant ou stockant des substances dangereuses pour l'homme et l'environnement. Ils sont soumis à une réglementation strictre destinée à prévenir les risques. L'usine Lubrizol, frappée par un incendie en septembre 2019, est un site Seveso. Une aire d'accueil est située à proximité de l'usine.

13. Depuis 2018, les peines encourues peuvent aller jusqu'à 1 an d'emprisonnement et 7 500 euros d'amende.

14. Selon une étude de Médecins du Monde datant de 2000, citée par William Acker, l'espérance de vie des gens du voyage est inférieure de quinze ans à la moyenne nationale.

Ce sont parfois les politiques environnementales elles-mêmes qui viennent créer ou aggraver les inégalités sociales, comme on l'a vu plus haut dans le cas du Parc national des Calanques. Plus globalement, sans prise en compte de la dimension sociale, elles font bien souvent peser une part importante de l'effort environnemental sur les catégories populaires. En France, la fiscalité écologique pèse à hauteur de 3,7 % du revenu du décile de la population le plus pauvre, contre 0,9 % pour le décile le plus aisé (Gautier, 2024). La politique des Zones à Faibles Émissions (ZFE) est un bon exemple de fiscalité écologique antisociale[15]. Mise en œuvre dans de nombreuses métropoles européennes et dans certaines grandes villes françaises depuis 2019, il s'agit d'interdire progressivement la circulation dans les agglomérations aux véhicules les plus anciens et les plus polluants. Si la mesure joue de manière efficace sur l'amélioration de la qualité de l'air (réduction de 29 % de la teneur en dioxyde d'azote dans l'air à Londres par exemple), elle touche prioritairement les ménages modestes, les plus nombreux à posséder des véhicules fortement émetteurs de particules fines. Pour ces groupes, les déplacements relèvent cependant presque exclusivement de la nécessité (emploi, courses) et changer de véhicule est impossible. Une interdiction de rouler dans les centres-villes pourrait pour certains impliquer d'importantes difficultés, notamment liées à l'emploi, et un risque accru de plongée dans la précarité.

Si l'urgence d'agir pour tenter d'atténuer les changements environnementaux est largement admise, aussi bien la prise en compte des effets sociaux de ces transformations, que la nécessité de penser une répartition équitable de l'effort environnemental, restent limitées. Quelles que soient les notions employées, le champ de recherche de la justice environnementale est pourtant solidement constitué aujourd'hui et mobilise de nombreuses disciplines. On observe de plus une multiplication des conflits qui placent la justice socio-environnementale au cœur de leurs revendications. En France, les militants mobilisés contre les méga-bassines accusent notamment ces infrastructures de favoriser une appropriation des ressources en eau par les plus gros agriculteurs. Un peu plus loin dans le temps, c'est ce qui a été perçu comme une injustice fiscale, l'augmentation de la taxe carbone, qui est à l'origine du mouvement des Gilets jaunes. À l'échelle mondiale, pays en développement et communautés locales s'organisent pour faire valoir leurs intérêts au sein des conférences internationales sur l'environnement. Répondre à l'urgence écologique implique donc aujourd'hui une meilleure prise en compte de la dimension sociale des questions environnementales, de manière à ne pas invisibiliser les responsabilités des plus gros pollueurs et à produire des politiques publiques réellement durables et inclusives.

15. Le paragraphe synthétise un article de Nina Gurénieau de Lamérie paru dans Socialter en mars 2024.

BIBLIOGRAPHIE

ACKER, W., (2023). Aires d'accueil des *gens du voyage* : un racisme environnemental ? p. 341-348. Dans BOURSIER, P. (éd.), (2023). *Écologies. Le vivant et le social*, La Découverte.

ALLÈS, C., *et al.*, (2023). *Paysages sonores (2/2). Inégalités sociales et environnements sonores.* Dans MADORÉ, F., RIVIÈRE, J., BATARDY, C., CHARRIER, S., LORET, S., (2023). Atlas Social de la métropole nantaise [En ligne], URL : https://asmn.univ-nantes.fr/index.php?id=933.

BAHERS, J.-B., *et al.*, (2020). *Qui est responsable des inégalités d'impacts écologiques ?* Dans MADORÉ, F., RIVIÈRE, J., BATARDY, C., CHARRIER, S., LORET, S., (2023). Atlas Social de la métropole nantaise [En ligne], URL : https://asmn.univ-nantes.fr/index.php?id=446.

BAHERS, J.-B., ROSADO, L., (2023). The material footprints of cities and importance of resource use indicators for urban circular economy policies: A comparison of urban metabolisms of Nantes Saint-Nazaire and Gothenburg, *Cleaner Production Letters*, 4.

BERNARD S., *et al.*, (2013). *Le commerce international de déchets.* Dans Centre d'études prospectives et d'informations internationales, *et al. L'économie Mondiale 2013*, La Découverte.

BERNERS-LEE, M., (2020). *Il n'y a pas de planète B*, De Boeck Supérieur.

BONARD, Y., THOMANN, M., (2009). Requalification urbaine et justice environnementale : Quelle compatibilité ? Débats autour de la métamorphose de Lausanne, VertigO – la revue électronique en sciences de l'environnement [En ligne], vol. 9, n° 2, septembre 2009, URL : http://journals.openedition.org/vertigo/8728.

CHARLES, L. *et al.*, (2020). Les multiples facettes des inégalités écologiques, Développement durable et territoires [En ligne], vol. 11, n° 2, juillet 2020, URL : http://journals.openedition.org.budistant.univ-nantes.fr/developpementdurable.

DELDRÈVE, V., (2015). *Pour une sociologie des inégalités environnementales*, P.I.E. Peter Lang.

DELDRÈVE, V., *et al.*, (2019). Les nouveaux chantiers de la justice environnementale, VertigO, la revue électronique en sciences de l'environnement [En ligne], vol. 19, n° 1, mars, URL : http://journals.openedition.org/vertigo/24863.

DELDRÈVE, V., HÉRAT, A., (2012). Des inégalités garantes de la protection des Calanques ? VertigO – la revue électronique en sciences de l'environnement [En ligne], vol. 12, n° 2, septembre, URL : http://journals.openedition.org/vertigo/12700.

DURAND, M., (2012). Mesurer les inégalités environnementales et écologiques dans les villes en développement : déchets et eaux usées à Lima, *Flux*, vol. 89-90, n° 3-4, p. 67-78.

DURAND, M., JAGLIN, S., (2012). Inégalités environnementales et écologiques : quelles applications dans les territoires et les services urbains ? Introduction, p. 4-14. *Revue Flux*, n° 89/90 « Inégalités environnementales, services urbains et territoires ».

EMELIANOFF, C., (2006). Connaître ou reconnaître les inégalités environnementales ? *ESO Travaux et Documents*, n° 25.

EMELIANOFF, C., (2008). La problématique des inégalités écologiques, un nouveau paysage conceptual, *Écologie et politique*, 35, p. 19-31.

EMELIANOFF, C., (2017). *La fabrique territoriale des inégalités environnementales*, p. 73-93. Dans Larrère, C., *et al.*, (2017). *Les Inégalités Environnementales*, la Vie des idées.

GAUTIER, E., (2024). Pourquoi l'écologie n'est pas populaire, *Socialter*, n° 62, février-mars, p. 18-21.

GUÉRINEAU DE LAMÉRIE, N., (2024). La ZFE, Zones à faibles émissions ou à forte exclusion ? *Socialter*, n° 62, février-mars, p. 42-44.

KEUCHEYAN, R., (2019). *La nature est un champ de bataille : Essai d'écologie politique*, La Découverte.

LAIGLE, L., (2019). Justice climatique et mobilisations environnementales, VertigO – la revue électronique en sciences de l'environnement [En ligne], vol. 19, n° 1, URL : http://journals.openedition.org/vertigo/24107.

LARRÈRE, C., (2015). Inégalités environnementales et justice climatique, *Annales des Mines – Responsabilité et environnement*, vol. 79, n° 3, p. 73-77.

LARRÈRE, C., *et al.*, (2017). *Les Inégalités Environnementales*, la Vie des idées.

LEJEUNE, Z., (2015). La justice et les inégalités environnementales : concepts, méthodes et traduction politique aux États-Unis et en Europe, *Revue française des affaires sociales*, n° 1-2, p. 51-78.

LE MEUR, M., (2016). Sous la montagne de plastique, une mine d'or ? Techniques & Culture [En ligne], Suppléments aux n° 65-66, URL : http://journals.openedition.org/tc/7955.

MARTINEZ-ALIER, J., (2002), *The environmentalism of the poor: A study of ecological conflicts and valuation*? Edward Elgar Publishing ;

MOREAU, S., PHILIFERT, P., (2018). Justice spatiale, ou pas ? *Justice spatiale | Spatial Justice*, n° 12, octobre.

NAOUFAL, N., (2016). Connexions entre la justice environnementale, l'écologisme populaire et l'écocitoyenneté, VertigO – la revue électronique en sciences de l'environnement [En ligne], vol. 16, n° 1, mai 2016, URL : http://journals.openedition.org/vertigo/17053.

PINÇON, M., PINÇON-CHARLOT, M., (2007). *Les ghettos du Gotha : Comment la bourgeoisie défend ses espaces*. Éditions du Seuil.

ZANINETTI, J.-M., (2007). Dynamiques urbaines de la Nouvelle-Orléans avant Katrina : étalement urbain et ségrégation raciale, *Annales de géographie*, vol. 654, n° 2, p. 188-209.

CHAPITRE 10

Une refondation écologique de l'urbanisme ?

Cyria EMELIANOFF

SOMMAIRE

Depuis la fin des années 1980, une succession de concepts (ville durable, résiliente, bas carbone ou post-carbone, ville en transition, circulaire, régénérative, écologique…) se remplacent, se chevauchent, s'affrontent ou se complètent, mais répondent tous à des enjeux environnementaux dont la gravité est établie de longue date, mais devient de plus en plus définie. Cette valse de concepts est due à l'instrumentalisation ou au dévoiement dont ils font l'objet, qui tend à les disqualifier au fur et à mesure de leur émergence. Elle traduit aussi une recherche tâtonnante de visions, principes, référentiels d'action ou solutions pratiques pour tenter de rendre compatibles le fonctionnement des villes et celui de la planète.

Au-delà de ces changements de vocable, le chapitre analysera les évolutions qui ont permis de reproblématiser les liens entre villes et environnements, à travers une refondation écologique de l'urbanisme, inachevée, avant de dégager et caractériser, études de cas à l'appui, des perspectives d'action au regard des politiques actuellement conduites dans les villes européennes.

1 Le tournant écologique de l'urbanisme

En 1986, Sim Van der Ryn et Peter Calthorpe appelaient, dans un texte fondateur pour l'urbanisme durable, à abandonner le fonctionnalisme chevillé au corps de l'urbanisme moderne pour embrasser un contextualisme. Il s'agissait de construire et d'aménager la ville en l'ajustant à son milieu, qu'il soit physique, écologique, historique, culturel ou social. Les ouvrages californiens sont les premiers à défendre, expliciter et déployer de manière programmatique les notions de « *villes autosuffisantes* » (Morris, 1982), « *communautés durables* » (Ryn et Calthorpe, 1986), « *villes durables* » (Walter *et al.*, 1992). Ils revisitent le champ de l'aménagement et de l'urbanisme en s'inspirant des expériences et réflexions issues de la contre-culture.

L'ouvrage dirigé par Van der Ryn et Calthorpe, issu d'un séminaire organisé par le Solar Energy Research Institute en 1980, pose la plupart des principes clés et opérationnels de l'urbanisme durable, mais pour des raisons sensiblement différentes que celles qui prévaudront au XXIe siècle. Ce sont les chocs pétroliers et l'idée de limites écologiques défendue par le Club de Rome qui conduisent, selon les auteurs, à revoir de fond en comble les pratiques de l'urbanisme. Aux États-Unis, particulièrement sur la côte Ouest, le développement suburbain est très énergivore. Les prix de l'énergie ont été multipliés par quinze entre 1973 et 1980. Le zonage[1], la circulation automobile, les centres commerciaux périphériques, la production d'énergie centralisée et le gaspillage des matériaux sont profondément remis en cause.

Ce « new urbanism », car c'est ainsi qu'il est nommé outre-Atlantique, prend son essor au lendemain de la conférence de Rio (1992), en s'appuyant sur une Charte et l'organisation de congrès internationaux annuels (1993-présent). Il s'agit de rompre avec la doctrine de l'urbanisme moderne consignée dans la Charte d'Athènes et diffusée par les Congrès Internationaux d'Architecture Moderne (1928-1956). Le *new urbanism* puise dans une tradition très critique à l'égard de la modernité architecturale et urbaine (Jacobs, 1961 ; Mumford, 1968). Les services et commerces de proximité, la vie de quartier, redeviennent structurants. Le redéveloppement des zones pavillonnaires peut endiguer l'étalement urbain tout en redonnant vie à des tissus périurbains trop résidentiels.

Huit principes pour des communautés durables selon Sim Van der Ryn et Peter Calthorpe (1986) :

- augmenter la densité et aménager l'espace public pour des interactions sociales ;
- des services et commerces de proximité pour des gains de temps, d'énergie et d'espace ;
- favoriser les lieux de travail dans le quartier ou à domicile ;
- des bâtiments efficaces du point de vue des consommations énergétiques et de l'accès à l'information ;
- un urbanisme qui favorise les réseaux sociaux ;
- une production locale d'énergie et d'aliments ;
- le recyclage de l'eau et des déchets ;
- un système de transports qui offre des options équilibrées.

1. Découpage d'un espace en zones. Ce principe d'aménagement hérité de la Charte d'Athènes attribue à chaque espace urbain une fonction spécifique : habitation, zone d'activités, zones récréatives, espaces de circulation.

1.1 Une problématique centenaire

Un peu de recul historique permet pourtant de comprendre que ce nouvel urbanisme avait déjà été formalisé tout au long du xxe siècle. En 1968, l'historien et sociologue états-unien Lewis Mumford prônait dans son ouvrage « *Le déclin des villes ou la recherche d'un nouvel urbanisme* », la fin du tout automobile, la mixité fonctionnelle et sociale, la planification polycentrique et la réintroduction de la nature en ville. Mais c'est son maître à penser, Patrick Geddes, biologiste et urbaniste écossais, qui pose les idées socle de l'urbanisme durable dans un ouvrage visionnaire consacré à l'évolution des villes, paru en 1915. Patrick Geddes proposait un mode de restauration écologique et sociale *in situ* des villes abîmées par le productivisme industriel, dont les habitants deviendraient des acteurs, grâce à l'essor d'un mouvement civique. Cet urbanisme se démarquait du modèle des cités-jardins créées *ex nihilo* par des planificateurs pour désengorger des métropoles que l'on imaginait pouvoir circonscrire par des ceintures vertes. Il s'édifie à partir de ressources locales et régionales, naturelles et humaines, culturelles mais aussi politiques, en mobilisant les citoyens pour requalifier leur cadre et conditions de vie. Patrick Geddes appelait à abandonner le charbon, socle d'un âge paléotechnique, pour passer à l'hydroélectricité et entrer dans une ère néotechnique. En France, le Musée social, dans l'entre-deux-guerres, relaie et déploie des idées relativement proches.

Dans les années 1960, Ian McHarg, une figure du mouvement environnementaliste nord-américain, mit au point une méthode de planification écologique qui constitua un autre jalon important dans ce courant de pensée. Dans l'ouvrage *Design with Nature* (1967), préfacé par Lewis Mumford, l'auteur propose de concentrer les extensions urbaines sur les terres à moindre valeur naturelle ou agricole, dont le potentiel aurait été préalablement évalué. L'enjeu est de préserver les armatures et réseaux naturels qui traversent les régions urbaines, souvent le long des cours d'eau. La nature inscrite au cœur des tissus urbains leur rend différents services, expliquait déjà Ian McHarg, qu'il s'agisse de protection contre les risques naturels, comme les inondations ou les submersions littorales, ou de rafraîchissement du climat urbain. La préserver et la réintroduire permettent aussi une restauration des rapports sensibles au vivant, d'ordre esthétique et émotionnel.

Les années 1970 voient ensuite émerger des travaux montrant des liens entre morphologies urbaines et consommations d'énergie, appelant à des villes plus économes, compactes et conviviales (Dantzig et Saaty, 1973 ; Knowles, 1978). Une décennie plus tard, plus précisément en 1988, le programme de recherche *Man And Biosphere* de l'Unesco (L'Homme et la Biosphère) utilise le vocable de « ville durable » avec une acception spécifique : celle d'une ville écosystémique, capable de réduire les nombreux flux de matière et d'énergie qui la traversent. Ces travaux prolongent les analyses de l'écosystémique urbaine, dans la deuxième moitié des années 1960[2], et sont à l'origine des notions d'empreintes écologique et carbone, de métabolisme urbain et d'écologie territoriale (Barles, 2017).

Si les idées et principes de l'urbanisme écologique s'égrènent ainsi tout au long du XXe siècle, de manière précise et argumentée, pourquoi a-t-il fallu attendre le XXIe siècle pour que s'enclenche leur mise en œuvre opérationnelle ?

1.2 L'urbanisme face aux crises écologiques : un crescendo

Il faudrait de nombreuses pages pour dresser l'histoire de l'occultation et de la mise à l'écart de toute une pensée urbanistique dont la pertinence était pourtant flagrante, tant d'un point de vue environnemental que social et politique. Les enjeux d'industrialisation et d'économie de la construction (économies d'échelle, de temps et de coûts), la structuration des filières de bâtiments et matériaux standardisés, et enfin la centralisation politique dans le contexte de la Reconstruction, appuyée par les grands corps d'ingénieurs, en particulier l'école des Ponts et Chaussée (Gaudin, 1985), ont balayé les propositions urbanistiques fondées sur le respect des lieux, des cultures, l'adaptation aux ressources et matériaux locaux ; en évinçant les analyses et les idées qui auraient pu permettre de limiter les dégradations écologiques puis climatiques.

Cette mise à l'écart ne fut pas spécifiquement française, mais elle connut une vigueur particulière dans certains pays. Longtemps empêché, puis mis sous le feu d'un ensemble de controverses, relatives par exemple à la gentrification des éco-quartiers, réduisant parfois l'écologie à un projet de classes moyennes supérieures, l'urbanisme écologique n'advint que de manière très partielle, hésitante, sous le coup d'une triple pression environnementale, et de contraintes réitérées.

Le premier type de pression environnementale, dans les années 1960-1970, concernait les pollutions de l'eau, de l'air, des sols, et la faible qualité environnementale de villes aménagées et équipées sans égard à la qualité de vie sensible. Les essayistes et militants se réfèrent à un environnement quotidien, au cadre de vie et à la santé, portant des revendications sur le droit à la ville, l'autogestion ou l'espace vécu. Les mobilisations environnementales urbaines conduisent à piétonniser partiellement les centres historiques, à renaturer un peu la ville et à gérer l'eau *in situ*, notamment en Allemagne et aux Pays-Bas (Aggeri, 2010).

2. Après l'article fondateur d'Abel Wolman, The Metabolism of Cities, 1965, *Science American*, n° 213, 3, p. 179-190.

La deuxième secousse, imprévisible et de brève durée, fut celle des chocs pétroliers, qui ont rendu soudainement très tangibles la raréfaction des ressources naturelles et la dépendance des villes aux énergies fossiles. Elle déclencha des politiques urbaines d'économie d'énergie. Les villes de la côte Ouest des États-Unis, en particulier, développèrent à cette époque les énergies renouvelables, expérimentèrent des maisons à basse calorie, « low-cal » et déployèrent un peu les modes doux. Cette tentative de transition énergétique urbaine (Morris, 1982) connut un coup d'arrêt avec l'arrivée de Ronald Reagan au pouvoir et la contre-offensive des grands groupes automobiles et pétroliers, qui rachetèrent et fermèrent notamment toutes les entreprises de panneaux solaires (Scheer, 2007).

Il fallut donc attendre un signal considérablement amplifié, témoin d'une aggravation sans précédent de l'état écologique de la planète, pour que l'urbanisme écologique commence à s'imposer sur un plan juridique et opérationnel (sous le vocable d'urbanisme durable) : l'entrée dans l'ère du *Global Change*, marquée par la déstabilisation des grands cycles biogéochimiques et des conditions d'habitabilité terrestre. On voit ainsi que seuls des changements de contexte globaux furent à même de donner raison à la pléiade d'auteurs qui défendaient depuis les origines de la discipline de l'urbanisme, au tout début du XXe siècle, une voie d'aménagement urbain centrée sur les besoins environnementaux et sociaux des populations.

1.3 Les années 1990 : une géopolitique de la ville « durable »

Dans un contexte de préparation du Sommet de la Terre (Rio, 1992), l'année 1990 donna le coup d'envoi des politiques locales de durabilité. Ce fut une année charnière à bien des titres, marquée par la chute du mur de Berlin deux mois plus tôt, la publication du premier rapport du GIEC, la constitution de trois réseaux de villes transnationaux pour prendre à bras-le-corps la question énergie-climat à l'échelle des collectivités urbaines (ICLEI, Climate Alliance et Énergie-Cités), et enfin, la parution du Livre Vert européen sur l'environnement urbain, qui déclencha une politique en faveur du développement urbain durable en Europe (Emelianoff, 2007). Il faut remonter quelques années plus tôt pour comprendre les alignements qui s'opèrent alors entre les problématiques d'une part et les échelles d'action d'autre part.

Les bouleversements géopolitiques et environnementaux à l'œuvre dans les années 1980 ont campé tout d'abord un nouveau paysage énergétique. En proie aux chocs pétroliers et aux remises en cause à la fois matérielle et idéologique de leur modèle de développement, les États-Unis demandent à l'Arabie saoudite d'augmenter la production de brut, en 1986, afin de préserver leur économie, leur mode de vie, et d'affaiblir par la même occasion les finances et le pouvoir de l'Union des républiques socialistes soviétiques (URSS – gros exportateur de pétrole). Le contre-choc pétrolier paralysa les investissements dans les énergies renouvelables et les économies d'énergie jusqu'à l'échelle la plus locale. La dégringolade des prix de l'énergie déstabilisa l'URSS et renforça la Perestroïka, qui ne parvint pas à endiguer une crise économique structurelle. La même année, la catastrophe nucléaire de Tchernobyl attisa les dissensions politiques dans le bloc de l'Est. La chute du mur de Berlin ouvrit à la fin de l'année 1989 une nouvelle ère, où le monde paraissait suffisamment unifié pour laisser croire à une sortie de la guerre froide et à une prise en charge internationale des problèmes écologiques. La conférence onusienne de Rio fut préparée dans ce nouveau contexte géopolitique.

Les transformations de la composition chimique de l'atmosphère prenaient en effet des proportions inquiétantes. Les Chlorofluacarbures (CFC) menaçaient de détruire la couche d'ozone stratosphérique indispensable à la vie sur terre, tandis que les émissions anthropiques de gaz à effet de serre augmentaient inéluctablement. L'atmosphère devint à cette époque un objet de négociations internationales. La signature du Protocole de Montréal en 1987, destiné à interdire la production de CFC, montra que les traités internationaux pouvaient résoudre certains problèmes… à condition qu'ils soient circonscrits à quelques molécules facilement substituables.

Encore fallait-il que ces protocoles soient appliqués. Face à l'inaction des États-Unis, et avec l'aide d'un chimiste de l'atmosphère, lauréat du Nobel, et du maire d'Irvine, en Californie, Jeb Brugman, qui fondera un peu plus tard ICLEI[3], lance en 1989 un réseau de villes états-uniennes pour interdire, par des ordonnances municipales, la production de CFC sur leur territoire. Ces villes entendent faire pression sur le gouvernement fédéral et les grands groupes chimiques. L'initiative ouvrit la voie à une nouvelle forme de gouvernance de l'environnement : une diplomatie environnementale des villes, qui s'inscrivait dans le droit fil des politiques étrangères locales adoptées dans les années 1980 (Emelianoff, 2017).

Jeb Brugman avait participé à ces politiques étrangères locales dans plusieurs villes progressistes du pays, qui s'opposaient frontalement à la politique étrangère de l'État fédéral. Certaines étaient devenues ainsi des « sanctuaires » pour des réfugiés du Salvador et du Nicaragua, et ouvraient des droits sociaux aux clandestins ; d'autres s'étaient jumelées avec des villes soviétiques ou cubaines, en pleine guerre froide ; d'autres encore boycottaient les entreprises et produits sud-africains, ou protestaient contre les essais nucléaires. La résistance dont certaines villes états-uniennes firent preuve fut réprimée à coups de procès et de condamnations (Hobbs, 1994).

L'initiative du réseau de villes contre les CFC fut quant à elle mieux accueillie et fut primée par le Programme des Nations unies sur l'Environnement. Avec la complicité de son directeur et en partenariat avec l'Union internationale des autorités locales (IULA), le principal réseau de villes mondial, Brugman réussit à organiser une conférence de

....

3. ICLEI – International Council for Local Environmental Initiatives – deviendra le principal réseau de villes pour la durabilité.

villes « pour un avenir durable » au siège de l'ONU, en septembre 1990. C'était la première fois que l'ONU accueillait une conférence de gouvernements locaux, reconnaissant à mots couverts le droit des villes à entrer sur la scène de la diplomatie environnementale. Les 200 collectivités locales en provenance de 45 pays réunies ce jour-là missionnèrent l'ICLEI, créé à l'issue de la conférence, pour accompagner les gouvernements locaux dans des politiques de développement durable.

1.4 Une nouvelle génération de politiques publiques

Sous l'égide d'ICLEI, de toutes nouvelles politiques publiques firent irruption à l'échelle locale, notamment les « agendas 21 locaux » et les « plans de réduction du CO_2 urbain », très proches des plans Climat locaux actuels. Expérimentés et co-construits à l'origine par une douzaine de villes travaillant en réseau, dont certaines étaient impliquées dans l'initiative contre les CFC, ces plans Climat locaux étaient d'abord un outil de politique étrangère locale : les États-Unis ne voulant pas ratifier le Protocole de Kyoto, certains maires s'engagèrent sur des objectifs chiffrés de réduction des émissions de gaz à effet de serre, pour faire pression. La Campagne des villes pour la protection du climat (CCP) lancée par ICLEI en 1993 avec l'appui du PNUE permit de massifier le mouvement. Des centaines de politiques climatiques locales en furent issues, et les Sommets de maires accompagnèrent à partir de cette date les Conférences des Parties lors des négociations internationales.

Un second évènement pour comprendre le jaillissement des politiques climatiques locales, et celui des politiques de développement urbain durable qui s'inscrivent dans leur sillage, advint sur le sol européen. La catastrophe de Tchernobyl, en 1986, enclencha une autre forme de territorialisation de la problématique énergétique. Elle poussa certaines municipalités allemandes, comme Fribourg-en-Brisgau et Hanovre, où les Verts étaient influents, à sortir du nucléaire. Ces villes développèrent des politiques énergétiques locales basées sur les économies d'énergie (habitat, mobilité), la production d'énergies renouvelables et l'installation de petites unités de cogénération. À partir des années 1990, elles se trouvèrent confrontées, climat oblige, à une double transition, une sortie des énergies fissiles et fossiles. Or les acteurs locaux manquaient de soutien fédéral, principalement en raison de la réunification allemande, qui accaparait l'attention et les fonds fédéraux. Ces municipalités investirent donc les réseaux de villes transnationaux afin de renforcer leur position : Hanovre fut l'une des trois villes membres du comité de pilotage de la Campagne européenne des villes durables, et Fribourg-en-Brisgau devint le siège d'ICLEI-Europe en 1991, au moment où Brugman cherchait à déployer les antennes d'ICLEI (Emelianoff, Stegassy, 2010).

Ce positionnement et ce leadership transnational impliquaient des politiques audacieuses. Hanovre et Fribourg-en-Brisgau s'engagèrent notamment dans la construction d'écoquartiers expérimentaux (quartiers Rieselfeld et Kronsberg), dotés de fortes performances énergétiques, de dispositifs de production énergétique locale et d'une éco-ingénierie répondant à d'autres enjeux écologiques (perméabilisation des sols, gestion *in situ* de l'eau, biodiversité). Ces opérations, marquées aussi par une certaine densité, par une mixité fonctionnelle et sociale, par une desserte en tramway et une large place accordée aux piétons et vélos, incarnaient les principes d'urbanisme durable esquissés quelques décennies plus tôt. Il faut ajouter que la construction de ces terrains, une zone agricole à Hanovre et un lieu d'épandage de boues de station d'épuration à Fribourg, investi par des oiseaux migrateurs, exigeait aussi des précautions écologiques pour lever les oppositions environnementales qui s'étaient manifestées.

Les standards énergétiques mis au point dans ces quartiers, notamment le standard habitat passif, ont été étendus quelques années plus tard à toutes les constructions neuves sur terrains municipaux dans ces deux villes. Les premiers écoquartiers, ici comme en Suède, ont servi à impulser un tournant dans la construction et l'urbanisme. Mais avant cette étape, il fallait inventer localement, faire des erreurs, apprendre, puis rendre visibles et attractives les propositions. Les écoquartiers sont donc des manifestes bâtis, comme avant eux les cité-jardins ou les cités radieuses. Leur doctrine suppose de s'intéresser de près à la matérialité des ressources biophysiques et écologiques, en particulier l'énergie, ainsi qu'aux rapports à l'environnement qui fondent la vie quotidienne et urbaine.

L'année 1990 marqua enfin l'entrée en scène des institutions européennes en faveur d'un urbanisme durable et d'une gouvernance multiscalaire du climat. Le Livre Vert sur l'environnement urbain, un véritable manifeste reprenant les éléments de la critique écologiste de l'urbanisme moderne, déclencha une politique européenne qui prit la forme, principe de subsidiarité oblige[4], d'un réseau d'échanges entre villes : la Campagne européenne des villes durables, lancée à Aalborg en 1994 et qui fêtera ses 30 ans à l'automne 2024. Ce réseau, coordonné toujours par ICLEI, poussa des centaines de villes à mettre sur pied et inventer des politiques de développement urbain durable, dans un processus d'émulation, de compétition politique et de réseautage entre acteurs militants. On retrouve des fonctionnements comparables à ceux qui avaient forgé le mouvement hygiéniste un siècle plus tôt (Frioux, 2013). Cette Campagne, qui rallia environ 2 500 collectivités dans les années 2000, fut le creuset d'une environnementalisation de l'urbanisme et joua un rôle majeur dans la construction et la diffusion des politiques de développement urbain durable, relayées par des engagements étatiques (Emelianoff, 2007).

Si quelques villes françaises participèrent à ce réseau d'échanges (Dunkerque, Lille, Nantes, Grenoble, Lyon, …), la grande majorité d'entre elles ont attendu l'évolution

....

4. Les politiques d'urbanisme sont la prérogative des États.

du cadre législatif pour agir. À partir de 2009, les lois Grenelle, notamment, ont introduit frontalement les questions énergétiques dans les secteurs du bâtiment et de l'urbanisme. Elles ont rendu obligatoires les plans Climat pour les villes de plus de 50 000 habitants (20 000 habitants à partir de 2015), les bâtiments neufs à basse consommation énergétique, la réhabilitation thermique des logements sociaux, des propriétés de l'État et du parc tertiaire, tout en encourageant les travaux d'isolation chez les particuliers et les copropriétaires. Le travail est ardu car il met en jeu des évolutions qui se heurtent à maintes résistances, sans compter l'insuffisante formation des élus. Nous allons l'illustrer en présentant quelques retours d'expériences, et surtout, de nouvelles perspectives d'action.

2 Quelles trajectoires de sobriété ?

S'il est nécessaire de ne pas réduire les enjeux socio-écologiques à la transition énergie-climat, il ne faut pas sousestimer les conséquences dramatiques sur un plan global, national et local de l'inaction climatique. La question énergie-climat est d'autre part une clé de lecture de l'évolution du champ de l'urbanisme et des politiques publiques. Pour ne pas se perdre dans l'amoncellement de publications, discours et expériences, il importe de revenir à quelques fondamentaux. Le bâtiment, les transports, l'alimentation, l'artificialisation de l'espace sont à l'origine de la majeure partie de nos besoins énergétiques et émissions de gaz à effet de serre. Or, une bonne part de ces besoins énergétiques peut être supprimée à la source. Pourquoi chauffer des bâtiments neufs ? Se déplacer au quotidien sans utiliser l'énergie de notre corps ? Dépenser plus d'énergie pour produire et acheminer nos aliments qu'ils ne nous en procurent ? Consommer plus d'espace que la Terre ne peut en offrir sans dérégulations écosystémiques majeures ?

Seule une forte baisse de régime énergétique autorise une sortie des énergies fossiles, les énergies renouvelables ne pouvant satisfaire les consommations actuelles à des coûts économiques et écologiques acceptables (Scheer, 2007). Les textes de loi allemands et français sur la transition énergétique préconisent une division par deux des consommations nationales, sans se doter des moyens requis. La guerre en Ukraine, alimentant une flambée des prix de l'énergie, a exacerbé les enjeux de sobriété énergétique et de production d'énergies renouvelables, tandis que les objectifs européens de réduction des émissions de GES sont également de plus en plus exigeants. L'Union européenne demande désormais à chaque pays membre de porter la part des énergies renouvelables dans la consommation finale à 42,5 % d'ici 2030 (la France a atteint un peu plus de 20 %), et de réduire les émissions de GES de 55 % (la France les a réduites de 25 %).

Il faut considérer ici à la fois les consommations directes d'énergie et les consommations indirectes, correspondant à l'énergie incorporée (énergie grise) dans les biens de consommation, les infrastructures et les équipements. En effet, 75 % de l'empreinte énergétique des ménages français est composée d'énergie grise[5]. Pour cette raison, la sobriété énergétique ne peut pas être dissociée d'une sobriété matérielle. Et cette dernière conditionne à son tour la préservation de biotopes et de régulations écologiques à toutes les échelles. Cohabiter avec le vivant, lui laisser plus d'espace, des possibilités d'évoluer et de s'adapter pour faire face aux bouleversements écologiques est une question de survie. Lorsque de tels besoins vitaux envahissent la sphère du politique, les réponses en matière de croissance verte, qui ne changent quasiment rien au métabolisme urbain (aux flux de matière et d'énergie), s'effondrent d'elles-mêmes.

La sobriété énergétique s'impose aujourd'hui comme point nodal de la transition énergie-climat, avec ses notions sœur, sobriété foncière et matérielle, ou encore, dans une optique d'adaptation au changement climatique, sobriété hydrique. Elle doit être pensée de manière structurelle, et non pas individuelle. Ceci dit, les politiques publiques ont souvent des effets différenciés sur les populations, et les catégories sociales aisées sont celles qui ont les plus fortes empreintes carbone. Il est donc particulièrement important que les politiques publiques et l'environnementalisme civique bénéficient aux populations défavorisées, qu'ils réduisent les différentes formes de précarité énergétique et vulnérabilités, ainsi que les empreintes carbone des populations les plus aisées, ce dernier sujet étant quasi orphelin. Une ville sobre atténuerait dans un premier temps les écarts sociaux très importants de consommations énergétiques directes et indirectes. Sans cette optique de justice sociale, environnementale, mais aussi écologique (c'est-à-dire à l'égard du vivant), la transition écologique n'a ni légitimité ni efficacité. On peut alors se demander si les villes, leurs élus et leurs acteurs ont bien pris la mesure de ces enjeux socio-écologiques.

Comment les villes européennes se positionnent-elles face à ces défis ? Sans prétendre à l'exhaustivité, nous analyserons tour à tour des politiques de sobriété émergentes sur les volets de la mobilité, de la production d'énergie, du logement et de l'aménagement de l'espace.

2.1 Faire changer d'échelle les modes doux

En dehors des outils de planification spatiale, sur lesquels nous reviendrons, et des segments de population non motorisées, par choix ou par contrainte, comment réduire fortement la part de la voiture dans les trajets quotidiens ? La voiture électrique a un mauvais bilan en matière d'énergie grise (plus d'un tiers supérieur à celui du véhicule thermique) et a le défaut de continuer à accaparer beaucoup d'espace en ville. L'essor des transports collectifs nécessite quant à lui des ressources financières et matérielles substantielles : une masse d'énergie grise, de métaux et d'émissions de CO_2 associées

5. https://www.iddri.org/fr/publications-et-evenements/propositions/lenergie-grise-la-face-cachee-de-nos-consommations-denergie.

(Bihouix *et al.*, 2022). Il en va tout autrement des modes doux, dits aussi modes actifs, qui consomment très peu d'espaces, d'énergies, de matériaux et sont beaucoup moins onéreux pour les pouvoirs publics comme pour les habitants.

La quantité d'énergie nécessaire pour un même trajet à vélo, à pied et en voiture varie d'un rapport de 1 à 3 et à 60. Pour la consommation d'espace, ce rapport est de 1 à 20 entre la marche et la voiture, de 1 à 5 pour le vélo, qui requiert aussi dix fois moins d'espace de stationnement (Gehl, 2010). Les bénéfices des modes doux sont considérables en matière de congestion, pollutions, changement climatique, revitalisation de l'espace public, et enfin de santé. Au début des années 2010, le gouvernement danois a calculé que l'usage du vélo faisait baisser les dépenses de santé de 225 millions d'euros chaque année. Se rendre quotidiennement au travail à vélo ferait gagner cinq ans d'espérance de vie, en réduisant la sédentarité. En outre, les aménagements dépendent de décisions locales, sans injection de fonds nationaux, et sont accessibles à toutes les bourses et finances publiques. Que demander de plus ?

Dès lors, la question est de réadapter structurellement les villes et les agglomérations à la marche et au vélo, comme avant l'invasion de la ville par l'automobile : une invasion qui, rappelons-le, procédait d'une politique industrielle, aux États-Unis, dans l'entre-deux-guerres, pour écouler les stocks d'automobiles en surproduction dans les usines et pour commercialiser les pavillons qui rendaient la motorisation des ménages obligatoire. Ces pavillons permettaient aussi de stocker de multiples biens de consommation et d'équipement, ce que n'autorisaient pas les logements exigus des centres-villes. Le modèle pavillonnaire devint durant les Trente Glorieuses en Europe le principal relais de croissance économique : routes, ponts, réseaux, lotissements, filière automobile et équipement des ménages, au nom de la « modernisation » de la société. Face au redimensionnement des agglomérations par le transport automobile, les modes doux se trouvent aujourd'hui confrontés au défi de changer d'échelle, d'irriguer les logements et zones d'activités bien au-delà des parties denses des agglomérations.

ENCADRÉ 10.1

Les mobilités bas carbone à Copenhague

Copenhague (600 000 hab.) offre un exemple emblématique d'un tel changement d'échelle. La ville était en proie à l'augmentation de la part modale de la voiture depuis les années 1990, à la congestion et la dévitalisation économique. Chaque année depuis 30 ans, 2 % de la surface de parkings était restituée aux piétons (Newman *et al.*, 2009), avec de multiples retombées sur la qualité de vie et le dynamisme des commerces. L'urbaniste danois Jan Gehl a montré que plus les modes doux étaient développés par des aménagements spécifiques, plus les villes étaient animées, sûres et sécurisantes, appréciées, mais aussi revitalisées sur le plan des interactions sociales et des activités économiques (Gehl, 2010).

Le vélo a été un second levier de reconquête de l'espace public, très efficace en matière de consommation d'espace et d'énergie, et surtout peu coûteux. Un arsenal de mesures a rendu son usage sûr et rapide : vélos en libre-service, 180 000 places de parking – déjà saturées – et quelques dizaines de milliers en voie d'aménagement, élargissement des pistes cyclables jusqu'à trois voies, priorité aux carrefours sur les routes secondaires, synchronisation des feux de circulation pour s'ajuster à la vitesse cyclable, feux verts pour vélos précédant les feux routiers, etc. On compte plus de vélos que d'habitants à Copenhague.

Les pistes cyclables ont été étendues assez loin puisque Copenhague s'est dotée, en partenariat avec 27 communes périphériques, de huit autoroutes cyclables en site propre. De 8 à 40 kilomètres de long, elles assurent des priorités systématiques aux carrefours, ce qui garantit une vitesse continue de 20 km/h. 45 autoroutes cyclables sont programmées, soit 745 km de réseau. La voiture n'assure que 31 % des déplacements dans, vers et hors de la ville, et le vélo, 27 %.

Une autre priorité est d'atténuer les navettes vers la ville centre, les communes périphériques souffrant à leur tour de congestion et dévitalisation. Deux lignes aréolaires de métro et métro léger, ouvertes en 2019 (17 stations) et 2025 (29 stations) connectent les périphéries, pour offrir à quelques distances de la ville centre une densité de logements et d'activités interreliés, en retenant les populations sur cet axe. Par ailleurs, à Copenhague, des espaces en friche comme l'ancien site des chantiers navals, à Nordhavn, font l'objet d'un redéveloppement urbain « neutre en carbone », mais socialement ségrégatif. Les prix de ces logements sont supérieurs à ceux du reste de la ville. Nordhavn doit accueillir 40 000 logements et 40 000 emplois à l'horizon 2050 dans une « ville à 5 minutes » (vélo/piéton), marquée par la proximité des services et équipements. Les populations de migrants notamment se concentrent dans les logements plus dévalorisés, qui sont progressivement réhabilités.

En 2012, Copenhague s'est engagée à atteindre une neutralité carbone d'ici 2025 (réduction des émissions de GES à laquelle s'ajoutent des compensations : plantations forestières, captation carbone pour les centrales thermiques, production excédentaire d'énergie renouvelable, etc.) : une première mondiale, la capitale ayant déjà réduit de 60 % en 20 ans les émissions de CO_2 liées au chauffage, à l'électricité et aux transports. L'énergie éolienne, l'essor de la cogénération et le verdissement du réseau de chaleur (biomasse) expliquent ce résultat. Mais la logique économique du réseau de chaleur, qui couvre toute la ville, a limité les investissements dans la réhabilitation thermique. D'autre part, la mobilité routière, à l'origine de 75 % des émissions de CO_2 de la capitale en 2022, reste un sujet difficile. La ville souhaite compenser ces émissions mais n'a pas obtenu le soutien de l'État pour installer une captation carbone sur l'incinérateur. Ce carbone d'origine biotique, donc non comptabilisé dans les émissions, pourrait contrebalancer les émissions dues au transport. La neutralité carbone ne sera finalement pas atteinte en 2025, bien que les émissions de GES aient été réduites aux trois quarts, hors énergie grise, depuis 2005.

Un des apports les plus intéressants de la politique de Copenhague concerne les autoroutes cyclables urbaines. Elles ont ensuite gagné la Belgique (la Flandres, Gand, Bruxelles), l'Allemagne (Berlin : 12 autoroutes planifiées ; Ruhr : autoroute de 100 km reliant 10 pôles urbains), le Royaume-Uni (Londres), la Suisse et la Suède (autoroute à 4 voies Malmö-Lund). Elles commencent à faire des émules dans les villes françaises mais pas toujours en site propre. À Paris, le REVe (Réseau Express Vélo) est un réseau de voies cyclables express plus modeste, de 45 kilomètres, traversant l'agglomération du nord au sud et d'est en ouest. Pour les personnes à mobilité réduite ou les topographies accidentées, l'assistance électrique apporte des réponses.

2.2 L'énergie, une ressource humaine !

S'il est possible et souhaitable, pour des raisons de santé, de se déplacer au quotidien grâce à l'énergie corporelle, nos déperditions de chaleur et déchets, exosomatiques, constituent également une source d'énergie renouvelable. Pour les exploiter, il faut passer à des systèmes énergétiques territorialisés, organisés en boucles et circuits courts, à l'opposé des filières énergétiques centralisées et linéaires. Stockholm et Malmö l'ont expérimenté depuis les années 1990 dans leurs écoquartiers.

a Les ecocycles

L'interconnexion des réseaux d'eau, d'assainissement, de déchets et d'énergie, a formé des boucles locales appelées éco-cycles. La coopération entre les compagnies municipales d'eau, d'énergie et l'administration en charge des déchets fut inédite. Dans l'écoquartier Hammarby Sjöstad (Stockholm), une idée directrice était que la moitié ou plus de l'énergie consommée soit produite par les résidents eux-mêmes. C'est ainsi que les déchets non recyclables et combustibles gagnent par aspiration pneumatique une centrale en cogénération ; que les eaux usées produisent, par échangeur thermique, une partie de la chaleur délivrée par le réseau de chauffage central ; ou que dans un immeuble expérimental, les toilettes et la fraction fermentescible des déchets ménagers fournissent le gaz de cuisine (méthane), soit l'équivalent de 20 % de dépenses électriques en moins, ainsi que du biogaz pour les véhicules. Des toilettes à séparation d'urine ont été installées dans le second grand écoquartier de Stockholm, Royal Seaport. Les habitants redeviennent une source d'énergie renouvelable et de fertilisants, comme à des époques plus anciennes.

Ces innovations très porteuses entrent pourtant en contradiction avec la majeure partie des politiques urbaines, qui ne servent pas une baisse globale de régime énergétique.

2.3 Effacer les consommations du bâti ?

La sobriété énergétique serait-elle plus accessible à l'échelle de l'habitat ? Au niveau mondial, le secteur du bâtiment (construction et fonctionnement) est le premier émetteur de GES, il rejette 39 % du CO_2 selon l'ADEME. Les bâtiments à basse consommation puis passifs ont été des figures emblématiques des écoquartiers, avant de se diffuser progressivement sous le coup de nouvelles lois et réglementations thermiques locales, puis nationales. Les villes allemandes ont ouvert la voie, moins soumises à la logique économique des grands réseaux de chaleur, comme en Scandinavie, qui freinent l'isolation thermique car il faut bien vendre de la chaleur.

a L'habitat passif

Heidelberg, qui préside le réseau de villes européen Energy Cities, a construit sur une friche ferroviaire de 116 ha un quartier passif (Bahnstadt) pour 6 800 habitants et 6 000 emplois (parc d'innovation et de recherche), suite à un plan climat très précoce, adopté en 1992. L'ambition était de faire changer d'échelle la production de l'habitat passif, tout en étant très attentif aux questions de perméabilité des sols et biodiversité.

Hanovre, une des trois villes coordinatrices de la campagne européenne des villes durables et ville pilote d'ICLEI pour l'élaboration des premiers plans Climat (1995), a généralisé l'habitat basse consommation puis l'habitat passif dès 2008 sur les terrains municipaux (tout comme Fribourg-en-Brisgau). Les nouveaux standards thermiques avaient été testés dans l'écoquartier du Kronsberg, qui a réduit d'un facteur 4 les émissions de CO_2 grâce à une clause d'obligation de résultats pour les promoteurs, assortie de contrôles et pénalités financières. D'autre part, les bénéfices de l'entreprise municipale d'énergie, complétés par une taxe sur le gaz et des contributions de partenaires privés, ont permis de financer des mesures d'isolation thermique auprès des particuliers, entreprises et acteurs institutionnels. Ces subventions ont eu un effet levier puisqu'elles ont suscité des investissements d'un montant douze fois supérieur.

Dernier exemple, Fribourg-en-Brisgau, tête d'ICLEI-Europe, a ouvert la voie à l'habitat groupé, l'éco-construction à coût plafonné, les bâtiments à énergie positive et la réhabilitation thermique au standard passif.

À la fin des années 2000, le gouvernement allemand s'instaure en relais et finance un vaste programme de réhabilitation du parc ancien visant à réduire de 80 % les besoins en chaleur du pays, avec l'appui de la banque publique de développement KfW. L'augmentation des surfaces bâties a contrebalancé en partie les économies réalisées sur les logements qui ont pu être rénovés. Néanmoins, les émissions de gaz à effet de serre ont été réduites de moitié par m^2 habité entre 1990 et 2018[6].

Partout, les investissements pour la réhabilitation manquent, particulièrement pour le parc privé. La métropole grenobloise, qui souhaitait réhabiliter au standard Basse Consommation les 60 000 logements en copropriété les plus énergivores de

....

6. https://www.iddri.org/en/publications-and-events/blog-post/energy-renovation-germany-success-story-or-potential-failure.

l'agglomération, a dû instaurer en bonne partie sur fonds propres un dispositif d'aides aux propriétaires (MurMur). 10 000 logements ont fait ou font l'objet d'une réhabilitation. Ce type de programme est encore peu fréquent.

Il faut signaler enfin que l'énergie utilisée pendant la phase de construction est du même ordre de grandeur que l'énergie consommée par un bâtiment aux standards actuels sur toute sa durée de vie. Décarboner le secteur de la construction, notamment dans les pays en développement et les villes en forte croissance, est donc un enjeu crucial. En Suède par exemple, l'activité de construction est à elle seule responsable de 30 % des émissions de CO_2 du pays.

b Des quartiers en bois

La ville suédoise de Växjö (90 000 habitants) a testé à la fin des années 2000 des immeubles en bois de 8 étages puis imposé la construction bois dans le nouveau quartier de Välle Broar, avant de la diffuser sur les terrains municipaux. Plus de la moitié des nouveaux bâtiments construits font désormais appel au bois, sans surcoûts manifestes. Växjö a adopté en 1996 un programme de sortie des énergies fossiles sur son territoire (le premier au monde) et est parvenue à ramener l'empreinte carbone de ses habitants à 1,3 tonne d'émissions de CO_2 par an (2022, hors énergie grise), dues actuellement au trafic routier. Cette division par quatre, quasiment, des émissions de CO_2 depuis 1993 est due à une électricité décarbonée et au passage à la biomasse (déchets bois) du réseau de chaleur de la ville.

D'autres projets de quartiers en bois voient le jour. Une seconde option (moins décarbonée) pour limiter l'énergie grise est d'incorporer une proportion significative de matériaux recyclés dans la construction neuve, comme ce fut le cas à Hammarby Sjöstad. Une troisième possibilité est d'utiliser la terre crue des sols excavés pour construire avec. Les constructions en terre crue sont un héritage historique, concernant 15 % du parc bâti en France. Ces géomatériaux, combinés avec des biomatériaux, peuvent permettre de décarboner la filière du BTP et de réduire la production de béton, à la source de nombreux problèmes : forte empreinte carbone due à la combustion et au transport, extraction de sables et bouleversements des écosystèmes. En France, 6 à 7 tonnes de granulats par habitant sont extraits chaque année, 80 % pour la voirie et les travaux publics et 20 % pour le bâtiment (Bihouix *et al.*, 2022).

2.4 La sobriété foncière

Des économies d'énergie sont encore en jeu lorsque les consommations d'espace décroissent, à quelque échelle que ce soit. L'aménagement de l'espace et l'urbanisme ont donc un rôle central à jouer en matière de décarbonation et de sobriété énergétique. Ces leviers d'action interviennent en amont des consommations d'énergie, de matériaux, et des pratiques de mobilité des personnes et des biens.

À l'échelle du foyer, des logements plus petits (91 m^2 en moyenne en France) réduisent les dépenses en matière de matériaux de construction, d'équipement et ameublement, de chauffage, éclairage et desserte. Des logements partagés (cohabitation) permettent de mutualiser et de faire décroître substantiellement les consommations directes et indirectes d'énergie. À l'échelle de l'îlot, la mitoyenneté peut abaisser d'un tiers les consommations de chauffage, en minimisant les déperditions par les façades. Au sein des quartiers, des agglomérations ou des régions urbaines, économiser de l'espace permet de raccourcir les distances, de viabiliser les transports en commun, les réseaux urbains et les modes doux, de limiter également les flux de matières liés à l'artificialisation des sols.

C'est pour ces raisons et d'autres (préservation des sols agricoles et milieux naturels) que la ville dense, resserrée, s'est imposée comme une des figures majeures de l'urbanisme durable. Stockholm, par exemple, réurbanise sa première couronne périphérique afin d'étendre le centre-ville, en construisant 120 000 logements le long d'une ligne circulaire de métro aérien. La capitale a gagné 300 000 habitants depuis une vingtaine d'années. La première opération, l'écoquartier Hammarby Sjöstad, a accueilli 25 000 habitants et 11 000 emplois dans un cadre de vie largement piétonnisé et renaturé. L'enjeu était de réhabiliter l'habitat collectif, pour désactiver l'étalement urbain : un pari gagné. Le quartier concentre des cadres supérieurs avec jeunes enfants, les conservateurs-libéraux ayant fortement réduit la part de logements locatifs initialement programmée. La seconde opération, Royal Seaport, est programmée pour 12 000 logements et 35 000 bureaux, dans une optique très bas carbone mais offrant toujours aussi peu de mixité sociale. L'État s'est désengagé de la production du logement public et encourage à vendre une partie du parc.

Raccourcir les distances entre l'habitat, les activités, les commerces, les producteurs et les consommateurs est pertinent dans tous les contextes (agglomération polycentrique, région urbaine diffuse, petites villes, bourgs ruraux, …). Mais lorsque la densification s'opère dans les espaces métropolitains, dans des quartiers requalifiés, elle rejette en périphérie ceux qui n'ont pas les moyens de faire face à la montée des prix, processus bien connu sous le nom de gentrification. Toute requalification écologique des tissus urbains s'assortit d'une revalorisation économique et appelle des mesures préventives (comme une part importante d'habitat social et intermédiaire) pour endiguer les ségrégations.

Par ailleurs, les formes minérales de densité enclenchent des mobilités de compensation et donc des effets rebond en matière d'émissions de CO_2. Renaturer fortement la ville est indispensable dans une optique bas carbone, pour le bien-être, le microclimat urbain, la biodiversité urbaine et différentes régulations écosystémiques. Mais où trouver de l'espace, dans les villes denses ? La réponse est connue de longue date : en prélevant une partie des sols dédiés au transport automobile. La voirie et les parkings représentaient en France, en 2014, 48 % des surfaces artificialisées (Grisot, 2021).

La sobriété foncière peut aussi passer par une mutualisation des usages de l'espace et l'utilisation de bâtiments désaffectés, comme l'explique Sylvain Grisot dans son ouvrage sur l'urbanisme circulaire (2021). Ainsi, un restaurant universitaire à Paris, le Mab'Lab, sert d'espace de coworking à d'autres heures de la journée, tandis que les hangars de l'ancien Marché d'Intérêt National sur l'île de Nantes accueillent de manière transitoire des champignonnières. Associée au recyclage des friches, à une densification interstitielle et une surélévation du bâti, la généralisation de ces mesures pourrait permettre d'atteindre le zéro artificialisation nette (ZAN) promulgué par la loi Climat et Résilience en 2021. Suite à une contestation de cet objectif par les élus locaux, la réglementation porte désormais à 50 % la réduction des terres artificialisées d'ici 2050.

Mentionnons pour finir que les difficultés de mise en œuvre des politiques de sobriété sont largement imputables à un outillage intellectuel et opérationnel (les instruments de l'action publique) adossé à des mécanismes de croissance économique et/ou démographique. Or, un tiers des aires urbaines françaises sont en décroissance, sous l'effet de la désindustrialisation, du vieillissement, de l'attraction des zones métropolitaines ou du recul de l'emploi public. Ces villes, plutôt petites, peuvent en revanche tabler sur une ressource, l'espace, support d'activités régénératives : agriculture urbaine, comme à Détroit (Paddeu, 2021), artisanat, urbanisme temporaire, renaturation, par exemple.

L'urbaniste Hidetoschi Ohno invite à un renversement de perspective pour penser positivement un urbanisme de la décroissance (Ohno, 2015). Il propose d'organiser la décroissance de Tokyo, en voie de perdre plusieurs millions d'habitants d'ici 2050. L'idée est de rétracter la ville, de manière incrémentale, autour des corridors de transports en commun, en facilitant la mobilité résidentielle et en démolissant les logements devenus vacants. Les espaces libérés pourraient retourner à des fonctions productives : agriculture urbaine et services écosystémiques. La démotorisation de ménages vieillissants, en quête de services de proximité, et le déclin démographique rendent pertinente la fermeture d'une partie du réseau routier et sa transformation en voies vertes, pour les modes doux. Les parcs pourront aussi s'agrandir au gré de la vacance foncière, et le réseau hydrographique refaire surface. La réversibilité de l'urbanisation rend possible l'écologisation de cette mégapole en libérant des espaces au rythme de la décrue démographique.

Cette proposition rejoint le concept de ville « régénérative », plus prégnant outre-Atlantique, capable de régénérer les milieux de vie biotiques et les conditions de vie humaine : par la revégétalisation, la réhydratation du territoire (zones humides, bassins de rétention), pour capter du carbone, reconstituer les sols, la biodiversité, rafraîchir le climat, limiter les risques « naturels », se nourrir en circuits courts, etc. Ces approches peuvent permettre de restaurer des capacités de régulation écosystémique, mais aussi de reprendre en main collectivement nos milieux de vie, puisque l'habitabilité de la Terre est devenue une question politique centrale dans l'horizon de vie qui est le nôtre.

Conclusion

La refondation écologique de l'urbanisme rencontre, depuis la fin du XXe siècle et dans le monde occidental, les résistances et inerties des politiques publiques et des filières économiques (énergie, transports, équipement, construction, …), jusqu'aux seuils de maladaptation rencontrés aujourd'hui. Structurées pour répondre à une demande de reconstruction rapide après la Seconde guerre mondiale, ces filières ont été une pierre angulaire du modèle de croissance (développement de l'automobilité et du pavillonnaire associé), galvanisées par le récit d'une modernité conquérante. Elles sont appelées à changer de braquet quelques décennies plus tard, pour défendre, et incarner matériellement, la sobriété énergétique, foncière, matérielle, la décarbonation, la régénération des milieux et l'adaptation à un horizon de crises inédit et systémique. Les transformations du climat amplifient les phénomènes migratoires, les conflits, les vulnérabilités sociales, le sentiment d'insécurité et la montée des extrêmes droites en Europe. La volte-face est saisissante. Bien loin des marchés mainstream de la ville durable et de la société numérique (*smart city*, recours à l'intelligence artificielle), qui intensifient, dans les faits, les consommations de ressources énergétiques et matérielles en exacerbant les problèmes écologiques, une sortie des énergies fossiles, du consumérisme et du régime de croissance capitaliste est défendue par de nombreux auteurs et acteurs dans le champ de la transition socio-écologique.

Des politiques de sobriété éclosent : autoroutes cyclables, biomatériaux et géomatériaux de construction, éco-cycles, énergies renouvelables locales, réusages, etc. Elles ne sont pas systémiques et ne passent pas à l'échelle car elles se heurtent aux filières et intérêts économiques du régime de croissance. On signalera, pour finir, l'existence d'une pression citoyenne composée d'une multitude d'initiatives concrètes (habitat groupé, réemploi, ville *low tech*, artisanat urbain, énergies renouvelables financées par les citoyens, mise en culture des sols urbains, soin accordé au vivant, gestion en commun de certains espaces, ...), qui réinvente des liens sociaux et démocratiques, et cela au sein de différentes catégories sociales. Souvent appuyés par les pouvoirs publics, mais trop modérément, ces mobilisations et ces investissements citoyens démontrent que la production et l'aménagement d'une ville écologique peuvent être réalisés à faible coût, qu'ils sont à portée de main, mais qu'ils demandent de tout autres processus de gouvernance pour se déployer (Blanc *et al.*, 2022). Comme les 150 propositions de la Convention citoyenne pour le climat l'ont amplement montré, des citoyens tirés au sort, de toutes catégories sociales, sont plus volontaires que les gouvernements en matière de transition écologique, à deux conditions : qu'ils comprennent les enjeux scientifiques du climat et les leviers opérationnels d'action.

BIBLIOGRAPHIE

AGGERI, G., (2010). *Inventer les villes-natures de demain. Gestion différenciée, gestion durable des espaces*, Educagri Éditions.

BARLES, S., (2017). Écologie territoriale et métabolisme urbain : quelques enjeux de la transition socioécologique, *Revue d'Économie Régionale & Urbaine*, 5, p. 819-836.

BIHOUIX, P., JEANTET, S., DE SELVA, C., (2022). *La ville stationnaire. Comment mettre fin à l'étalement urbain ?* Actes Sud.

BLANC, N., EMELIANOFF, C., ROCHARD, H., (2022). *Réparer la Terre par le bas. Manifeste pour un environnementalisme ordinaire* ? Le Bord de l'eau.

DANTZIG, G., SAATY, T., (1973). *Compact City. A plan for a liveable urban environment.* Freeman and Company.

EMELIANOFF, C., (2007). La ville durable : l'hypothèse d'un tournant urbanistique en Europe, *L'information Géographique*, 71, p. 48-65.

EMELIANOFF, C., STEGASSY, R., (2010). *Les pionniers de la ville durable. Récits d'acteurs, portraits de villes en* Europe, Éditions Autrement.

EMELIANOFF, C., (2017). Réguler le climat à l'échelle locale : l'épreuve du temps, p. 83-100. Dans THOMAS, I., DA CUNHA, A., (2017). *La ville résiliente. Comment la construire ?* Presses universitaires de Montréal.

FRIOUX, S., (2013). *Les batailles de l'hygiène, Villes et environnement de Pasteur aux Trente Glorieuses*, PUF.

GAUDIN, J.-P., (1985). *L'avenir en plan. Technique et politique dans la prévision urbaine.* Champ Vallon.

GEDDES, P., (1915/1996 traduction française). *L'évolution des villes*, Temenos.

GEHL, J., (2010). *Pour des villes à échelle humaine*, Ecosociété.

GRISOT, S., (2021). *Manifeste pour un urbanisme circulaire*, Apogée.

HOBBS, H., (1994). *City Hall Goes Abroad. The foreign Policy of Local Politics.* Sage Pub.

JACOBS, J., (1961/2012 traduction française). *Déclin et survie des grandes villes américaines*, Éditions Parenthèses.

KNOWLES, R., (1978). *Energy and Form: an Ecological Approach to Urban Growth*, MIT Press.

MCHARG, I., (1967). *Design with Nature*, John Wiley & Sons.

MORRIS, D., (1982). *Self-Reliant Cities. Energy and the Transformation of Urban America*, Sierra Club Books.

MUMFORD, L., (1968/1970 traduction française). *Le déclin des villes ou la recherche d'un nouvel urbanisme*, Éditions France Empire.

NEWMAN, P., BEATLEY, T., BOYER, H., (2009). *Resilient Cities. Responding to peak oil and climate change*, Island Press.

OHNO, H., (2015). *Fiber City. A Vision for the Shrinking Megacity, Tokyo 2050*, Colombia University Press.

PADDEU, F., (2021). *Sous les pavés, la terre. Agricultures urbaines et résistances dans les métropoles*, Éditions du Seuil.

SCHEER, H., (2007). *L'autonomie énergétique. Une nouvelle politique pour les énergies renouvelables*, Actes Sud.

VAN DER RYN, S., CALTHORPE, P., (1986). *Sustainable Communities: a new design synthesis for cities, suburbs and towns*, Sierra Club Books.

WALTER, B., L. ARKIN, L., CRENSHAW, R. (dir.), (1992). *Sustainable Cities. Concepts and Strategies for Eco-city Development*, Eco Home Media.

Conclusion générale

Si le propos de cet ouvrage n'est pas de produire une lecture épistémologique de la place et du rôle de l'environnement dans l'évolution de la géographie, les contributions ici rassemblées témoignent néanmoins de la position contemporaine de la discipline telle qu'elle s'est traditionnellement développée et se perpétue (ses héritages) et telle qu'elle se renouvelle, percutée par le changement global.

La tradition géographique et sa sensibilité aux rapports qu'entretiennent les sociétés humaines au monde biophysique restent un fait marquant. Relire aujourd'hui *L'homme et la terre* d'Éric Dardel (Dardel, 1956) prend encore plus de sens qu'il y a plus d'un demi-siècle pour comprendre les conditions sensibles des existences humaines sur terre et le poids sans cesse renouvelé des représentations sociales et culturelles de l'environnement. Le premier grand écologue Alexander von Humboldt faisait aussi finalement de la géographie lors de sa découverte des dégradations des systèmes naturels d'Amérique latine causées par l'intensification des agricultures coloniales : « *Humboldt fut le premier à établir un lien entre le colonialisme et la destruction de l'environnement. L'interaction complexe des phénomènes était un thème récurrent dans ses écrits, mais il réfléchissait aussi à la place de l'homme lui-même dans ce réseau du vivant. […] Sur le plateau de Mexico, Humboldt avait observé que le système d'irrigation avait presque asséché un lac où l'eau était puisée, et que les terres dans les vallées se désertifiaient. Partout dans le monde, notait Humboldt, les ingénieurs hydrologues avaient commis des folies semblables, coupables d'une vue à court terme uniquement* » (Wulf, 2022, p. 179).

À l'heure du changement global, l'entrée dans l'Anthropocène constitue un tournant majeur pour nos sociétés qui se trouvent confrontées et impactées par l'accélération des dynamiques du monde biophysique : augmentation des concentrations des GES dans l'atmosphère et dérèglements climatiques, crise de la biodiversité… L'Anthropocène pose aussi le constat qu'aucun espace terrestre n'est désormais épargné par l'empreinte écologique humaine. Dans un tel contexte, le projet fondateur de la géographie se trouve réactivé sous de nombreuses formes et pratiques. L'emboîtement des échelles, du global au local, outil cher aux géographes, prend tout son sens tout comme l'analyse méticuleuse des faisceaux de relations matérielles comme sensibles imbriquées entre les sociétés humaines et leurs environnements qu'il n'est plus temps d'examiner à part et de manière séparée comme la tradition moderne a pu tenter longtemps de le faire. Faire de la géographie signifie donc plus que jamais comprendre les environnements que les sociétés humaines habitent, façonnent et doivent préserver, aussi comme parts d'elles-mêmes. Si l'Anthropocène a fait son entrée dans la discipline, tout comme la notion emboîtée des limites planétaires (Castree, 2014), il n'est pas loin de penser qu'il s'agit d'un nouveau tournant important pour la géographie.

La géographie est construite comme science sociale depuis les années 1970 tout en puisant dans une longue tradition naturaliste et à la fois parce qu'elle articule des connaissances situées à la jonction entre l'espace et le temps (Moss, 2024). Michael Meadows, président de l'*International Geographical Union*, le résume de la manière suivante : « *La géographie en tant que science est essentielle à la compréhension des processus, des modèles et des trajectoires de notre Terre future. Les approches holistiques et intégrées, caractéristiques de la recherche géographique "traditionnelle" et moderne, offrent des indications importantes pour la réalisation d'un avenir mondial plus durable*[1] » (Meadows, 2018). Plus encore, dans ce contexte, il y a un projet rassembleur pour la discipline et qui fait sens dans les positionnements possibles avec l'action territoriale. « *En effet, les géographes examinent régulièrement une série d'ensembles de données qui intègrent l'environnement physique et les facteurs socio-économiques clés associés à la grande accélération. En fait, le concept de l'Anthropocène peut servir de véhicule pour rassembler les géographes humains et physiques et ceux des disciplines associées afin d'aborder les problèmes majeurs auxquels l'humanité est confrontée au cours de ce siècle et au-delà. Ce travail de collaboration réel et potentiel est possible à la fois en termes de fourniture de cadres conceptuels clés et d'analyse et de présentation des données à l'aide, par exemple, des sciences de l'information géographique* » (Moss, 2024).

Faire de la géographie, c'est aussi finalement penser et participer à imaginer, penser et fabriquer d'autres liens possibles à l'environnement, porteurs de sens pour les sociétés et permettant de ne pas compromettre l'habitabilité de la planète. « *La géographie est à la croisée des sciences sociales et naturelles et peut donc explorer et aider à résoudre les «mauvais problèmes» qui caractérisent la relation de plus en plus difficile entre l'homme et l'environnement*[2] » (Meadows, 2018). Un courant majeur porte ainsi le besoin d'asseoir une géographie environnementale qui soit à la fois cosmopolitique, déterministe, sensible, située et en prise avec une attention à la justice (Chartier et Rodary, 2016). Un tel projet nécessite de poursuivre le dialogue fructueux aux marges de la géographie avec d'autres disciplines : la philosophie de l'environnement, l'histoire de l'environnement, la *political ecology*, l'économie de l'environnement, la sociologie ou la pyschologie environnementale...

BIBLIOGRAPHIE

ANDREU-BOUSSUT, V., CHADENAS, C., (2023). *La variabilité des états de référence mobilisés dans les espaces protégés littoraux : l'Anthropocène comme ligne de partage ?* p. 173-192. Dans GODET, L., DUFOUR, S., ROLLET, A.-J. (coord.), (2023). *Conservation de la biodiversité. La nostalgie de la nature à l'ère Anthropocène*, ISTE éditions, coll. « Écologie environnement ».

ARNOULD, P., (2021). *Géographie et environnement : que dire, que faire, à l'heure du réchauffement climatique ?* Dans MICHON, P., PITTE, J.-R., (2021). *À quoi sert la géographie ?* PUF.

BERDOULAY, V., SOUBEYRAN, O., (1991). Lamarck, Darwin et Vidal : aux sources naturalistes de la géographie humaine. *Annales de géographie,* 561-562, p. 617-634.

....

1. Traduction des auteurs.
2. Traduction des auteurs.

BERTRAND, G., (1978). Le paysage entre la Nature et la Société, *Revue géographique des Pyrénées et du Sud-Ouest*, tome 49, fascicule 2, p. 239-258.
BERTRAND, G., BERTRAND C., (2000). *Le géosystème : un espace-temps anthropisé. Esquisse d'une temporalité environnementale*, p. 65-76. Dans BARRUÉ-PASTOR, M., BERTRAND, G. (dir.), (2000). *Les temps de l'environnement*, Presses universitaires du Mirail, coll. « Paysage et environnemen ».
BERTRAND, G., BERTRAND C., (2002). *Une géographie traversière. L'environnement à travers territoires et temporalités*, Éditions Arguments.
BONNEUIL, C., FRESSOZ, J.-B., (2016). *L'événement Anthropocène : la terre, l'histoire et nous*, Points Histoire.
CASTREE, N., (2014). The Anthropocene and Geography I: The back story. *Geography Compass*, 8 (7), p. 436-449.
CHARTIER, D., RODARY, E., (2016). *Manifeste pour une géographie environnementale*, Presses de Science Po.
DARDEL, E., (1952). *L'homme et la terre. Nature de la réalité géographique*, PUF.
GEORGE, P., (1971). *L'environnement*, PUF.
GOELDNER-GIANELLA, L., (2010). Quelle place pour la géographie dans les études environnementales ? *L'Espace géographique*, 39, p. 289-294, https://doi.org/10.3917/eg.394.0289.
HUBERT, N., (2021). Sociétés, territoires et environnement, comment repenser les interconnexions entre les milieux humains et naturels ? *VertigO, La revue en scuences de l'environnement*, vol. 21, n° 2.
LUSSAULT, M., (2022). L'état de nature est un mythe. *Rhizome*, 82, 9-10.
MALM, A., (2016). Fossil Capital: The Rise of Steam Power and the Roots of Global Warming Londres, Verso.
MEADOWS, M. E., (2018). *Geographical Research and Future Earth*, p. 114-120. Dans Beer, T., Li, J., Alverson, K. (coord.). *Global Change and Future Earth: The Geoscience Perspective. Special Publications of The International Union of Geodesy and Geophysics*, Cambridge University Press.
MEYNIER, A., (1969). *Histoire de la pensée géographique en France.* PUF.
MIOSSEC, A., (2021). *Assumer la globalité de la géographie.* Dans Michon, P., Pitte, J.-R., (2021). *À quoi sert la géographie ?* PUF.
MOSS, P. T., (2024). The geography of the Anthropocene. *Geographical Research*, 62(2), p. 213–215.
PÉAUD, L., (2018). *Chapitre 1. Épistémologie(s) de la géographie.* Dans Ciattoni, A. (éd.), *Les fondamentaux de la géographie*, Armand Colin, p. 16-42.
ROBIC, M.-C., (1992). *Du milieu à l'environnement. Pratiques et représentations du rapport homme/nature depuis la Renaissance*, éditions Economica.
SORRE, M., (1947). *Les fondements de la géographie humaine. Essai d'une écologie humaine*, Armand Colin.
TRICART, J., KILLIAN, J., (1979). *L'éco-géographie et l'aménagement du milieu naturel*, François Maspero.
VEYRET, Y., PECH, P., (1993). *L'homme et l'environnement*, PUF.
VEYRET, Y., (1999). *Géo-environnement*, Sedes, coll. « Campus ».
VEYRET, Y., (2004). *Géographie des risques naturels en France*. Hatier, coll. « Initial ».
VIDAL DE LA BLACHE, P., (1921). *Principes de géographie humaine*, éditions Utz, rééd. 1995.
WULF, A., (2022). *L'Invention de la nature. Les aventures d'Alexander von Humboldt*, Libretto.

Liste des sigles

ADEME : Agence de la transition écologique (ancienne Agence de l'environnement et de la maîtrise de l'énergie)

AFORCE : Réseau français pour l'Adaptation des Forêts au Changement climatique

ANRU : Agence nationale de la rénovation urbaine

AONB : Area of Outstanding Natural Beauty

AU : Agriculture urbaine

ASPAS : Association pour la protection des animaux sauvages

BLEVE : Boiling liquid expanding vapor explosion (vaporisation à caractère explosif)

BP : Before present

BTO : British Trust for Ornithology

CAAS : Académie chinoise des sciences agricoles

CARAVANE : Catalogue raisonné des variétés nouvelles à expérimenter

CESE : Conseil économique, social et environnemental

CFC : Chlorofluacarbure

CJUE : Cour de justice de l'Union européenne

CRPF : Centre régional de la propriété forestière

CNR : Compagnie Nationale du Rhône

COP : Conférences des parties

DAE : Déchets d'activités économiques

DAT : Diagnostic d'ancrage territorial

DATAR : Délégation interministérielle à l'aménagement du territoire et à l'attractivité régionale

DREAL : Direction Régionale de l'Environnement, de l'Aménagement et du Logement

EGES : Émissions de gaz à effet

ENM : Élévation du niveau marin

ENS : Espace naturel sensible

EPCI : Établissement public de coopération communale

FAO : Food and Agriculture Organization (Organisation des Nations unies pour l'alimentation et l'agriculture)

FnCoFor : Fédération nationale des communes forestières

GES : Gaz à effet de serre

GIEC : Groupe intergouvernemental d'experts sur l'évolution du climat

GONm : Groupe ornithologique normand

HAP : Hydrocarbures aromatiques polycycliques

ICLEI : International council for local environmental initiatives

INRAE : Institut national de recherche pour l'agriculture, l'alimentation et l'environnement

IRC : Indice mondial des risques climatiques

IUA : Institut d'agriculture urbaine

IULA : Union internationale des autorités locales

LPHEC : Ligne des plus hautes eaux connues

LPO : Ligue de protection des oiseaux

MARPOL : Convention internationale pour la prévention de la pollution par les navires

MDP : Mécanisme pour un développement propre

MOC : Mise en œuvre conjointe

NaTech : contraction de « Naturel » et de « TECHnologique »

NPNRU : Nouveau programme national de renouvellement urbain

OMM : Organisation météorologique mondiale

OMS : Organisation mondiale de la santé

ONF : Office national des forêts

ONG : Organisation non gouvernementale

OSL : Optical simulated luminescence dating

OSPAR : Oslo-Paris

PAG : Petit âge glaciaire

PAT : Projets alimentaires territoriaux

PCAET : Plan climat air énergie territorial

PPR : Plans de prévention des risques

PPRT : Plans de prévention des risques technologiques

PPRI : Plan de prévention des risques d'inondation

RENEssences : Réseau national d'évaluation des nouvelles essences

REVe : Réseau Express Vélo

REX : Retour d'expériences

SC : Site classé

SI : Site inscrit

SIC : Site d'importance communautaire

SNPN : Société nationale de la protection de la nature

UICN : Union internationale pour la conservation de la nature

UNESCO : Organisation des Nations unies pour l'éducation, la science et la culture

URSS : Union des républiques socialistes soviétiques

WWF : World wildlife fund

WWT : Wildfowl & wetlands trust

ZAN : Zéro artificialisation nette

ZFE : Zones à faibles émissions

ZNIEFF : Zones naturelles d'inventaires écologiques faunistiques et floristiques

ZPS : Zone de protection spéciale

ZSC : Zone spéciale de conservation

263817 - (I) - OSB 80° - LUM - BTT
Imprimerie CHIRAT - 42540 Saint-Just-la-Pendue
Dépôt légal : septembre 2024
Imprimé en France